"十三五"国家重点出版物出版规划项目

岩石力学与工程研究著作丛书

深部洞室破坏机理与围岩稳定分析理论方法及应用

张强勇　李术才　张绪涛　焦玉勇　张传健　著

国家自然科学基金项目（41172268、51279093）资助

国家科技重大专项项目（2011ZX05014）资助

国家重点研发计划项目（2016YFC0401804）资助

科学出版社

北京

内 容 简 介

本书系统研究深部洞室分区破裂的产生条件与影响因素，建立了基于应变梯度的分区破裂力学模型和能量损伤破坏准则，发展了分区破裂数值分析方法，阐明分区破裂的力学成因与破坏机制。提出地下洞室初始地应力场反演方法，建立大型地下厂房洞室群施工期围岩力学参数动态反演与分析方法。通过三维地质力学模型试验探索了超深埋碳酸盐岩油藏溶洞的成型垮塌破坏机制，分析不同形态、不同尺寸溶洞的垮塌破坏过程与垮塌影响范围，揭示缝洞型裂缝闭合规律，形成深部岩体洞室破坏机理与围岩稳定分析理论与方法体系。本书注重理论、方法与工程实践的紧密结合，提出的试验方法、建立的理论模型和编制的计算程序皆成功应用于实际工程，并有效指导工程实践。

本书可供土木、水电、能源、矿山、交通等工程领域的科研和工程技术人员使用，也可作为高等院校相关专业研究生的教学参考书。

图书在版编目(CIP)数据

深部洞室破坏机理与围岩稳定分析理论方法及应用/张强勇等著. —北京：科学出版社，2017. 3

（岩石力学与工程研究著作丛书）

“十三五”国家重点出版物出版规划项目

ISBN 978-7-03-052026-5

Ⅰ.①深…　Ⅱ.①张…　Ⅲ.①岩石破裂-破坏机理-研究　②围岩稳定-稳定分析　Ⅳ.①TU452

中国版本图书馆 CIP 数据核字(2017)第 045957 号

责任编辑：刘宝莉 / 责任校对：刘亚琦
责任印制：吴兆东 / 封面设计：熙　望

科学出版社出版
北京东黄城根北街 16 号
邮政编码：100717
http://www.sciencep.com
北京建宏印刷有限公司 印刷
科学出版社发行　各地新华书店经销
*
2017 年 3 月第　一　版　开本：720×1000 1/16
2023 年 1 月第三次印刷　印张：20 1/4
字数：408 000

定价：150.00 元

（如有印装质量问题，我社负责调换）

《岩石力学与工程研究著作丛书》编委会

名誉主编：孙　钧　王思敬　钱七虎　谢和平

主　　编：冯夏庭　何满潮

副 主 编：康红普　李术才　潘一山　殷跃平　周创兵

秘 书 长：黄理兴　刘宝莉

编　　委：（按姓氏汉语拼音顺序排列）

蔡美峰　曹　洪　陈卫忠　陈云敏　陈志龙
邓建辉　杜时贵　杜修力　范秋雁　冯夏庭
高文学　郭熙灵　何昌荣　何满潮　黄宏伟
黄理兴　蒋宇静　焦玉勇　金丰年　景海河
鞠　杨　康红普　李　宁　李　晓　李海波
李建林　李世海　李术才　李夕兵　李小春
李新平　廖红建　刘宝莉　刘大安　刘汉东
刘汉龙　刘泉声　吕爱钟　潘一山　戚承志
任辉启　佘诗刚　盛　谦　施　斌　宋胜武
谭卓英　唐春安　汪小刚　王　驹　王　媛
王金安　王明洋　王旭东　王学潮　王义峰
王芝银　邬爱清　谢富仁　谢雄耀　徐卫亚
薛　强　杨　强　杨更社　杨光华　殷跃平
岳中琦　张金良　张强勇　赵　文　赵阳升
郑　宏　郑炳旭　周创兵　朱合华　朱万成

《岩石力学与工程研究著作丛书》序

随着西部大开发等相关战略的实施，国家重大基础设施建设正以前所未有的速度在全国展开：在建、拟建水电工程达30多项，大多以地下硐室（群）为其主要水工建筑物，如龙滩、小湾、三板溪、水布垭、虎跳峡、向家坝等，其中白鹤滩水电站的地下厂房高达90m、宽达35m、长400多米；锦屏二级水电站4条引水隧道，单洞长16.67km，最大埋深2525m，是世界上埋深与规模均为最大的水工引水隧洞；规划中的南水北调西线工程的隧洞埋深大多在400～900m，最大埋深1150m。矿产资源与石油开采向深部延伸，许多矿山采深已达1200m以上。高应力的作用使得地下工程冲击地压显现剧烈，岩爆危险性增加，巷（隧）道变形速度加快、持续时间长。城镇建设与地下空间开发、高速公路与高速铁路建设日新月异。海洋工程（如深海石油与矿产资源的开发等）也出现方兴未艾的发展势头。能源地下储存、高放核废物的深地质处置、天然气水合物的勘探与安全开采、CO_2地下隔离等已引起政府的高度重视，有的已列入国家发展规划。这些工程建设提出了许多前所未有的岩石力学前沿课题和亟待解决的工程技术难题。例如，深部高应力下地下工程安全性评价与设计优化问题，高山峡谷地区高陡边坡的稳定性问题，地下油气储库、高放核废物深地质处置库以及地下CO_2隔离层的安全性问题，深部岩体的分区碎裂化的演化机制与规律，等等，这些难题的解决迫切需要岩石力学理论的发展与相关技术的突破。

近几年来，国家863计划、国家973计划、“十一五”国家科技支撑计划、国家自然科学基金重大研究计划以及人才和面上项目、中国科学院知识创新工程项目、教育部重点（重大）与人才项目等，对攻克上述科学与工程技术难题陆续给予了有力资助，并针对重大工程在设计和施工过程中遇到的技术难题组织了一些专项科研，吸收国内外的优势力量进行攻关。在各方面的支持下，这些课题已经取得了很多很好的研究成果，并在国家重点工程建设中发挥了重要的作用。目前组织国内同行将上述领域所研究的成果进行了系统的总结，并出版《岩石力学与工程研究著作丛书》，值得钦佩、支持与鼓励。

该研究丛书涉及近几年来我国围绕岩石力学学科的国际前沿、国家重大工程建设中所遇到的工程技术难题的攻克等方面所取得的主要创新性研究成果，包括深部及其复杂条件下的岩体力学的室内、原位实验方法和技术，考虑复杂条件与过程（如高应力、高渗透压、高应变速率、温度-水流-应力-化学耦合）的岩体力学特性、变形破裂过程规律及其数学模型、分析方法与理论，地质超前预报方法与技术，工程地质灾害预测预报与防治措施，断续节理岩体的加固止裂机理与设计方法，灾害环境下重大工程的安全性，岩石工程实时监测技术与应用，岩石工程施工过程仿真、动态反馈分析与设计优化，典型与特殊岩石工程（海底隧道、深埋长隧洞、高陡边坡、膨胀岩工程等）超规范的设计与实践实例，等等。

岩石力学是一门应用性很强的学科。岩石力学课题来自于工程建设，岩石力学理论以解决复杂的岩石工程技术难题为生命力，在工程实践中检验、完善和发展。该研究丛书较好地体现了这一岩石力学学科的属性与特色。

我深信《岩石力学与工程研究著作丛书》的出版，必将推动我国岩石力学与工程研究工作的深入开展，在人才培养、岩石工程建设难题的攻克以及推动技术进步方面将会发挥显著的作用。

钱七虎

2007年12月8日

《岩石力学与工程研究著作丛书》编者的话

近二十年来，随着我国许多举世瞩目的岩石工程不断兴建，岩石力学与工程学科各领域的理论研究和工程实践得到较广泛的发展，科研水平与工程技术能力得到大幅度提高。在岩石力学与工程基本特性、理论与建模、智能分析与计算、设计与虚拟仿真、施工控制与信息化、测试与监测、灾害性防治、工程建设与环境协调等诸多学科方向与领域都取得了辉煌成绩。特别是解决岩石工程建设中的关键性复杂技术疑难问题的方法，973、863、国家自然科学基金等重大、重点课题研究成果，为我国岩石力学与工程学科的发展发挥了重大的推动作用。

应科学出版社诚邀，由国际岩石力学学会副主席、岩石力学与工程国家重点实验室主任冯夏庭教授和黄理兴研究员策划，先后在武汉与葫芦岛市召开《岩石力学与工程研究著作丛书》编写研讨会，组织我国岩石力学工程界的精英们参与本丛书的撰写，以反映我国近期在岩石力学与工程领域研究取得的最新成果。本丛书内容涵盖岩石力学与工程的理论研究、试验方法、实验技术、计算仿真、工程实践等各个方面。

本丛书编委会编委由58位来自全国水利水电、煤炭石油、能源矿山、铁道交通、资源环境、市镇建设、国防科研、大专院校、工矿企业等单位与部门的岩石力学与工程界精英组成。编委会负责选题的审查，科学出版社负责稿件的审定与出版。

在本套丛书的策划、组织与出版过程中，得到了各专著作者与编委的积极响应；得到了各界领导的关怀与支持，中国岩石力学与工程学会理事长钱七虎院士特为丛书作序；中国科学院武汉岩土力学研究所冯夏庭、黄理兴研究员与科学出版社刘宝莉、沈建等编辑做了许多繁琐而有成效的工作，在此一并表示感谢。

“21世纪岩土力学与工程研究中心在中国”，这一理念已得到世人的共识。我们生长在这个年代里，感到无限的幸福与骄傲，同时我们也感觉到肩上的责任重大。我们组织编写这套丛书，希望能真实反映我国岩石力学与工程的现状与成果，希望对读者有所帮助，希望能为我国岩石力学学科发展与工程建设贡献一份力量。

《岩石力学与工程研究著作丛书》

编辑委员会

2007年11月28日

前　言

随着科学技术的发展尤其是经济建设的需要，科技工作者不仅要解决“上天”的问题，更要解决“入地”的问题。目前，我国许多在建和拟建的地下工程不断走向深部，无论是矿产资源开采的地下巷道、交通建设的地下隧洞、还是水电开发的地下洞室等都逐渐向千米或数千米的深部方向发展。随着地下工程开挖深度的增加，深部洞室岩体的破坏机理以及洞室围岩稳定分析理论方法就成为深部地下工程领域关注的重点和难点科学技术问题。在深部地下工程的开挖过程中，由于“三高一扰动”的影响，深部洞室中出现了一系列新的不同于浅埋洞室的特征科学现象，其中，分区破裂就是深部岩体工程开挖时所发生的特有的非线性破坏现象。虽然针对分区破裂现象在现场监测、室内试验、理论研究和数值模拟等方面已取得一些研究成果，但关于分区破裂现象的产生条件和影响因素仍存在较多争议，有关分区破裂的力学成因与破坏机制还没有形成共识。

为保证地下洞室施工开挖与运行安全，必须对洞室围岩稳定进行计算分析，由于地质赋存环境和岩体力学性质的复杂性，如何准确获得洞区岩体初始地应力场和洞室围岩的力学参数，也成为深部地下洞室围岩稳定分析的基础和前提条件。

众所周知，石油作为重要的战略资源，在促进国家经济发展方面发挥了重要作用，如何高效、安全地开发深部石油资源是石油开采领域需要高度重视的问题。然而在超深埋缝洞型油藏开采过程中，由于采油引起缝内地层压力下降，导致井下时常发生油藏古溶洞垮塌及储油裂缝出油通道闭合的现象，由此严重影响油井的开采量。为了提高石油采收率和保证钻井作业安全，必须深入了解超深埋缝洞型油藏溶洞的垮塌破坏机制以及缝洞型储油裂缝的闭合规律。

基于上述背景，本专著在国家自然科学基金项目（41172268、51279093）、国家科技重大专项项目（2011ZX05014）、国家重点研发计划项目（2016YFC0401804）以及中国电建集团成都勘测设计研究院科技项目的资助下，系统研究了深部洞室分区破裂的产生条件与影响因素，建立了基于应变梯度的分区破裂非线性弹性损伤软化模型和能量损伤破坏准则，发展了分区破裂数值分析方法，阐明了分区破裂的力学成因与破坏机制。提出了地下洞室初始地应力场的多元回归分析与拟合方法，建立了地下洞室围岩力学参数正交设计、效应优化位移反分析法，并对大岗山水电站大型地下厂房洞室群施工期围岩力学参数进行了动态反演和开挖稳定性分析。通过三维地质力学模型试验探索了塔河油田超深埋碳酸盐岩油藏溶洞的成型垮塌破坏机制，提出了油藏溶洞垮塌判据以及溶洞临界垮塌深度、垮塌顶板厚度和垮塌洞跨的预测公式，揭示了缝内降压速率、降压幅度、裂缝倾角、裂缝长度、裂缝宽度等因素对缝洞型裂缝闭合的影响规律。

本书内容共 7 章，第 1 章介绍目前国内外研究现状和本书主要研究成果；第 2 章介绍不同因素影响下深部洞室分区破裂模型试验研究成果；第 3 章介绍深部洞室分区破裂理论分析研究成果；第 4 章介绍深部洞室分区破裂数值分析研究成果；第 5 章介绍地下洞室初始地应力场反演分析研究成果；第 6 章介绍大型地下厂房施工期围岩力学参数动态反演与开挖稳定性分析研究成果；第 7 章介绍超深埋缝洞型油藏溶洞垮塌破坏机制与储油裂缝闭合规律的研究成果。

本书出版得到国家自然科学基金项目、国家科技重大专项项目、国家重点研发计划项目以及中国电建集团成都勘测设计研究院科技项目的大力资助，在此深表谢意！同时，对参与本专著相关内容研究的部分博士研究生王超、陈旭光、杨文东、张宁、赵茉莉、张龙云、刘传成、任明洋、张岳，部分硕士研究生于秀勇、杨佳、段抗、刘德军、许孝滨、曹冠华、蔡兵、张建国的辛勤劳动以及山东科技大学王刚教授、中国电建集团成都勘测设计研究院黄彦昆教高、邵敬东教高、魏映瑜教高、王建洪教高、贺如平教高、曾纪全高工以及中国石油化工股份有限公司石油勘探开发研究院刘中春教高的大力指导和帮助，在此表示衷心感谢！

本书的完成也得到山东大学朱维申教授、陈卫忠教授、李树忱教授、张庆松教授、张乐文教授、向文副教授以及长江勘测规划设计研究有限责任公司杨启贵教高、中国科学院武汉岩土力学研究所李银平研究员的大力支持和帮助，在此一并表示衷心感谢！

在撰写本书的过程中，参阅了国内外相关专业领域的大量文献资料，在此向所有论著的作者表示由衷的感谢！

由于作者水平有限，书中难免存在疏漏和欠妥之处，敬请各位同仁批评指正！

目　录

第1章 绪　论

1.1 引　言

随着浅部资源的日益减少以及人类地下生活空间的逐渐拓展，国内外许多地下工程已进入深部，无论是矿产资源开采的地下巷道、交通建设的地下隧洞还是水电开发的地下洞室皆已进入千米深度。据不完全统计，国外开采超千米深的金属矿山有百余座，其中以南非为最多，南非绝大多数金矿的开采深度在1000m以上，最大开采深度达到了3700m，另外，俄罗斯、加拿大、美国、澳大利亚的一些有色金属矿山的开采深度也超过了1000m。我国淮南矿区丁集煤矿、新汶孙村矿、沈阳采屯矿、开滦赵各庄矿、徐州张小楼矿、北票冠山矿、北京门头沟矿等也已达到了千米以上的开采深度。在交通建设方面，连接法国和意大利的勃朗峰公路隧道的最大埋深为2480m，我国西康铁路秦岭隧道的最大埋深为1600m，秦岭终南山特长公路隧道的最大埋深为1640m；在水电资源开发方面，法国谢拉水电站引水隧洞的最大埋深为2619m，我国雅砻江锦屏二级水电站引水隧洞的最大埋深达到了2525m。此外，核废料深层地质处置、油气能源储存工程以及核心防护工程如北美防空司令部的深度也已接近或超过千米[1]。

高地应力、高地温、高渗透压以及开挖扰动影响会导致深部洞室的力学响应完全不同于浅部洞室，随着地下洞室开挖深度的不断增加，深部洞室围岩出现分区破裂非线性破坏现象[2]。钱七虎院士[3]首次给出了分区破裂现象的定义：在深部岩体中开挖洞室或巷道时，其两侧和工作面前的围岩中会产生交替的破裂区和非破裂区，这种现象被称为分区破裂现象(zonal disintegration)。深部洞室分区破裂现象与浅部洞室破坏现象相比明显不同，浅部洞室开挖后，从洞壁向围岩内部依次是破裂区、塑性区、弹性区和原岩区；而深部洞室开挖后，围岩内出现破裂区和非破裂区多次间隔交替的分区破裂现象。深部洞室分区破裂的特殊性激起了国内外研究者的极大兴趣，分区破裂现象已经成为当今深部岩体工程领域研究的热点和难点科学问题。国内外许多学者针对分区破裂这一特殊现象提出了很多理论解释，但是到目前为止，还没有一种理论解释能够得到大家的普遍认可。关于分区破裂的产生条件、影响因素以及形成机理也没有完全揭示清楚，还需要进行更深入的研究。

初始地应力场是地下洞室围岩稳定分析的重要参数，初始地应力是否可靠将直接影响到地下洞室的设计与施工安全。工程现场实测地应力是提供岩体初始地应力最直接、最有效的方法，但由于时间、经费等因素的限制，不可能进行大量的测量，而且初始地应力场成因复杂，影响因素众多，测点相对分散，使得现场地应力量测结果具有较大的离散性。因此，必须在现场实测的有限测点初始地应力的基础上，通过反演分析得到适用范围更大的初始地应力场。由此可见，准确获取岩体初始地应力场是进行地下洞室围岩稳定性分析所必须面临的一个重要问题。

众所周知，数值分析方法对岩体力学参数十分敏感，由于岩体尺度效应的影响，无论是室内试验还是原位试验确定的岩体力学参数都与实际岩体参数存在一定的差异，因此用力学试验参数作为计算输入参数进行数值分析，所得结果往往与工程实际情况存在较大的误差。为克服岩体力学参数取值不准的缺陷，岩体力学参数反演就成为解决该问题的重要途径。大量研究表明，利用现场监测位移反演岩体力学参数是一个比较好的途径，通过地下洞室开挖监测位移来反演围岩力学参数，并据此对洞室围岩稳定性进行分析评价，这对确保地下工程施工和运行安全、规避地下工程重大事故风险具有重要的作用。

石油是国家经济发展的重要命脉。通过调查发现我国海相碳酸盐岩油气资源主要分布在新疆塔里木盆地和华北地区，其中缝洞型油藏占探明碳酸盐岩油藏储量的 2/3，是今后石油增储的主要领域。缝洞型油藏的主要储集空间以古岩溶作用形成的溶洞洞穴和构造作用产生的次生裂缝为主，其中溶洞洞穴是最主要的储油空间，次生裂缝既是储油空间，也是主要的联通渗流通道。在碳酸盐岩油藏开采过程中，随着缝内地层压力下降，井下时常发生油藏溶洞垮塌和储油裂缝出油通道闭合的现象，这严重影响了油井开采量，为了提高石油采收率，并保证钻井作业安全，需要深入研究超深埋碳酸盐岩油藏溶洞的垮塌破坏机制，并探索高角度储油裂缝在复杂地层环境和采油状态下的闭合规律。

基于上述背景，本书系统研究了深部岩体洞室的破坏机理以及围岩稳定性分析理论与方法，主要研究内容如下：

(1) 开展了不同洞形和高地应力分布状态下深部洞室分区破裂三维地质力学模型试验，探讨了分区破裂的产生条件与影响因素，建立了基于应变梯度的分区破裂力学模型和分区破裂能量损伤破坏准则，提出了分区破裂数值分析方法，揭示了分区破裂的产生条件与破坏机理。

(2) 考虑地质构造运动和地形环境的影响，建立了岩体初始地应力多元回归分析与拟合方法，有效反演获得了大岗山水电站地下厂房和双江口水电站地下厂房厂区的初始地应力场。

(3) 考虑施工期围岩力学参数的变化，建立了岩体力学参数正交设计效应优化位移反分析方法，动态反演得到大岗山水电站地下厂房洞室围岩力学参数，并根据动态反演力学参数对地下厂房施工开挖围岩稳定性进行了数值计算分析，获得洞群围岩位移场、应力场和塑性区的变化规律，提出了对工程设计和施工具有指导意义的建议和计算结论。

(4) 针对超深埋缝洞型油藏开采遭遇溶洞垮塌与储油裂缝闭合的现象，以塔河油田碳酸盐岩缝洞型油藏开采为研究背景，通过三维地质力学模型试验探索了超深埋油藏溶洞的成型垮塌破坏机制，提出了溶洞垮塌判据以及溶洞临界垮塌深度、垮塌顶板厚度和垮塌洞跨的预测公式。通过大量工况的数值计算分析，阐明了不同形态、不同尺寸溶洞的垮塌破坏过程以及溶洞垮塌深度、垮塌顶板厚度和垮塌洞跨的变化规律，揭示了缝内降压速率、降压幅度、裂缝倾角、裂缝长度以及裂缝宽度等因素变化对缝洞型裂缝闭合的影响规律，提出了提高缝洞型油藏采收率的研究建议。

1.2　国内外研究现状分析

1. 深部岩体分区破裂研究现状分析

因为深部洞室分区破裂现象的特殊性，分区破裂现象自首次被发现至今，国内外很多学者对这一难点和热点问题从不同的方面开展了研究，下面从现场监测、室内试验、理论研究和数值模拟等方面对分区破裂研究现状进行分析。

1) 现场监测

20世纪70年代，有南非学者在两千多米深的金矿中首次观测到了破裂区和非破裂区间隔分布的分区破裂现象。随后Adams等[4]于1980年在南非Witwatersrand金矿埋深2000～3000m的巷道中通过钻孔潜望镜观测到了巷道顶板的间隔破坏现象，如图1.2.1所示。钻孔潜望镜观测结果表明：在所观测的钻孔中均有两个以上相对集中的破裂区，这些相对集中的破裂区由5～150mm的裂缝组成，破裂区和非破裂区交替出现的范围在10m左右。Adams等在机械开挖和钻爆法开挖的矿井中均发现了分区破裂现象，他们认为分区破裂的产生与开挖方式关系不大，在一定的应力条件下，巷道围岩中就会出现分区破裂现象。

20世纪80年代，俄罗斯学者Shemyakin等[5]在埋深957m的Oktyabrskil矿井和埋深1050m的Talmyrskii矿井中，采用电测法、超声透射法、伽马射线法以及钻孔潜望镜等多种方法观测得到如图1.2.2所示的分区破裂现象。

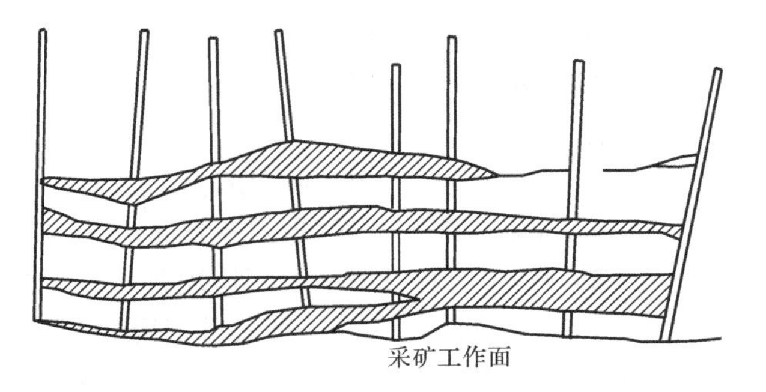

图 1.2.1　南非 Witwatersrand 金矿巷道顶板间隔破坏现象

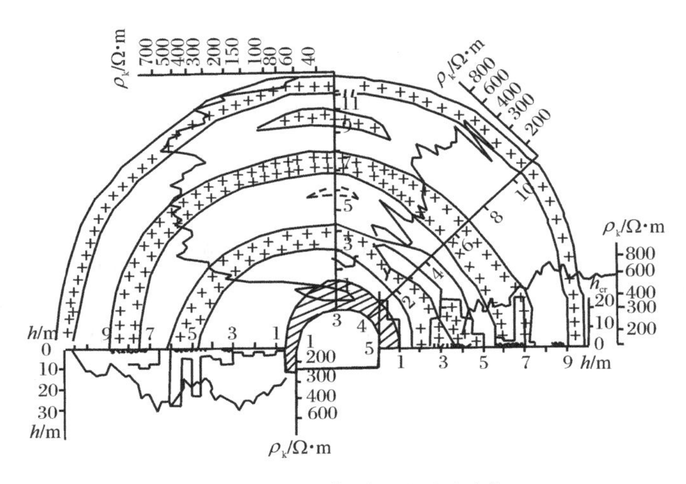

(a) 埋深 957m 的 Oktyabrskil 矿井

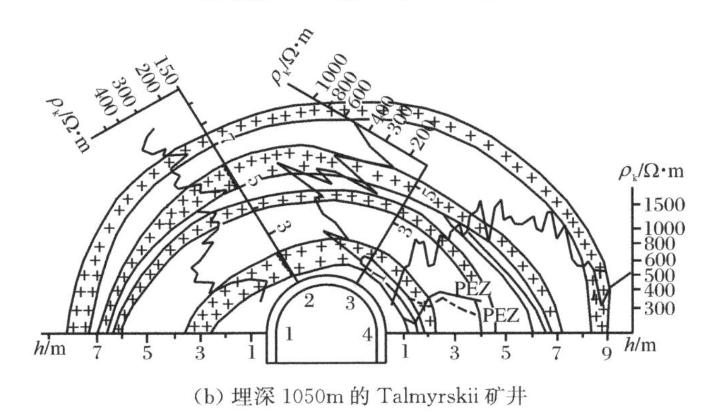

(b) 埋深 1050m 的 Talmyrskii 矿井

图 1.2.2　俄罗斯深部矿井的分区破裂现象

1979年我国学者李世平[6]测试了徐州权台煤矿上万根锚杆的受力情况，发现有部分锚杆出现了拉压交替的现象；1987年鹿守敏等[7]通过超声波观测到围岩内部的破裂区；刘高等[8]在地应力较高的金川矿区对围岩内的应力场做了监测，发现由洞壁至围岩深部的应力分布并不是单调变化的，出现了多处相对的应力增高区和降低区；方祖烈[9]在金川矿区观测到了围岩内存在拉应力区和压应力区交替分布的现象。但上述这些监测现象在当时并没有与分区破裂现象联系起来。

2008年李术才等[10]在淮南矿区丁集煤矿近千米深的不同断面尺寸的巷道中，通过钻孔电视系统监测了巷道围岩深处的破裂区分布情况，得到巷道围岩的分区破裂分布图，如图1.2.3所示；2009年许宏发等[11]应用电阻率测定仪测试获得丁集煤矿深部巷道围岩内的电阻率变化曲线，并且与钻孔电视直接观测到的破裂区分布做了对比，证实了分区破裂现象的存在。

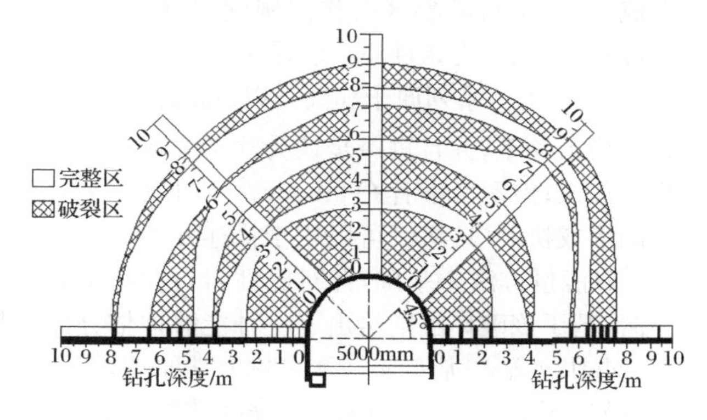

(a) 半径2.5m的巷道

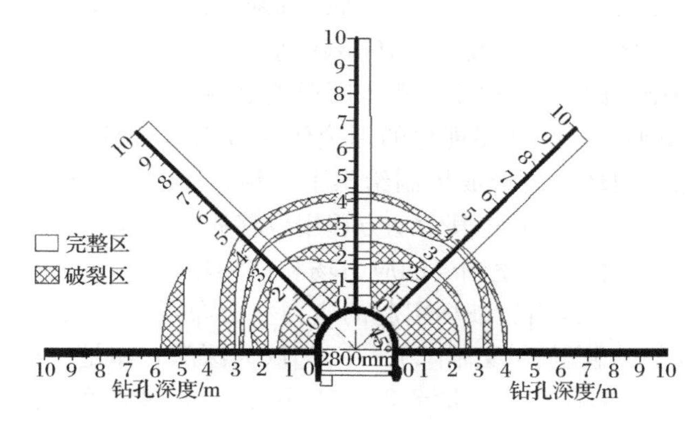

(b) 半径1.4m的巷道

图1.2.3 淮南矿区深部巷道中的分区破裂现象

朱杰等[12]在淮南矿区朱集煤矿埋深906m的巷道中应用位移测试、声波测试以及钻孔成像多种测试手段相结合的方法，得到了巷道围岩内的破裂区分布，发现围岩内有多个间隔的破裂区；埋深达两千多米的锦屏二级水电站辅助洞的松动圈监测数据表明，洞周围岩内交替出现了破裂区和非破裂区[13]；王宁波等[14]在乌鲁木齐矿区应用钻孔应力监测、声波探测、光学钻孔摄像等多种监测方法，监测到了巷道围岩破裂区分区分布的特征。

2)分区破裂理论研究现状

由于深部岩体分区破裂现象与浅部洞室围岩破坏方式存在巨大差异，分区破裂现象自被发现至今一直备受关注，国内外学者从不同的角度提出了很多理论模型试图解释这一特殊的破坏现象。

较早的研究者 Shemyakin 等[15]认为巷道开挖后围岩内径向应力释放、切向应力增长，洞壁附近的围岩进入塑性阶段，在此种应力条件下，洞周围岩内会出现劈裂破坏。破裂面形成以后，可将破裂区看作假洞壁，其后的围岩如满足应力条件则会重复这一破坏过程，直到应力条件不再满足为止。

Kurlenya 等[16,17]研究了一系列原子和离子以及地球内部结构的半径，发现它们的半径符合$\sqrt{2}$倍的模数关系，并且进一步认为深部岩体分区破裂中各破裂区的半径也符合上述模数关系；俄罗斯学者 Odintsev[18]基于深部岩体中的试验数据提出了分区破裂现象的形成机制，该机制可以用于描述并预测地下洞室围岩的周期性劈裂破坏；Reva[19]以能量方法为基础，针对脆性岩石提出了能够考虑不同扰动程度的破坏准则，并且基于该破坏准则给出了一种能够评估分区破裂条件下地下工程稳定性的方法；Metlov 等[20]基于非平衡态热力学原理，解释了围岩内分区破裂现象的物理机制，描述了岩石自弹性阶段至分区破裂形成的演化过程；Sellers 等[21]通过试验研究了深部洞室围岩内不连续面对分区破裂的影响，认为岩体中的不连续面是引起分区破裂的重要原因；Guzev 等[22]基于不平衡热力学理论提出了一种非欧连续模型，并利用该模型分析了圆形地下洞室的应力场分布。

钱七虎、周小平在分区破裂现象的理论研究方面做了较多的工作，他们从不同的方面对分区破裂现象的形成机制给出了解释。文献[23]～[25]将深部洞室的开挖视为一个动力过程，并将其运动方程用位移势函数来表达，通过 Laplace 变换获得了动力开挖条件下洞室围岩的应力场和位移场，当围岩的应力场满足破坏准则时围岩内出现破裂，围岩破坏引起的应力重分布可能导致新的破裂区出现，从而形成多个间隔的破裂区；文献[26]～[28]认为深部岩体是一种具有初始损伤的非连续介质，其内部存在着大量节理裂隙，围岩内节理裂隙的扩展将导致深部岩体的内部空间由欧氏几何空间向非欧几何空间转化，并根据非欧几何模型求得了深部洞室围岩的应力场，考虑了损伤变量对深部洞室围岩的应力场和分区破裂化效应的影响；文献[29]～[32]基于自由能密度、平衡方程和变形非协调条件，提出了一种新的非欧模型，求得了深部圆形洞室围岩的应力场，当围岩内微裂纹的密度和长度较大时,围岩应力场的振荡特性明显,处于应力波峰区域的微裂纹会扩展合并最终形成破裂区,而处于应力波谷区域的微裂纹不会扩展最终形成非破裂区,围岩应力场波峰和波谷间隔交替出现的现象将导致破裂区和非破裂区的交替出现,即分区破裂化现象。

李英杰等[33]对现场观测和模拟试验中分区破裂现象的时间效应作了分析总结,认为破裂区产生需要一定的时间,分区破裂现象是由岩体的蠕变效应产生的,给出了可描述加速蠕变的流变模型,并依据此模型求出了破裂区的半径;陈建功等[34]提出了深部岩体分区破裂化的冲击破坏机制,认为在深部洞室开挖卸荷过程中,围岩的径向应力波波前产生应力不连续间断面,当波前应力降满足一定条件时,围岩内会出现局部冲击破坏,并根据围岩质点的速度、间断面压力降,由动量守恒定律推导了围岩分区破裂化的冲击本构方程和破坏准则,给出了分区破裂形成后各破裂区半径的表达式;李树忱等[35]将隧道开挖卸荷视为一个动力过程,利用 Hamilton 时域变分原理的直接法模拟隧道开挖过程,得到了围岩体内扰动应力场的函数式解答,计算结果较好地反映了隧道开挖引起的围岩内拉压交替变化特性;李春睿等[36]提出了深部巷道分区破裂化的形成机制及失稳判定准则,通过 $FLAC^{3D}$ 再现了分区破裂化现象,探讨了分区破裂化与冲击地压发生的关系,从分区破裂现象的角度解释了冲击地压从孕育到发生的过程;陈旭光等[37]分析了圆形巷道围岩的应变场和能量场,发现极限平衡区边界处的径向应变不连续并且弹性变形能在此处聚集,认为极限平衡区边界处的特殊性是导致圆环状破裂区形成的直接原因,并认为分区破裂的最终形成是圆环状破裂区产生后极限平衡区向围岩深部循环发展的结果;鲁建荣[38]求解了三维厚壁圆筒的线弹性解析解,从拉压域、应变梯度及径向压拉蓄能三个方面入手,分别研究了内压静力卸荷、水平应力重分布、围压及轴压对深部洞室围岩分区破裂的作用机制,认为水平应力重分布和轴压是围岩内出现分区破裂现象的主要因素,但是两者作用机制有所不同;陈伟等[39,40]基于深部洞室围岩分层断裂模型试验中破裂区的形态,采用弹脆性岩石本构模型和极限应变破坏准则,推导了洞室围岩的应力场,定量分析了试验结果,认为在很大的轴向压力作用下,围岩会产生间隔的拉伸裂缝,形成分层断裂现象。

戚承志等[41,42]为考虑隧道岩体中的能量耗散和自我组织现象,建议在岩体本构模型中引入有效塑性应变梯度项,利用虚功原理得到岩体的平衡方程、边界条件和流动准则,通过 Clausius-Duhem 不等式获得了岩体的本构方程,推导了圆形隧道在弹性变形情况下、具有下降段的弹塑性变形情况下和不考虑弹性变形的塑性变形情况下的解析解,认为获得的解析解能够描述深部岩体中的分区破裂现象;王明洋等[43,44]认为深部岩体的力学问题是四维空间问题,是在开挖寿命尺度上的应力状态演化,对深部围岩变形破坏机理的研究必须建立在与时间、空间有关的岩石性质之上,并基于此提出了一种能够描述深部岩体的卸荷破坏动态演化、扩容和剪切滑移大变形全过程的本构模型，在 LS-DYNA 平台上初步实现了深部岩体特征科学现象的动态模拟计算。

经典的连续介质理论认为，材料一点应力仅仅是该点的应变以及该点变形历史的函数，而与其周围点的应变无关。随着对材料破坏过程中尺寸效应以及应变局部化现象研究的深入，越来越多的学者认识到应变梯度效应在材料本构关系中的重要性。实际上，应变梯度理论研究的兴起正是因为经典连续介质理论在描述材料应变局部化和应变软化现象时所遇到的诸多困难。从应变梯度理论的发展历程来看，主要有偶应力理论、应变梯度理论和非局部梯度理论。应变梯度理论是指在本构关系中考虑应变梯度项以考虑其对材料变形和强度影响的各类模型的总称。近年来，应变梯度理论在理论和试验方面都取得了长足的发展，由于该理论的引入，人们已经较为成功地解释了金属材料在微米量级上时所呈现的强烈的尺寸效应。岩土介质的非连续性和非均匀性的特点，使得岩土介质的应变梯度效应更加明显。应变梯度理论在岩土工程中的应用主要集中在岩土材料应变局部化及应变软化的研究中。应变梯度效应在岩土材料的弹性阶段不会对其变形和强度起到控制作用，但当材料到达峰值强度后，应变梯度变大成为应变局部化启动和发展的原因。目前来看，应变梯度理论在岩土工程中的应用主要集中在应变局部化的研究中，应变梯度效应是局部剪切带出现的关键因素，并且应变梯度效应在岩石介质的峰后应变软化段起着控制作用。深部洞室处于高地应力条件下，洞室开挖后围岩应力释放，会有较大范围的围岩处于峰后软化阶段，因此要研究深部洞室围岩的破坏机理就必须考虑应变梯度效应，而分区破裂恰恰是高应力条件下深部洞室围岩所特有的破坏现象，因此也应该将应变梯度理论引入到分区破裂现象的研究中。

3）分区破裂试验研究现状

国内外学者通过模型试验有力再现出一定试验条件下深部洞室分区破裂的形成与破坏过程。如，俄罗斯学者 Shemyakin 等[45]使用等效材料开展了三维条件下洞室围岩破裂的模拟试验，得到了围岩内破裂区和非破裂区交替出现的现象；顾金才等[46]较早开展分区破裂模型试验，采用水泥砂浆作为模型材料开展了圆形和直墙拱顶洞室的模型试验，获得了破裂区和非破裂区交替出现的分区破裂现象，并提出当最大主应力平行于洞轴方向时，洞周围岩内就可能出现环状的分区破裂现象；张智慧等[47,48]采用四种不同的材料在圆筒模型中开展了分区破裂模型试验，观测了钢桶模型内部裂纹的分布规律及沿轴向的变化规律；宋义敏等[49]以石膏和熟石灰为材料，在金属圆筒中开展了预留洞室的三轴压缩试验，初步观察到了分区破裂现象，并且认为洞室围岩深部环向断裂是从洞室边界的局部破坏区尖端产生，并向洞室围岩深部发展；左宇军等[50]采用石膏制作的厚壁圆筒模型在伺服控制的压力试验机上进行了二维动、静组合加载试验，试验结果表明：巷道轴向应力为最大主应力且大于一定值时围岩会发生分层断裂现象，应力状态对试样裂纹的扩展及分布方向起着主导作用；张后全等[51]使用改装后的三轴压力试验机，在真三维状态下对厚壁圆筒岩样开展了卸轴压和卸围压的破坏试验，发现岩样内部出现了环状的破裂面，这一试验结果与分区破裂现象较为近似；袁亮等[52]依托深部巷道围岩破裂机理与支护技术模拟试验装置，以水泥砂浆为模拟材料，在“先开洞，后加载”的条件下开展了直墙拱顶洞室的分区破裂模型试验，试验获得了明显的破裂区和非破裂区交替间隔出现的分区破裂现象，并且认为洞室内径向拉应变是洞周出现环状裂缝的根本原因；张强勇等[53]依托自行发明研制的高应力真三维加载模型试验系统和铁晶砂胶结模型相似材料，在“先加载，后开洞”的条件下开展了深部巷道真三维高地应力条件下的分区破裂相似材料模型试验，精细模拟出模型洞周的分区破裂现象，并且通过多种测试手段获得巷道围岩内部的径向位移和径向应变呈现波峰与波谷间隔交替的振荡型衰减变化规律，从试验现象和测试数据两个方面均证实了分区破裂现象的出现。

4)分区破裂数值研究现状

国内部分学者采用应变软化模型模拟了分区破裂的产生过程。如高富强等[54]采用应变软化遍布节理本构模型对巷道围岩的分区破裂现象开展了数值模拟分析，结果表明：围岩应力状态和巷道断面形状均对分区破裂现象有显著的影响；王红英等[55]采用应变软化模型对地下洞室围岩的应力应变状态进行了数值模拟，结果表明：分区破裂现象与岩石的峰后力学特性密切相关，围岩进入峰后残余状态是产生分区破裂现象的前提，分区破裂现象与围岩的初始应力场紧密相关，破裂区主要集中在应力较大的方向；姜谙男[56]基于应变软化的莫尔-库仑模型，开展了不同卸荷程度、不同应力荷载比和不同孔隙水压力条件下巷道围岩分区破裂的数值模拟，得到了不同的破裂区分布，认为峰后应变软化模型可以模拟围岩破裂的问题，剪切机制是导致围岩不均匀破坏的重要原因；苏永华等[57]采用峰后软化的遍布节理模型描述深部岩体的力学行为，开展了考虑节理、应力状态及岩体力学参数的分区破裂数值模拟，结果表明：围岩内的节理及其分布对破裂区范围和分布规律有很大的影响，当围岩的初始地应力超过其强度时，分区破裂现象将会出现。

部分学者采用动力学模型和扩展有限元方法模拟了分区破裂的形成过程。如，王学滨等[58,59]采用峰后软化模型开展了加载和卸载条件下深部巷道围岩分区破裂现象的数值模拟，结果表明：加载和卸载条件下，在巷道平面内均出现了剪切应变增量高低值间隔分布的现象，认为分区破裂现象是由空间中的若干锥形应变局部化剪切带组成的；李树忱等[60]基于最大拉应力准则和应变能密度理论建立了岩体单元破坏准则，应用弹性损伤力学描述岩石峰后的力学性质，将地下洞室的开挖视为动力过程，数值模拟得到的破裂区分布及数目，与现场实测结果有较好一致性；陶明等[61]认为岩石材料的动力学性质符合连续面帽盖模型，开展了动力加载条件下的数值模拟研究，结果表明：在洞室的开挖过程中，静态应力梯度和动力加载是产生远场破裂区的两个先决条件；朱哲明等[62]认为静力学理论难以解释深部岩体中的分区破裂现象，应从动力学的角度去考虑，并应用 AUTODYN 有限元分析程序研究了含缺陷岩体在慢速卸载 P 波作用下产生分区破裂现象的机制，数值计算结果表明：如果慢速卸载 P 波的强度超过一定的数值，围岩中会出现分区破裂现象，如果入射卸载波为矩形波，围岩中将不会出现分区破裂现象；陈旭光等[63]以最大周向拉应力准则为开裂准则，认为当应力强度因子大于岩体断裂韧度时，围岩内的初始裂纹开始扩展，以 ABAQUS 扩展有限元为平台对深部岩体的分区破裂现象做了数值模拟分析，数值计算结果与模型试验结果基本一致，表明扩展有限元方法能较好地模拟分区破裂现象；唐春安等[64]和贾蓬等[65]运用三维 RFPA 数值模拟软件在高性能计算机上研究了带圆孔立方体试样在轴向加载边界约束条件下环状间隔破坏的演化过程，随着轴向荷载的增加，模型内部的破裂区首先在孔壁出现，逐渐形成环状破裂区并呈螺旋状展开，数值计算结果表明：分析分区破裂现象应考虑应力的三维效应，基于平面应变的假设可能导致分区破裂现象难以再现。

综上所述，虽然深部洞室的分区破裂现象已在工程现场通过多种测试手段得到了证实，并且在理论研究、室内试验以及数值模拟等方面均取得了较大进展。但是到目前为止，关于分区破裂的产生条件和影响因素还没有通过相似材料地质力学模型试验全面揭示清楚；分区破裂的理论方法还不够完善，还没有一种理论能够真正有效地解释分区破裂的力学成因与破坏机理；在数值分析方面，还不能全过程有效模拟分区破裂的形成过程以及模型试验揭示的洞周位移、应力和应变的振荡型衰减规律。因此，在前人的研究基础之上，作者通过相似材料地质力学模型试验、理论研究和数值模拟对深部洞室分区破裂的形成机制与破坏机理进行了更深入的研究。

2. 地下洞室围岩力学参数反演分析研究现状

随着计算技术在岩体工程中的应用和推广，岩体数值计算方法已在地下工程中得到广泛应用。然而，数值分析方法虽然有较合理的计算模型，但对岩体力学参数十分敏感。为克服岩体力学参数取值不准的缺陷，岩体力学参数反演就成为解决该问题的重要途径。大量研究表明，利用现场监测位移反演岩体力学参数是一个比较好的途径，通过地下洞室开挖监测位移来反演岩体力学参数，并据此对围岩稳定状况进行分析评价，这对确保地下工程施工和运行安全、规避地下工程重大事故风险具有十分重要的作用[66~68]。针对洞室围岩力学参数的反演，Kavanagh等[69]首先提出根据工程开挖所测得的围岩位移来反算岩体初始应力场及力学参数;Sakurai等[70]直接利用量测位移求解由正方程反推得到的逆方程,从而得到待求力学参数。近年来,位移反分析法在岩土工程中取得长足发展[71~75]。朱万成等[76]运用正交有限元试验分析方法进行了矿山洞室围岩力学参数反演与锚喷参数优化研究;王芝银等[77]应用位移反分析方法研究了坝体弹性力学参数和坝基稳定性;陈益峰等[78]根据大坝运行实测资料,进行了复杂坝基弹塑性力学参数反演分析研究;刘宁等[79]应用神经网络与遗传算法对琅琊山抽水蓄能电站地下厂房进行了开挖位移智能反演研究。总的来看,目前国内外学者在反演洞室围岩参数时,主要将岩体力学参数作为静态参数来反演,没有考虑洞室开挖对岩体力学参数的影响。实际上,围岩力学参数会随着地下洞室开挖进程的发展而不断变化,因此,必须根据洞室的开挖进度实时动态反演岩体力学参数才能有效评价围岩稳定状况,并保证地下工程的施工与运行安全。

3. 超深埋缝洞型油藏开采研究现状

在奥陶系碳酸盐岩储层中,裂缝溶洞储层是重要的石油储层类型,其发育的溶蚀孔洞以大型洞穴为特征,是石油主要的储集空间,裂缝既是储集空间也是联通孔洞的通道[80,81]。根据钻井和录井资料,地下溶洞尺度变化差异大,钻井证实的最大洞径达72m,小的洞径只有1～2m,且纵向分布非均质性强。在油藏开发过程中,根据部分油井生产动态推测,井下常常发生溶洞垮塌或高角度裂缝出油通道闭合现象,这严重影响了油井产量,因此迫切需要了解碳酸盐岩油藏溶洞的垮塌破坏机制和高角度储油裂缝的闭合规律。针对缝洞型油藏开采的研究,前人所做的工作主要有:李阳[82,83]、杨坚等[84]系统地开展了碳酸盐岩缝洞型油藏开发技术研究,阐明了储集体形成机制,揭示了流体动力学机理,形成了开发关键技术;张希明[85]对碳酸盐岩缝洞型油气藏地质特征、流体特征以及油气藏类型进行了系统总结;孟伟[86]对缝洞型油气藏勘探开发关键技术进行了详细介绍;邓洪军[87]通过对塔河油田碳酸盐岩储层放空漏失现象的研究,提出了详细的治理措施,为油田开发提出了合理的建议,进一步加深了对塔河缝洞型油藏的认识;牛玉静[88]通过对塔河油田的钻井岩芯、常规及成像测井的研究,确定了各种类型塌陷带在塔河油田艾丁区块的平面展布,为油田开发提供了依据。

总的来说,关于超深埋碳酸盐岩油藏溶洞的垮塌破坏机制以及高角度裂缝的闭合规律,目前国内外相关研究成果还十分少见,因此我们以塔河油田缝洞型油藏开采为研究背景,开展了超深埋缝洞型油藏溶洞垮塌破坏与裂缝闭合的模型试验与数值计算分析研究,揭示了超深埋油藏溶洞的垮塌破坏机制,探讨了不同形态、不同尺寸溶洞的垮塌破坏过程、垮塌影响范围、垮塌深度、垮塌顶板厚度以及垮塌洞跨的变化规律,获得了缝内降压速率、降压幅度、裂缝倾角、裂缝长度、裂缝宽度等因素变化对缝洞型裂缝闭合的影响规律。

1.3 本书主要研究内容及成果

本书系统研究了深部岩体洞室的破坏机理与围岩稳定分析的理论与方法，建立了分区破裂力学模型和数值模拟方法，揭示了分区破裂的形成机制与破坏机理；提出了地下洞室初始地应力反演方法以及洞室围岩力学参数的动态反演方法；阐明了超深埋缝洞型油藏溶洞垮塌破坏机制以及高角度储油裂缝的闭合规律。本书主要研究成果如下：

(1) 通过深部巷道多工况真三维地质力学模型试验，揭示出分区破裂的产生条件和影响因素，获得了洞周位移、应变、应力波峰与波谷间隔交替的振荡型变化规律。

(2) 建立了基于应变梯度的分区破裂非线性弹性损伤软化模型，推导了高地应力条件下的深部洞室位移平衡方程，计算获得了洞周径向位移、径向应变和应力的振荡型变化规律。根据应变能密度理论建立了分区破裂能量损伤破坏准则。

(3) 构建了可考虑应变梯度效应的 8 节点六面体高阶单元，推导了高阶单元的形函数和刚度矩阵，提出了分区破裂数值分析方法，并依托 ABAQUS 平台开发了分区破裂计算程序。通过数值模拟探索了洞室形状、最大主应力分布、软弱夹层分布等因素对分区破裂的影响，有效模拟出分区破裂的形成与破坏过程。根据模型试验、理论研究和数值分析，阐明了深部洞室分区破裂的形成机制：①最大主应力平行于洞轴方向且量值超过围岩抗压强度是产生分区破裂的基本条件；②在轴向高地应力作用下，洞周位移和应力呈现波峰与波谷间隔交替的振荡型衰减变化是产生分区破裂的力学成因。

(4) 考虑地质构造运动和山体地形条件对岩体初始地应力形成的影响，选取自重、挤压构造运动、剪切构造运动和地形势作为影响初始地应力场的主要因素，建立了岩体初始地应力多元回归分析与拟合方法，反演获得双江口水电站和大岗山水电站地下厂房厂区的初始地应力函数。

(5) 建立了岩体力学的正交设计效应优化位移反分析法，动态反演得到大岗山水电站地下厂房洞群围岩的力学参数，获得地下厂房施工开挖过程中围岩位移场、应力场和塑性区变化规律，对优化工程设计和施工提出了具有指导性的建议和计算结论。

(6) 通过三维地质力学模型试验揭示出超深埋碳酸盐岩油藏溶洞的成型垮塌破坏机制，建立了溶洞垮塌判据，提出了溶洞临界垮塌深度、垮塌顶板厚度和垮塌洞跨的计算方法；探索了不同形态、不同尺寸溶洞的垮塌破坏过程、垮塌影响范围、垮塌深度、垮塌顶板厚度、垮塌洞跨的变化规律，构建了不同洞形溶洞临界垮塌深度、垮塌顶板厚度和垮塌洞跨的预测公式；揭示了缝内降压速率、降压幅度、裂缝倾角、裂缝长度、裂缝宽度等因素变化对缝洞型储油裂缝闭合的影响规律，提出了在缝洞型油藏开采过程中对于防止超深埋油藏溶洞垮塌和高角度裂缝闭合的具有工程指导意义的研究结论。

第 2 章　深部洞室分区破裂模型试验

2.1 引　言

随着地下工程开挖深度的不断增加，深部地下洞室围岩所处的地质环境变得越来越复杂，在高地应力、高渗透压、高地温及开挖扰动条件下，洞室围岩将出现显著的非线性变形破坏，其中分区破裂就是高地应力条件下深部洞室围岩所特有的非线性破坏现象。由于深部洞室自身岩体结构和地质赋存环境的复杂性，传统的理论解析方法和数值分析方法在处理这些非线性变形破坏问题时遇到了极大的困难，而地质力学模型试验以其形象、直观、真实的特性成了研究深部岩体非线性变形破坏问题的重要手段。地质力学模型试验是根据一定的相似原理，对岩土工程问题进行缩尺化研究的一种物理模拟方法，在满足相似原理的条件下，能够比较准确地模拟岩土介质的变形与破坏规律，借助模型试验方法可发现岩土工程施工过程中的一些新的科学现象，可为建立新的力学分析模型提供试验依据。

深部岩体的分区破裂现象已在工程现场通过多种手段得到了证实，并且不少学者也提出了一些新的理论方法试图解释这种与浅埋洞室破坏模式迥异的破坏现象，但因深部岩体变形破坏的非线性特性，致使分区破裂现象的形成机制尚不清楚。为探索深部岩体分区破裂的产生条件与影响因素，本章以淮南矿区丁集煤矿深部巷道为研究工程背景，开展了不同洞形、不同高地应力状态和不同夹层地质构造分布等因素影响下的深部巷道开挖真三维地质力学模型试验，揭示了洞室形状、高地应力状态以及软弱地质构造对深部洞室分区破裂形成过程的影响规律。

2.2 模型相似材料

模型试验的工程原型为安徽淮南矿区丁集煤矿埋深 910m 的深部巷道，巷道所在地层岩性主要为二叠系中砂岩且其中含砂质泥岩夹层。洞区实测地应力是以水平构造应力分布为主，由自重应力和构造应力联合组成的高地应力场，其中，平行洞轴向水平应力为最大主应力、垂直洞轴向水平应力为第二主应力、自重应力为第三主应力。模型几何相似比尺取 $C_L = L_P/L_M = 50$。根据相似原理和原岩物理力学参数，在作者发明研制的铁晶砂胶结新型岩土相似材料[89～91]的基础上，根据原岩物理力学参数，通过大量材料配比以及材料试件的单轴、三轴压缩试验和直接拉伸试验[92]，测试获得满足相似条件的模型材料的物理力学参数（见表 2.2.1）和模型相似材料配比（见表 2.2.2）。图 2.2.1 为模型相似材料物理力学参数测试照片。

表 2.2.1　原岩和模型相似材料的物理力学参数

材料类型		容重/(kN/m³)	弹性模量/MPa	黏聚力/MPa	内摩擦角/(°)	抗压强度/MPa	抗拉强度/MPa	泊松比
中砂岩	原岩材料	26.2	77820	10.00	43	88.55	14.01	0.268
	模型材料	25.9～26.5	1530～1590	0.18～0.22	40～45	1.70～1.90	0.26～0.30	0.240～0.280
砂质泥岩	原岩材料	24.5	15560	6.70	38	46.24	5.36	0.257
	模型材料	24.3～24.6	306～314	0.12～0.14	37～40	0.86～0.93	0.09～0.11	0.250～0.260

表 2.2.2　相似材料配比及松香酒精溶液浓度

材料类型	$I:B:S$	松香酒精溶液浓度/%	松香酒精溶液占材料总重的比例/%
中砂岩相似材料	1.0∶1.2∶0.38	9.5	5.0
砂质泥岩相似材料	0.0∶1.0∶0.33	5.0	5.0

注：I、B、S 分别表示铁精粉、重晶石粉和石英砂的含量（采用质量单位）。

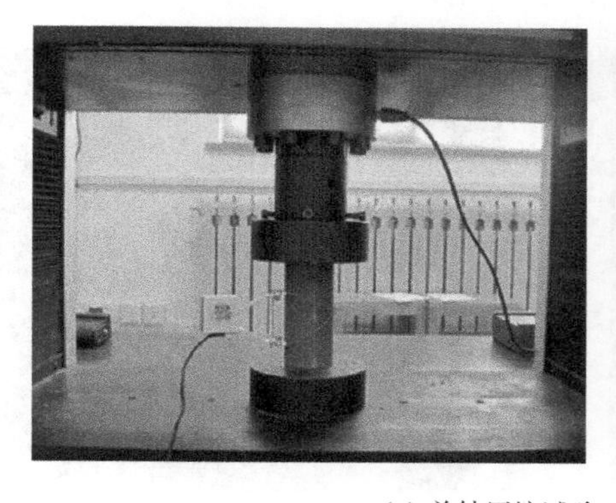

(a) 单轴压缩试验

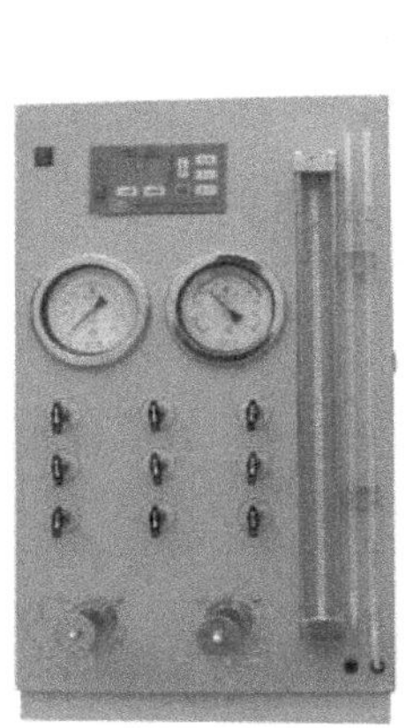
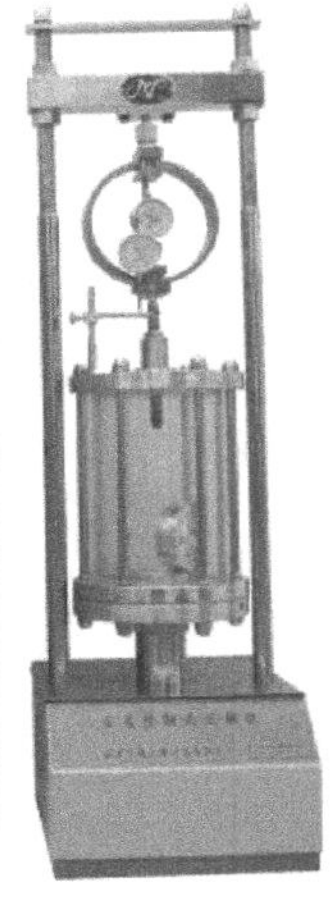
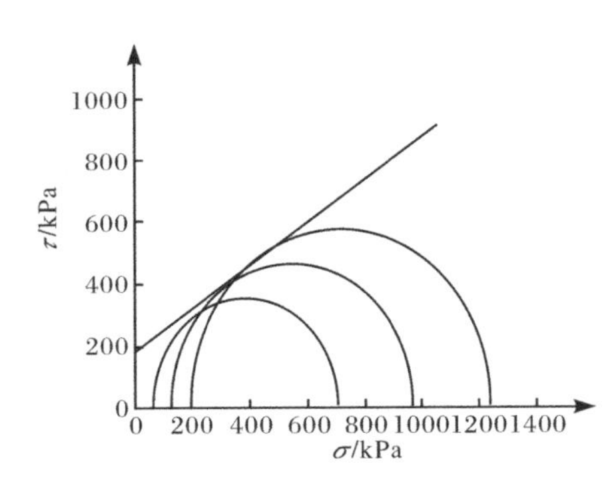

(b) 三轴压缩试验

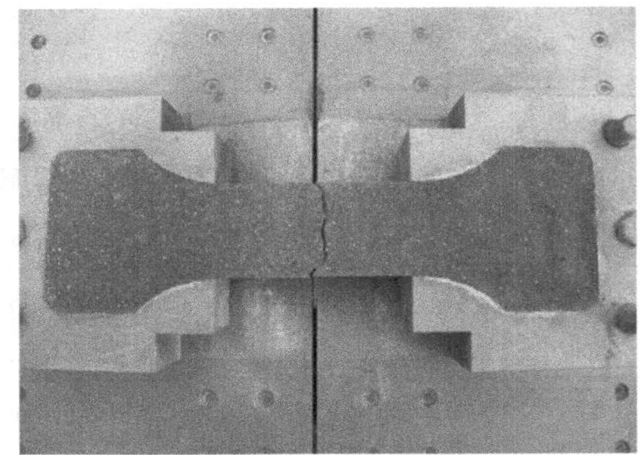

(c) 直接拉伸试验

(d) 直接剪切试验

图 2.2.1 模型相似材料物理力学参数测试

2.3　模型试验系统研制

为了能真实模拟深部岩体在三维高地应力条件下的变形破坏规律，设计研制了高地应力真三维加载模型试验系统[93,94]，如图 2.3.1 所示。试验系统由数控液压加载控制系统和数据采集分析系统两大部分组成，其中数控液压加载控制系统可真实、准确地模拟深部巷道所处的高地应力状态，数据采集分析系统可准确测试巷道围岩的应力、应变及位移变化规律。

1. 数控液压加载控制系统

数控液压加载控制系统由组合式反力架、加载板、导向框、多路液压站、高压油管、液压油缸、数字液压传感器、数字电磁阀和计算机控制台等组成。加载控制系统可通过计算机控制台实时监控并调整多路液压站的输出压力值，能精确控制每个液压油缸的出力值。

组合式反力架由盒式锰钢构件和高强螺栓连接组合而成，其外部尺寸为 2m×1.75m×1.75m。在反力架内部设置了 8 根 ϕ40 高强拉杆，以保证反力架的整体刚度满足试验要求。为实现对立方体试验模型的真三维加载，共设置了 6 块独立的加载板，分别对试验模型的六个表面施加压力。为减小加载板与试验模型表面之间的摩擦力，在两者之间设置聚四氟乙烯减摩面板。模型加载板的长宽皆为 600mm，厚度为 30mm，每个加载板与 4 个液压油缸相连，每个液压油缸的设计出力值为 500kN。

在真三维加载条件下试验模型的体积会缩小，从而极易导致相邻两加载板相互妨碍，即出现“边角效应”。为消除“边角效应”保证模型体内应力状态的准确性，在相邻加载板之间设置了导向框，导向框由 12 根截面尺寸为 50mm×50mm 的方形钢柱构成，导向框的外部尺寸为 0.7m×0.7m×0.7m，内部净尺寸为 0.6m×0.6m×0.6m。

在试验模型前后面加载板的中心位置处设有可拆卸的导洞盘，在试验模型达到预定的应力状态后，拆下导洞盘，即可维持试验模型在三维应力状态不变的条件下进行巷道开挖，从而保证模型开挖与实际巷道开挖具有较好的一致性。导洞盘可以设计成不同的形状，如圆形、马蹄形、矩形、城门形等，以满足开展不同洞室形状模型试验的要求。

与国内外同类模型试验加载系统相比，该系统具有以下技术优势：

(1) 加载系统最大可对模型体表面施加 5.5MPa 的压力，考虑到几何相似比尺 $C_L=\dfrac{L_P}{L_M}=50$，则可以模拟地应力高达 275MPa 的深部地下工程的变形破坏问题。

(2) 在模型体的 6 个表面均设置了独立加载板,真正实现了真三维加载。

(3) 设置加载导向框装置解决了真三维加载时相邻加载板的相互干扰问题。

(4) 开挖导洞盘能保证模型体在保持三维应力状态不变的条件下进行洞室开挖。

(5) 实现了模型高应力加载、稳压和监控的智能化、数字化和可视化。

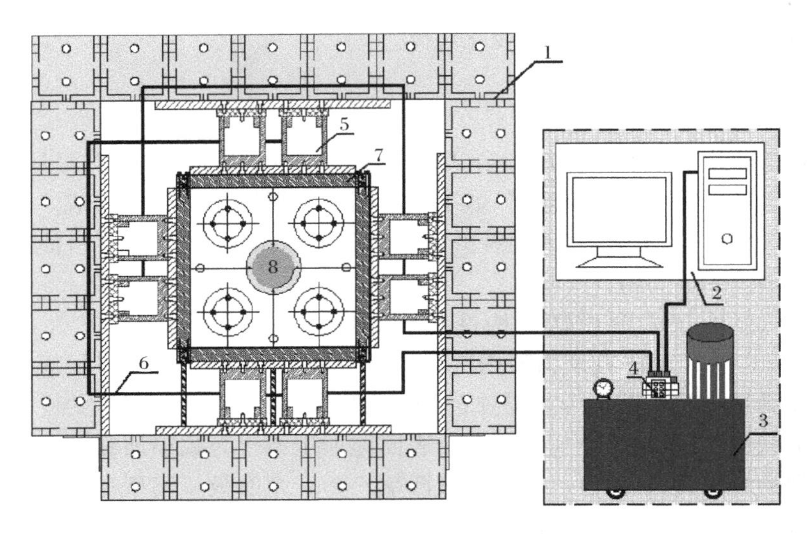

(a) 真三维加载模型试验系统示意图

(b) 真三维加载系统全景图

(c) 加载系统俯视图

(d) 加载系统前视图

(e) 加载导向框

图 2.3.1　高地应力真三维加载模型试验系统

1. 组合式反力架；2. 计算机控制台；3. 多路液压站；4. 数字电磁阀；
5. 液压油缸；6. 高压油管；7. 加载导向框；8. 开挖导洞盘；9. 高强拉杆

2. 数据采集分析系统

数据采集分析系统由多点位移计、光栅尺、电阻应变计、微型压力传感器、静态电阻应变仪以及位移、应变和应力数据分析软件系统组成[95,96]，如图 2.3.2 所示。其中多点位移计和光栅尺用来测试模型体内部的位移，电阻应变计用来测量应变，微型压力传感器用来测试模型内部的压应力。

光栅尺也称为光栅尺位移传感器，是利用光栅光学原理工作的测量装置。光栅尺内部设有指示光栅和标尺光栅，当指示光栅相对于标尺光栅移动时，指示光栅的微小位移会通过光的干涉现象放大很多倍，转换为莫尔条纹的位移，从而使得光栅尺能精确地测量微米级的位移量。光栅尺测量精度高且不易受干扰，本次试验所使用的光栅尺分辨率为 0.005mm。多点位移计由金属测头、柔性塑料管和不可伸缩的钢丝组成，试验时将金属测头埋入模型内部，并通过钢丝与光栅尺相连接，配合使用位移数据分析软件系统即可测试获得试验模型内部任意部位的位移。

填筑试验模型时，将电阻应变计埋设在指定位置，配合使用静态电阻应变仪和应变数据分析软件系统就可以测试获得模型内部的应变。微型压力传感器为电阻式压力传感器，其量程为 1MPa，形状为直径 17mm、高度 7mm 的扁圆柱体。将压力传感器埋设在模型内部，以全桥接法与静态电阻应变仪相连，配合使用应力数据分析软件系统即可测试获得模型内部的压应力。

与国内外同类模型试验数据采集分析系统相比，该系统具有以下技术优势：

(1) 可实时动态采集试验数据并对其进行分析处理，自动给出各类曲线及报表。

(2) 能采集模型体内部任意位置处的位移、应变和应力数据。

(3) 系统测试精度高，如位移测试精度为 0.005mm，稳定性好，抗干扰能力强。

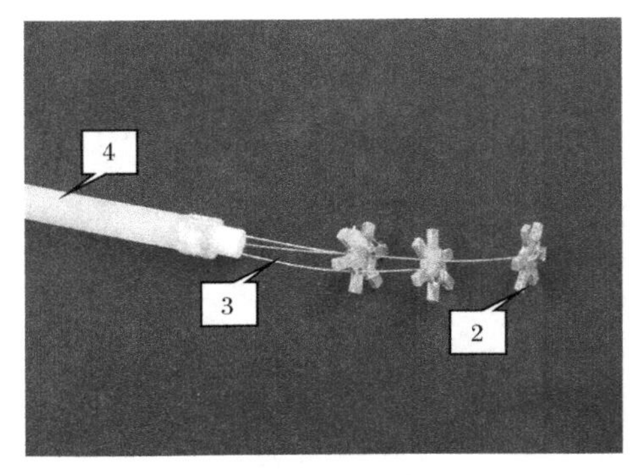

(a) 多点位移计

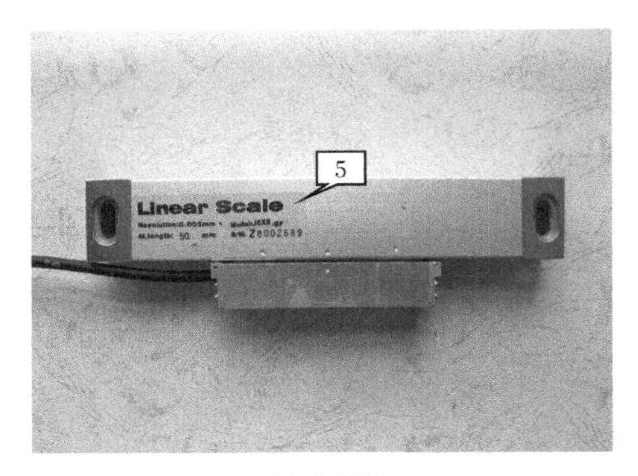

(b) 光栅尺

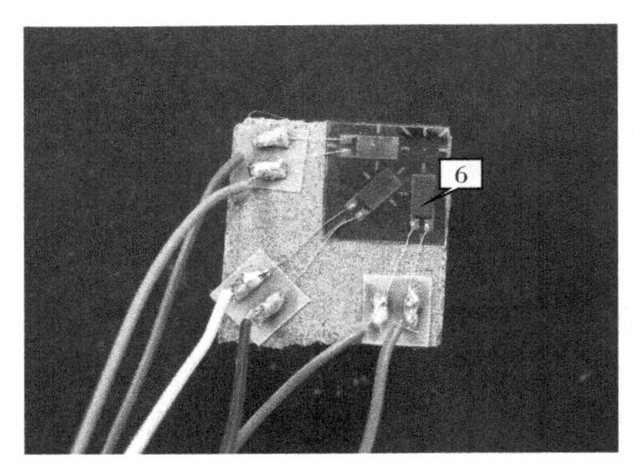

(c) 自制应变砖

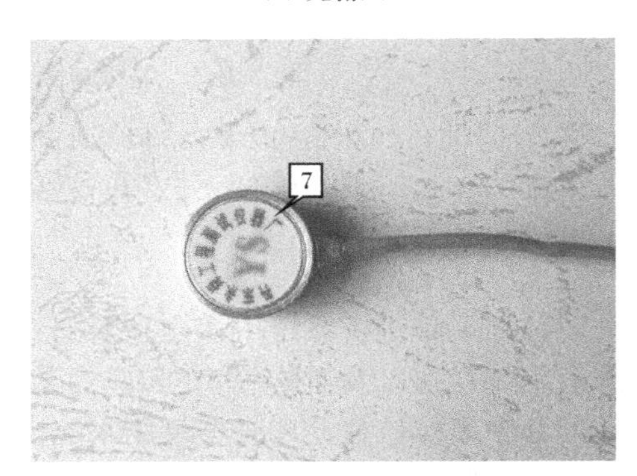

(d) 微型压力传感器

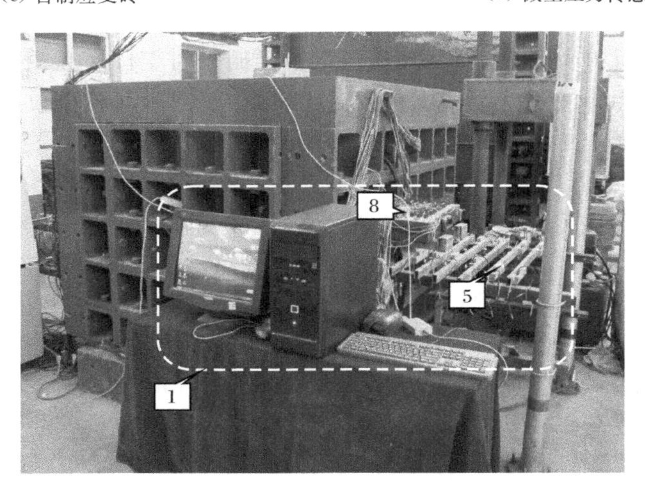

(e) 系统全景照片

图 2.3.2　数据采集分析系统

1. 数据采集分析系统；2. 多点位移计测头；3. 不可伸缩钢丝；4. 柔性塑料管；
5. 光栅尺；6. 电阻应变计；7. 微型压力传感器，8. 静态电阻应变仪

2.4　分区破裂地质力学模型试验过程与方法

2.4.1　模型试验方案

利用高地应力真三维加载模型试验系统和已确定配比的铁晶砂胶结岩土相似材料，开展了九种不同工况条件下的真三维地质力学模型试验，分别考虑了洞室形状、最大主应力加载方向与量值以及软弱夹层间距对深部巷道围岩破坏模式的影响，其试验工况和数据采集情况如表2.4.1所示。模型体的尺寸为：长（平行洞轴方向，即X向）×宽（垂直洞轴方向，即Y向）×高（竖直方向，即Z向）＝0.6m×0.6m×0.6m，因模型试验的几何相似比尺C_L＝50，原型模拟范围为：长×宽×高＝30m×30m×30m。巷道埋深为910m，上覆岩层重度为26.2kN/m^3，所有工况下模型的竖向应力均按自重应力施加，因水平地质构造作用致使矿区的水平地应力较高，水平地应力（σ_x或σ_y）为最大主应力。图2.4.1为九种不同试验工况加载方式示意图。

表2.4.1　分区破裂地质力学模型试验工况

模型试验工况编号	洞室形状	洞室尺寸/mm	岩性条件	模型加载/MPa			试验数据采集情况
				X向	Y向	Z向	
一	马蹄形	宽100 高77.6	无软弱夹层	3.10	0.72	0.48	位移、应变
二	城门形	宽50、高100 拱顶直径70	无软弱夹层	3.54	0.72	0.48	无
三	矩形	宽100 高75	无软弱夹层	3.54	0.72	0.48	无
四	圆形	直径100	无软弱夹层	3.54	0.72	0.48	位移、应变
五	圆形	直径100	无软弱夹层	0.72	3.54	0.48	无
六	圆形	直径100	无软弱夹层	2.66	0.72	0.48	位移、应变
七	圆形	直径100	无软弱夹层	1.59	0.72	0.48	位移、应变
八	圆形	直径100	软弱夹层间距100mm	3.54	0.72	0.48	位移、应变
九	圆形	直径100	软弱夹层间距50mm	3.54	0.72	0.48	位移、应变 应力

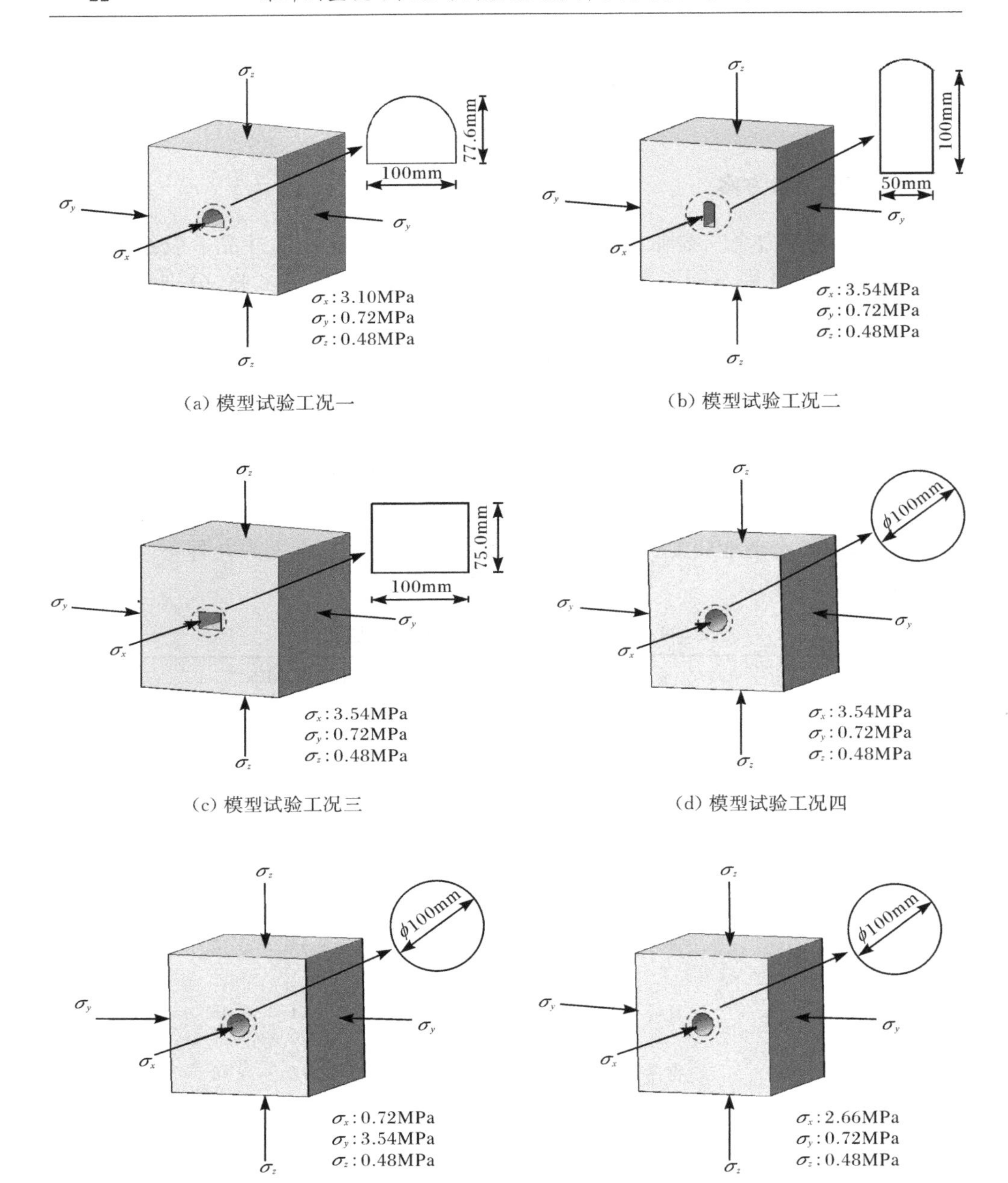

(a) 模型试验工况一　　(b) 模型试验工况二

(c) 模型试验工况三　　(d) 模型试验工况四

(e) 模型试验工况五　　(f) 模型试验工况六

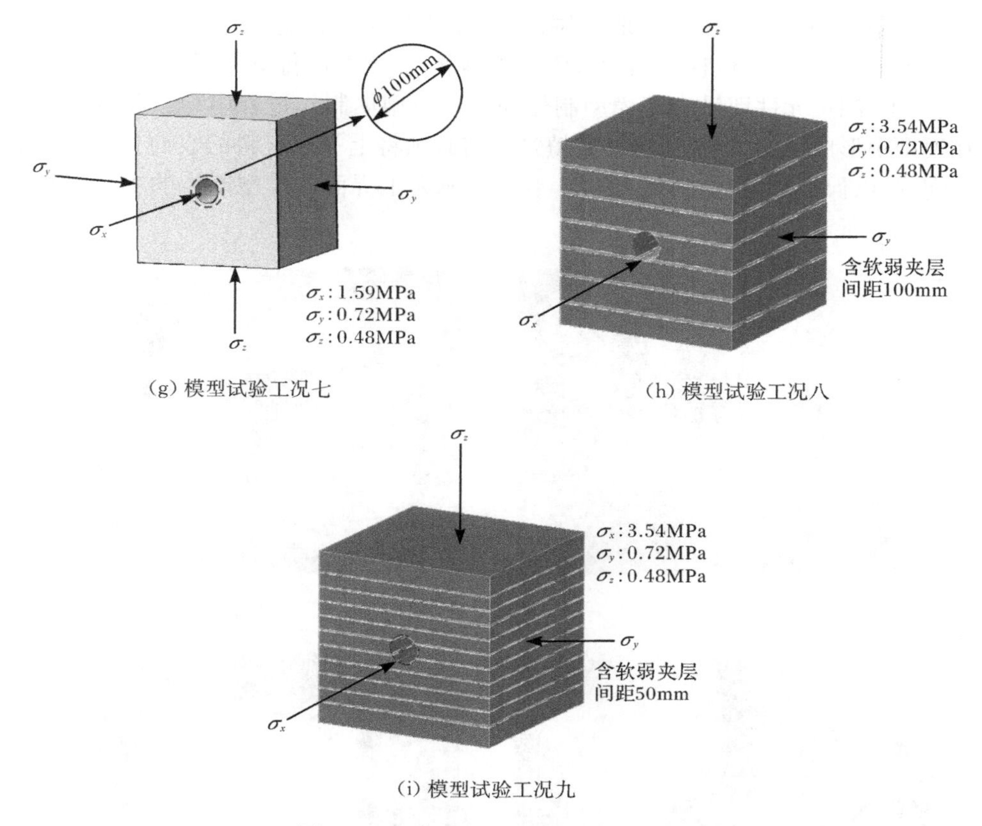

(g) 模型试验工况七

(h) 模型试验工况八

(i) 模型试验工况九

图 2.4.1　模型试验工况及加载方式

2.4.2　模型制作方法

目前，国内外地质力学模型通常采用夯实成型或砌筑成型方法制作，但是这两种方法均可能导致模型体不满足相似性要求，无法真实模拟实际工程问题。夯实成型因不易控制单次的夯击能量和各个位置处的夯击次数，极易引起模型体的密实度不均匀，从而无法保证模型体满足相似要求。而砌筑成型虽然能保证各个块体满足相似性要求，但是块与块之间黏结形成的人工接缝面严重影响了模型体的整体相似性。

基于以上分析，本书开展的模型试验采用分层压实法工艺[97]制作模型体。分层压实法的基本工艺流程是：①根据模型体在试验过程中受到的压应力确定模型材料的压实力；②按表 2.2.2 中确定的材料配比称量并混合材料；③加入松香酒精溶液将材料拌和均匀；④在试验台架内由下往上分层摊铺材料；⑤用加压板均匀压实该层材料；⑥使用电风扇风干模型材料中的酒精溶液；⑦在含软弱夹层的模型体中的预定位置铺设软弱夹层；⑧按设计要求在洞室周边埋设量测元件，包括电阻应变计、多点位移计和微型压力传感器；⑨依次进行下一层材料的摊铺、压实、风干、测量元件埋设直至模型制作完毕。模型体制作过程中为避免分层压实在模型中形成层面，在下一层材料填筑之前必须将上一层材料的表面打毛并用酒精润湿，以保证分层材料紧密结合，不会形成人工界面。模型制作的主要流程如图 2.4.2 所示。

(a) 拌和材料

(b) 摊铺材料

(c) 压实材料

(d) 铺设夹层材料

(e) 埋设测试元件

(f) 不含软弱夹层的模型体

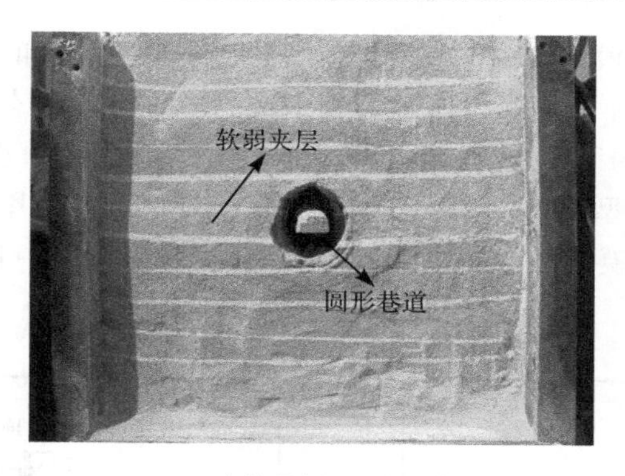

(g) 含软弱夹层的模型体

图 2.4.2　地质力学模型的制作方法

2.4.3　模型量测方法

为有效观测模型洞室周边的变形破坏情况，测试洞室围岩位移、应变以及应力的变化规律，在模型洞室周边可能产生分区破裂的区域内间隔埋设了多种量测元件，包括应变砖(用电阻应变计粘贴制作)、多点位移计和微型压力传感器。在本书所开展的九种不同工况下的模型试验中，针对试验工况一、四、六、七、八，在模型体内部埋设了应变砖和多点位移计，其测试断面的布置如图 2.4.3(a)所示；

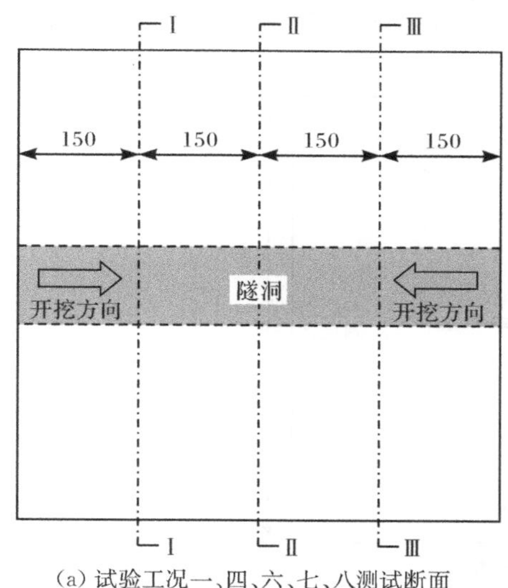

(a) 试验工况一、四、六、七、八测试断面

注：Ⅰ—Ⅰ和Ⅲ—Ⅲ是位移测试断面，Ⅱ—Ⅱ是应变测试断面

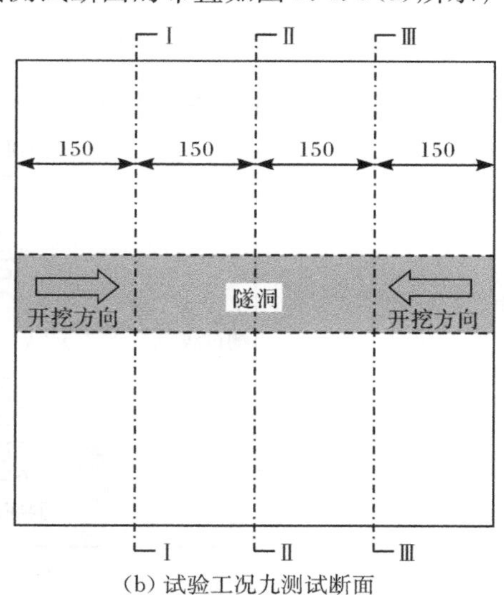

(b) 试验工况九测试断面

注：Ⅰ—Ⅰ是位移测试断面，Ⅱ—Ⅱ是应变测试断面，Ⅲ—Ⅲ是应力测试断面

图 2.4.3　模型测试断面布置图(单位：mm)

针对试验工况九，在模型体内部埋设了应变砖、多点位移计和微型压力传感器，其测试断面的布置如图 2.4.3(b)所示。其中电阻应变计与静态电阻应变仪配合使用以测试洞室周边的径向应变；多点位移计与高精度光栅尺配合使用以测试洞室周边的径向位移；微型压力传感器与静态电阻应变仪配合使用以测试洞室周边的应力。图 2.4.3 为模型测试断面布置图，每个测试断面中量测元件的布置如图 2.4.4所示。

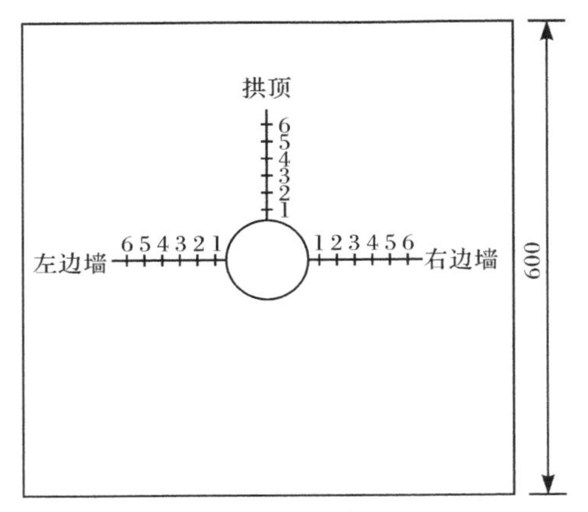

(a) 位移监测断面

注：每侧布置 6 个位移测点，位移测点间距 20mm，最内侧测点距洞壁 10mm

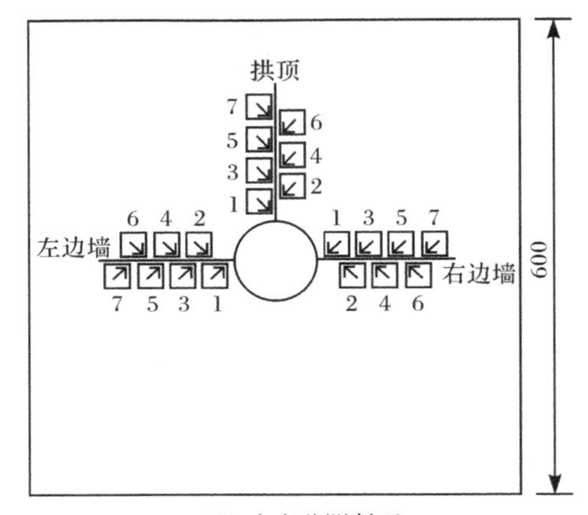

(b) 应变监测断面

注：每侧布置 7 个微型应变砖，应变砖间距 20mm，最内侧应变砖距洞壁 10mm

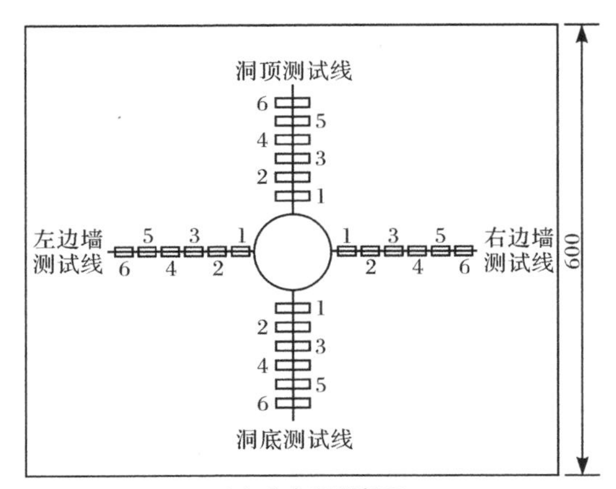

(c) 应力监测断面

注：每侧布置 6 个微型压力盒，压力盒间距 25mm，最内侧压力盒距洞壁 10mm

图 2.4.4　模型量测元件布置示意图(单位：mm)

2.4.4 模型加载与开挖方法

采用自行设计研制的高地应力真三维加载模型试验系统对模型施加边界荷载以使模型内部建立起与工程现场相似的应力场，具体加载方法是：在模型体的六个表面上逐级按比例加载，直至达到设计值，加载完成后保持边界荷载不变，稳定至少 24h 后，再进行模型巷道开挖。

模型巷道采用人工钻凿掘进的动力开挖方式（见图 2.4.5），并配备内窥可视摄像系统实时监控巷道开挖进程，模型开挖过程中全程配备全站仪、经纬仪等精密仪器辅助巷道开挖走向。按照全断面方式进行模型巷道开挖，开挖进尺为 50mm（相当于原型 2.5m），每当一个进尺开挖完成后记录开挖时间，稳压 1h，待各仪器数据稳定后开始测读位移、应变和压力数据，之后再进行下一个进尺的开挖测试，直至巷道全部开挖完毕。图 2.4.6 为分区破裂三维地质力学模型试验照片。

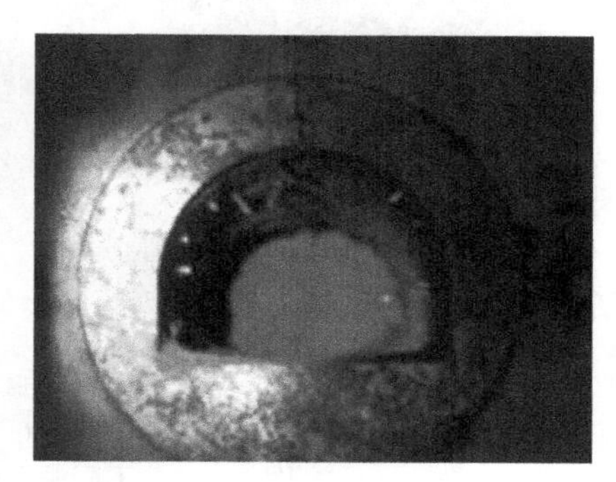

(a) 马蹄形巷道开挖

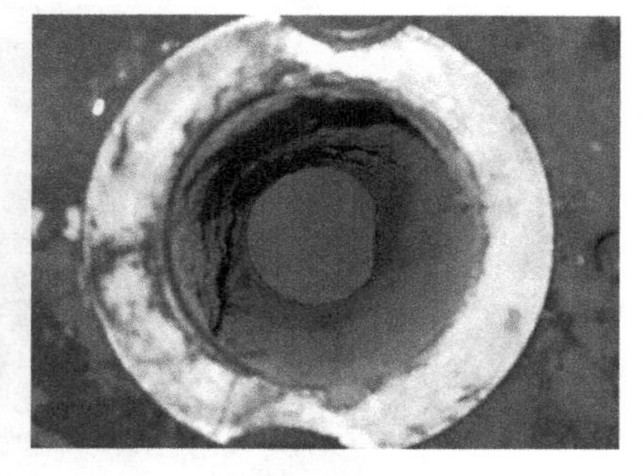

(b) 圆形巷道开挖

(c) 城门洞形巷道开挖

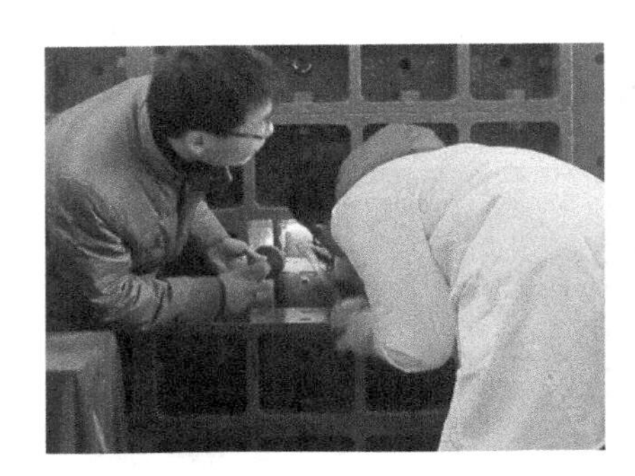

(d) 矩形巷道开挖

图 2.4.5　不同洞形模型巷道的开挖过程

图 2.4.6　分区破裂三维地质力学模型试验照片

2.5　分区破裂的产生条件

模型试验结束后将模型试验台架拆开，首先对地质力学模型体进行垂直于洞轴方向和平行于洞轴方向的剖切，以观察模型内部洞周的破坏情况；然后整理位移、应变和应力测试数据，分析模型洞周位移、应变和应力的变化规律，探讨最大主应力量值及方向对洞室破坏模式的影响，最终确定分区破裂的产生条件。

2.5.1　模型洞周破裂现象的对比分析

1. 试验工况四、五、六、七模型洞周的破坏状况

为观察模型内部破坏状况，将模型体沿平行于洞轴方向和垂直于洞轴方向剖开，模型剖切面的位置如图 2.5.1 所示。图 2.5.2～图 2.5.5 分别为试验工况四至工况七模型剖切面上的破坏区分布状况。

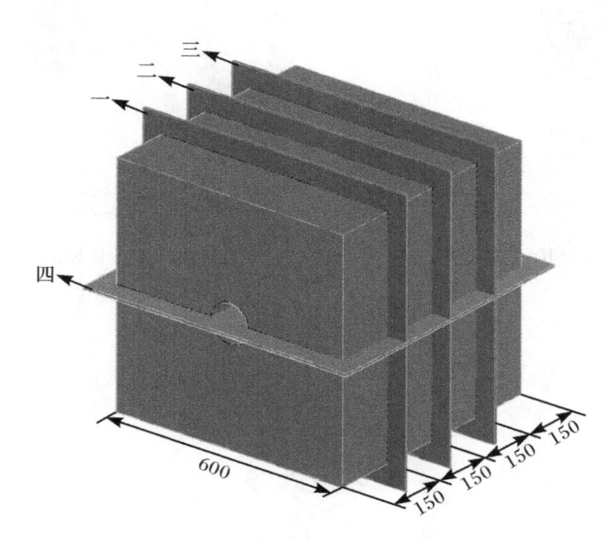

图 2.5.1　模型剖面位置示意图(单位：mm)

注：横剖面一、二和三垂直于洞轴方向，纵剖面四平行于洞轴方向

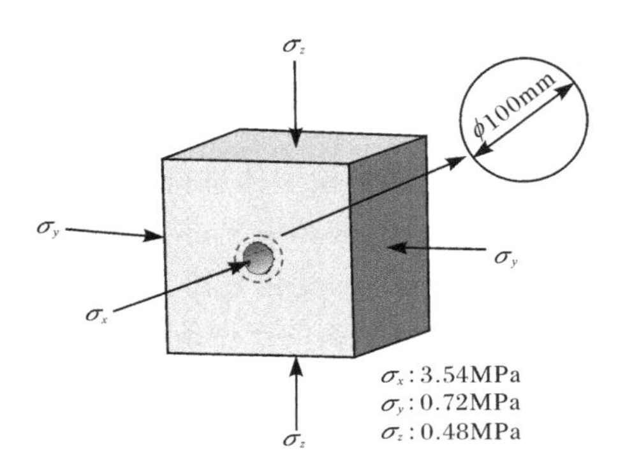

(a) 试验工况四

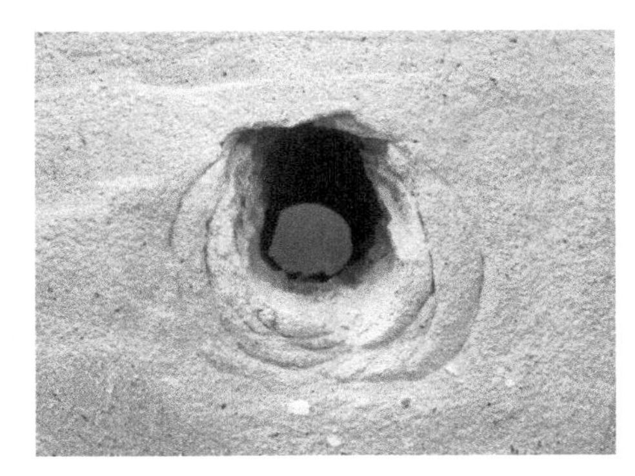

(b) 横剖面一

(c) 横剖面二

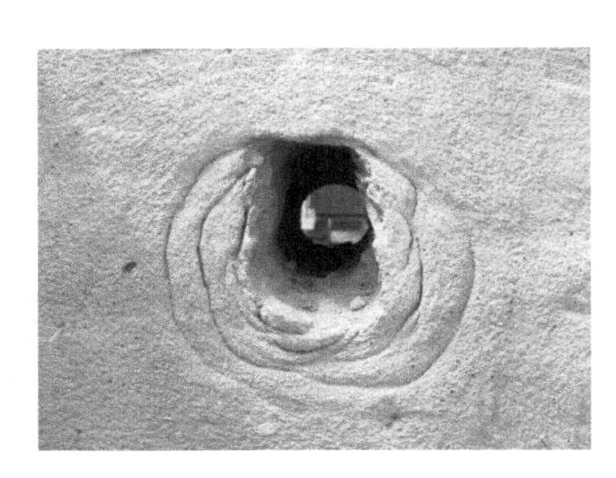

(d) 横剖面三

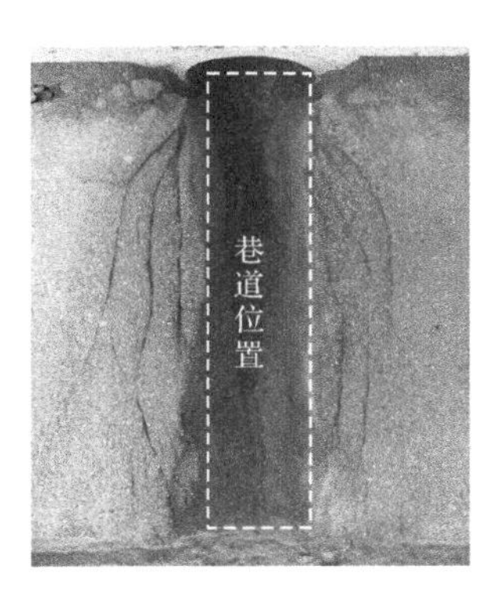

(e) 纵剖面四

图 2.5.2　试验工况四模型洞周破坏状况

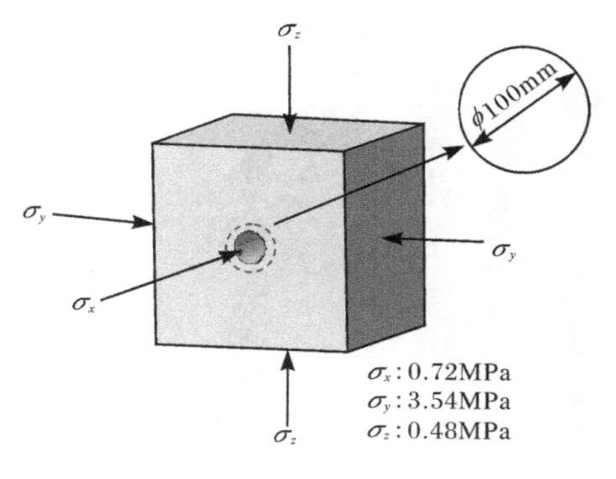

(a) 试验工况五

(b) 横剖面一

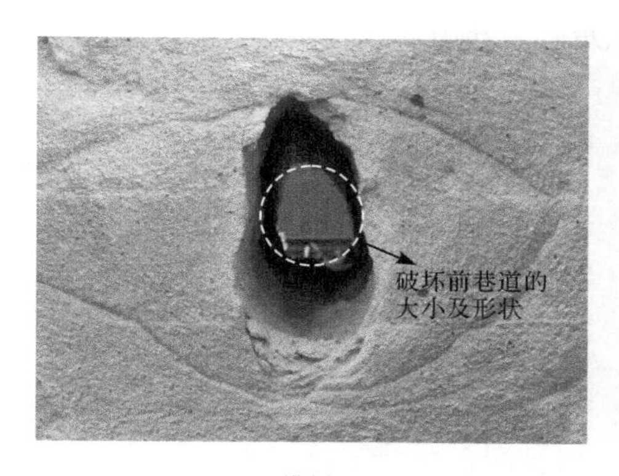

(c) 横剖面二

(d) 横剖面三

图 2.5.3　试验工况五模型洞周破坏状况

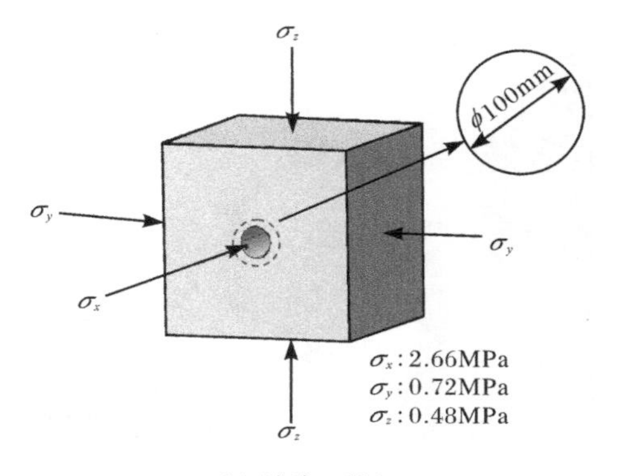

(a) 试验工况六

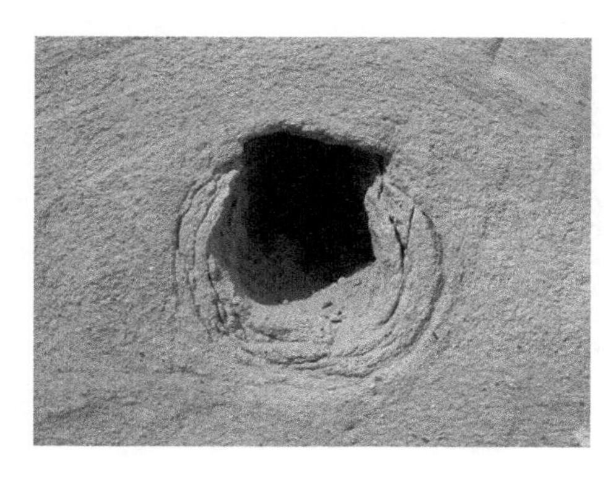

(b) 横剖面一

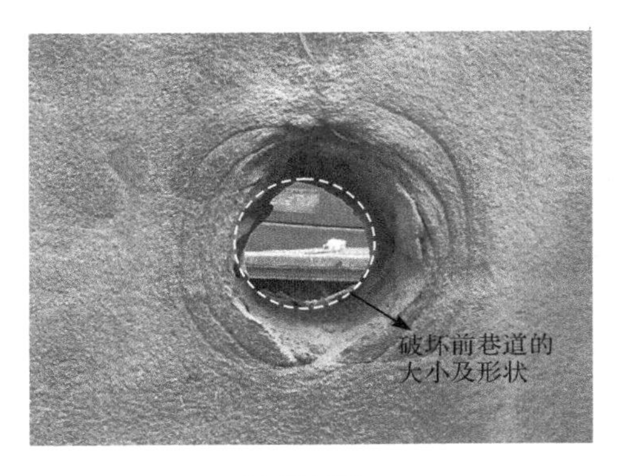

(c) 横剖面二

(d) 横剖面三

图 2.5.4　试验工况六模型洞周破坏状况

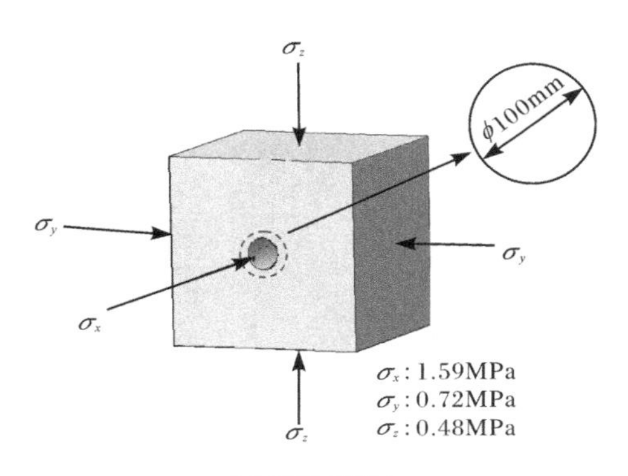

(a) 试验工况七

(b) 横剖面一

(c) 横剖面二

(d) 横剖面三

图 2.5.5　试验工况七模型洞周破坏状况

2. 最大主应力量值对洞周破坏模式的影响

除最大主应力量值之外，试验工况四、六、七的岩性条件、加载方式和开挖方式等完全相同。对比试验工况四、六、七的模型洞周破坏状况，发现工况四和工况六模型洞周出现了明显的分区破裂现象，而工况七没有出现分区破裂现象。对比分析图 2.5.2(c)和图 2.5.4(c)可以发现：巷道表面 10～30mm 范围内围岩破坏严重，在开挖过程中出现了较为严重的垮塌现象，可认为是传统意义上的围岩松动破裂区，其后面的围岩破坏区与相对完整区交替出现，呈环环相套状态，是典型的分区破裂现象；而在图 2.5.5(d)中没有观察到分区破裂现象，只是在巷道表面约 20mm 范围内有破坏区出现，这只是传统意义上的松动破坏区。

以巷道洞壁为量测起点，测量工况四、六、七模型横剖面二中各破裂区的范围，并将破裂区的范围列入表 2.5.1 中。将各破裂区的内径和外径取平均值再加上巷道的半径，即得各破裂区的平均半径，各破裂区的平均半径及平均宽度如表 2.5.2所示。不同试验工况条件下巷道破裂区层数与破裂区深度对比如图 2.5.6所示。

表 2.5.1 试验工况四、六、七模型洞周破坏区范围与最大破裂区深度

试验工况	最大主应力/MPa	破裂区情况		洞周最大破裂区深度/mm
		层数	各层范围/mm	
工况四	3.54	4	0～26 37～42 71～74 116～118	118
工况六	2.66	3	0～28 51～55 78～81	81
工况七	1.59	1	0～25	25

注：洞周破裂区深度为洞壁至最外层破裂区外边界的距离。

由图 2.5.6 和表 2.5.1 可以看出：工况四洞周破裂区为 4 层、最大破裂区深度为 118mm；工况六洞周破裂区为 3 层、最大破裂区深度为 81mm；而工况七洞周破裂区仅为 1 层、最大破裂区深度为 25mm，没有出现分区破裂现象。可见在相同的试验条件下，最大主应力量值对巷道破裂区范围有很大的影响，随着最大主应力量值的增大，洞周破裂区的层数及破裂深度随之增大，当最大主应力小于一倍材料抗压强度时，巷道周边不会出现分区破裂现象。

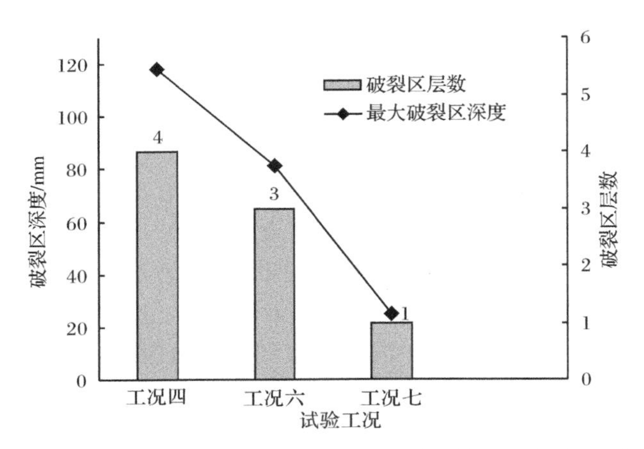

图 2.5.6　试验工况四、六、七模型洞周分区破裂层数与最大破裂区深度对比

表 2.5.2　试验工况四、六、七模型洞周破裂区的平均半径与平均宽度

破裂区编号	工况四		工况六		工况七	
	平均半径/mm	平均宽度/mm	平均半径/mm	平均宽度/mm	平均半径/mm	平均宽度/mm
1	63	26	64	28	62.5	25
2	89.5	5	103	4	—	—
3	122.5	3	129.5	3	—	—
4	167	2	—	—	—	—

试验工况四和工况六洞周出现了明显的分区破裂现象，分析表 2.5.2 可以看出：相邻两破裂区的平均半径之比为 1.2～1.5，同种工况破裂区的平均半径基本符合等比关系，其表达式为

$$r_i = C_0 r_{i-1}, \quad i=1,2,3,4 \tag{2.5.1}$$

式中，C_0 为相邻破裂区的平均半径之比，其在不同试验工况下有不同的数值；i 为破裂区的编号；r_0 为巷道的半径或宽度。

3. 最大主应力方向对洞周破坏模式的影响

除最大主应力方向不同之外，试验工况四和工况五的岩性条件、巷道断面形状、最大主应力量值以及开挖方式完全相同。由图 2.5.2 可以看出：试验工况四模型洞周出现了明显的分区破裂现象，洞周破裂区和相对非破裂区交替出现。对比观察图 2.5.3发现：模型洞周并没有出现分区破裂现象，而是在巷道底部出现剪切滑移线，在巷道两侧出现片帮破坏，并且巷道顶部垮塌严重，致使巷道断面形状从圆形扩大为纺锤形，如图 2.5.7 所示。可见当巷道最大主应力方向平行于洞轴方向且其量值超过一定数值时，围岩内会出现较为明显的分区破裂现象，而当最大主应力方向垂直于洞轴方向时,围岩内不会出现分区破裂现象。

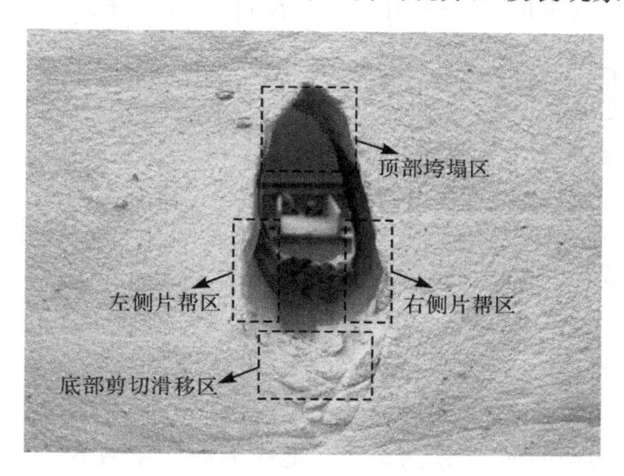

图 2.5.7　最大主应力垂直于洞轴方向时模型洞周的破坏状况

4. 最大主应力垂直于洞轴方向时巷道破坏机理分析

下面对模型试验工况五的巷道围岩破坏机理作一简单分析。

考虑试验工况五中模型应力状态,将其简化为平面应变问题,如图 2.5.8 所示。依据试验工况五中 $\sigma_z=\gamma h$,σ_y 为 2 倍材料抗压强度,可算得地应力侧压系数 $K=7.43$。

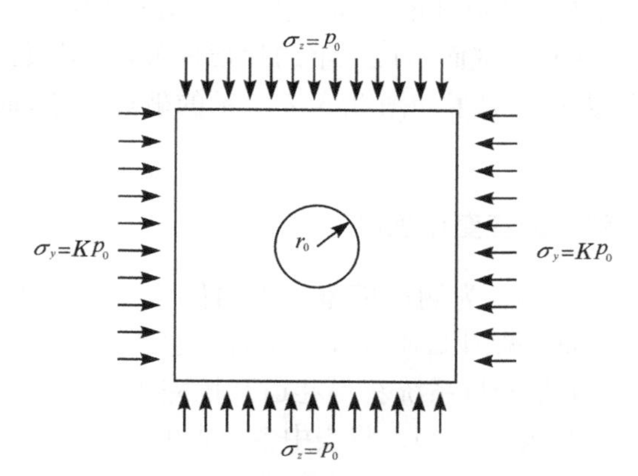

图 2.5.8　模型试验工况五的计算简图

p_0. 上覆岩层的自重应力 γh; K. 地应力侧压系数

巷道围岩的弹性二次应力解[98]为

$$
\begin{cases}
\sigma_r = \dfrac{p_0}{2}\left[(1+K)\left(1-\dfrac{r_0^2}{r^2}\right)-(1-K)\left(1-4\dfrac{r_0^2}{r^2}+3\dfrac{r_0^4}{r^4}\right)\cos(2\theta)\right] \\
\sigma_\theta = \dfrac{p_0}{2}\left[(1+K)\left(1+\dfrac{r_0^2}{r^2}\right)+(1-K)\left(1+3\dfrac{r_0^4}{r^4}\right)\cos(2\theta)\right] \\
\tau_{r\theta} = -\dfrac{p_0}{2}\left[(1-K)\left(1+2\dfrac{r_0^2}{r^2}-3\dfrac{r_0^4}{r^4}\right)\sin(2\theta)\right]
\end{cases}
\tag{2.5.2}
$$

由于式(2.5.2)比较复杂，在此先分析洞壁处(即 $r=r_0$)的应力分布特点。

当 $r=r_0$ 时，式(2.5.2)可简化为

$$
\begin{cases}
\sigma_\theta = p_0\{[1+2\cos(2\theta)]+K[1-2\cos(2\theta)]\} \\
\sigma_r = 0 \\
\tau_{r\theta} = 0
\end{cases}
\tag{2.5.3}
$$

式(2.5.3)中围岩的切向应力 σ_θ 为 θ 角和地应力侧压系数 K 的函数，当 $K=1$ 时，洞壁的切向应力 $\sigma_\theta=2p_0$，且此时切向应力 σ_θ 与 θ 角无关；当 $K=0$ 时，洞壁的应力分布处于较为不利的状态，此时洞顶($\theta=90°$)的切向应力 $\sigma_\theta=-p_0$ 为拉应力，洞腰位置($\theta=0°$)承受的压应力为 $\sigma_\theta=3p_0$；当 $K=3$ 时，洞腰($\theta=0°$)位置的切向应力 $\sigma_\theta=0$，可知 $K=3$ 是洞腰是否出现拉应力的临界值，若 $K>3$，洞腰将出现拉应力，而 $K<3$，洞腰将出现压应力。

试验工况五的地应力侧压系数 $K=7.43$ 远超过洞腰出现拉应力时的临界值，此时洞腰处($\theta=0°$)的切向应力 $\sigma_\theta=-4.43p_0$ 为拉应力，洞顶处($\theta=90°$)的切向应力 $\sigma_\theta=21.29p_0$ 为压应力。巷道开挖后，因洞腰位置处的切向应力 σ_θ 为拉应力，导致洞腰位置处发生拉伸破坏继而出现严重的片帮现象，而洞顶在很大压力的作用下出现了严重垮塌，从而出现了如图 2.5.7 所示的破坏现象，而没有出现分区破裂现象。

2.5.2　模型洞周位移和应变变化规律

针对试验工况四、六、七，为测试模型洞周的位移和应变变化规律，在模型内部设置了 3 个监测断面(见图 2.4.3)，并布置了多点位移计和微型应变砖(见图 2.4.4)。通过数据采集分析系统获得巷道开挖完毕洞周各测点的径向应变和径向位移(见表 2.5.3 和表 2.5.4)。将表中各测点的数据按比例标注在洞周相应位置，并用平滑的曲线相连可得巷道开挖完毕洞周测点的径向位移和径向应变变化曲线，如图 2.5.9 和图 2.5.10 所示。

由表 2.5.3、表 2.5.4 和图 2.5.9、图 2.5.10 可以看出：

(1) 试验工况四和工况六洞周测点的径向位移和径向应变均呈现波峰与波谷间隔交替的振荡型衰减变化规律，测试数据较大的波峰部位为围岩破裂区，较小的波谷部位为相对非破裂区，测得的试验数据与模型洞周的破坏情况相吻合，有力

表 2.5.3　巷道开挖完毕试验工况四、六、七洞周测点的径向位移

试验工况	测点位置	测试断面	洞周测点径向位移/mm					
			1	2	3	4	5	6
工况四(最大主应力平行于洞轴向，$\sigma_1=3.54$ MPa)	左边墙测点	Ⅰ—Ⅰ	60.75	32.50	43.75	25.25	25.75	7.75
		Ⅲ—Ⅲ	57.25	48.25	32.00	41.50	14.00	9.75
	拱顶测点	Ⅰ—Ⅰ	69.25	32.75	51.00	24.50	13.75	8.75
		Ⅲ—Ⅲ	62.75	36.25	47.25	34.00	17.00	8.75
	右边墙测点	Ⅰ—Ⅰ	53.25	27.75	36.75	17.75	22.25	13.00
		Ⅲ—Ⅲ	56.25	31.25	41.00	26.75	21.75	9.25
工况六(最大主应力平行于洞轴向，$\sigma_1=2.66$ MPa)	左边墙测点	Ⅰ—Ⅰ	42.00	37.25	17.75	23.25	5.25	4.75
		Ⅲ—Ⅲ	45.50	22.75	31.25	17.75	21.00	6.50
	拱顶测点	Ⅰ—Ⅰ	48.25	23.75	29.00	10.25	10.50	2.75
		Ⅲ—Ⅲ	42.75	25.25	34.75	14.00	11.75	1.25
	右边墙测点	Ⅰ—Ⅰ	37.25	17.63	26.25	10.50	15.38	5.00
		Ⅲ—Ⅲ	40.25	16.75	23.25	12.25	12.00	3.25
工况七(最大主应力平行于洞轴向，$\sigma_1=1.59$ MPa)	左边墙测点	Ⅰ—Ⅰ	11.00	5.75	3.75	1.00	0.75	0.25
		Ⅲ—Ⅲ	18.25	11.25	8.50	2.75	1.00	0.75
	拱顶测点	Ⅰ—Ⅰ	12.75	8.75	5.25	5.00	0.75	1.00
		Ⅲ—Ⅲ	20.25	16.25	8.25	7.50	2.50	0.75
	右边墙测点	Ⅰ—Ⅰ	11.75	8.25	2.25	0.75	0.75	0.25
		Ⅲ—Ⅲ	18.25	13.50	7.25	5.75	3.25	1.50

注：表中径向位移方向朝向洞内；表中位移数据已根据相似条件换算为原型位移值。

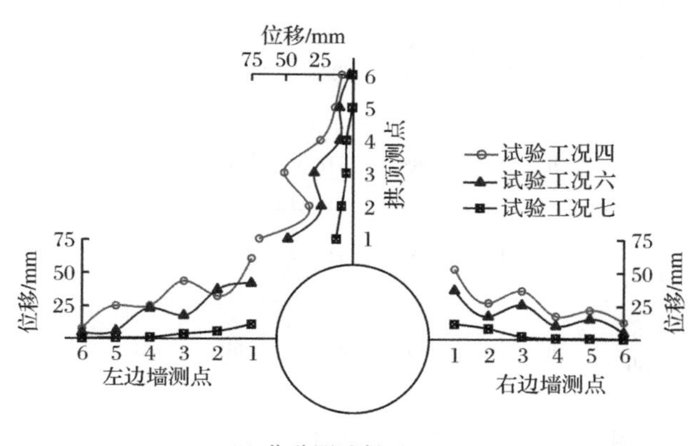

(a) 位移测试断面Ⅰ—Ⅰ

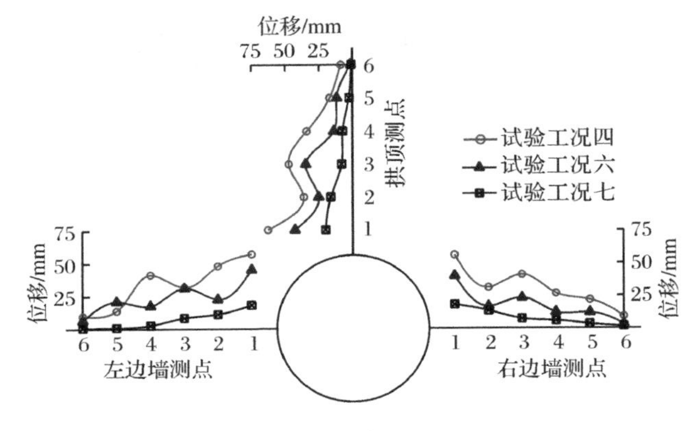

(b) 位移测试断面Ⅲ—Ⅲ

图 2.5.9　试验工况四、六、七洞周测点的径向位移变化曲线

表 2.5.4　巷道开挖完毕试验工况四、六、七洞周测点的径向应变

试验工况	测点位置	测试断面	洞周测点径向应变/10^{-6}						
			1	2	3	4	5	6	7
工况四(最大主应力平行于洞轴向，$\sigma_1=3.54$ MPa)	左边墙测点	Ⅱ—Ⅱ	1393	815	1089	644	837	363	156
	拱顶测点	Ⅱ—Ⅱ	1544	760	1051	557	717	452	349
	右边墙测点	Ⅱ—Ⅱ	1335	814	613	929	635	390	329
工况六(最大主应力平行于洞轴向，$\sigma_1=2.66$ MPa)	左边墙测点	Ⅱ—Ⅱ	1036	694	341	630	279	188	104
	拱顶测点	Ⅱ—Ⅱ	1171	782	360	695	363	238	168
	右边墙测点	Ⅱ—Ⅱ	1088	618	776	360	453	288	147
工况七(最大主应力平行于洞轴向，$\sigma_1=1.59$ MPa)	左边墙测点	Ⅱ—Ⅱ	758	617	417	355	296	213	136
	拱顶测点	Ⅱ—Ⅱ	796	639	369	260	209	148	95
	右边墙测点	Ⅱ—Ⅱ	748	623	537	375	281	244	163

注：表中径向应变为正值表示为拉应变。

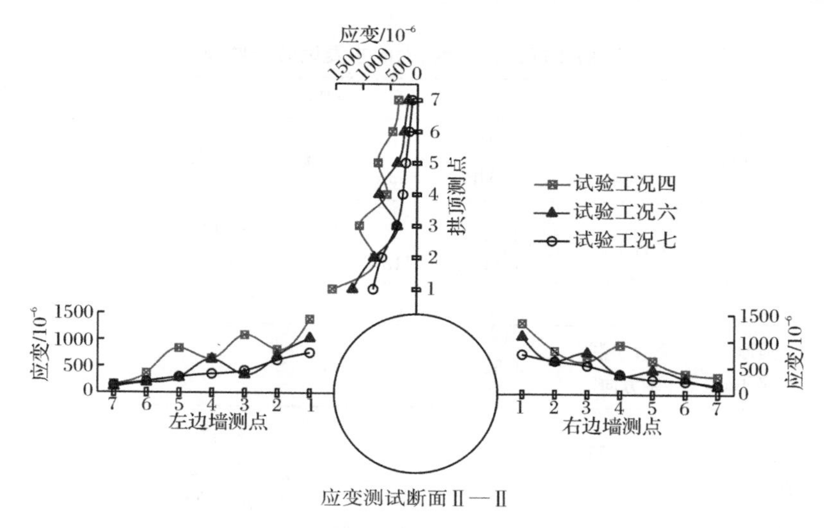

图 2.5.10　试验工况四、六、七洞周测点的径向应变变化曲线

印证了分区破裂现象的出现。试验工况七洞周的径向位移和径向应变随离洞壁距离的增大而单调减小，没有呈现振荡型变化规律，结合图 2.5.5 所示的洞周破裂情况，可认为工况七条件下的破坏形象与浅部洞室的破坏现象一致，没有出现分区破裂现象。

(2) 结合表 2.5.1 和表 2.5.2 可以看出：试验工况四洞周的破裂区层数、破裂区深度以及径向位移和径向应变均大于试验工况六，可见，最大主应力量值是影响深部岩体分区破裂现象的重要因素，其量值越大，洞周破裂区的层数越多、破裂区深度越大，洞周的径向位移和径向应变也越大，分区破裂现象越明显。

(3) 试验工况四和工况六测试断面中距洞壁最近测点的径向位移最大，径向应变为拉应变且为最大值，这表明靠近洞壁区域为传统意义上的松动破坏区；而测试断面中距洞壁最远测点的径向位移接近于零，径向应变为拉应变且数值最小，意味着最远测点位置已接近于破坏区的边缘。

2.5.3　深部洞室分区破裂的产生条件

为确定分区破裂的产生条件，将试验工况四、五、六、七的主要试验条件和试验结果列于表 2.5.5 中。

表 2.5.5　试验工况四、五、六、七的主要试验条件和试验结果

试验工况	洞室形状及尺寸/mm	试验加载方式		洞周破裂区		洞周位移和应变变化情况	是否出现分区破裂
		最大主应力方向	最大主应力量值/MPa	深度/mm	层数		
工况四	圆形 直径 100	平行于洞轴方向	3.54	118	4	径向位移和径向应变呈现振荡型衰减变化	是
工况五	圆形 直径 100	垂直于洞轴方向	3.54	36	1	没测试	否
工况六	圆形 直径 100	平行于洞轴方向	2.66	81	3	径向位移和径向应变呈现振荡型衰减变化	是
工况七	圆形 直径 100	平行于洞轴方向	1.59	25	1	径向位移和径向应变单调衰减变化	否

由表 2.5.5 可以看出：

(1) 试验工况四和工况五的洞室形状、岩性条件及最大主应力量值等试验条件相同，唯一不同的是最大主应力方向，试验工况四最大主应力方向平行于洞轴向，而试验工况五最大主应力方向垂直于洞轴向。试验工况四洞周的破裂区和相对完整区交替出现，共有四个破裂区，并且洞周径向位移和径向应变呈现波峰和波谷间隔交替的振荡型衰减变化，这表明试验工况四洞周出现了明显的分区破裂现象；而试验工况五洞周仅有一个破坏区出现，与浅部洞室的破坏模式相同，没有出现分区破裂现象。由此可知，当最大主应力的方向平行于洞轴方向时，洞室周边会出现分区破裂现象，而垂直于洞轴方向时则不会出现分区破裂现象。

(2) 试验工况四、六、七的洞室形状、岩性条件及最大主应力方向等试验条件相同，唯一不同的是最大主应力量值，试验工况四的最大主应力为 3.54MPa(2 倍围岩抗压强度)，试验工况六为 2.66MPa(1.5 倍围岩抗压强度)，试验工况七为 1.59MPa(0.9 倍围岩抗压强度)。试验工况四和工况六条件下洞周的破裂区和相对完整区交替出现，均有多个破裂区，并且两种工况下洞周的径向位移和径向应变均呈现波峰和波谷间隔交替的振荡型变化，这表明试验工况四和工况六洞周均出现了明显的分区破裂现象；而试验工况七洞周仅有一个破坏区出现，并且洞周的径向位移和径向应变单调递减，这与浅部洞室的破坏规律相同，没有出现分区破裂现象。这表明当最大主应力小于一倍材料抗压强度时，巷道周边不会出现分区破裂现象。

(3) 由上面分析可以看出:深部洞室的分区破裂现象是在满足一定条件下才会出现的特殊破坏现象,即在洞区最大主应力平行于洞轴向且其量值超过围岩抗压强度的动力开挖条件下,深部洞室围岩才会出现分区破裂现象。

2.6　分区破裂的影响因素

2.6.1　洞形和地质构造分布的影响

1. 不同试验工况模型洞周的破裂状况

图 2.6.1～图 2.6.5 分别为试验工况一、二、三、八、九模型剖切面的破裂状况。

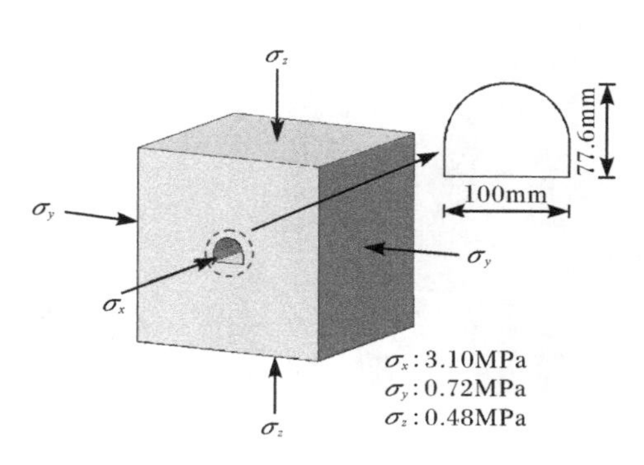

(a) 试验工况一

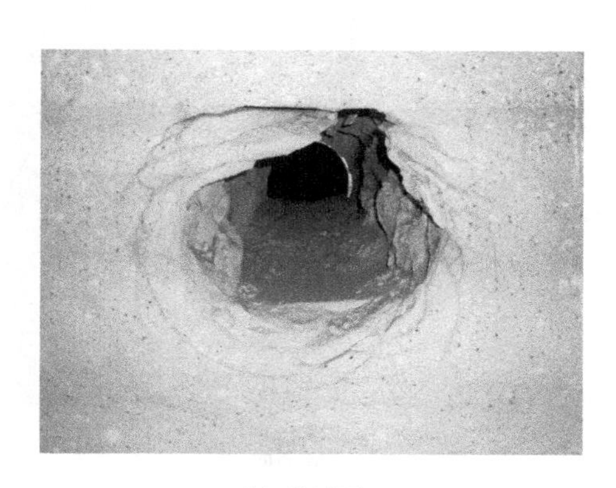

(b) 横剖面一

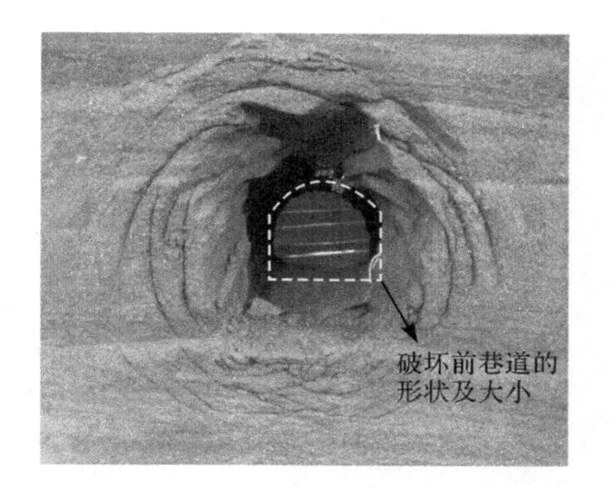

(c) 横剖面二

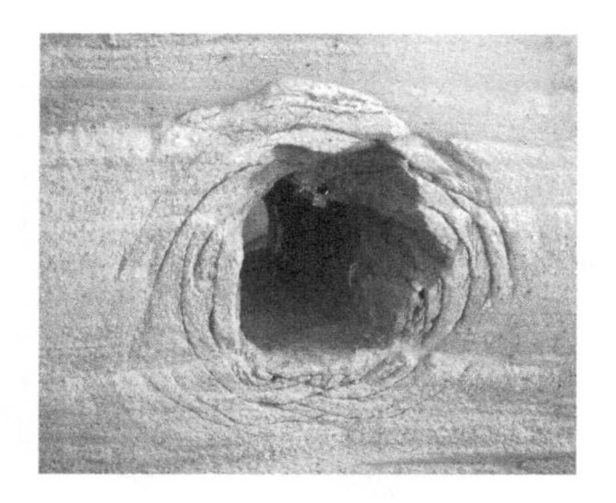

(d) 横剖面三

图 2.6.1　试验工况一模型洞周的破裂状况

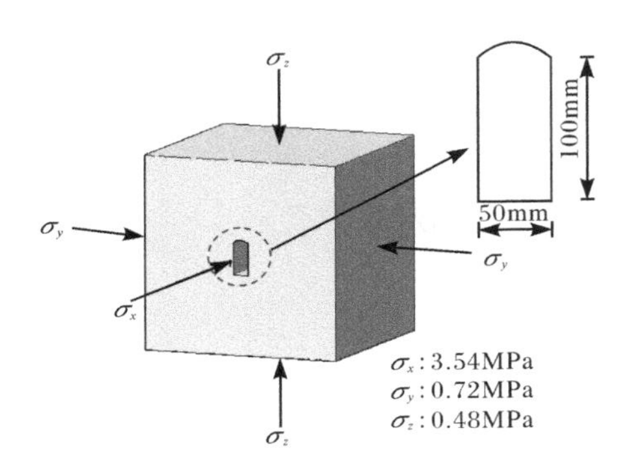

(a) 试验工况二

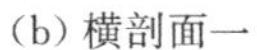

(b) 横剖面一

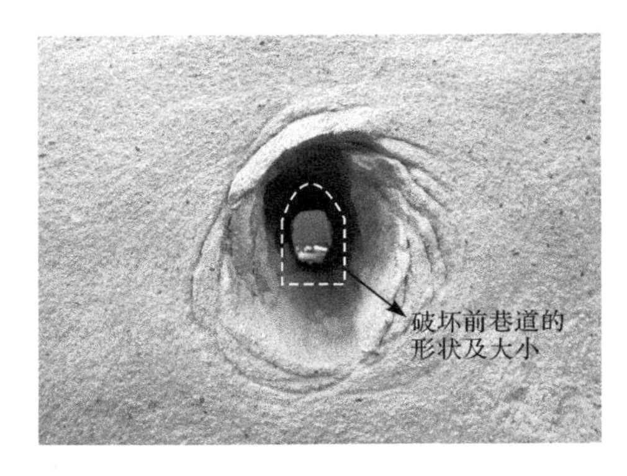

(c) 横剖面二

(d) 横剖面三

图 2.6.2　试验工况二模型洞周的破裂状况

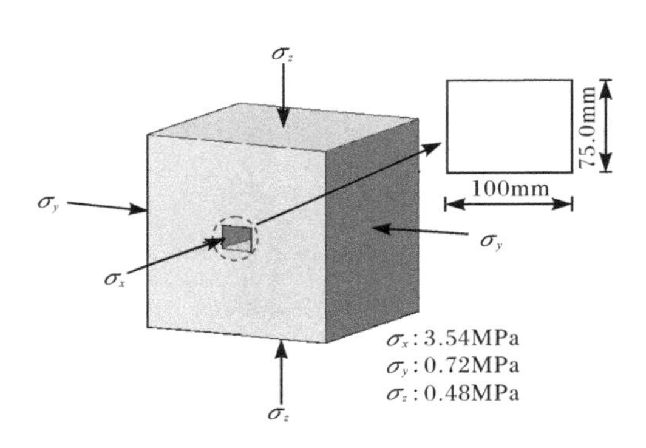

(a) 试验工况三

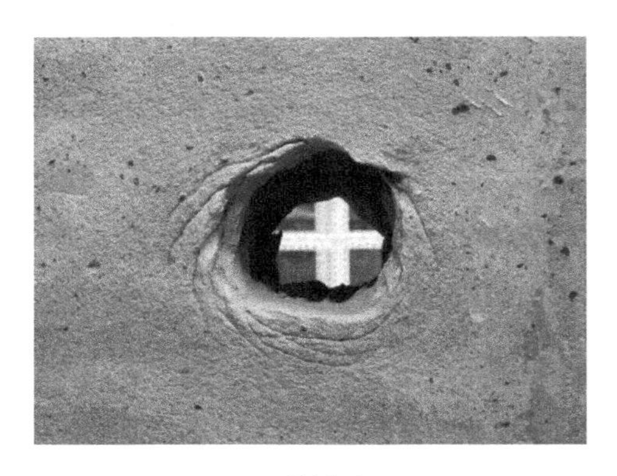

(b) 横剖面一

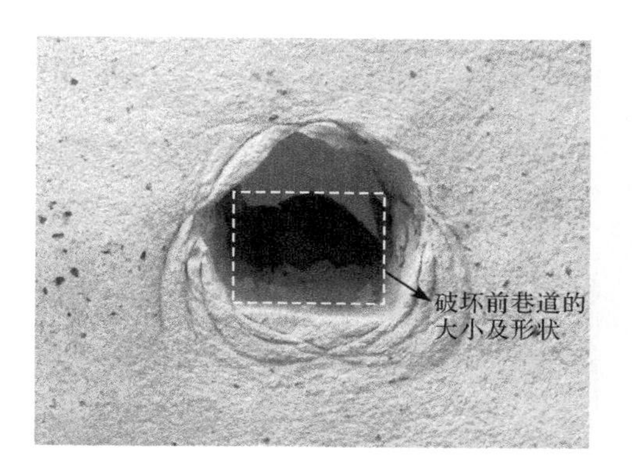

(c) 横剖面二

(d) 横剖面三

图 2.6.3　试验工况三模型洞周的破裂状况

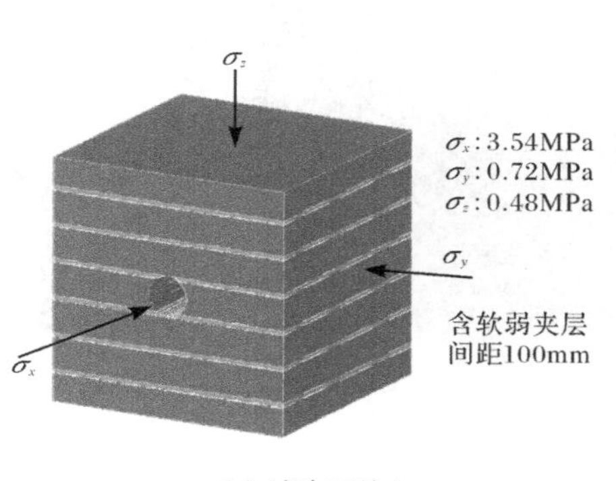

(a) 试验工况八

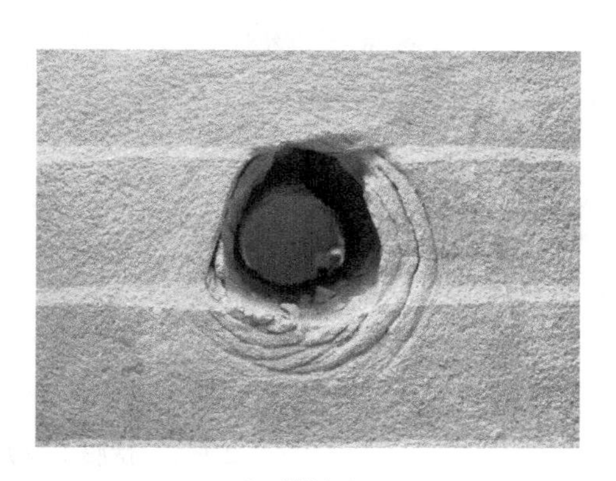

(b) 横剖面一

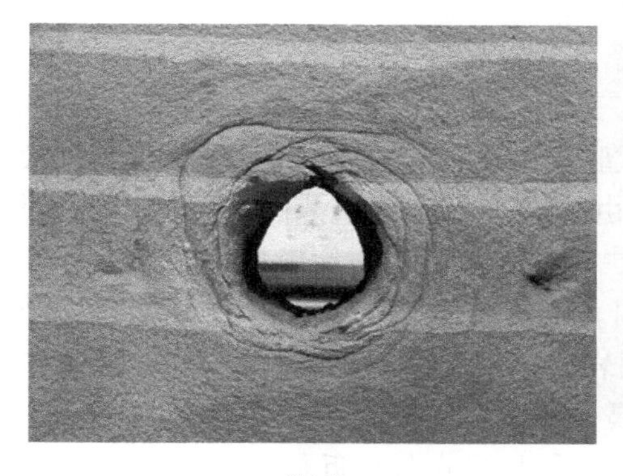

(c) 横剖面二

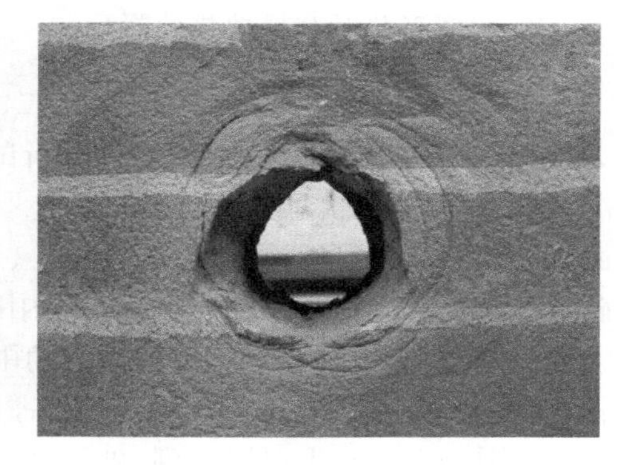

(d) 横剖面三

图 2.6.4　试验工况八模型洞周的破裂状况

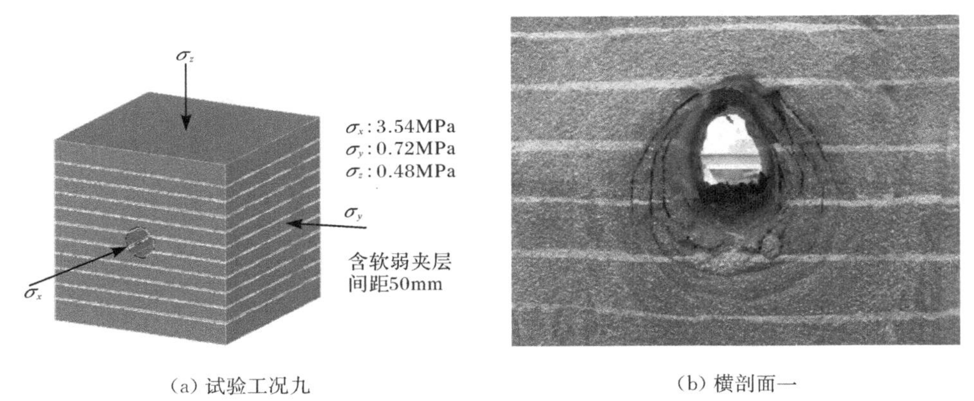

(a) 试验工况九　　(b) 横剖面一

(c) 横剖面二　　(d) 横剖面三

图 2.6.5　试验工况九模型洞周的破裂状况

2. 洞室形状对分区破裂的影响

除洞室断面形状外，试验工况一、二、三、四的其余试验条件(如岩性条件、应力条件和开挖方式)基本一致，对比分析试验工况一、二、三、四模型洞周的破裂状况，可了解洞室形状对分区破裂的影响。由图 2.5.2 及图 2.6.1～图 2.6.3 横剖面二的破坏情况可以看出：试验工况一、二、三、四模型洞周均出现了明显的分区破裂现象。巷道表面 20～30mm 范围内围岩破坏严重，开挖过程中出现了较为严重的垮塌现象，可认为是传统意义上的围岩松动破裂区，其后面围岩的破坏区和相对完整区交替出现，呈环环相套状态，是典型的分区破裂现象。在试验模型的纵剖面图 2.5.2(e)上可以看到：破裂区在纵向上的分布是近似平行于巷道轴线的，这从另一个方面验证了围岩破裂区的形状是环环相套的同心圆环，不是螺旋线或滑移线。四种试验工况最外层破裂区的形状均近似为圆环形，与洞室的断面形状关系不大。

以巷道洞壁为量测起点，测量模型洞周各个破裂区的范围，将试验工况一、二、三、四四种工况模型洞周的破坏情况列入表 2.6.1 中。各破裂区的内径和外径取平均值再加上巷道的半径，即得各破裂区的平均半径，各破裂区的平均半径和平均宽度如表 2.6.2 所示。以破裂区深度和破裂区层数为纵坐标、以试验工况为横坐标，可画出不同试验工况下分区破裂层数与破裂区深度对比图，如图 2.6.6 所示。

表 2.6.1　试验工况一、二、三、四模型洞周破坏情况对比

试验工况	洞室断面形状	破裂区层数与破裂范围		洞周最大破裂区深度/mm
		层数	各层破裂区范围/mm	
工况一	马蹄形	4	0～32 48～54 88～92 120～124	124
工况二	城门形	3	0～16 27～30 44～46	46
工况三	矩形	4	0～24 39～43 58～62 82～85	85
工况四	圆形	4	0～26 37～42 71～74 116～118	118

注：洞周破裂区范围为洞壁至围岩最外层破裂区外边界的距离。

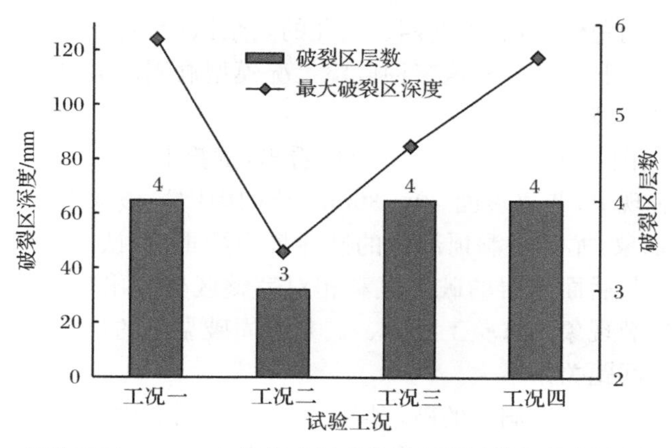

图 2.6.6　试验工况一、二、三、四模型洞周分区破裂层数与最大破坏区深度对比

由图 2.6.6 和表 2.6.1 可以看出：试验工况一洞周破裂区为 4 层、最大破裂区深度为 124mm；试验工况三洞周破裂区为 4 层、最大破裂区深度为 85mm；试验工况四洞周破裂区为 4 层、最大破裂区深度为 118mm；而试验工况二洞周破裂区为 3 层、最大破裂区深度仅为 46mm。试验工况一、三、四洞周破裂区层数与最大破裂区深度基本相当，而试验工况二破裂区层数偏少且破裂区深度仅为上述三种试验工况的一半，究其原因在于工况二的断面尺寸较小，其宽度仅为 50mm，而试验工况一、三、四巷道断面的直径或宽度为 100mm。可见，在相同的试验条件下，巷道围岩分区破裂范围与巷道洞形和尺寸有较大的关系，巷道的直径或宽度越大，分区破裂层数越多、破裂区范围越大[99]。

由表 2.6.2 可以看出：相邻两破坏区的平均半径之比为 1.2～1.4，同种试验工况破裂区的平均半径基本符合等比关系，由于巷道断面形状的区别，不同工况相邻破坏区的平均半径之比有所区别。

表 2.6.2　试验工况一、二、三、四模型洞周破裂区的平均半径和平均宽度

破裂区编号	工况一		工况二		工况三		工况四	
	平均半径/mm	平均宽度/mm	平均半径/mm	平均宽度/mm	平均半径/mm	平均宽度/mm	平均半径/mm	平均宽度/mm
1	66	32	33	16	62	24	63	26
2	101	6	53.5	3	91	4	89.5	5
3	140	4	70	2	110	4	122.5	3
4	172	4	—	—	133.5	3	167	2

3. 软弱夹层构造对分区破裂的影响

除软弱夹层间距外，试验工况四、八、九的其余试验条件（如洞室形状、应力条件和开挖方式）相同，对比分析这三种试验工况模型洞周破裂区分布，可了解软弱夹层构造对分区破裂的影响。

由图 2.5.2、图 2.6.4 和图 2.6.5 可以看出：试验工况四、八、九洞周均出现了明显的分区破裂现象，巷道表面 20～30mm 范围内围岩破坏严重，开挖过程中洞壁出现了垮塌现象，尤其是洞顶部位的破坏最为严重，可认为是传统意义上的围岩松动破裂区。其后面围岩的破坏区和相对完整区交替出现，呈环环相套状态，是典型的分区破裂现象。试验工况四、八、九洞周破裂区的形状均近似为圆环形，与软弱夹层及其间距关系不大。

将试验工况四、八、九洞周的破坏情况列入表 2.6.3 中，三种试验工况的洞周破裂区层数与最大破裂区深度对比如图 2.6.7 所示。

表 2.6.3　试验工况四、八、九模型洞周破坏情况对比

试验工况	软弱夹层间距/mm	破裂层数与破裂范围		洞周最大破裂区深度/mm
		层数	各层破裂区范围/mm	
工况四	0	4	0～26 37～42 71～74 116～118	118
工况八	100	4	0～28 41～45 72～76 118～120	120
工况九	50	5	0～24 36～42 59～65 87～92 124～127	127

注：洞周破裂区范围为洞壁至围岩最外层破裂区外边界的距离。

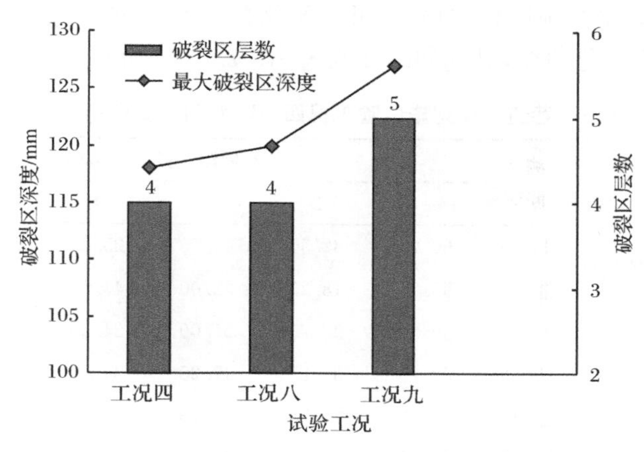

图 2.6.7　试验工况四、八、九模型洞周分区破裂层数与最大破裂区深度对比

由图 2.6.7 和表 2.6.3 可以看出：试验工况四洞周破坏区为 4 层、最大破裂区深度为 118mm；试验工况八洞周破坏区为 4 层、最大破裂区深度为 120mm；试验工况九洞周破坏区为 5 层、最大破裂区深度为 127mm。可见，在相同试验条件下，巷道分区破裂范围与软弱夹层及其间距有较大的关系，软弱夹层间距越小，洞周破裂区层数越多、破裂区深度越大，这说明软弱夹层弱化了围岩力学性质，加重了围岩变形破坏，使得分区破裂程度更为明显。

由表 2.6.4 可以看出：相邻两破裂区的平均半径之比在 1.2～1.4 之间，同种工况破裂区的平均半径基本符合等比关系，不同试验工况其相邻破坏区的平均半径之比稍有不同。

表 2.6.4 试验工况四、八、九模型洞周破裂区的平均半径及平均宽度

破裂区编号	工况四		工况八		工况九	
	平均半径/mm	平均宽度/mm	平均半径/mm	平均宽度/mm	平均半径/mm	平均宽度/mm
1	63	26	64	28	62	24
2	89.5	5	93	4	89	6
3	122.5	3	124	4	112	6
4	167	2	169	2	139.5	5
5	—	—	—	—	175.5	3

4. 洞周位移、应变和应力的变化规律

表 2.6.5 和表 2.6.6 分别为巷道开挖完毕试验工况四、八、九洞周测点径向位移和径向应变，表 2.6.7 为巷道开挖完毕工况九洞周测点应力的测试结果，将测试数据按比例标注在洞周相应位置，并用平滑的曲线相连即得到洞周径向位移、径向应变和应力变化曲线，分别如图 2.6.8～图 2.6.10 所示。

表 2.6.5 巷道开挖完毕试验工况四、八、九洞周测点的径向位移

试验工况	测点位置	测试断面	洞周测点径向位移/mm					
			1	2	3	4	5	6
工况四（无软弱夹层）	左边墙测点	Ⅰ—Ⅰ	60.75	32.50	43.75	25.25	25.75	7.75
		Ⅲ—Ⅲ	57.25	48.25	32.00	41.50	14.00	9.75
	拱顶测点	Ⅰ—Ⅰ	69.25	32.75	51.00	24.50	13.75	8.75
		Ⅲ—Ⅲ	62.75	36.25	47.25	34.00	17.00	8.75
	右边墙测点	Ⅰ—Ⅰ	53.25	27.75	36.75	17.75	22.25	13.00
		Ⅲ—Ⅲ	56.25	31.25	41.00	26.75	21.75	9.25
工况八（软弱夹层间距 100mm）	左边墙测点	Ⅰ—Ⅰ	69.25	37.25	56.75	36.25	40.50	20.25
		Ⅲ—Ⅲ	65.25	56.25	36.75	46.25	21.25	6.75
	拱顶测点	Ⅰ—Ⅰ	73.25	44.00	54.25	41.25	24.25	12.25
		Ⅲ—Ⅲ	75.25	48.25	58.50	38.75	33.75	16.25
	右边墙测点	Ⅰ—Ⅰ	61.75	36.25	46.25	31.75	31.50	20.50
		Ⅲ—Ⅲ	63.75	38.75	47.25	32.25	34.25	17.25

续表

试验工况	测点位置	测试断面	洞周测点径向位移/mm					
			1	2	3	4	5	6
工况九（软弱夹层间距50mm）	左边墙测点	Ⅰ—Ⅰ	80.50	47.25	62.50	43.50	45.25	22.50
	拱顶测点	Ⅰ—Ⅰ	80.25	51.75	62.75	45.25	47.75	21.25
	右边墙测点	Ⅰ—Ⅰ	71.25	41.25	48.75	37.25	34.25	22.75

注：表中径向位移方向朝向洞内，表中数据已根据相似条件换算为原型位移值。

表 2.6.6　巷道开挖完毕试验工况四、八、九洞周测点的径向应变

试验工况	测点位置	测试断面	洞周测点径向应变/10^{-6}						
			1	2	3	4	5	6	7
工况四（无软弱夹层）	左边墙测点	Ⅱ—Ⅱ	1393	815	1089	644	837	363	156
	拱顶测点	Ⅱ—Ⅱ	1544	760	1051	557	717	452	349
	右边墙测点	Ⅱ—Ⅱ	1335	814	613	929	635	390	329
工况八（软弱夹层间距100mm）	左边墙测点	Ⅱ—Ⅱ	1505	908	1195	716	965	418	212
	拱顶测点	Ⅱ—Ⅱ	1680	906	1120	612	544	628	392
	右边墙测点	Ⅱ—Ⅱ	1482	962	669	885	428	323	252
工况九（软弱夹层间距50mm）	左边墙测点	Ⅱ—Ⅱ	1694	1006	1354	817	1210	464	303
	拱顶测点	Ⅱ—Ⅱ	1850	1179	1491	828	636	774	435
	右边墙测点	Ⅱ—Ⅱ	1635	1032	750	1051	374	569	207

注：表中径向应变数值为正表示拉应变。

表 2.6.7　巷道开挖完毕试验工况九洞周测点的应力值

试验工况	测点位置	测试断面	洞周测点应力值/MPa					
			1	2	3	4	5	6
工况九（软弱夹层间距50mm）	左边墙测点切向应力/MPa	Ⅲ—Ⅲ	−3.25	−14.05	−10.80	−19.75	−18.65	−22.90
	洞顶测点径向应力/MPa	Ⅲ—Ⅲ	−1.75	−14.15	−7.20	−11.50	−20.40	−21.40
	右边墙测点切向应力/MPa	Ⅲ—Ⅲ	−4.05	−14.75	−12.40	−21.15	−20.60	−24.50
	洞底测点径向应力/MPa	Ⅲ—Ⅲ	−2.25	−14.90	−8.00	−17.55	−24.55	−24.10

注：表中数据已根据相似条件换算为原型值，应力正值为拉应力，负值为压应力。

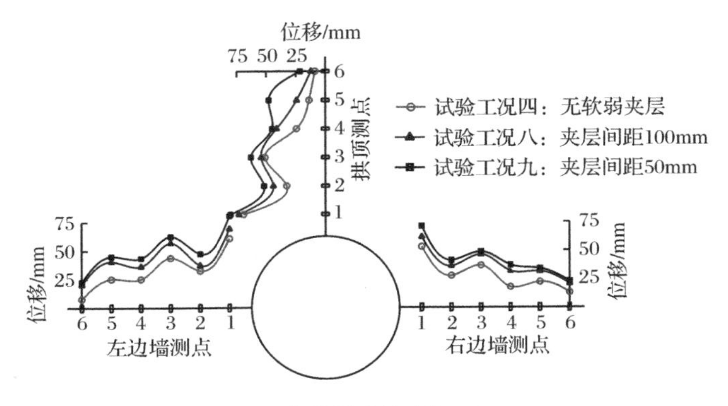

(a) 位移测试断面Ⅰ—Ⅰ

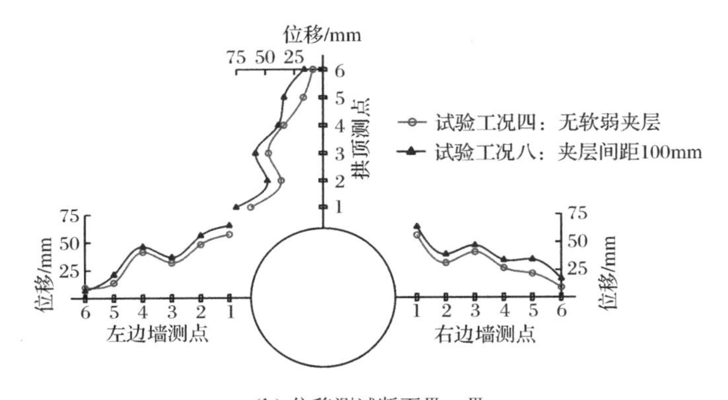

(b) 位移测试断面Ⅲ—Ⅲ

图 2.6.8　试验工况四、八、九洞周测点的径向位移变化曲线

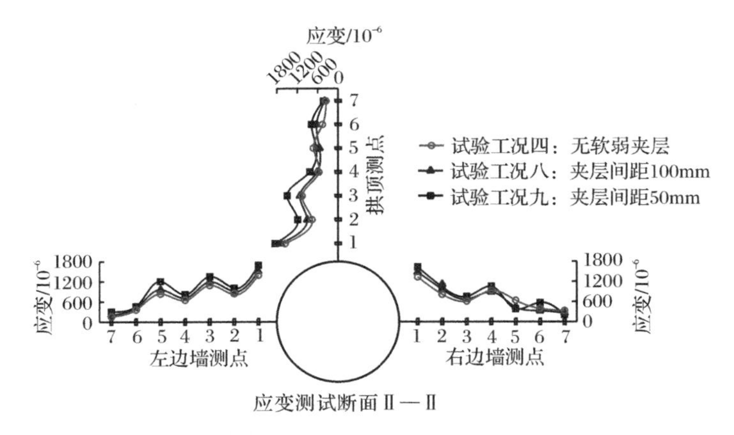

图 2.6.9　试验工况四、八、九洞周测点的径向应变变化曲线

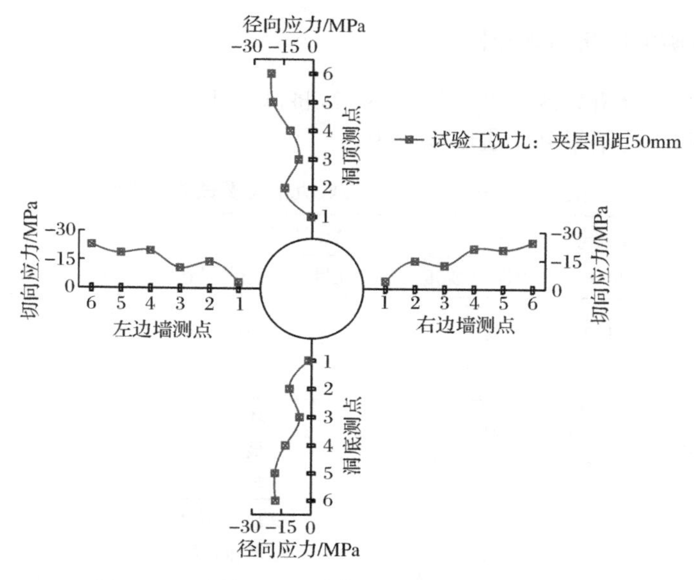

图 2.6.10　试验工况九模型洞周测点的应力变化

由图 2.6.8～图 2.6.10 和表 2.6.5～表 2.6.7 可以看出：

(1) 试验工况四、八、九洞周测点的径向位移和径向应变均呈现波峰与波谷间隔交替的振荡型衰减变化。测试数据较大的波峰部位为围岩破裂区，而较小的波谷部位为相对非破裂区，这种变化规律与浅部洞室开挖后洞周径向位移和径向应变随离洞壁距离的增大而单调递减的规律完全不同。另外，试验工况九洞周测点的切向应力和径向应力也呈现波峰与波谷间隔交替的振荡型衰减变化。试验工况四、八、九的位移、应变和应力测试数据均表明洞周出现了破裂区和非破裂区交替的现象，这与模型试验洞周的破坏现象相吻合，有效证实了分区破裂现象的出现。

(2) 对比试验工况四、八、九洞周相同位置测点的径向位移和径向应变，发现试验工况九最大、试验工况八次之、试验工况四最小。这表明在相同应力条件下，软弱夹层弱化了巷道围岩力学性质，导致洞周测点的径向位移和径向应变增大，并且随着软弱夹层间距的减小，洞周破裂区的层数更多、破裂区范围更大，分区破裂现象更明显。

(3) 试验工况四、八、九测试断面中距洞壁最近测点的径向位移最大、径向应变为最大拉应变、切向应力和径向应力均接近于零，这表明靠近洞壁的区域破坏较为严重，是传统意义上的松动破坏区，这也与洞壁的破坏情况相吻合。测试断面中距洞壁最远测点的径向位移接近于零、径向应变为最小拉应变、径向应力和切向应力已接近于原岩应力值，说明最远测点所在的位置已超出了洞周分区破裂的范围，这与模型体剖面上的破裂情况相一致。

2.6.2　分区破裂影响因素分析

为便于对比分析分区破裂的影响因素，将试验工况一、二、三、四、八、九的主要试验条件和试验结果列于表 2.6.8 中。

表 2.6.8　试验工况一、二、三、四、八、九的主要试验条件和试验结果

试验工况	洞室形状	洞室尺寸/mm	岩性条件	破裂区情况			洞周位移和应变的分布情况	是否出现分区破裂
				深度/mm	层数	形状描述		
工况一	马蹄形	宽 100 高 77.6	无软弱夹层	124	4	环环相套，近似为圆形	径向位移和径向应变呈现出振荡型变化	是
工况二	城门形	宽 50 高 100 拱顶直径 70	无软弱夹层	46	3	环环相套，最外层近似为圆环形	没测试	是
工况三	矩形	宽 100 高 75	无软弱夹层	85	4	顶部垮塌严重，最外层近似为圆环形	没测试	是
工况四	圆形	直径 100	无软弱夹层	118	4	环环相套，破裂区为圆形	径向位移和径向应变呈现出振荡型变化	是
工况八	圆形	直径 100	软弱夹层间距 100mm	120	4	环环相套，近似为圆形	径向位移和径向应变呈现出振荡型变化	是
工况九	圆形	直径 100	软弱夹层间距 50mm	127	5	环环相套，破裂区为圆形	径向位移、径向应变及应力均呈现出振荡型变化	是

由表 2.6.8 可以看出：

(1)深部洞室分区破裂范围与洞室尺寸密切相关，洞室尺寸越大，洞周破裂区层数越多、破裂区深度越大。

(2)不管洞室形状为马蹄形、城门形、矩形还是圆形，其最外层破裂区的形状均近似为圆环形，表明洞室最外层破裂区的形状与洞室形状关系不大。

(3)分区破裂的范围与软弱夹层及其间距有较大的关系，软弱夹层的间距越小，围岩内破裂区的层数越多、破裂区深度越大。

2.7　模型试验与现场观测结果对比

图 2.7.1 和表 2.7.1 分别为将模型数据换算成原型后与现场观测结果的

对比[100]。

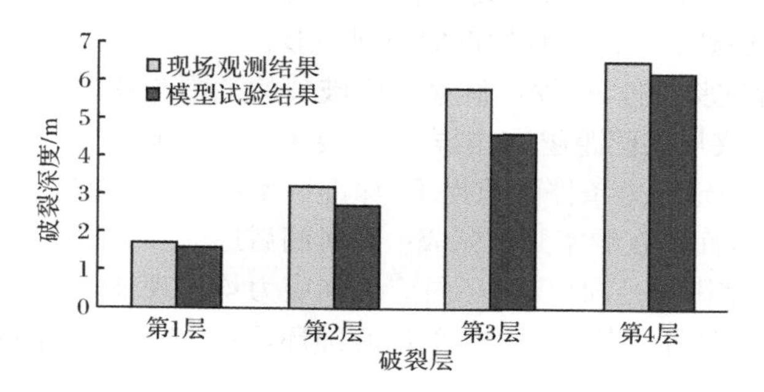

图 2.7.1　模型试验与现场观测破裂区深度对比柱状图

表 2.7.1　模型试验与现场观测结果的对比

类别	破裂区范围(以洞壁为起点测量)/m			
	第 1 层	第 2 层	第 3 层	第 4 层
现场观测结果	0.0～1.7	2.3～3.2	4.8～5.8	6.2～6.5
模型试验结果	0.0～1.6	2.4～2.7	4.4～4.6	6.0～6.2

由图 2.7.1 和表 2.7.1 可以看出:模型试验洞周分区破裂的层数、破坏范围与现场监测结果基本一致,表明模型试验结果是可靠的。

2.8　本章小结

为深入研究深部洞室分区破裂的产生条件与影响因素,以淮南矿区丁集煤矿深部巷道为研究背景工程,利用发明研制的高地应力真三维加载模型试验系统和铁晶砂胶结岩土相似材料,开展了九种不同试验工况下的真三维地质力学模型试验,研究了洞室形状、最大主应力方向、最大主应力量值及软弱夹层分布对深部洞室围岩破坏模式的影响,得到了以下研究结论:

(1) 深部洞室的分区破裂现象是在满足一定条件才会出现的特殊破坏现象。当洞区最大主应力方向平行于洞轴向且其量值超过围岩抗压强度时,深部洞室动力开挖才会出现分区破裂现象,而当最大主应力方向垂直于洞轴方向时,则不会出现分区破裂现象。

(2) 在同等试验条件下,深部洞室分区破裂的范围与最大主应力的量值密切相关。最大主应力量值越大,洞周破裂区的层数越多、破裂区深度越大,洞周径向位移和径向应变越大,分区破裂现象越明显。

(3) 在同等试验条件下,深部洞室分区破裂的范围与洞室尺寸密切相关。洞室尺寸越大,洞周破裂区的层数越多、破裂区深度越大,但出现分区破裂现象时,最外层破裂区的形状与洞室形状关系不大，不管洞室形状为马蹄形、城门形、矩形还是圆形，最外层破裂区的形状均近似为圆环形。

(4) 在同等试验条件下，深部洞室分区破裂的范围与软弱夹层及其间距有较大的关系。软弱夹层的间距越小，围岩内破裂区的层数越多、破裂区深度越大。

(5) 在满足一定应力条件的前提下，深部洞室围岩分区破裂现象不是在洞室开挖瞬时出现的，而是在洞室开挖完成一段时间后逐渐形成的。

(6) 深部洞室围岩径向位移、径向应变和应力均呈现波峰与波谷间隔交替的振荡型衰减变化，破坏区是环环相套的同心圆环，不是螺旋线或滑移线。

第3章 深部洞室分区破裂的理论分析

3.1 引 言

深部洞室分区破裂现象已在工程现场和室内模型试验中得到了充分证实，并且通过前面不同工况条件下的地质力学模型试验阐明了分区破裂的产生条件和影响因素。虽然很多学者从不同角度分析了分区破裂的形成机制并给出了理论解释，但是到目前为止仍然没有一种关于分区破裂的理论解释得到大家的普遍认可，也就是说分区破裂的理论模型仍然是一个有待进一步探索的问题。

综合分析目前已有的关于分区破裂现象的理论研究成果，虽然没有一种大家普遍认可的理论解释，但也获得了几点共识：①分区破裂是一种特殊的、带有明显规律性的应变局部化现象；②分区破裂是深部高地应力条件下的特有现象，此时岩石表现出的是其峰后的力学特性，因此在解释分区破裂现象时需要考虑岩石峰后的应变软化特性。

20世纪80年代以后逐步发展起来的应变梯度理论在解释材料的应变局部化和有规律的变形破坏模式方面取得了较大的进展，本章根据应变梯度理论和损伤力学建立了基于应变梯度的分区破裂非线性弹性损伤软化模型，并由此推导了考虑应变梯度的深部洞室位移平衡方程，根据相关边界条件和Matlab软件编写了计算程序，计算获得了深部洞室围岩径向位移、径向应变和应力波峰和波谷间隔交替的振荡型变化规律，并将理论计算结果与模型试验结果做了对比分析。

3.2 应变局部化与分区破裂现象

1. 岩石的应变局部化与应变软化

岩石作为一种较为复杂的地质材料，在经历了漫长的地质演化后，其内部存在着各种微缺陷，力学性质常常呈现出非线性和各向异性，因此可将岩石视为一种含初始损伤的材料。在岩石的压缩试验中，随着压缩变形的增加，岩石会在达到其峰值强度后迅速降低到一个较低的水平，表现出明显的应变软化现象，如图3.2.1所示。与此同时，伴随着岩石承载能力的下降，岩石的破坏也集中到一个或几个狭窄的带状区域内，这就是岩石的应变局部化现象，同时应变局部化现象的出现也往往被视为岩石材料破坏的开端。如图 3.2.2 所示，岩石材料很少表现为整个系统的全面破坏，常常是在某些区域出现明显的局部化破坏，岩石材料超过峰值强度后的应变软化现象是由于变形局部化带的出现而导致的结构性软化，因此在考虑岩石材料的应变软化性状时，不考虑应变局部化的影响是不恰当的。

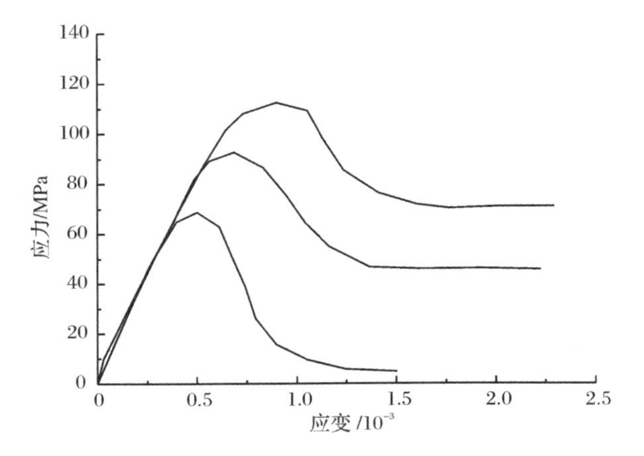

图 3.2.1　常见岩石的应力-应变曲线

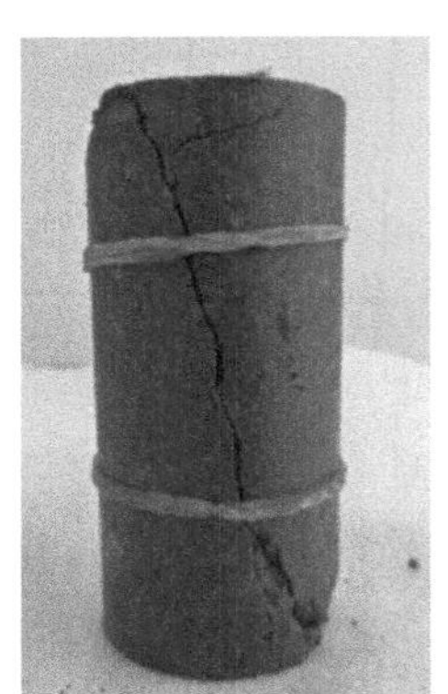

图 3.2.2　岩石压缩试验的应变局部化现象

李国琛等[101]和赵锡宏等[102]对应变局部化现象给出了如下定义：当材料所受到的应力接近或超过其峰值强度时，材料原来相对均匀的变形模式，被一种局限在狭窄带状区域内的急剧不连续的变形模式所替代。以压缩试验中的岩石试件为例说明应变局部化的形成过程，岩石的应变局部化是一个逐步演化的过程，由于岩石是一种含初始缺陷的地质材料，岩石试件在压缩荷载作用下，试件内部的应力分布并不是均匀的，试件中某些点的局部剪应力会率先超过其强度，使得试件中微裂纹继续发展，微裂纹区域所不能承受的那部分超额剪应力转移到相邻的未破坏区域，使得相邻区域的剪应力超过其峰值强度，最终微裂纹逐步聚集到一个狭窄的带状区域内形成宏观的剪切带，在剪切带内材料的应变梯度会突然增大。

在岩石材料的应变局部化试验研究中，不少研究者已经给出有力的证据证明了变形局部化带内的应变梯度效应。潘一山等[103,104]对煤岩在冲击地压作用下发生的应变局部化破坏进行了研究，通过大刚度和小加载速率控制冲击地压启动后的变形破坏过程，采用白光数字散斑的相关方法定量化跟踪煤岩试件表面的变形场，试验观测了冲击地压启动后煤岩变形破坏局部化过程及应变梯度在其中的关键作用，并测试了煤和砂岩的变形局部化带宽度；徐松林等[105]通过对大理岩常规三轴压缩全应力-应变过程的试验观察，进一步证实了岩石类材料在破坏前后应变梯度的存在和其对局部化破坏的主导作用。由以上试验可清楚地看到应变梯度在岩石局部化破坏过程中所起到的主导作用，岩石材料在进入局部化破坏起直至最终破坏，应变梯度始终起着控制作用，因此，从某种意义上说，应变梯度可以作为衡量材料局部化破坏的一个参量，如果在岩石类材料的峰后破坏分析中忽略应变梯度这一关键因素，将会导致分析结果与真实情况的严重偏差。

2. 应变局部化与分区破裂现象

在深部岩体中开挖洞室或巷道时，其两侧和工作面前的围岩中会产生交替的破裂区和非破裂区，这种现象被称为分区破裂现象。深部洞室的分区破裂现象是与浅部洞室围岩中破坏区、塑性区和弹性区依次出现的现象完全迥异的。深部洞室的分区破裂现象是一种规律性的应变局部化现象，而岩石材料的应变局部化现象常常是与峰后段的应变软化相伴生的，研究深部洞室的分区破裂现象应从岩石峰后段的应变局部化和应变软化现象开始。正是因为应变梯度在岩石的应变局部化中起着控制作用，因此在分区破裂现象的研究中应该考虑应变梯度的影响。周维垣等[106]也认为，正是由于现有的连续介质弹塑性模型忽略了应变梯度的影响，从而导致其在解释深部岩体的分区破裂现象时遇到了困难。

3.3 应变梯度弹性损伤本构关系

3.3.1 应变梯度和高阶应力的引入

岩石类材料发生局部化破坏时，主要是因为岩石内部的微裂隙和微缺陷扩展、连通使得材料刚度降低，非线性变形积累，最终导致材料表现出应变软化特性并出现明显的局部化破坏，此时在局部剪切带内部，常常有较大的应变梯度存在。经典的连续介质理论认为，材料一点应力仅仅是该点的应变以及该点变形历史的函数，而与其周围点的应变无关，随着对材料破坏过程中尺寸效应以及应变局部化现象研究的深入，越来越多的学者认识到应变梯度效应在材料本构关系中的重要性。实际上，应变梯度理论研究的兴起正是因为经典连续介质理论在描述材料应变局部化和应变软化现象时所遇到的诸多困难，岩土介质的非连续性和非均匀性的特点，使得岩土介质的应变梯度效应更加明显。

1. Toupin-Mindlin 应变梯度理论

试验现象和数值计算结果均证实了应变梯度在岩石材料局部化破坏中的重要作用，同时也说明了在深部岩体分区破裂现象的研究中引入应变梯度的必要性。本书介绍的 Toupin-Mindlin 应变梯度理论[107]，在平衡方程中引入应变梯度项，所引入的应变梯度并不区分旋转梯度和拉伸梯度，是一个整体的应变梯度项。我们知道在应变梯度塑性理论中仅当材料进入塑性阶段时才考虑应变梯度的影响，而本书所引入的应变梯度项不管是在材料的初始弹性阶段还是在峰后应变软化阶段均存在，只不过是在弹性阶段应变梯度的影响较小。

在 Toupin-Mindlin 应变梯度理论中，某点的总体应变由常规 Eulerian 应变和高阶应变两部分组成，即

$$\boldsymbol{\varepsilon}_{ij}=\frac{1}{2}(\boldsymbol{u}_{i,j}+\boldsymbol{u}_{j,i}) \tag{3.3.1}$$

$$\boldsymbol{\eta}_{ijk}=\boldsymbol{\partial}_i\boldsymbol{\partial}_j\boldsymbol{u}_k=\boldsymbol{u}_{k,ij} \tag{3.3.2}$$

式中，$\boldsymbol{\varepsilon}_{ij}(i,j=1,2,3)$为二阶对称应变张量；$\eta_{ijk}(i,j,k=1,2,3)$为三阶对称应变梯度张量。

在引入应变梯度项后，原来的连续介质力学方程就要做出相应的改变，其运动方程、平衡条件及边界条件与经典的连续理论均有所不同。基于虚功原理，由变分原理可推导出因高阶应变和高阶应力的引入而带来的新的平衡方程和运动方程，并且由变分原理的结果还可以得到应变梯度理论的边界条件。依据 Mindlin 等[108]、Bleustein[109] 和 Germain[110] 等的研究成果，如只考虑静力过程，则含高阶应力项的静力平衡方程为

$$\boldsymbol{\sigma}_{ij,i}-\boldsymbol{\tau}_{ijk,ij}+\boldsymbol{f}_i=0 \tag{3.3.3}$$

含高阶应力项的边界条件为

$$\boldsymbol{t}_k=\boldsymbol{n}_i(\boldsymbol{\sigma}_{ik}-\boldsymbol{\partial}_j\boldsymbol{\tau}_{ijk})-\boldsymbol{D}_j(\boldsymbol{n}_i\boldsymbol{\tau}_{ijk})+\boldsymbol{n}_i\boldsymbol{n}_j(\boldsymbol{D}_l\boldsymbol{n}_l)\boldsymbol{\tau}_{ijk} \tag{3.3.4}$$

$$\boldsymbol{r}_k=\boldsymbol{n}_i\boldsymbol{n}_j\boldsymbol{\tau}_{ijk} \tag{3.3.5}$$

依据 Mindlin[111]、Eshel 等[112] 的研究成果，在线弹性范畴内，Toupin-Mindlin 应变梯度理论的本构方程为

$$\begin{cases}\boldsymbol{\sigma}_{ij}=\lambda\boldsymbol{\varepsilon}_{kk}\boldsymbol{\delta}_{ij}+2G\boldsymbol{\varepsilon}_{ij}\\ \boldsymbol{\tau}_{ijk}=\xi_1 l^2(\boldsymbol{\eta}_{ipp}\boldsymbol{\delta}_{jk}+\boldsymbol{\eta}_{jpp}\boldsymbol{\delta}_{ik})+\xi_2 l^2(\boldsymbol{\eta}_{ppi}\boldsymbol{\delta}_{jk}+2\boldsymbol{\eta}_{kpp}\boldsymbol{\delta}_{ij}+\boldsymbol{\eta}_{ppj}\boldsymbol{\delta}_{ik})\\ \qquad +\xi_3 l^2\boldsymbol{\eta}_{ppk}\boldsymbol{\delta}_{ij}+\xi_4 l^2\boldsymbol{\eta}_{ijk}+\xi_5 l^2(\boldsymbol{\eta}_{kji}+\boldsymbol{\eta}_{kij})\end{cases} \tag{3.3.6}$$

式中，λ 和 G 为拉梅常数，其与材料弹性模量 E 和泊松比 μ 之间的关系为 $\lambda=\frac{E\mu}{(1+\mu)(1-2\mu)}$，$G=\frac{E}{2(1+\mu)}$；$\xi_i\ (i=1,2,\cdots,5)$ 为与应变梯度项相关的弹性常数，根据文献[113]和[114]，ξ_i 取值为 $\xi_1=\frac{1}{2}c$，$\xi_2=\frac{1}{4}c$，$\xi_3=c$，$\xi_4=\frac{7}{4}c$，$\xi_5=\frac{1}{4}c$，$c=G$；$\boldsymbol{\sigma}_{ij}\ (i,j=1,2,3)$ 为与 Eulerian 应变张量 $\boldsymbol{\varepsilon}_{ij}\ (i,j=1,2,3)$ 共轭的二阶 Cauchy 应力张量；$\boldsymbol{\tau}_{ijk}\ (i,j,k=1,2,3)$ 为与应变梯度张量 $\boldsymbol{\eta}_{ijk}\ (i,j,k=1,2,3)$ 共轭的三阶应力张量。$\boldsymbol{\sigma}_{ij}$ 和 $\boldsymbol{\tau}_{ijk}$ 均满足对称性。$\boldsymbol{\delta}_{ij}\ (i,j=1,2,3)$ 为 Kronecker 符号。

为了保持量纲一致，在上述本构方程中引入了一个材料内部长度参数 l，它与材料内部的微结构尺度相关。

2. 材料的内部长度参数

在 Toupin-Mindlin 应变梯度理论本构方程的叙述中引入了材料的内部长度参数 l，并认为它与材料内部的微结构尺度相关。下面简要说明一下引入材料内部长度参数的缘由以及与材料固有性质间的关系。

经典的连续介质理论认为，材料一点的应力仅仅是该点的应变以及该点变形历史的函数，而与其周围点的应变无关。而事实上将连续介质力学应用于岩石介质时，由于岩石介质内部存在初始缺陷，连续性假设不能严格满足，因此应力和应变等分量代表的只是相当小而非无穷小体积上的统计平均值。在岩石材料强度峰值之前应变梯度不大的情况下，用统计平均值作为连续介质力学的理论解可以较为恰当地描述介质的力学反应。但是当材料峰后出现较高的应变梯度时，经典连续介质理论所给出的统计平均值就不能如实地反映出材料应变局部化的变形行为。应变梯度理论认为，经典连续介质理论之所以在模拟具有软化段的岩石材料的应变局部化现象时遇到了极大的困难，其根本原因在于本构关系中缺少材料的内部长度参数。应变梯度理论中材料的内部长度参数与材料内部微结构的平均尺度有关，该长度参数依赖于材料局部点在空间的影响半径。在不同的应变梯度模型中，材料内部长度参数所蕴含的物理意义及取值都有所不同。如在 Fleck 等[115]提出的应变梯度理论中含有 3 个材料长度参数，其中 l_1 作用于高阶应变的拉伸不变量上，l_2 和 l_3 分别作用于高阶应变的两个旋转不变量上。在 Gao 等[116,117]基于细观机制提出的应变梯度塑性理论中含有 2 个长度参数，其中 l 是材料长度参数，作用于等效应变梯度 η 上，l_ε 则是细观尺度上的胞元尺寸。Abual 等[118]从材料的物理机制出发，明确推导出材料长度参数是一个变量，它随着变形的增加而增大。从目前已有的研究成果来看，尽管在不同应变梯度理论中材料的内部长度参数有所不同，但是它们都有一个共同点，即材料的内部长度参数与材料内部的微结构直接相关。

Toupin-Mindlin 应变梯度理论中引入的材料内部长度参数 l 有较为明确的物理意义，岩石类材料中常常存在着大量的微孔洞、微裂隙等缺陷，岩石材料最终破坏时局部化带的尺寸与上述缺陷密切相关。材料内部长度参数的大小与上述微结构有关，它是材料的固有性质。通过内部长度参数可将岩石最终破坏时的局部化带尺寸与材料内部微结构联系起来，在材料破坏的宏细观特征之间建立起对应关系。目前，内部长度参数的确定常常先由应变梯度理论模型建立起其与局部化带宽度的关系，再通过相应的试验反演得到。国内学者潘一山等[119]做了大量的相关工作，但是利用上述方法获得的材料内部长度参数只能应用于特定的模型和材料，并不具有广泛的意义。因此，为了精确确定材料内部长度参数与其内部微结构的对应关系，还需要做进一步的研究。

3.3.2 应变梯度弹性损伤本构关系推导

1. 损伤力学的基本概念

岩石作为一种复杂的地质材料，在经历了漫长的地质演化后，其内部存在着各种微裂隙和微缺陷，这些缺陷在荷载作用下将会不断扩展、汇合，最终形成宏观裂纹，这种导致岩石材料力学性能劣化的微观结构变化称为损伤。

应用损伤理论描述岩石材料受荷载后的力学状态时，首先要选择合适的损伤变量。受荷载后材料会同时在微观结构和宏观物理性能方面发生变化，因此选取损伤变量可以从这两个方面考虑，例如，从微观方面可以选择裂隙的数目、长度、面积和体积等，从宏观方面可以选择弹性模量、屈服应力、声发射次数以及超声波速等。根据不同的情况可选择标量、矢量和张量来表征损伤变量。

有学者在研究金属蠕变断裂时，提出用连续性变量 ψ 描述材料的损伤状态，并称之为损伤因子。

$$\psi=\frac{\widetilde{A}}{A} \tag{3.3.7}$$

式中，A 为无损伤状态下的名义面积；$\widetilde{A}$ 为受损后的净面积或有效面积。

引入一个与连续性变量 ψ 相对应的变量称为损伤变量，即

$$D=1-\psi=1-\frac{\widetilde{A}}{A}=\frac{A-\widetilde{A}}{A} \tag{3.3.8}$$

式中，$D=0$ 时材料处于无损状态；$D=1$ 时材料处于完全损伤状态即断裂状态。

通常情况下，我们将应力定义为材料总受荷面积 A 上的力密度，即 $\sigma=\dfrac{F}{A}$，当材料出现损伤后，实际应力应该是施加在有效受荷面积 $\widetilde{A}$ 上的力密度，可称之为

有效应力，$\widetilde{\sigma}=\dfrac{F}{\widetilde{A}}$。

$$\widetilde{\sigma}=\frac{F}{\widetilde{A}}=\frac{\sigma A}{\widetilde{A}}=\frac{\sigma}{1-D} \tag{3.3.9}$$

岩石材料内部出现损伤后，测试材料的有效面积几乎是不可能的，为了能间接地确定损伤，根据应变等价原理，可以通过无损材料的名义应力来描述受损材料的本构关系，即

$$\varepsilon=\frac{\sigma}{\widetilde{E}}=\frac{\widetilde{\sigma}}{E}=\frac{\sigma}{(1-D)E} \tag{3.3.10}$$

由式(3.3.10)可得

$$\sigma=(1-D)E\varepsilon \tag{3.3.11}$$

式中，$\widetilde{\sigma}$ 表示受损材料中的有效应力。

对于各向同性弹性损伤体，损伤和无损状态时材料力学特性之间的关系可表示为

$$\begin{cases}\widetilde{E}=(1-D)E\\ \widetilde{\mu}=\mu\\ \widetilde{G}=(1-D)G\end{cases} \tag{3.3.12}$$

式中，$\widetilde{E}$、$\widetilde{\mu}$、$\widetilde{G}$ 分别为材料损伤后的有效弹性模量、有效泊松比和有效剪切模量；E、μ、G 分别为无损状态下材料的弹性模量、泊松比和剪切模量。

2. 损伤力学的热力学基础

从热力学的角度来看，岩石材料内部微裂隙和微缺陷的发展是一个不可逆性的能量耗散过程。岩石材料的能量耗散与其内部微结构的变化是紧密相连的，材料在不同时刻的损伤状态均对应着不同的热力学状态。因此，带有内部状态量的不可逆热力学理论构成了连续损伤力学理论的基础，并且必须在满足热力学定律的基础上来建立材料的损伤本构模型。

根据热力学第一定律[120]

$$\frac{\mathrm{d}}{\mathrm{d}t}\int_V \frac{1}{2}\rho'\boldsymbol{v}\cdot\boldsymbol{v}\mathrm{d}V+\int_V\boldsymbol{\sigma}:\dot{\boldsymbol{\varepsilon}}\mathrm{d}V-\int_V\mathrm{div}q\mathrm{d}V+\int_V\rho'\gamma\mathrm{d}V=\frac{\mathrm{d}}{\mathrm{d}t}\int_V\frac{1}{2}\rho'\boldsymbol{v}\cdot\boldsymbol{v}\mathrm{d}V+\frac{\mathrm{d}}{\mathrm{d}t}\int_V\omega\mathrm{d}V \tag{3.3.13}$$

式中，V 为连续介质的空间体积；q 为单位时间内沿热流方向通过单位面积的热流量；$\boldsymbol{v}$ 为速度向量；γ 为单位质量的生成热；ρ' 为介质密度；ω 为比内能。

针对式(3.3.13)，由于 dV 是任取的，则有

$$\rho'\frac{\mathrm{d}\omega}{\mathrm{d}t}+\mathrm{div}q-\boldsymbol{\sigma}:\dot{\boldsymbol{\varepsilon}}-\rho'\gamma=0 \tag{3.3.14}$$

热力学第二定律给出了不可逆热力学进程的方向，对于一个封闭系统内发生的过程总是沿体系熵增大的方向进行[120]，即

$$\frac{\mathrm{d}}{\mathrm{d}t}\int_V\rho' S\mathrm{d}V\geqslant\int_V\frac{\gamma}{T}\rho'\mathrm{d}V-\int_{S'}\frac{q\cdot\boldsymbol{n}}{T}\mathrm{d}S' \tag{3.3.15}$$

式中，T 为系统温度；$\boldsymbol{n}$ 为 S' 的外法线向量；S 为系统的熵；S' 为熵面。

根据高斯定理 $\int_{S'}q\cdot\boldsymbol{n}\mathrm{d}S'=\int_V\mathrm{div}q\mathrm{d}V$，式(3.3.15)可转化为

$$\frac{\mathrm{d}}{\mathrm{d}t}\int_V\rho' S\mathrm{d}V\geqslant\int_V\frac{\gamma}{T}\rho'\mathrm{d}V-\int_V\frac{\mathrm{div}q}{T}\mathrm{d}V \tag{3.3.16}$$

因为 $\mathrm{d}V$ 是任取的，所以有

$$\frac{\mathrm{d}S}{\mathrm{d}t}-\frac{\gamma}{T}+\frac{\mathrm{div}q}{\rho' T}-\frac{q}{\rho' T^2}\mathrm{grad}T\geqslant0 \tag{3.3.17}$$

将式(3.3.14)代入式(3.3.17)，可得

$$\boldsymbol{\sigma}:\dot{\boldsymbol{\varepsilon}}-\rho'(\dot{\omega}-T\dot{S})-\frac{q}{T}\mathrm{grad}T\geqslant0 \tag{3.3.18}$$

令 Helmholtz 比自由能 $\varphi=\omega-TS$，对其求导数得，$\dot{\varphi}=\dot{\omega}-\dot{T}S-T\dot{S}$，代入式(3.3.14)和式(3.3.18)得到热力学第一、二定律的表达式为

$$\boldsymbol{\sigma}:\dot{\boldsymbol{\varepsilon}}-\rho'(\dot{\varphi}+\dot{T}S)-\rho' T\dot{S}+\rho'\gamma-\mathrm{div}q=0 \tag{3.3.19}$$

$$\boldsymbol{\sigma}:\dot{\boldsymbol{\varepsilon}}-\rho'(\dot{\varphi}+\dot{T}S)-\frac{q}{T}\mathrm{grad}T\geqslant0 \tag{3.3.20}$$

对于一个热力学系统，可选作状态参数的量很多，为描述一个力学系统的热力学状态，可以从不同的角度选择一些物理量作为其状态变量。对于非线性的不可逆过程，状态变量可以分为两类：一类是可测量的，如应变张量 $\boldsymbol{\varepsilon}$、温度 T 等，这类状态变量也可以称为外部状态变量；另一类状态变量是不能被直接或间接测量的，但在实际过程中也可以像外部状态变量那样处理，这类状态变量称为内部状态变量或内变量。与一种状态变量相伴生的状态变量称为伴随变量或者对偶变量、共轭变量。如：状态变量选为应变 $\boldsymbol{\varepsilon}$ 和绝对温度 T 时，对应的伴随变量为应力 $\boldsymbol{\sigma}$ 和熵 S；而内部状态变量选择弹性应变 $\boldsymbol{\varepsilon}^{\mathrm{e}}$、塑性应变 $\boldsymbol{\varepsilon}^{\mathrm{p}}$ 和损伤变量 D 时，相应的伴生变量为应力 $\boldsymbol{\sigma}$、屈服面半径 R 和损伤能量释放率 Y。

假定比自由能 φ 是内部状态变量 $\boldsymbol{\varepsilon}$、T、D 和反映广义位移变化的内变量 $\boldsymbol{\nu}_k$ 的函数，$\varphi=\varphi(\boldsymbol{\varepsilon},T,D,\nu_k)$，对其求导数可得

$$\dot{\varphi}=\frac{\partial\varphi}{\partial\boldsymbol{\varepsilon}}:\dot{\boldsymbol{\varepsilon}}+\frac{\partial\varphi}{\partial T}\dot{T}+\frac{\partial\varphi}{\partial D}\dot{D}+\frac{\partial\varphi}{\partial\boldsymbol{\nu}_k}:\dot{\boldsymbol{\nu}}_k \tag{3.3.21}$$

将式(3.3.21)代入式(3.3.19)和式(3.3.20)，可得

$$\left(\boldsymbol{\sigma}-\rho'\frac{\partial\varphi}{\partial\boldsymbol{\varepsilon}}\right):\dot{\boldsymbol{\varepsilon}}-\rho'\left(S+\frac{\partial\varphi}{\partial T}\right)\dot{T}-\rho' T\dot{S}-\rho'\frac{\partial\varphi}{\partial\boldsymbol{v}_k}:\dot{\boldsymbol{v}}_k-\rho'\frac{\partial\varphi}{\partial D}\dot{D}+\rho'\gamma-\mathrm{div}q=0 \tag{3.3.22}$$

$$\left(\boldsymbol{\sigma}-\rho'\frac{\partial\varphi}{\partial\boldsymbol{\varepsilon}}\right):\dot{\boldsymbol{\varepsilon}}-\rho'\left(\mathrm{S}+\frac{\partial\varphi}{\partial\mathrm{T}}\right)\dot{\mathrm{T}}-\rho'\frac{\partial\varphi}{\partial\boldsymbol{v}_k}:\dot{\boldsymbol{v}}_k-\rho'\frac{\partial\varphi}{\partial D}\dot{D}-\frac{q}{T}\mathrm{grad}T\geqslant 0 \tag{3.3.23}$$

式(3.3.22)和式(3.3.23)表示的热力学第一定律(能量守恒定律)和热力学第二定律(熵增原理)对于任何的应变速率和温度变化率都成立,由此得到热力学系统的本构方程,即

$$\begin{cases}\boldsymbol{\sigma}=\rho'\dfrac{\partial\varphi}{\partial\boldsymbol{\varepsilon}}\\ S=-\dfrac{\partial\varphi}{\partial T}\\ \boldsymbol{f}_k=-\rho'\dfrac{\partial\varphi}{\partial\boldsymbol{v}_k}\\ Y=-\rho'\dfrac{\partial\varphi}{\partial D}\end{cases} \tag{3.3.24}$$

式中,$\boldsymbol{f}_k$ 是与内变量 $\boldsymbol{v}_k$ 相对应的广义力;Y 表示应变能释放率,可以理解为表征材料对内部微结构变化的抗力。

从式(3.3.24)可以看到,除了自由能和应变能以外,其余的都是热能,因此在不考虑热耗散的情况下可以把应变能作为自由能。倘若只考虑弹性和损伤耦合的情况,则由式(3.3.24)简化可得弹性损伤本构关系,即

$$\begin{cases}\sigma^{\mathrm{e}}=\rho'\dfrac{\partial\varphi^{\mathrm{e}}}{\partial\varepsilon^{\mathrm{e}}}\\ \sigma_{ij}=\rho'\dfrac{\partial\varphi^{\mathrm{e}}}{\partial\varepsilon_{ij}^{\mathrm{e}}},\quad i,j=1,2,3\end{cases} \tag{3.3.25}$$

$$Y=-\rho\frac{\partial\varphi^{\mathrm{e}}}{\partial D} \tag{3.3.26}$$

3. 应变梯度弹性损伤本构关系的推导

为了能较好地描述岩石材料的应变软化和应变局部化现象,基于损伤力学的热力学原理,在弹性损伤力学的框架内引入应变梯度,建立考虑应变梯度的弹性损伤模型。考虑到后续应变梯度理论计算的复杂性,选取各向同性损伤变量进行研究。

应变梯度弹性损伤模型的建立基于小变形和等温假设,设材料的总体损伤效果可用标量损伤 d 来描述。当材料中有损伤出现时,将 Helmholtz 自由能函数定义为应变张量 $\boldsymbol{\varepsilon}$ 和损伤变量 d 的函数[121],即

$$\Psi(\boldsymbol{\varepsilon},d)=\frac{1}{2}\boldsymbol{\varepsilon}:\boldsymbol{E}:\boldsymbol{\varepsilon}+\frac{1}{2}\boldsymbol{\eta}\,\vdots\,\boldsymbol{\Lambda}\,\vdots\,\boldsymbol{\eta} \tag{3.3.27}$$

式中，(:)和(⋮)分别表示二阶张量之间和三阶张量之间的并双点积；$\boldsymbol{E}$ 为四阶损伤弹性张量，可进一步将其表示为

$$\begin{cases}\boldsymbol{E}=(1-d)\boldsymbol{E}^0\\ \boldsymbol{E}_{ijkl}=(1-d)\boldsymbol{E}_{ijkl}^0\end{cases} \tag{3.3.28}$$

式中，$\boldsymbol{E}_{ijkl}^0$ 为材料的初始弹性张量；$\boldsymbol{\Lambda}$ 为考虑应变梯度的六阶损伤弹性张量，根据文献[122]给出的弹性张量形式，可将其表示为

$$\begin{cases}\boldsymbol{\Lambda}=(1-d)\boldsymbol{\Lambda}^0\\ \boldsymbol{\Lambda}_{ijklmn}=(1-d)l^2\boldsymbol{E}_{ijlm}^0\delta_{kn}\end{cases} \tag{3.3.29}$$

式中，δ_{kn} 为 Kronecker 符号；l 为材料的内部长度参数，m，它与材料内部的微裂纹和微缺陷密切相关，是材料的固有属性。

依据热力学第二定律，应力张量 $\boldsymbol{\sigma}_{ij}$ 和高阶应力张量 $\boldsymbol{\tau}_{ijk}$ 可分别由自由能函数对应变 ε_{ij} 和应变梯度 η_{ijk} 求导得到

$$\boldsymbol{\sigma}_{ij}=\frac{\partial\Psi}{\partial\varepsilon_{ij}}=(1-d)\boldsymbol{E}_{ijkl}^0\varepsilon_{kl} \tag{3.3.30}$$

$$\boldsymbol{\tau}_{ijk}=\frac{\partial\Psi}{\partial\eta_{ijk}}=(1-d)l^2\boldsymbol{E}_{ijkl}^0\delta_{mn}\eta_{lmn} \tag{3.3.31}$$

由于损伤变量 d 为内变量，上述公式尚不能构成完备的损伤本构模型，还需要确定损伤准则和损伤变量的演化规律。

3.4 基于应变梯度的分区破裂非线性弹性损伤软化模型

首先依据高应力条件下岩石的力学响应特征确定岩石的损伤演化规律，考虑到深部洞室分区破裂的产生条件，根据应变梯度弹性损伤本构关系来建立分区破裂非线性弹性损伤软化模型，并据此推导出考虑应变梯度的深部洞室位移平衡方程。

3.4.1 岩石材料非线性损伤演化规律

1. 深部高地应力条件下岩石的压缩变形特性

随着地下空间的开发利用不断走向深部，岩石的赋存环境出现了重大的变化，岩石的破坏机理也随之发生了相应的变化。浅部岩石的破坏以脆性为主，破坏时岩石的应变较小，超过强度峰值后应力常常突然跌落。在进入深部以后，岩石在高地应力条件下的破坏表现出了一定的延性，超过峰值强度后岩石表现出了应变软化特性[123,124]。因此，随着开采深度的增加，岩石已由浅部的脆性力学响应转化为深部的延性力学响应行为，在研究深部岩体工程的力学响应时应重点关注岩石的峰后强度特性。

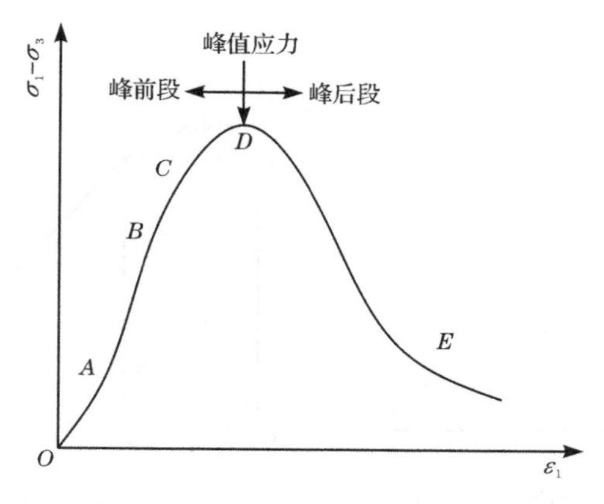

图 3.4.1　岩石全应力-应变曲线

图 3.4.1 为高应力条件下岩石三轴压缩试验的全应力-应变曲线，其中 $\sigma_1-\sigma_3$ 为差应力，ε_1 为轴向应变。根据全应力-应变曲线的特点可以将岩石的变形大致分为以下四个阶段：①孔隙裂隙压密阶段（OA 段），即试件中原有张开性结构面或微裂隙逐渐闭合，岩石被压密，σ-ε 曲线呈上凹型；②弹性变形至微弹性裂隙稳定发展阶段（ABC 段），该阶段 σ-ε 曲线近似呈直线，应力-应变关系近似服从虎克定律；③非稳定破裂发展阶段（CD 段），进入本阶段后微破裂的发展出现了质的变化，破裂不断发展，本阶段的上限应力称为峰值强度；④峰后应变软化段（DE 段），岩块承载力达到峰值强度后，其内部结构完全破坏，但试件仍基本保持整体状，本阶段裂隙快速发展并最终形成宏观破裂面，试件承载力随变形的增大迅速下降，但并不降到零，破裂的岩石仍有一定的承载力。

图 3.4.1 中岩石的全应力-应变曲线是通过三轴压缩试验获得的，要建立与之完全相符的本构关系几乎是不可能的。为了便于理论分析和工程应用，通常的做法是对全应力-应变曲线做一定的简化，如陈景涛等[125]依据高应力下花岗岩的应力-应变关系曲线，建立了基于三剪强度准则和应变软化的弹-脆-塑性本构模型；刘泉声等[126]依据不同围压下的花岗岩全程应力-应变曲线，提出了能反映花岗岩峰后线性软化力学特性的本构模型。综合分析已有的研究成果，发现硬脆性岩石的本构关系常常被分为两个部分，峰前段和峰后段。峰前部分大都做相同的简化，认为峰前段是线弹性的，不产生不可逆的塑性变形；而峰后段的模型类型较多，如峰后应力跌落式的弹-脆-塑性模型、高应力下考虑岩石应变软化特性的模型等，如图 3.4.2 所示。

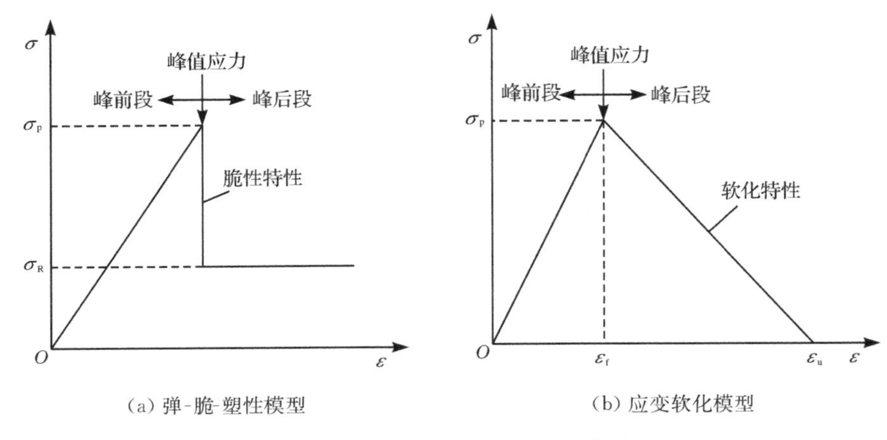

(a) 弹-脆-塑性模型　　(b) 应变软化模型

图 3.4.2　简化后的应力-应变曲线

如前所述,深部高地应力条件下岩石的力学特性较之浅部岩石发生了明显的变化,正是这一变化使得深部岩体工程中出现了一些新的特征科学现象,如分区破裂现象等。我们认为,深部岩体的分区破裂现象是一种有规律性的应变局部化现象,而岩石材料的应变局部化现象常常是与峰后段的应变软化相伴生的,因此研究深部岩体的分区破裂现象应重点关注岩石峰后段的力学特性。由于高应力条件下岩石的峰后变形相对明显,所以在研究深部岩体的分区破裂现象时采用弹-脆-塑性模型是不太合适的,应采用峰后变形相对较大的应变软化模型。

2. *岩石非线性损伤演化规律的确定*

目前,岩石的损伤演化规律有不少是源自混凝土的连续损伤模型,如较早的Mazars 损伤模型[127]和 Loland 损伤模型[128]。Carmeliet 等[129]针对脆性岩石材料提出了一个指数型损伤演化规律,但是其需要确定的参数较多,不便于应用。

Geers 等[130,131]提出了使用幂函数来描述岩石材料峰后段应变软化特性的损伤演化方程,即

$$d=1-\left(\frac{\kappa_0}{\kappa}\right)^{\beta}\left(\frac{\kappa_c-\kappa}{\kappa_c-\kappa_0}\right)^{\alpha} \tag{3.4.1}$$

式中,κ 为与材料应变相关的内变量;κ_0 为损伤起始时的内变量阈值对应于材料的峰值应变;κ_c 为损伤达到极值时内变量的上限值;指数 α 和 β 反映了材料应力-应变曲线中峰后软化段的曲率和形状。

为与高应力条件下简化后的应变软化模型相吻合,取 $\alpha=1$、$\beta=1$,则损伤演化方程式(3.4.1)可简化为

$$d=\frac{\kappa_c}{\kappa}\frac{\kappa-\kappa_0}{\kappa_c-\kappa_0} \tag{3.4.2}$$

为便于计算分析，需将 κ 表示为外变量材料应变 ε 的函数，此处取内变量 κ 与等效应变 $\tilde{\varepsilon}$ 相等。等效应变 $\tilde{\varepsilon}$ 是衡量材料总体变形效果的一个度量，等效是把一维拉压试验结果推广到三维的一种手段。在本书提出的应变梯度弹性损伤模型中，需要考虑应变项和应变梯度项的共同作用，因此将等效应变 $\tilde{\varepsilon}$ 定义为

$$\tilde{\varepsilon}=\sqrt{\frac{2}{3}\boldsymbol{\varepsilon}_{ij}\boldsymbol{\varepsilon}_{ij}+l^2\boldsymbol{\eta}_{ijk}\boldsymbol{\eta}_{ijk}} \tag{3.4.3}$$

图 3.4.2(b)简化后的应变软化模型认为峰前段材料中没有损伤出现，结合峰后段的损伤演化方程式(3.4.2)，则损伤演化方程的表达式可以写成

$$d=d(\tilde{\varepsilon})=\begin{cases}0, & \tilde{\varepsilon}<\varepsilon_{\mathrm{f}}\\ \dfrac{\varepsilon_{\mathrm{u}}}{\tilde{\varepsilon}}\dfrac{\tilde{\varepsilon}-\varepsilon_{\mathrm{f}}}{\varepsilon_{\mathrm{u}}-\varepsilon_{\mathrm{f}}}, & \varepsilon_{\mathrm{f}}\leqslant\tilde{\varepsilon}<\varepsilon_{\mathrm{u}}\\ 1, & \tilde{\varepsilon}\geqslant\varepsilon_{\mathrm{u}}\end{cases} \tag{3.4.4}$$

式中，$\tilde{\varepsilon}$ 为综合考虑传统 Eulerian 应变项和高阶应变项影响的等效应变；ε_{f} 和 ε_{u} 分别为高应力条件下岩石材料的峰值应变和极限应变。

损伤变量 d 随等效应变 $\tilde{\varepsilon}$ 的变化曲线如图 3.4.3(b)所示，应用式(3.4.4)损伤演化规律得到岩石单轴压缩应力应变关系，即

$$\sigma=\begin{cases}E\varepsilon, & \varepsilon<\varepsilon_{\mathrm{f}}\\ E\varepsilon_{\mathrm{f}}\dfrac{\varepsilon_{\mathrm{u}}-\varepsilon}{\varepsilon_{\mathrm{u}}-\varepsilon_{\mathrm{f}}}, & \varepsilon_{\mathrm{f}}\leqslant\varepsilon<\varepsilon_{\mathrm{u}}\\ 0, & \varepsilon\geqslant\varepsilon_{\mathrm{u}}\end{cases} \tag{3.4.5}$$

式(3.4.5)所表示的岩石单轴压缩应力-应变关系如图 3.4.3(a)所示，其峰前段为线弹性、峰后段表现出了应变软化特性。

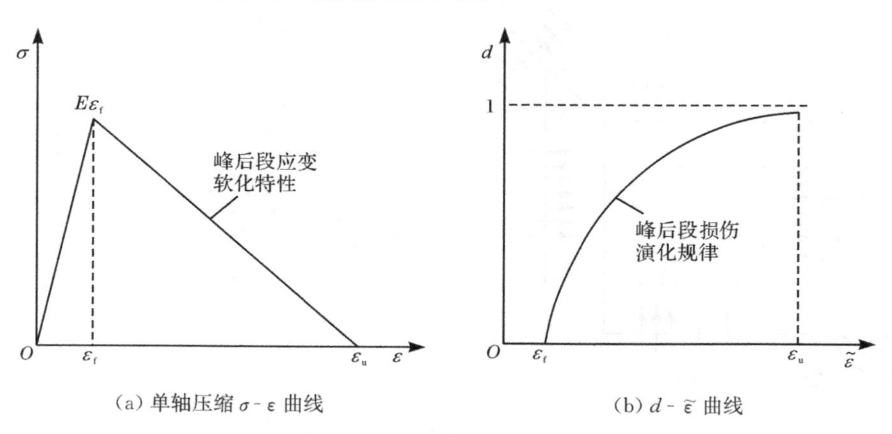

(a) 单轴压缩 σ-ε 曲线　　(b) d-$\tilde{\varepsilon}$ 曲线

图 3.4.3　高应力条件下岩石的非线性损伤演化规律

用式(3.4.5)得到的如图 3.4.3(a)所示的岩石应力-应变曲线与图 3.4.2(b)

简化后岩石的应力-应变曲线基本一致，这表明式(3.4.4)所表示的非线性损伤演化规律能较好地描述高应力条件下岩石峰后的应变软化特性，可用于分析深部洞室的分区破裂现象。

3.4.2　分区破裂非线性弹性损伤软化模型

前面第2章地质力学模型试验的研究结论表明：平行于洞轴方向的应力 P_z 对深部洞室的分区破裂化现象有很大的影响，当平行于洞轴方向的应力 P_z 为最大主应力且其量值超过围岩的抗压强度时，深部洞室围岩内会出现较为明显的分区破裂现象。一般来说，在平面应变问题中，平面外的应变 $\varepsilon_z=0$，则平面外平行于洞轴方向的应力 $P_z=2\mu P_b$，P_b 为平面内的静水压力，由于泊松比 $0<\mu<0.5$，所以 $P_z<P_b$，则平面外的应力 P_z 一定不是最大主应力，这与模型试验所研究的问题有较大的区别，因此不能再将其简化为平面应变问题。

为解决上述问题，首先假设平行于洞轴方向的应变 ε_z 在巷道开挖之前为 ε_0，且巷道开挖后轴向应变 ε_z 略有增加。如果巷道的埋深足够大，则可将深埋巷道视为无限域问题，巷道开挖后轴向应变的增量与初始应变 ε_0 相比可忽略不计。如果巷道很长，可将上述问题视为轴向应变为非零常数 ε_0 的准平面应变问题[132]。此时，平行于洞轴方向的应力可表示为 $P_z=2\mu P_b+E\varepsilon_0$，其中 E 为围岩的弹性模量。

如图3.4.4(a)所示，在各向同性的均质岩体中有一埋深为 H 的深部圆形巷道，巷道轴线方向的应力为 P_z，垂直于洞轴方向的应力为 P_b，巷道的半径为 a。巷道的埋深较大且其长度远大于其截面尺寸，可将其视为轴向应变为非零常数的准

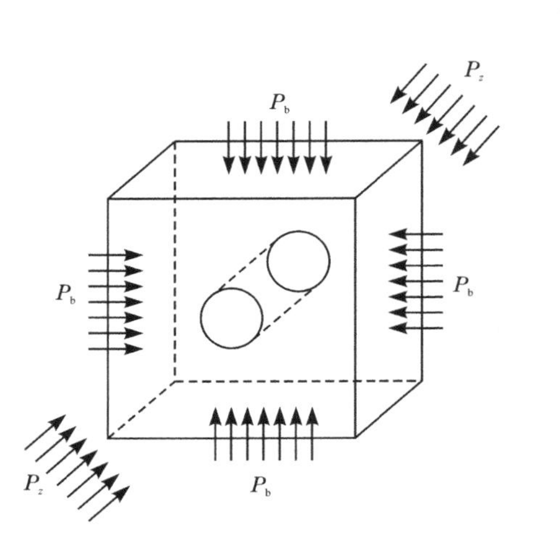

(a) 考虑轴向应力影响的深部巷道计算模型

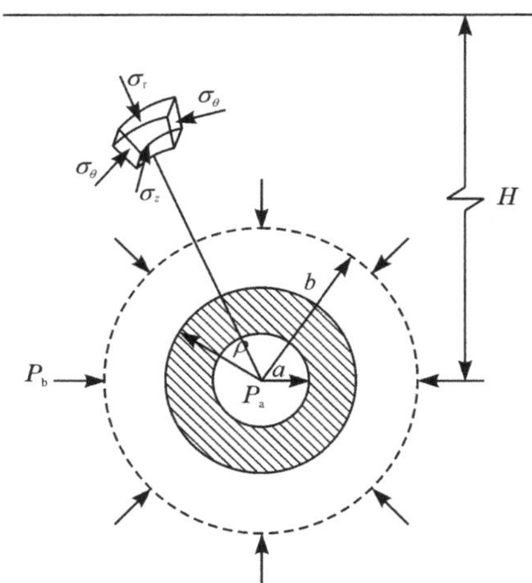

(b) 柱坐标系下围岩的应力状态

图3.4.4　深部巷道围岩的力学状态示意图

平面应变问题。因巷道所处的地应力较大，巷道开挖后围岩内应力重分布，靠近洞壁的围岩会进入峰后应变软化状态。假设围岩内应变软化区的半径为 ρ（见图 3.4.4(b)中的阴影部分），围岩内应力扰动区的半径为 b（见图 3.4.4(b)中虚线包围的区域），由此可以将深部巷道围岩抽象为厚壁圆筒模型，圆筒外壁的压力为 P_b，其力学状态如图 3.4.4(b)所示。

因厚壁圆筒模型的轴对称性，在柱坐标系 (r,θ,z) 下对其进行分析研究更为方便[133]，将基于应变梯度的分区破裂弹性损伤软化模型在柱坐标系下重整，因深部巷道围岩力学状态的轴对称性，可知围岩内任意一点的位移 u 仅是 r 的函数。进一步分析可知，在应变张量 $\boldsymbol{\varepsilon}_{ij}$ 中有 ε_{rr}、$\varepsilon_{\theta\theta}$ 和 ε_{zz} 三个非零项，并且 $\varepsilon_{zz}=\varepsilon_0$；在应变梯度张量 $\boldsymbol{\eta}_{ijk}$ 中仅有 η_{rrr}、$\eta_{\theta\theta r}$、$\eta_{r\theta\theta}$ 和 $\eta_{\theta r\theta}$ 四个非零项，并且 $\eta_{r\theta\theta}=\eta_{\theta r\theta}$，于是简化后的几何方程为

$$\begin{cases}\varepsilon_{rr}=\dfrac{\mathrm{d}u}{\mathrm{d}r}\\[2mm] \varepsilon_{\theta\theta}=\dfrac{u}{r}\\[2mm] \eta_{rrr}=\dfrac{\mathrm{d}^2u}{\mathrm{d}r^2}\\[2mm] \eta_{\theta\theta r}=\dfrac{1}{r^2}\left(r\dfrac{\mathrm{d}u}{\mathrm{d}r}-u\right)\\[2mm] \eta_{r\theta\theta}=\eta_{\theta r\theta}=\dfrac{1}{r}\left(\dfrac{\mathrm{d}u}{\mathrm{d}r}-\dfrac{u}{2r}\right)\end{cases} \tag{3.4.6}$$

平衡方程式(3.3.3)忽略体力后，在平面应变问题中平衡方程可简化为

$$\frac{\partial\sigma_{rr}^*}{\partial r}+\frac{1}{r}(\sigma_{rr}^*-\sigma_{\theta\theta}^*)=0 \tag{3.4.7}$$

式中，σ_{rr}^* 和 $\sigma_{\theta\theta}^*$ 分别为考虑高阶应力项后围岩的广义径向应力和切向应力，其表达式为

$$\sigma_{rr}^*=\sigma_{rr}-\left[\frac{\partial\tau_{rrr}}{\partial r}+\frac{1}{r}(\tau_{rrr}-\tau_{\theta\theta r}-\tau_{r\theta\theta})\right] \tag{3.4.8}$$

$$\sigma_{\theta\theta}^*=\sigma_{\theta\theta}-\left[\frac{\partial\tau_{\theta r\theta}}{\partial r}+\frac{1}{r}(\tau_{\theta r\theta}+\tau_{r\theta\theta}+\tau_{\theta\theta r})\right] \tag{3.4.9}$$

将式(3.4.8)和式(3.4.9)代入到式(3.4.7)中，可得到含高阶应力项的静力平衡方程式，即

$$\frac{\partial\sigma_{rr}}{\partial r}+\frac{\sigma_{rr}-\sigma_{\theta\theta}}{r}-\frac{\partial^2\tau_{rrr}}{\partial r^2}+\frac{1}{r}\frac{\partial(\tau_{r\theta\theta}+\tau_{\theta r\theta}+\tau_{\theta\theta r}-2\tau_{rrr})}{\partial r}+\frac{\tau_{r\theta\theta}+\tau_{\theta r\theta}+\tau_{\theta\theta r}}{r^2}=0 \tag{3.4.10}$$

对于厚壁圆筒问题，其内部$(r=a)$和外部$(r=b)$的边界条件分别为

$$\begin{cases} T_r(a)=-\sigma_{rr}+\dfrac{\partial\tau_{rrr}}{\partial r}-\dfrac{1}{r}(\tau_{rrr}+\tau_{\theta\theta r})=0 \\ R_r(a)=\tau_{rrr}=0 \end{cases} \tag{3.4.11}$$

$$\begin{cases} T_r(b)=\sigma_{rr}-\dfrac{\partial\tau_{rrr}}{\partial r}+\dfrac{1}{r}(\tau_{\theta\theta r}-\tau_{rrr}+2\tau_{r\theta\theta})=P_{\mathrm{b}} \\ R_r(b)=\tau_{rrr}=0 \end{cases} \tag{3.4.12}$$

式(3.3.6)所表示的本构方程在柱坐标系下变化为

$$\begin{cases} \sigma_{rr}=(1-d)\left[(\lambda+2G)\dfrac{\mathrm{d}u}{\mathrm{d}r}+\lambda\dfrac{u}{r}\right] \\ \sigma_{\theta\theta}=(1-d)\left[\lambda\dfrac{\mathrm{d}u}{\mathrm{d}r}+(\lambda+2G)\dfrac{u}{r}\right] \\ \sigma_{zz}=(1-d)\left[\lambda\left(\dfrac{\mathrm{d}u}{\mathrm{d}r}+\dfrac{u}{r}\right)+E\varepsilon_0\right] \end{cases} \tag{3.4.13}$$

$$\begin{cases} \tau_{rrr}=cl^2(1-d)\left(5\dfrac{\mathrm{d}^2u}{\mathrm{d}r^2}+\dfrac{4}{r}\dfrac{\mathrm{d}u}{\mathrm{d}r}-\dfrac{13}{4r^2}u\right) \\ \tau_{r\theta\theta}=\tau_{\theta r\theta}=cl^2(1-d)\left(\dfrac{3}{4}\dfrac{\mathrm{d}^2u}{\mathrm{d}r^2}+\dfrac{11}{4r}\dfrac{\mathrm{d}u}{\mathrm{d}r}-\dfrac{7}{4r^2}u\right) \\ \tau_{rzz}=\tau_{zrz}=cl^2(1-d)\left(\dfrac{3}{4}\dfrac{\mathrm{d}^2u}{\mathrm{d}r^2}+\dfrac{3}{4r}\dfrac{\mathrm{d}u}{\mathrm{d}r}-\dfrac{1}{2r^2}u\right) \\ \tau_{\theta\theta r}=cl^2(1-d)\left(\dfrac{3}{2}\dfrac{\mathrm{d}^2u}{\mathrm{d}r^2}+\dfrac{7}{2r}\dfrac{\mathrm{d}u}{\mathrm{d}r}-\dfrac{11}{4r^2}u\right) \\ \tau_{zzr}=cl^2(1-d)\left(\dfrac{3}{2}\dfrac{\mathrm{d}^2u}{\mathrm{d}r^2}+\dfrac{3}{2r}\dfrac{\mathrm{d}u}{\mathrm{d}r}-\dfrac{5}{4r^2}u\right) \end{cases} \tag{3.4.14}$$

式中,λ 和 G 为拉梅常数;E 为材料的弹性模量;l 为材料内部长度参数;c 为与材料性质有关的梯度弹性常数,通常取 $c=G$;d 为各向同性损伤变量。

考虑到巷道开挖之前已有的轴向应变 $\varepsilon_{zz}=\varepsilon_0$,并且其在开挖后不发生变化,假设巷道开挖后围岩的体积不发生变化,则有 $\varepsilon_{rr}+\varepsilon_{\theta\theta}+\varepsilon_{zz}=\varepsilon_0$。考虑到在准平面应变问题中始终有 $\varepsilon_{zz}=\varepsilon_0$,得到 $\varepsilon_{\theta\theta}=-\varepsilon_{rr}$(此处以压应变为正,拉应变为负),于是此种情况下的等效应变可表示为

$$\begin{aligned} \tilde{\varepsilon}&=\sqrt{\frac{2}{3}\varepsilon_{ij}\varepsilon_{ij}+l^2\eta_{ijk}\eta_{ijk}} \\ &=\sqrt{\frac{2}{9}[(\varepsilon_{rr}-\varepsilon_{zz})^2+(\varepsilon_{\theta\theta}-\varepsilon_{zz})^2+(\varepsilon_{rr}-\varepsilon_{\theta\theta})^2]+l^2(\eta_{rrr}^2+\eta_{\theta\theta r}^2+\eta_{r\theta\theta}^2+\eta_{\theta r\theta}^2)} \\ &=\sqrt{\frac{2}{9}[(\varepsilon_{rr}^2-2\varepsilon_{rr}\varepsilon_{zz}+\varepsilon_{zz}^2)+(\varepsilon_{\theta\theta}^2-2\varepsilon_{\theta\theta}\varepsilon_{zz}+\varepsilon_{zz}^2)+4\varepsilon_{rr}^2]+l^2\left(u''^2+3\frac{u'^2}{r^2}+\frac{3}{2}\frac{u^2}{r^4}-4\frac{u'u}{r^3}\right)} \\ &=\sqrt{\frac{2}{9}(6u'^2+2\varepsilon_0^2)+l^2\left(u''^2+3\frac{u'^2}{r^2}+\frac{3}{2}\frac{u^2}{r^4}-4\frac{u'u}{r^3}\right)} \\ &=\sqrt{\frac{4}{3}u'^2+\frac{4}{9}\varepsilon_0^2+l^2\left(u''^2+3\frac{u'^2}{r^2}+\frac{3}{2}\frac{u^2}{r^4}-4\frac{u'u}{r^3}\right)} \end{aligned} \tag{3.4.15}$$

3.4.3　深部巷道分区破裂位移平衡方程推导

深部巷道开挖后，巷道围岩的应力发生重分布，导致围岩的力学状态发生变化。洞壁附近的围岩因径向应力减小、切向应力增大而处于峰后应变软化状态。随着距洞壁距离的增加，围岩的径向应力逐渐增加，围岩逐渐过渡到峰前弹性阶段。如图 3.4.4(b)所示，假设峰后应变软化区的半径为 ρ，则在 $a\leqslant r\leqslant\rho$ 范围内围岩处于峰后应变软化状态，在 $\rho<r\leqslant b$ 范围内围岩处于峰前弹性状态。

围岩内峰前弹性区和峰后应变软化区的交界处($r=\rho$)是巷道围岩是否出现损伤的边界，即在 $a\leqslant r\leqslant\rho$ 范围内需要考虑损伤，$d\geqslant0$；在 $\rho<r\leqslant b$ 范围内不考虑损伤，$d=0$。由损伤演化规律式(3.4.4)和准平面应变问题的等效应变的表达式(3.4.15)，可知在 $r=\rho$ 处满足

$$\tilde{\varepsilon}=\sqrt{\frac{4}{3}u'^2+\frac{4}{9}\varepsilon_0^2+l^2\left(u''^2+3\frac{u'^2}{r^2}+\frac{3}{2}\frac{u^2}{r^4}-4\frac{u'u}{r^3}\right)}=\varepsilon_f \tag{3.4.16}$$

围岩处于峰前弹性状态时不考虑损伤，即 $d=0$，联立式(3.4.13)、式(3.4.14)和式(3.4.10)可得平衡方程为

$$u''''-\frac{11}{5r}u'''-\left(\frac{61}{20r^2}+\frac{(\lambda+2G)}{5cl^2}\right)u''-\left(\frac{(\lambda+2G)}{5crl^2}-\frac{51}{20r^3}\right)u'-\left(\frac{51}{20r^4}-\frac{(\lambda+2G)}{5cr^2l^2}\right)u=0 \tag{3.4.17}$$

将式(3.4.13)和式(3.4.14)代入式(3.4.12)，整理可得弹性区外边界($r=b$)处的边界条件为

$$\begin{cases}\left[-5cl^2u'''-\dfrac{6cl^2}{r}u''+\left((\lambda+2G)+\dfrac{49cl^2}{4r^2}\right)u'+\left(\dfrac{\lambda}{r}-\dfrac{19cl^2}{2r^3}\right)u\right]\Bigg|_{r=b}=p_b\\ cl^2\left(5u''+\dfrac{4}{r}u'-\dfrac{13}{4r^2}u\right)\Bigg|_{r=b}=0\end{cases} \tag{3.4.18}$$

围岩处于峰后应变软化状态时需考虑损伤，即 $d=\dfrac{\varepsilon_u}{\tilde{\varepsilon}}\dfrac{\tilde{\varepsilon}-\varepsilon_f}{\varepsilon_u-\varepsilon_f}>0$，将峰后应变软化阶段中的损伤变量 d 表示为 u 的函数，联立式(3.4.4)和式(3.4.15)，可求得$(1-d)$的表达式，即

$$\begin{aligned}1-d&=\frac{-\varepsilon_f}{\varepsilon_u-\varepsilon_f}+\frac{\varepsilon_u\varepsilon_f}{\varepsilon_u-\varepsilon_f}\frac{1}{\sqrt{\dfrac{4}{3}u'^2+\dfrac{4}{9}\varepsilon_0^2+l^2\left(u''^2+3\dfrac{u'^2}{r^2}+\dfrac{3}{2}\dfrac{u^2}{r^4}-4\dfrac{u'u}{r^3}\right)}}\\&=A+\frac{B}{\sqrt{\dfrac{4}{3}u'^2+\dfrac{4}{9}\varepsilon_0^2+l^2\left(u''^2+3\dfrac{u'^2}{r^2}+\dfrac{3}{2}\dfrac{u^2}{r^4}-4\dfrac{u'u}{r^3}\right)}}\end{aligned} \tag{3.4.19}$$

式中，常数 A 和 B 分别为 $A=\dfrac{-\varepsilon_f}{\varepsilon_u-\varepsilon_f}$，$B=\dfrac{\varepsilon_u\varepsilon_f}{\varepsilon_u-\varepsilon_f}$。

联立式(3.4.13)、式(3.4.14)及式(3.4.10)，结合式(3.4.19)，整理可得巷道围岩峰后应变软化阶段的平衡方程，即

$$
\begin{aligned}
&(1-d)(-5cl^2)u'''' + (1-d)\left(-\frac{11cl^2}{r}\right)u''' + (1-d)\left(\lambda+2G-\frac{2G}{r^2}+\frac{19cl^2}{2r^2}\right)u'' \\
&+(1-d)\left(\frac{\lambda+2G}{r}+\frac{21cl^2}{4r^3}\right)u' + (1-d)\left(\frac{51cl^2}{4r^4}-\frac{\lambda}{r^2}\right)u + (1-d)'(-10cl^2)u''' \\
&+(1-d)'\left(-\frac{15cl^2}{r}\right)u'' + (1-d)'\left(\lambda+2G+\frac{8cl^2}{r^2}\right)u' + (1-d)'\left(\frac{\lambda}{r}-\frac{51cl^2}{4r^3}\right)u \\
&+(1-d)''(-5cl^2)u'' + (1-d)''\left(-\frac{4cl^2}{r}\right)u' + (1-d)''\frac{13cl^2}{4r^2}u = 0
\end{aligned}
\tag{3.4.20}
$$

联立式(3.4.11)、式(3.4.13)、式(3.4.14)和式(3.4.19)，可得峰后应变软化区内边界($r=a$)处的边界条件为

$$
\begin{cases}
(1-d)(5cl^2)u''' + (1-d)\left(-\dfrac{5cl^2}{2r}\right)u'' + (1-d)\left(-\dfrac{11cl^2}{r^2}-\lambda-2G\right)u' + (1-d)\left(-\dfrac{cl^2}{2r^3}-\lambda\right)u \\
\quad + (1-d)'(5cl^2)u'' + (1-d)'\dfrac{4cl^2}{r}u' + (1-d)'\left(-\dfrac{13cl^2}{4r^2}\right)u\Bigg|_{r=a} = 0 \\
(1-d)(5cl^2)u'' + (1-d)\dfrac{4cl^2}{r}u' + (1-d)\left(-\dfrac{13cl^2}{4r^2}\right)u\Bigg|_{r=a} = 0
\end{cases}
\tag{3.4.21}
$$

将式(3.4.20)和式(3.4.21)中的$(1-d)'$和$(1-d)''$表示成位移的表达式，即

$$
\begin{cases}
(1-d)' = -\dfrac{1}{2}B\dfrac{\left[\dfrac{8}{3}u''u' + l^2\left(2u'''u''+6\dfrac{u'u''}{r^2}-10\dfrac{u'^2}{r^3}-4\dfrac{u''u}{r^3}+15\dfrac{u'u}{r^4}-12\dfrac{u^2}{r^5}\right)\right]}{\left[\sqrt{\dfrac{4}{3}u'^2+\dfrac{4}{9}\varepsilon_0^2+l^2\left(u''^2+3\dfrac{u'^2}{r^2}+\dfrac{3}{2}\dfrac{u^2}{r^4}-4\dfrac{u'u}{r^3}\right)}\right]^3} \\
(1-d)'' = \dfrac{3}{4}B\dfrac{\left[\dfrac{8}{3}u''u' + l^2\left(2u'''u''+6\dfrac{u'u''}{r^2}-10\dfrac{u'^2}{r^3}-4\dfrac{u''u}{r^3}+15\dfrac{u'u}{r^4}-12\dfrac{u^2}{r^5}\right)\right]^2}{\left[\sqrt{\dfrac{4}{3}u'^2+\dfrac{4}{9}\varepsilon_0^2+l^2\left(u''^2+3\dfrac{u'^2}{r^2}+\dfrac{3}{2}\dfrac{u^2}{r^4}-4\dfrac{u'u}{r^3}\right)}\right]^5} \\
\quad -\dfrac{B}{2}\dfrac{\dfrac{8}{3}(u'''u'+u''^2)+l^2\left[2(u'''^2+u''''u'')+6\dfrac{u''^2}{r^2}+6\dfrac{u'u'''}{r^2}-36\dfrac{u'u''}{r^3}-4\dfrac{u'''u}{r^3}+45\dfrac{u'^2}{r^4}+27\dfrac{u''u}{r^4}-84\dfrac{uu'}{r^5}+60\dfrac{u^2}{r^6}\right]}{\left[\sqrt{\dfrac{4}{3}u'^2+\dfrac{4}{9}\varepsilon_0^2+l^2\left(u''^2+3\dfrac{u'^2}{r^2}+\dfrac{3}{2}\dfrac{u^2}{r^4}-4\dfrac{u'u}{r^3}\right)}\right]^3}
\end{cases}
\tag{3.4.22}
$$

为方便表示巷道围岩峰后应变软化阶段平衡方程的表达形式，引入以下几个辅助参数：

$$
\begin{cases}
C=1-d=A+\dfrac{B}{\sqrt{\dfrac{4}{3}u'^2+\dfrac{4}{9}\varepsilon_0^2+l^2\left(u''^2+3\dfrac{u'^2}{r^2}+\dfrac{3}{2}\dfrac{u^2}{r^4}-4\dfrac{u'u}{r^3}\right)}}\\
D=(1-d)'=-\dfrac{1}{2}B\dfrac{\dfrac{8}{3}u''u'+l^2\left(2u'''u''+6\dfrac{u'u''}{r^2}-10\dfrac{u'^2}{r^3}-4\dfrac{u''u}{r^3}+15\dfrac{u'u}{r^4}-12\dfrac{u^2}{r^5}\right)}{\left[\sqrt{\dfrac{4}{3}u'^2+\dfrac{4}{9}\varepsilon_0^2+l^2\left(u''^2+3\dfrac{u'^2}{r^2}+\dfrac{3}{2}\dfrac{u^2}{r^4}-4\dfrac{u'u}{r^3}\right)}\right]^3}\\
F+Hu''''=(1-d)''
\end{cases}
\tag{3.4.23}
$$

式中,F 和 H 的表达式如下：

$$
\begin{cases}
F=\dfrac{3}{4}B\dfrac{\left[\dfrac{8}{3}u''u'+l^2\left(2u'''u''+6\dfrac{u'u''}{r^2}-10\dfrac{u'^2}{r^3}-4\dfrac{u''u}{r^3}+15\dfrac{u'u}{r^4}-12\dfrac{u^2}{r^5}\right)\right]^2}{\left[\sqrt{\dfrac{4}{3}u'^2+\dfrac{4}{9}\varepsilon_0^2+l^2\left(u''^2+3\dfrac{u'^2}{r^2}+\dfrac{3}{2}\dfrac{u^2}{r^4}-4\dfrac{u'u}{r^3}\right)}\right]^5}\\
\quad-\dfrac{B}{2}\dfrac{\dfrac{8}{3}(u'''u'+u''^2)+l^2\left(2u'''^2+6\dfrac{u''^2}{r^2}+6\dfrac{u'u'''}{r^2}-36\dfrac{u'u''}{r^3}-4\dfrac{u'''u}{r^3}+45\dfrac{u'^2}{r^4}+27\dfrac{u''u}{r^4}-84\dfrac{uu'}{r^5}+60\dfrac{u^2}{r^6}\right)}{\left[\sqrt{\dfrac{4}{3}u'^2+\dfrac{4}{9}\varepsilon_0^2+l^2\left(u''^2+3\dfrac{u'^2}{r^2}+\dfrac{3}{2}\dfrac{u^2}{r^4}-4\dfrac{u'u}{r^3}\right)}\right]^3}\\
H=-B\dfrac{l^2u''}{\left[\sqrt{\dfrac{4}{3}u'^2+\dfrac{4}{9}\varepsilon_0^2+l^2\left(u''^2+3\dfrac{u'^2}{r^2}+\dfrac{3}{2}\dfrac{u^2}{r^4}-4\dfrac{u'u}{r^3}\right)}\right]^3}
\end{cases}
$$

联立式(3.4.20)、式(3.4.22)和式(3.4.23),整理可得巷道围岩峰后应变软化阶段的平衡方程,即

$$
\begin{aligned}
&\left[(-5cl^2)C+\frac{13cl^2}{4r^2}Hu+\left(-\frac{4cl^2}{r}\right)Hu'+(-5cl^2)Hu''\right]u''''+\left(-\frac{11cl^2}{r}\right)Cu'''\\
&+\left(\lambda+2G-\frac{2G}{r^2}+\frac{19cl^2}{2r^2}\right)Cu''+\left(\frac{\lambda+2G}{r}+\frac{21cl^2}{4r^3}\right)Cu'+\left(\frac{51cl^2}{4r^4}-\frac{\lambda}{r^2}\right)Cu\\
&+(-10cl^2)Du'''+\left(-\frac{15cl^2}{r}\right)Du''+\left(\lambda+2G+\frac{8cl^2}{r^2}\right)Du'\\
&+\left(\frac{\lambda}{r}-\frac{51cl^2}{4r^3}\right)Du+(-5cl^2)Fu''+\left(-\frac{4cl^2}{r}\right)Fu'+\frac{13cl^2}{4r^2}Fu=0
\end{aligned}
\tag{3.4.24}
$$

联立式(3.4.21)和式(3.4.23),可得峰后应变软化区内边界($r=a$)处的边界条件,即

$$
\begin{cases}
(5cl^2)Cu'''+\left(-\dfrac{5cl^2}{2r}\right)Cu''+\left(-\dfrac{11cl^2}{r^2}-\lambda-2G\right)Cu'+\left(-\dfrac{cl^2}{2r^3}-\lambda\right)Cu\\
\quad+(5cl^2)Du''+\left(\dfrac{4cl^2}{r}\right)Du'+\left(-\dfrac{13cl^2}{4r^2}\right)Du\bigg|_{r=a}=0\\
(5cl^2)Cu''+\left(\dfrac{4cl^2}{r}\right)Cu'+\left(-\dfrac{13cl^2}{4r^2}\right)Cu\bigg|_{r=a}=0
\end{cases}
\tag{3.4.25}
$$

3.5 深部圆形巷道位移和应力求解与模型试验对比分析

本节阐述深部圆形巷道围岩应力场的求解方法，通过 Matlab 编制的程序计算获得围岩中径向位移、径向应变和应力呈现波峰与波谷间隔交替的振荡型衰减变化规律，并将计算结果与模型试验结果作了对比分析，初步验证了分区破裂非线性弹性损伤软化模型在解释深部洞室分区破裂机制方面的可靠性。

3.5.1 圆形巷道位移和应力求解方法

峰前弹性阶段的平衡方程和峰后应变软化阶段的平衡方程均是四阶常微分方程，相应的边界条件是三阶常微分方程组，要获得上述问题的解析解几乎是不可能的，因此应用 Matlab 数值分析软件求解上述问题的数值解。

上述问题中给定的边界条件在巷道围岩的内外边界属于边值问题，在 Matlab 数值分析软件中应用 ODE45 函数求解时，应先将其转化为初值问题。ODE45 是 Matlab 数值分析软件中专门用于求解微分方程的功能函数，采用四阶－五阶 Runge-Kutta 算法[134,135]，其四阶算法提供候选解，五阶算法控制误差，是一种自适应步长的常微分方程数值解法，解决的是 Nonstiff 常微分方程。应用 ODE45 函数求解高阶常微分方程时，需提供计算区间和微分方程的初始解，并且还需要将高阶微分方程转化为一阶微分方程组。

下面首先介绍将高阶常微分平衡方程转化为一阶微分方程组的步骤，先定义如下一组辅助变量：

$$\begin{cases} y_1(r)=u \\ y_2(r)=\dfrac{\mathrm{d}y_1}{\mathrm{d}r}=u' \\ y_3(r)=\dfrac{\mathrm{d}y_2}{\mathrm{d}r}=u'' \\ y_4(r)=\dfrac{\mathrm{d}y_3}{\mathrm{d}r}=u''' \end{cases} \tag{3.5.1}$$

将式(3.5.1)中辅助变量代入到巷道围岩峰前弹性阶段的平衡方程式(3.4.17)中，可得

$$f(Y,r)=\frac{\mathrm{d}}{\mathrm{d}r}\begin{bmatrix} y_1 \\ y_2 \\ y_3 \\ y_4 \end{bmatrix}=\begin{bmatrix} y_2 \\ y_3 \\ y_4 \\ k_1y_1+k_2y_2+k_3y_3+k_4y_4 \end{bmatrix} \tag{3.5.2}$$

式中，$k_1=\dfrac{51}{20r^4}-\dfrac{\lambda+2G}{5cr^2l^2}$；$k_2=\dfrac{\lambda+2G}{5crl^2}-\dfrac{51}{20r^3}$；$k_3=\dfrac{61}{20r^2}+\dfrac{\lambda+2G}{5cl^2}$；$k_4=\dfrac{11}{5r}$。

将式(3.5.1)所表示的辅助变量代入式(3.4.23)中,可得辅助参数为

$$
\left\{
\begin{aligned}
&C=1-d=A+\frac{B}{\sqrt{\frac{4}{3}y_2^2+\frac{4}{9}\varepsilon_0^2+l^2\left(y_3^2+3\frac{y_2^2}{r^2}+\frac{3}{2}\frac{y_1^2}{r^4}-4\frac{y_2y_1}{r^3}\right)}}\\
&D=(1-d)'=-\frac{1}{2}B\frac{\frac{8}{3}y_3y_2+l^2\left(2y_4y_3+6\frac{y_3y_2}{r^2}-10\frac{y_2^2}{r^3}-4\frac{y_3y_1}{r^3}+15\frac{y_2y_1}{r^4}-12\frac{y_1^2}{r^5}\right)}{\left[\sqrt{\frac{4}{3}y_2^2+\frac{4}{9}\varepsilon_0^2+l^2\left(y_3^2+3\frac{y_2^2}{r^2}+\frac{3}{2}\frac{y_1^2}{r^4}-4\frac{y_2y_1}{r^3}\right)}\right]^3}\\
&F=(1-d)''=\frac{3}{4}B\frac{\left[\frac{8}{3}y_3y_2+l^2\left(2y_4y_3+6\frac{y_3y_2}{r^2}-10\frac{y_2^2}{r^3}-4\frac{y_3y_1}{r^3}+15\frac{y_2y_1}{r^4}-12\frac{y_1^2}{r^5}\right)\right]^2}{\left[\sqrt{\frac{4}{3}y_2^2+\frac{4}{9}\varepsilon_0^2+l^2\left(y_3^2+3\frac{y_2^2}{r^2}+\frac{3}{2}\frac{y_1^2}{r^4}-4\frac{y_2y_1}{r^3}\right)}\right]^5}\\
&\quad-\frac{B}{2}\frac{\frac{8}{3}(y_4y_2+y_3^2)+l^2\left(2y_4^2+6\frac{y_3^2}{r^2}+6\frac{y_4y_2}{r^2}-36\frac{y_3y_2}{r^3}-4\frac{y_4y_1}{r^3}+45\frac{y_2^2}{r^4}+27\frac{y_3y_1}{r^4}-84\frac{y_1y_2}{r^5}+60\frac{y_1^2}{r^6}\right)}{\left[\sqrt{\frac{4}{3}y_2^2+\frac{4}{9}\varepsilon_0^2+l^2\left(y_3^2+3\frac{y_2^2}{r^2}+\frac{3}{2}\frac{y_1^2}{r^4}-4\frac{y_2y_1}{r^3}\right)}\right]^3}\\
&H=-B\frac{l^2y_3}{\left[\sqrt{\frac{4}{3}y_2^2+\frac{4}{9}\varepsilon_0^2+l^2\left(y_3^2+3\frac{y_2^2}{r^2}+\frac{3}{2}\frac{y_1^2}{r^4}-4\frac{y_2y_1}{r^3}\right)}\right]^3}
\end{aligned}
\right.
\tag{3.5.3}
$$

将式(3.4.23)和式(3.5.1)所表示的辅助变量代入到巷道围岩峰后应变软化阶段的平衡方程式(3.4.24)中,可得

$$
f(Y,r)=\frac{\mathrm{d}}{\mathrm{d}r}\begin{bmatrix}y_1\\y_2\\y_3\\y_4\end{bmatrix}=\begin{bmatrix}y_2\\y_3\\y_4\\(g_1Cy_4+g_2Cy_3+g_3Cy_2+g_4Cy_1\\\quad+g_5Dy_4+g_6Dy_3+g_7Dy_2+g_8Dy_1\\\quad+g_9Fy_3+g_{10}Fy_2+g_{11}Fy_1)/h_1\end{bmatrix}
\tag{3.5.4}
$$

式中,$g_1=-\frac{11cl^2}{r}$;$g_2=\lambda+2G-\frac{2G}{r^2}+\frac{19cl^2}{2r^2}$;$g_3=\frac{\lambda+2G}{r}+\frac{21cl^2}{4r^3}$;$g_4=\frac{51cl^2}{4r^4}-\frac{\lambda}{r^2}$;$g_5=-10cl^2$;$g_6=-\frac{15cl^2}{r}$;$g_7=\lambda+2G+\frac{8cl^2}{r^2}$;$g_8=\frac{\lambda}{r}-\frac{51cl^2}{4r^3}$;$g_9=-5cl^2$;$g_{10}=-\frac{4cl^2}{r}$;$g_{11}=\frac{13cl^2}{4r^2}$;$h_1=5cl^2C-\left(\frac{13cl^2}{4r^2}\right)Hy_1+\left(\frac{4cl^2}{r}\right)Hy_2+(5cl^2)Hy_3$。

在 Matlab 中应用 ODE45 函数求解高阶常微分方程时,需给出边界上的微分方程初始解。在上述问题中,$\rho<r\leqslant b$ 范围内的围岩处于峰前弹性状态,要求解弹性区内的四阶常微分方程,需给出外边界上($r=b$)的初始解,即 $r=b$ 处位移的各阶导数值 $u_{r=b}$,$u'_{r=b}$,$u''_{r=b}$和 $u'''_{r=b}$。

因在弹性阶段应用经典理论和应变梯度理论求得的位移值和其一阶导数值差别不大[136],因此,$r=b$ 处的位移值($u_{r=b}$)和位移一阶导数值($u'_{r=b}$)可由经典弹性理论中厚壁圆筒的解析解算出来,然后再将 $u_{r=b}$ 和 $u'_{r=b}$代入边界条件中,求得

$u''_{r=b}$和$u'''_{r=b}$，这样，就得到了求解高阶微分方程所需的边界上的初始解。经典弹性理论中厚壁圆筒的解析解[137]为

$$\begin{cases} u=\dfrac{1-\mu}{E}\dfrac{p_a a^2-p_b b^2}{b^2-a^2}r+\dfrac{1+\mu}{E}\dfrac{(p_a-p_b)a^2b^2}{b^2-a^2}\dfrac{1}{r} \\ u'=\dfrac{1-\mu}{E}\dfrac{p_a a^2-p_b b^2}{b^2-a^2}-\dfrac{1+\mu}{E}\dfrac{(p_a-p_b)a^2b^2}{b^2-a^2}\dfrac{1}{r^2} \end{cases} \tag{3.5.5}$$

式中，E 和 μ 分别为围岩的弹性模量和泊松比；a 和 b 分别为圆筒的内径和外径；p_a 和 p_b 分别为圆筒内壁和外壁上的压力。

在上面的分析中，我们将巷道围岩划分为两个区域，即峰前弹性区和峰后应变软化区。在围岩的不同区域内需要采用不同的平衡方程和边界条件进行计算分析，因此在上述问题的分析过程中还应确定两个区域的界限，即确定 ρ 的大小。ρ 的大小与内外边界上的压力以及围岩的力学性质相关，给定内外边界上的压力和围岩的力学性质后，峰前弹性区和峰后应变软化区的界限就会随之确定。由于巷道围岩变形的连续性，$r=\rho$ 处既是峰前弹性区的内边界又是峰后应变软化区的外边界，也就是说 $r=\rho$ 处的围岩既符合峰前弹性区的平衡方程又符合峰后应变软化区的平衡方程。

基于以上分析，采用如下方法确定 ρ 的大小：先将计算区间定为 $r\in[a,b]$，结合预估确定的弹性区外边界上的位移各阶导数的初始值 $u_{r=b}$，$u'_{r=b}$，$u''_{r=b}$和 $u'''_{r=b}$，应用 Matlab 中的 ODE45 函数求解微分方程组式(3.5.2)，即可得到 $a\leqslant r\leqslant b$ 范围内各点的数值解(u,u',u'',u''')，在其中寻找满足式(3.4.16)的点，此点距巷道圆心的距离即为 ρ 的大小。

峰前弹性区和峰后应变软化区的界限$(r=\rho)$确定之后，可将弹性区内边界上的位移各阶导数值$(u_{r=\rho},u'_{r=\rho},u''_{r=\rho},u'''_{r=\rho})$计算出来，将其作为峰后应变软化区外边界上的初始值，并将计算区间定为 $r\in[a,\rho]$，应用 Matlab 中的 ODE45 函数求解微分方程组式(3.5.4)，即可得到 $a\leqslant r\leqslant\rho$ 范围内各点的数值解(u,u',u'',u''')。

取峰后应变软化区内边界上$(r=a)$的位移各阶导数值$(u_{r=a},u'_{r=a},u''_{r=a},u'''_{r=a})$，将其代入式(3.5.6)和式(3.5.7)中校验计算误差，此计算误差是由于预估弹性区外边界上的初始值$(u_{r=b},u'_{r=b},u''_{r=b},u'''_{r=b})$引起的。如误差满足要求$(F^0\leqslant \mathrm{TOL})$，计算结束得到整个计算区域的数值解，如误差不满足要求$(F^0>\mathrm{TOL})$，调整弹性区外边界上的初始值$(u_{r=b},u'_{r=b},u''_{r=b},u'''_{r=b})$，重复上述计算步骤，直至误差满足要求，获得整个计算区域的数值解。

$$
\begin{cases}
f_T^0 = 5cl^2 Cu''' + \left(-\dfrac{5cl^2}{2r}\right)Cu'' + \left(-\dfrac{11cl^2}{r^2} - \lambda - 2G\right)Cu' \\
\quad + \left(-\dfrac{cl^2}{2r^3} - \lambda\right)Cu + 5cl^2 Du'' + \dfrac{4cl^2}{r}Du' \\
\quad + \left(-\dfrac{13cl^2}{4r^2}\right)Du \bigg|_{r=a} \\
f_R^0 = 5cl^2 Cu'' + \dfrac{4cl^2}{r}Cu' + \left(-\dfrac{13cl^2}{4r^2}\right)Cu \bigg|_{r=a}
\end{cases}
\tag{3.5.6}
$$

$$
F^0 = \sqrt{(f_T^0)^2 + (f_R^0)^2} \tag{3.5.7}
$$

为了更为清楚地表示使用分区破裂非线性弹性损伤软化模型求解深部圆形巷道围岩应力场的整个过程，将求解过程整理成图 3.5.1 所示的计算流程[138]。

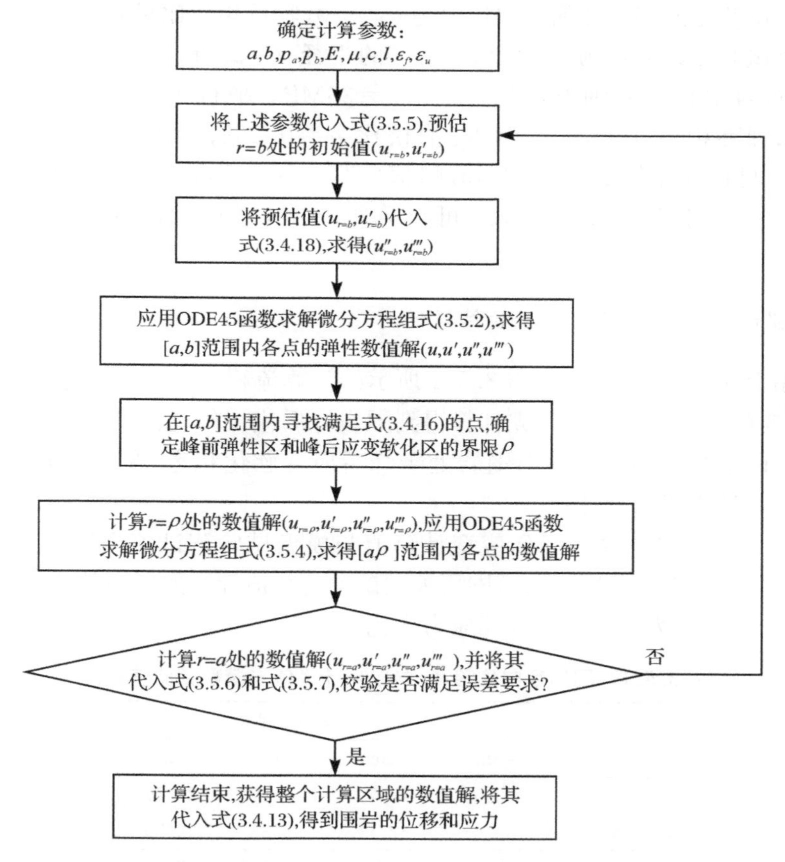

图 3.5.1　分区破裂非线性弹性损伤软化模型的求解流程

3.5.2 理论计算与模型试验结果的对比分析

1. 计算参数

第 2 章中试验工况四的主要试验参数如下：巷道断面形状为圆形，直径 100mm，模型体为边长 600mm 的立方体，巷道平面内垂直于洞轴方向的最大压力为 0.72MPa，平行于洞轴向的压力为 3.54MPa。在上述试验条件下，模型洞周出现了破裂区和非破裂区间隔交替的分区破裂现象，并且洞周围岩的径向位移和径向应变呈现波峰波谷间隔交替的振荡型变化规律。基于此，选择试验工况四的相关试验参数作为分区破裂非线性弹性损伤软化模型的计算参数，以验证理论模型的可靠性。

模型试验工况四的几何相似比尺为 $C_L=50$，容重相似比尺 $C_\gamma=1$。计算分析时将模型试验参数换算为原型参数：巷道的半径 $a=2.5$m，计算区域的半径 $b=15$m；平面内垂直于洞轴方向的压力 $P_b=36$MPa，平行于洞轴向的压力 $P_z=177$MPa；弹性模量 $E=77.82$GPa，泊松比 $\mu=0.268$；梯度弹性参数 $c=G=30.7$GPa，材料内部长度 $l=0.01$m；峰值应变 $\varepsilon_f=1.538\times10^{-3}$，极限应变 $\varepsilon_u=5.689\times10^{-3}$。由 $P_z=2\mu P_b+E\varepsilon_0$ 可计算得到围岩的初始轴向应变 $\varepsilon_0=2.03\times10^{-3}$。

2. 理论计算结果与模型试验结果的对比

应用上述计算参数，按照图 3.5.1 所示的计算流程可计算得到巷道围岩径向位移、径向应变和应力值。首先计算得到围岩峰后应变软化区的半径 $\rho=8.86$m，即在 $2.5\text{m}\leqslant r\leqslant8.86\text{m}$ 范围内围岩处于峰后应变软化状态，在 $8.86\text{m}<r\leqslant15\text{m}$ 范围内围岩处于峰前弹性状态。

洞周测点径向位移和径向应变计算值与模型试验测试值列于表 3.5.1 中。图 3.5.2 和图 3.5.3 分别为巷道围岩模型试验与数值计算的径向位移与径向应变的对比；图 3.5.4 为巷道围岩计算应力变化。

表 3.5.1 洞周径向位移、径向应变计算值与模型试验值对比

分析项目	对比分析	距洞壁距离						
		3m	4m	5m	6m	7m	8m	9m
径向位移/mm	试验值	60.75	32.50	43.75	25.25	25.75	7.75	—
	计算值	52.93	32.42	42.11	26.38	22.70	25.43	—
径向应变/10^{-6}	试验值	1393	815	1089	644	837	363	156
	计算值	1154	803	962	634	406	685	2

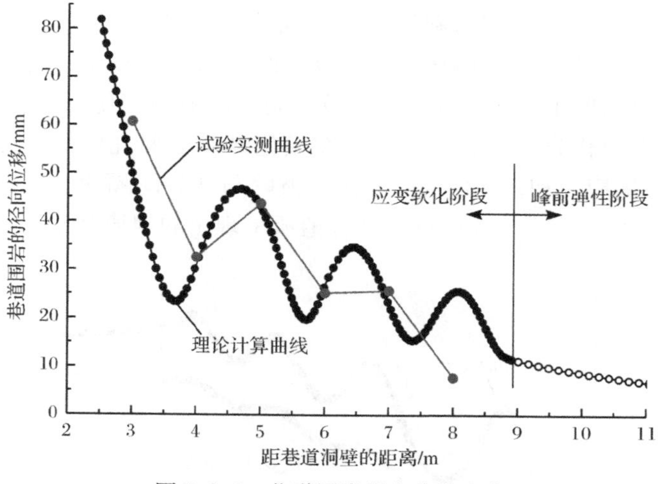

图 3.5.2　巷道围岩径向位移变化

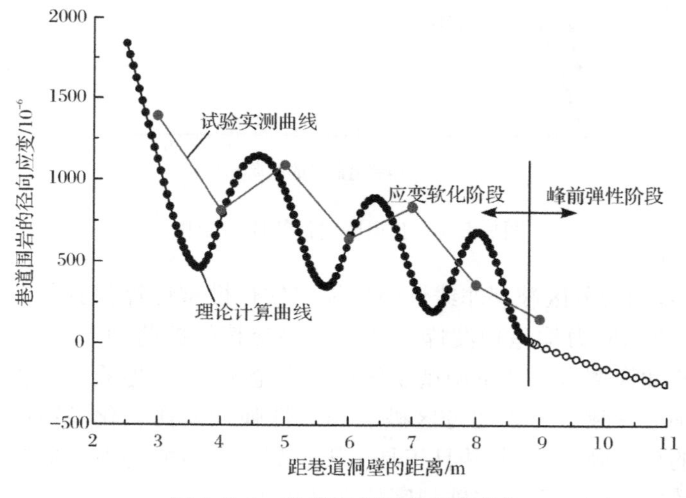

图 3.5.3　巷道围岩径向应变变化

注:图中数据以拉应变为正,压应变为负

由图 3.5.2 和图 3.5.3 可以看出:利用分区破裂非线性弹性损伤软化模型求得的洞周径向位移和径向应变呈现出了波峰和波谷间隔交替的振荡型衰减变化,并且其振荡波幅随距洞壁距离的增加而逐渐减小,这与通过地质力学模型试验实测得到的径向位移和径向应变的变化规律相一致。由表 3.5.1 可以看出:洞周径向位移和径向应变计算值与模型试验值基本一致,有效证明了分区破裂非线性弹性损伤软化模型的可靠性[139]。

利用分区破裂非线性弹性损伤软化模型求得了巷道围岩内部的应力变化,如

图 3.5.4 所示。围岩径向应力和切向应力也呈现出波峰与波谷间隔交替的振荡型衰减变化,其振荡波幅随距洞壁距离的增加逐渐减小,直至应力单调变化。由于在第 2 章模型试验工况四中没有测试模型洞周应力的变化,此处的理论计算值无法与试验实测值作直接对比。但我们在模型试验工况九中对模型洞周的应力做了测试,其径向应力和切向应力呈现出了波峰与波谷间隔交替的振荡型衰减变化(见图 2.6.10),与图 3.5.4 中理论计算值所呈现出的规律基本一致。

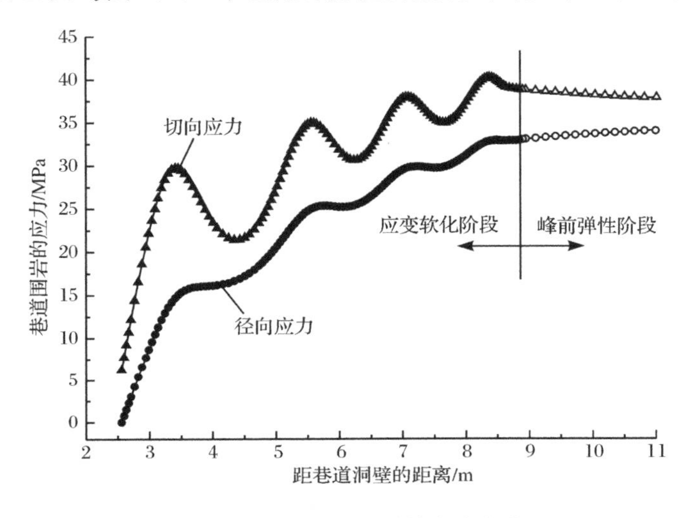

图 3.5.4　巷道围岩计算应力变化

综上所述,利用分区破裂非线性弹性损伤软化模型计算得到的巷道围岩径向位移、径向应变和应力均呈现波峰与波谷间隔交替的振荡型衰减变化,这与利用连续介质弹塑性模型求得的单调型变化规律完全不同,与地质力学模型试验实测得到的结果基本一致。这表明分区破裂非线性弹性损伤软化模型能够较好地解释深部洞室的分区破裂机制,并且正是由于围岩应力波峰与波谷间隔交替的振荡型变化才导致围岩破裂区和非破裂区的交替出现。

3.6　本章小结

本章首先分析了应变局部化与分区破裂现象之间的关系,依据应变梯度理论和损伤力学建立了基于应变梯度的分区破裂非线性弹性损伤软化模型,推导了考虑应变梯度的深部洞室位移平衡方程,计算获得了深部洞室围岩径向位移、径向应变和应力波峰与波谷间隔交替的振荡型衰减变化规律,并对比分析了理论计算结果和模型试验结果,得到如下研究结论:

(1) 深部洞室分区破裂是一种特殊的带有明显规律性的应变局部化现象,研究深部洞室的分区破裂现象应从岩石峰后段的应变局部化和应变软化现象开始，并且在分区破裂现象的研究中应考虑应变梯度的影响。

(2) 基于应变梯度理论建立了分区破裂非线性弹性损伤软化模型，并由此推导了考虑应变梯度的深部洞室位移平衡方程，通过 Matlab 编写了计算程序，计算获得深部洞室围岩径向位移、径向应变和应力波峰与波谷间隔交替的振荡型衰减变化规律。

(3) 理论计算值与模型试验实测值在量值与变化规律两方面均保持较好的一致性，证实了利用分区破裂非线性弹性损伤软化模型进行深部洞室分区破裂问题求解的可靠性。

(4) 深部洞室围岩应力呈现波峰与波谷间隔交替的振荡型衰减变化是导致分区破裂现象出现的关键力学诱因。

第 4 章　深部洞室分区破裂数值模拟方法

4.1 引　　言

第 3 章基于应变梯度理论建立了分区破裂非线性弹性损伤软化模型，通过解析的方法揭示了深部洞室围岩中径向位移、径向应变和应力的振荡型变化规律，初步证实了该力学模型能够较好地解释深部洞室的分区破裂现象。但是数值解析方法只能解决较为理想的情况，对于相对复杂的情况则无能为力，比如不能考虑洞室的开挖效应、除圆洞外很难求解其他形状洞室围岩的应力场变化规律、只能求解均质围岩的状况。因此，为了进一步验证分区破裂非线性弹性损伤软化模型并将其推广应用，需要建立分区破裂的数值分析方法并将其程序化。

岩石作为地下工程开发时所必须面对的工程介质，其内部存在着大量的微裂纹、微孔洞等初始缺陷，岩石受力后其内部微缺陷逐渐演化并有新的裂纹产生，裂纹逐渐贯通形成宏观主裂纹，最终导致岩石发生破坏。从能量的角度来分析，岩石的每一种应力应变状态均对应着相应的能量状态，能量的交换与耗散贯穿着岩石破坏的全过程。在传统的分析方法中，通常采用应力应变状态来描述岩石的力学响应，并以此为基础建立强度理论，但是由于岩石自身的不均匀性及非线性的特点，单独依靠应力-应变关系难以建立较为适合的岩石强度准则。为此，本章首先从能量耗散的角度去研究岩石的破坏过程，依据应变能密度理论建立基于应变梯度的分区破裂能量损伤破坏准则；然后根据分区破裂非线性弹性损伤软化模型和分区破裂能量损伤破坏准则提出分区破裂数值分析方法，并开发出分区破裂计算程序，开展不同条件下深部洞室分区破裂数值模拟分析，将数值计算结果与模型试验结果进行对比分析，阐明了深部洞室分区破裂的破坏机理。

4.2 分区破裂能量损伤破坏准则

4.2.1 岩石破坏与能量耗散

岩石的变形破坏本质上是能量耗散的损伤演化过程，研究岩石损伤破坏过程中能量变化规律与岩石破坏之间的关系，将更易于反映岩石的力学响应特点。岩石的破坏是一个由损伤逐渐加剧导致材料渐进劣化、微观裂纹产生、扩展直到贯通的全过程。因此,从微细观力学角度研究岩石破裂,分析岩石微小单元的损伤破坏规律,通过单元能量耗散和能量判别标准分析单元破坏能够较为系统完整地展现岩石的整个破裂过程。在高应力条件下,岩石表现出了明显的峰后应变软化现象,并且深部洞室的分区破裂现象也发生于岩石的峰后应变软化阶段,基于此在研究岩石的变形破坏时应重点着眼于峰后应变软化阶段。

图 4.2.1 将应力-应变关系做适当的简化,即在峰前段近似认为应力-应变关系是线弹性的且不考虑损伤,峰后段考虑损伤且认为应力-应变曲线是线性软化的。

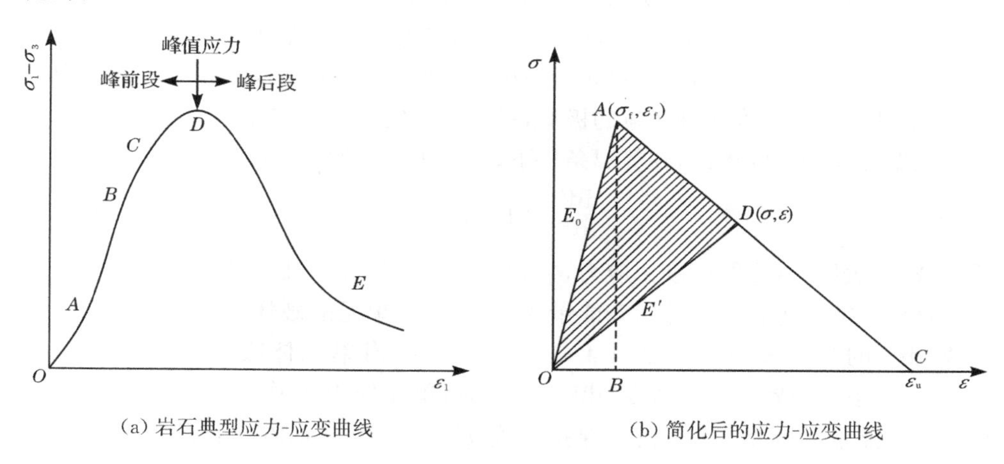

(a) 岩石典型应力-应变曲线　　(b) 简化后的应力-应变曲线

图 4.2.1　岩石应力-应变曲线

如图 4.2.1(b)所示,OA 为线弹性阶段,此阶段内没有损伤出现也没有能量的耗散。在峰值点 A 之后,岩石内部出现损伤,能量开始耗散,岩石内部的损伤随着应变的增加逐渐演化发展,岩石的弹性模量开始衰减,由初始弹性模量 E_0 降至 E',与此同时,岩石内部的微裂隙也逐步开始扩展。如果应变继续增加,则岩石会进入损伤加速发展阶段,同时内部的微裂隙会进一步扩展、融合、贯通,直至岩石出现宏观破坏。也就是说,岩石由受荷变形直至破坏可被视为一个逐步发展的过程,由变形开始、损伤逐步出现和演化、裂纹扩展、直至发展成宏观裂纹。在岩石受荷直至破坏的整个过程中,岩石的损伤演化、能量耗散与裂纹的扩展是同步发生的。

4.2.2　基于应变梯度的单元破坏准则

岩石在高应力条件下表现出了明显的峰后应变软化现象,但是要判定岩石是否发生破坏需要给出一个判定准则。基于材料的破坏特点和不同的加载条件,已有很多不同的破坏准则被提出,一般可以将其分为四大类[140]:①应力或应变类破坏准则；②能量类破坏准则；③损伤类破坏准则；④经验类破坏准则。从本质上讲，岩石的变形破坏是一个能量不断耗散的过程，基于能量变化提出的强度准则能更准确地描述岩石的破坏机理。

1973年，Sih[141]在研究裂纹扩展时提出了应变能密度理论，并且基于该理论提出了用于混合裂纹扩展预测的应变能密度准则。应变能密度准则认为连续体由许多小的结构单元构成，在某一给定的时刻，每个结构单元内存储着一定的应变能，其单位体积内所存储的能量被称作应变能密度（dW/dV），应变能密度综合考虑了裂纹尖端周边六个应力分量的作用。对于处于复杂应力状态下的岩体来说，基于应变能密度的能量判别准则与常规的应力或应变强度准则相比有着明显的优势。应变能密度是引起材料屈服破坏的主要因素，不管岩体处于什么应力状态，只要其应变能密度达到相应的极值，材料就会发生屈服破坏。

根据应变能密度理论，在等温条件下，每个单元体的应变能密度可表示为

$$\frac{dW}{dV}=\int_0^{\varepsilon_{ij}}\sigma_{ij}\,d\varepsilon_{ij} \tag{4.2.1}$$

式(4.2.1)表明，应变能密度由应力 σ_{ij} 和应变增量 $d\varepsilon_{ij}$ 的变形历史所决定。

材料性能的劣化损伤伴随着能量的耗散，材料单元的破坏可通过应变能密度（dW/dV）的变化来判定。如图4.2.1(b)所示，当单元体吸收的应变能密度（dW/dV）小于临界应变能密度（dW/dV）$_f$ 时，单元处于线弹性阶段，没有损伤出现也没有能量的耗散，弹性模量保持不变 $E=E_0$；当单元体吸收的应变能密度（dW/dV）大于临界应变能密度（dW/dV）$_f$ 时，材料出现损伤，微裂隙开始扩展，材料进入应变软化阶段，弹性模量逐渐降低至 $E=E_0(1-d)$；当单元体吸收的应变能密度（dW/dV）大于等于极限应变能密度（dW/dV）$_u$ 时，单元发生破坏，不能再承担荷载，单元的弹性模量取残余值 $E=E^*$。单元破坏准则可表述为

$$\begin{cases}E=E_0, & (dW/dV)\leqslant(dW/dV)_f\\ E=E_0(1-d), & (dW/dV)_f<(dW/dV)<(dW/dV)_u\\ E=E^*, & (dW/dV)\geqslant(dW/dV)_u\end{cases} \tag{4.2.2}$$

图4.2.1(b)中，临界应变能密度（dW/dV）$_f=\triangle OAB$ 面积，极限应变能密度（dW/dV）$_u=\triangle OAC$ 面积，即

$$\begin{cases}\left(\dfrac{dW}{dV}\right)_f=\triangle OAB\text{ 面积}=\dfrac{1}{2}\sigma_f\varepsilon_f=\dfrac{1}{2}E_0\varepsilon_f^2\\ \left(\dfrac{dW}{dV}\right)_u=\triangle OAC\text{ 面积}=\dfrac{1}{2}E_0\varepsilon_f\varepsilon_u\end{cases} \tag{4.2.3}$$

式中，E_0 为岩石初始弹性模量；ε_f 为岩石单轴压缩条件下的峰值应变；ε_u 为岩石破坏时的极限应变。

基于分区破裂非线性弹性损伤软化模型开展数值模拟分析时，需考虑应变梯

度项和高阶应力项的影响，其单元应变能密度可由下式计算，即

$$\frac{\mathrm{d}W}{\mathrm{d}V}=\frac{1}{2}\lambda\varepsilon_{ii}\varepsilon_{jj}+G\varepsilon_{ij}\varepsilon_{ij}+\xi_1 l^2\eta_{ijj}\eta_{ikk}+2\xi_2 l^2\eta_{iik}\eta_{kjj}+\frac{1}{2}\xi_3 l^2\eta_{iik}\eta_{jjk}+\frac{1}{2}\xi_4 l^2\eta_{ijk}\eta_{ijk}+\xi_5 l^2\eta_{ijk}\eta_{kji} \tag{4.2.4}$$

为便于后续分区破裂计算程序的开发，将应变能密度表达式(4.2.4)展开[138]，可得

$$\begin{aligned}
\frac{\mathrm{d}W}{\mathrm{d}V}=&\frac{1}{2}[\lambda(\varepsilon_x+\varepsilon_y+\varepsilon_z)^2+2G(\varepsilon_x^2+\varepsilon_y^2+\varepsilon_z^2)+G(\gamma_x^2+\gamma_y^2+\gamma_z^2)]\\
&+l^2\Big[\eta_{xxx}^2\left(\xi_1+2\xi_2+\frac{1}{2}\xi_3+\frac{1}{2}\xi_4+\xi_5\right)+\eta_{yyy}^2\left(\xi_1+2\xi_2+\frac{1}{2}\xi_3+\frac{1}{2}\xi_4+\xi_5\right)\\
&+\eta_{zzz}^2\left(\xi_1+2\xi_2+\frac{1}{2}\xi_3+\frac{1}{2}\xi_4+\xi_5\right)+\eta_{xyx}^2(\xi_1+\xi_4+\xi_5)+\eta_{xzx}^2(\xi_1+\xi_4+\xi_5)\\
&+\eta_{xyy}^2(\xi_1+\xi_4+\xi_5)+\eta_{yzy}^2(\xi_1+\xi_4+\xi_5)+\eta_{xzz}^2(\xi_1+\xi_4+\xi_5)+\eta_{yzz}^2(\xi_1+\xi_4+\xi_5)\\
&+\eta_{yyx}^2\left(\frac{1}{2}\xi_3+\frac{1}{2}\xi_4\right)+\eta_{zzx}^2\left(\frac{1}{2}\xi_3+\frac{1}{2}\xi_4\right)+\eta_{xxy}^2\left(\frac{1}{2}\xi_3+\frac{1}{2}\xi_4\right)+\eta_{zzy}^2\left(\frac{1}{2}\xi_3+\frac{1}{2}\xi_4\right)\\
&+\eta_{xxz}^2\left(\frac{1}{2}\xi_3+\frac{1}{2}\xi_4\right)+\eta_{yyz}^2\left(\frac{1}{2}\xi_3+\frac{1}{2}\xi_4\right)+\eta_{yzx}^2\xi_4+\eta_{xzy}^2\xi_4+\eta_{xyz}^2\xi_4\\
&+\eta_{xxx}\eta_{yyx}(2\xi_2+\xi_3)+\eta_{xxx}\eta_{zzx}(2\xi_2+\xi_3)+\eta_{yyy}\eta_{xxy}(2\xi_2+\xi_3)+\eta_{yyy}\eta_{zzy}(2\xi_2+\xi_3)\\
&+\eta_{zzz}\eta_{xxz}(2\xi_2+\xi_3)+\eta_{zzz}\eta_{yyz}(2\xi_2+\xi_3)+\eta_{yyy}\eta_{yzz}(2\xi_1+2\xi_2)+\eta_{xxx}\eta_{xzz}(2\xi_1+2\xi_2)\\
&+\eta_{xxx}\eta_{xyy}(2\xi_1+2\xi_2)+\eta_{yyy}\eta_{yxx}(2\xi_1+2\xi_2)+\eta_{zzz}\eta_{zxx}(2\xi_1+2\xi_2)+\eta_{zzz}\eta_{zyy}(2\xi_1+2\xi_2)\\
&+2\eta_{zyy}\eta_{zxx}\xi_1+2\eta_{yxx}\eta_{yzz}\xi_1+2\eta_{xyy}\eta_{xzz}\xi_1+\eta_{zzx}\eta_{xxy}\xi_3+\eta_{xxz}\eta_{yyz}\xi_3+\eta_{yyx}\eta_{zzx}\xi_3\\
&+\eta_{yyx}\eta_{xyy}(2\xi_2+2\xi_5)+\eta_{xzz}\eta_{zzx}(2\xi_2+2\xi_5)+\eta_{yxx}\eta_{xxy}(2\xi_2+2\xi_5)\\
&+\eta_{yzz}\eta_{zzy}(2\xi_2+2\xi_5)+\eta_{zxx}\eta_{xxz}(2\xi_2+2\xi_5)+\eta_{yyz}\eta_{zyy}(2\xi_2+2\xi_5)\\
&+2\eta_{zzx}\eta_{xyy}\xi_2+2\eta_{yyx}\eta_{xzz}\xi_2+2\eta_{yxx}\eta_{zzy}\xi_2+2\eta_{yzz}\eta_{xxy}\xi_2+2\eta_{yyz}\eta_{zxx}\xi_2\\
&+2\eta_{xxz}\eta_{zyy}\xi_2+2\eta_{xyz}\eta_{zyx}\xi_5+2\eta_{yzx}\eta_{xzy}\xi_5+2\eta_{yxz}\eta_{zxy}\xi_5\Big]
\end{aligned} \tag{4.2.5}$$

式中，λ 和 G 为拉梅常数；$\xi_1=\frac{1}{2}c$，$\xi_2=\frac{1}{4}c$，$\xi_3=c$，$\xi_4=\frac{7}{4}c$，$\xi_5=\frac{1}{4}c$，其中 $c=G$；l 为岩石材料的内部长度参数，m。

在深部洞室分区破裂的数值模拟中，岩体单元的破坏采用两个判定准则：其一为最大拉应变准则，认为当单元的最大拉应变达到岩石的极限拉应变时，单元出现拉破坏，在数值模拟过程中为保持整个计算的完整性和连续性，对发生拉破坏的单元给予一个很小的残余弹性模量 E^*；其二为基于应变梯度的分区破裂能量损伤破坏准则：①当岩体单元吸收的应变能密度($\mathrm{d}W/\mathrm{d}V$)小于临界应变能密度$(\mathrm{d}W/\mathrm{d}V)_\mathrm{f}$ 时，单元处于线弹性阶段，其力学参数选用岩体峰前阶段的参数；②当岩体单元吸收的应变能密度($\mathrm{d}W/\mathrm{d}V$)大于临界应变能密度$(\mathrm{d}W/\mathrm{d}V)_\mathrm{f}$ 时，材料进

入峰后应变软化阶段，单元发生损伤其力学参数逐渐劣化，在这一阶段岩体单元弹性模量的取值为$(1-d)E_0$，其中d为损伤变量；③当岩体单元吸收的应变能密度$(\mathrm{d}W/\mathrm{d}V)$大于等于极限应变能密度$(\mathrm{d}W/\mathrm{d}V)_u$时，单元发生破坏，不能再继续承担荷载，同样为保持整个计算的完整性和连续性，对发生剪切破坏的单元给予一个很小的残余弹性模量E^*。

4.3 分区破裂数值模拟分析方法

利用分区破裂非线性弹性损伤软化模型开展深部洞室分区破裂数值分析时，必须考虑应变梯度的影响。然而在常规有限元分析中，其单元形函数只具有一阶连续性，插值后单元内位移的二阶导数值处处为零，应用这类单元分析时无法考虑应变梯度的影响，因此需要构建具有高阶连续性的单元，即具有C^1阶连续性的单元，要求节点的位移和其一阶导数均保持连续性。

为便于后续分区破裂计算程序的开发，首先将分区破裂非线性弹性损伤软化模型的本构方程展开为矩阵形式，然后应用 Hermite 插值函数构建高阶六面体单元，并推导单元的形函数和刚度矩阵，最后给出单元破坏的判定方法。

4.3.1 本构方程的矩阵形式

在分区破裂非线性弹性损伤软化模型中，任意一点的总体应变由两部分组成，常规 Eulerian 应变ε_{ij}和高阶应变η_{ijk}，与之对应的分别是 Cauchy 应力σ_{ij}和高阶应力τ_{ijk}。一般三维条件下，考虑对称性之后 Cauchy 应力σ_{ij}和 Eulerian 应变ε_{ij}各有 6 个独立分量，而高阶应力τ_{ijk}和高阶应变η_{ijk}各有 18 个独立分量。

Cauchy 应力σ_{ij}和 Eulerian 应变ε_{ij}之间的关系式为

$$\boldsymbol{\sigma}=(1-d)\boldsymbol{D}\boldsymbol{\varepsilon} \tag{4.3.1}$$

式中，d为损伤变量；$\boldsymbol{\sigma}=[\sigma_{xx}\quad\sigma_{yy}\quad\sigma_{zz}\quad\sigma_{xy}\quad\sigma_{xz}\quad\sigma_{yz}]^{\mathrm{T}}$，$\boldsymbol{\varepsilon}=[\varepsilon_{xx}\quad\varepsilon_{yy}\quad\varepsilon_{zz}\quad\gamma_{xy}\quad\gamma_{xz}\quad\gamma_{yz}]^{\mathrm{T}}$；$\boldsymbol{D}$为 6×6 矩阵。

$$\boldsymbol{D}=G\begin{bmatrix}\frac{2(1-\mu)}{1-2\mu} & \frac{2\mu}{1-2\mu} & \frac{2\mu}{1-2\mu} & 0 & 0 & 0\\ \frac{2\mu}{1-2\mu} & \frac{2(1-\mu)}{1-2\mu} & \frac{2\mu}{1-2\mu} & 0 & 0 & 0\\ \frac{2\mu}{1-2\mu} & \frac{2\mu}{1-2\mu} & \frac{2(1-\mu)}{1-2\mu} & 0 & 0 & 0\\ 0 & 0 & 0 & 1 & 0 & 0\\ 0 & 0 & 0 & 0 & 1 & 0\\ 0 & 0 & 0 & 0 & 0 & 1\end{bmatrix} \tag{4.3.2}$$

式中，G为拉梅常数；μ为泊松比。

高阶应力 τ_{ijk} 和高阶应变 η_{ijk} 之间的关系式为

$$\begin{cases}\tau=(1-d)\boldsymbol{\Lambda}\boldsymbol{\eta}\\ \boldsymbol{\tau}=[\tau_{xxx}\quad \tau_{yyx}\quad \tau_{zzx}\quad \tau_{xyx}\quad \tau_{yzx}\quad \tau_{zxx}\quad \tau_{xxy}\quad \tau_{yyy}\quad \tau_{zzy}\quad \tau_{xyy}\quad \tau_{yzy}\quad \tau_{zxy}\quad \tau_{xxz}\quad \tau_{yyz}\quad \tau_{zzz}\quad \tau_{xyz}\quad \tau_{yzz}\quad \tau_{zxz}]^{\mathrm{T}}\\ \boldsymbol{\eta}=[\eta_{xxx}\quad \eta_{yyx}\quad \eta_{zzx}\quad \eta_{xyx}\quad \eta_{yzx}\quad \eta_{zxx}\quad \eta_{xxy}\quad \eta_{yyy}\quad \eta_{zzy}\quad \eta_{xyy}\quad \eta_{yzy}\quad \eta_{zxy}\quad \eta_{xxz}\quad \eta_{yyz}\quad \eta_{zzz}\quad \eta_{xyz}\quad \eta_{yzz}\quad \eta_{zxz}]\end{cases} \tag{4.3.3}$$

$\boldsymbol{\Lambda}$ 为 18×18 的矩阵，即

$$\boldsymbol{\Lambda}=l^2\begin{bmatrix}\boldsymbol{D}_1 & \boldsymbol{D}_2\\ \boldsymbol{D}_3 & \boldsymbol{D}_4\end{bmatrix} \tag{4.3.4}$$

式中，$\boldsymbol{D}_1$、$\boldsymbol{D}_2$、$\boldsymbol{D}_3$、$\boldsymbol{D}_4$ 的表达式为[138]

$$\boldsymbol{D}_1=\begin{bmatrix}
\begin{matrix}2\xi_1+4\xi_2+\\ \xi_3+\xi_4+2\xi_5\end{matrix} & 2\xi_2+\xi_3 & 2\xi_2+\xi_3 & 0 & 0 & 0 & 0 & 0 & 0\\
2\xi_2+\xi_3 & \xi_3+\xi_4 & \xi_3 & 0 & 0 & 0 & 0 & 0 & 0\\
2\xi_2+\xi_3 & \xi_3 & \xi_3+\xi_4 & 0 & 0 & 0 & 0 & 0 & 0\\
0 & 0 & 0 & \xi_1+\xi_4+\xi_5 & 0 & 0 & \xi_2+\xi_5 & \xi_1+\xi_2 & \xi_2\\
0 & 0 & 0 & 0 & \xi_4 & 0 & 0 & 0 & 0\\
0 & 0 & 0 & 0 & 0 & \xi_1+\xi_4+\xi_5 & 0 & 0 & 0\\
0 & 0 & 0 & 2\xi_2+2\xi_5 & 0 & 0 & \xi_3+\xi_4 & 2\xi_2+\xi_3 & \xi_3\\
0 & 0 & 0 & 2\xi_1+2\xi_2 & 0 & 0 & 2\xi_2+\xi_3 & \begin{matrix}2\xi_1+4\xi_2+\\ \xi_3+\xi_4+2\xi_5\end{matrix} & 2\xi_2+\xi_3\\
0 & 0 & 0 & 2\xi_2 & 0 & 0 & \xi_3 & 2\xi_2+\xi_3 & \xi_3+\xi_4
\end{bmatrix} \tag{4.3.5}$$

$$\boldsymbol{D}_2=\begin{bmatrix}
2\xi_1+2\xi_2 & 0 & 0 & 0 & 0 & 0 & 0 & 0 & 2\xi_1+2\xi_2\\
2\xi_2+2\xi_5 & 0 & 0 & 0 & 0 & 0 & 0 & 0 & 2\xi_2\\
2\xi_2 & 0 & 0 & 0 & 0 & 0 & 0 & 0 & 2\xi_2+2\xi_5\\
0 & 0 & \xi_5 & 0 & 0 & 0 & \xi_5 & 0 & 0\\
0 & 0 & 0 & \xi_3 & 0 & 2\xi_2 & 0 & 0 & 0\\
0 & \xi_1 & 0 & \xi_2+\xi_5 & \xi_2 & \xi_1+\xi_2 & 0 & 0 & 0\\
0 & 0 & 0 & 0 & 0 & 0 & 0 & 2\xi_2 & 0\\
0 & 0 & 0 & 0 & 0 & 0 & 0 & 2\xi_1+2\xi_2 & 0\\
0 & 0 & 0 & 0 & 0 & 0 & 0 & 2\xi_2+2\xi_5 & 0
\end{bmatrix} \tag{4.3.6}$$

$$
\boldsymbol{D}_3=\begin{bmatrix}
\xi_1+\xi_2 & \xi_2+\xi_5 & \xi_2 & 0 & 0 & 0 & 0 & 0 & 0 \\
0 & 0 & 0 & 0 & 0 & \xi_1 & 0 & 0 & 0 \\
0 & 0 & 0 & 0 & \xi_5 & 0 & 0 & 0 & 0 \\
0 & 0 & 0 & 0 & 0 & 2\xi_2+2\xi_5 & 0 & 0 & 0 \\
0 & 0 & 0 & 0 & 0 & 2\xi_2 & 0 & 0 & 0 \\
0 & 0 & 0 & 0 & 0 & 2\xi_1+2\xi_2 & 0 & 0 & 0 \\
0 & 0 & 0 & 0 & \xi_5 & 0 & 0 & 0 & 0 \\
0 & 0 & 0 & \xi_1 & 0 & 0 & \xi_2 & \xi_1+\xi_2 & \xi_2+\xi_5 \\
\xi_1+\xi_2 & \xi_2 & \xi_2+\xi_5 & 0 & 0 & 0 & 0 & 0 & 0
\end{bmatrix} \tag{4.3.7}
$$

$$
\boldsymbol{D}_4=\begin{bmatrix}
\xi_1+\xi_4+\xi_5 & 0 & 0 & 0 & 0 & 0 & 0 & 0 & \xi_1 \\
0 & \xi_1+\xi_4+\xi_5 & 0 & \xi_2 & \xi_2+\xi_5 & \xi_1+\xi_2 & 0 & 0 & 0 \\
0 & 0 & \xi_4 & 0 & 0 & 0 & \xi_5 & 0 & 0 \\
0 & 2\xi_2 & 0 & \xi_3+\xi_4 & \xi_3 & 2\xi_2+\xi_3 & 0 & 0 & 0 \\
0 & 2\xi_2+\xi_5 & 0 & \xi_3 & \xi_3+\xi_4 & 2\xi_2+\xi_3 & 0 & 0 & 0 \\
0 & 2\xi_1+2\xi_2 & 0 & 2\xi_2+\xi_3 & 2\xi_2+\xi_3 & \begin{matrix}2\xi_1+4\xi_2+\\ \xi_3+\xi_4+2\xi_5\end{matrix} & 0 & 0 & 0 \\
0 & 0 & \xi_5 & 0 & 0 & 0 & \xi_4 & 0 & 0 \\
0 & 0 & 0 & 0 & 0 & 0 & 0 & \xi_1+\xi_4+\xi_5 & 0 \\
\xi_1 & 0 & 0 & 0 & 0 & 0 & 0 & 0 & \xi_1+\xi_4+\xi_5
\end{bmatrix} \tag{4.3.8}
$$

式中，$\xi_1=\frac{1}{2}c$，$\xi_2=\frac{1}{4}c$，$\xi_3=c$，$\xi_4=\frac{7}{4}c$，$\xi_5=\frac{1}{4}c$，$c=G$。

4.3.2　高阶六面体单元的构建

应用有限元方法开展数值分析时要考虑应变梯度的影响，需要采用具有高阶连续性的单元，即具有 C^1 阶连续性的单元。在 C^1 阶连续性单元中要保证节点位移和其一阶导数的连续性，为此应用 Hermite 插值函数来构建 8 节点六面体高阶单元。

1. Hermite 插值函数

为便于解释应用 Hermite 插值函数构建 8 节点六面体高阶单元的方法，先简要说明一下 Hermite 插值函数在构建一维 2 节点高阶梁单元中的应用。如图 4.3.1所示，设梁单元的长度为 l，每个节点具有挠度 U 和转角 ϕ 两个自由度，梁单元的节点位移可表示为：$\boldsymbol{U}=[U_1 \quad \phi_1 \quad U_2 \quad \phi_2]^{\mathrm{T}}$。

根据梁的初等弯曲理论，梁截面转角 ϕ 等于挠曲线 $U(x)$ 对位置坐标 x 的一阶导数，梁的挠曲微分方程为

$$
EI_x\frac{\mathrm{d}^4U(x)}{\mathrm{d}x^4}=0 \tag{4.3.9}
$$

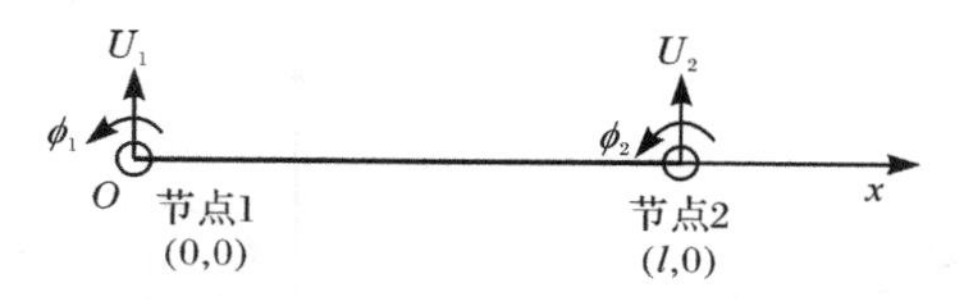

图 4.3.1　一维 2 节点高阶梁单元

对式(4.3.9)积分即可得到梁挠度和转角的表达式

$$\begin{cases} U(x)=a_1+a_2x+a_3x^2+a_4x^3 \\ \phi(x)=U'(x)=a_2+2a_3x+3a_4x^2 \end{cases} \tag{4.3.10}$$

将节点坐标和节点位移代入式(4.3.10),可得

$$\begin{cases} U_1=a_1 \\ \phi_1=a_2 \\ U_2=a_1+a_2l+a_3l^2+a_4l^3 \\ \phi_2=a_2+2a_3l+3a_4l^2 \end{cases} \tag{4.3.11}$$

解联立方程(4.3.11),可得到 a_1、a_2、a_3、a_4 的表达式,最终梁单元内任意一点的挠度可表示为

$$U(x)=\boldsymbol{NU} \tag{4.3.12}$$

其中的形函数矩阵可表示为

$$\boldsymbol{N}=[N_1 \quad N_2 \quad N_3 \quad N_4]=\begin{bmatrix} 1-3\left(\dfrac{x}{l}\right)^2+2\left(\dfrac{x}{l}\right)^3 \\ x-2\dfrac{x^2}{l}+\dfrac{x^3}{l^2} \\ 3\left(\dfrac{x}{l}\right)^2-2\left(\dfrac{x}{l}\right)^3 \\ -\dfrac{x^2}{l}+\dfrac{x^3}{l^2} \end{bmatrix}^{\mathrm{T}} \tag{4.3.13}$$

需要说明的是,式中形函数的下标指的是广义位移编号而不是节点序号,下面改用局部坐标表示上述形函数,将 $\xi=2\dfrac{x}{l}-1$ 代入式(4.3.13)中,可得

$$\begin{cases} N_1=\dfrac{1}{4}(2-3\xi+\xi^3) \\ N_2=\dfrac{l}{8}(\xi-1)(\xi^2-1) \\ N_3=\dfrac{1}{4}(2+3\xi-\xi^3) \\ N_4=\dfrac{l}{8}(\xi+1)(\xi^2-1) \end{cases} \tag{4.3.14}$$

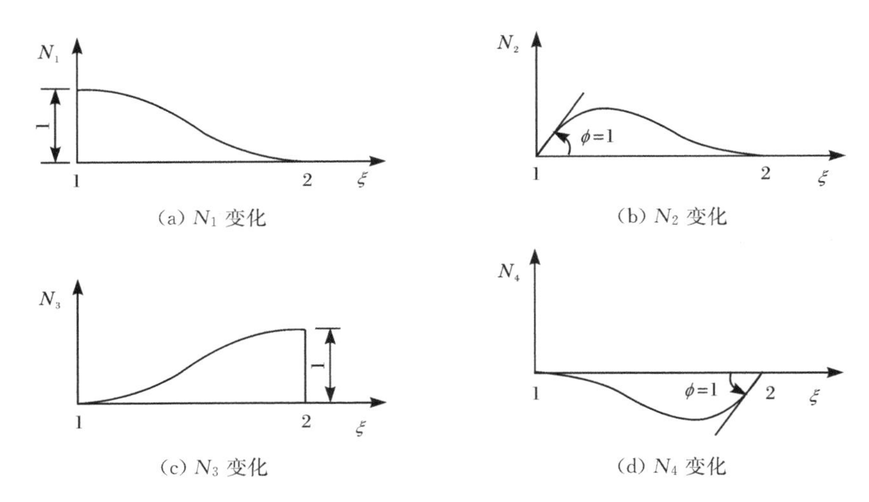

图 4.3.2　高阶梁单元的形函数

图 4.3.2 中给出了式(4.3.14)的形函数图，其中形函数 N_1 表示的是在节点 1 处挠度(函数值)为 1，其转角(导数值)为零，在节点 2 处挠度和转角均为零；形函数 N_2 表示的是在节点 1 处转角为 1 且挠度为零，而在节点 2 处挠度和转角均为零；形函数 N_3 表示的是在节点 1 处的挠度和转角均为零，在节点 2 处挠度为 1 且转角为零；形函数 N_4 表示的是在节点 1 处挠度和转角均为零，在节点 2 处挠度为零且转角为 1。综合起来讲，形函数 N_i 特点是在某个节点处第 i 个广义节点位移为 1，而其余的广义节点位移均为零。为突出形函数的共性，将式(4.3.14)所示的形函数表示为

$$\begin{cases} N_{2i-1}=H_i^{(0)}(\xi)=\dfrac{1}{4}(2+3\xi_i\xi-\xi^3) \\ N_{2i}=H_i^{(1)}(\xi)=\dfrac{l}{4}\xi_i(1+\xi_i\xi)(\xi^2-1) \end{cases} \tag{4.3.15}$$

式中，$i=1,2$ 为节点的序号；上标(0)和(1)分别表示 0 阶和一阶导数。

从数学角度分析，式(4.3.12)所表示的函数是带有导数项的多项式插值函数，即 Hermite 插值函数[142,143]，式(4.3.12)可表示为

$$\begin{aligned} U(x) &= \boldsymbol{NU} = [N_1 \quad N_2 \quad N_3 \quad N_4][U_1 \quad \phi_1 \quad U_2 \quad \phi_2]^{\mathrm{T}} \\ &= \sum_{i=1}^{2} H_i^{(0)}(\xi)U_i + \sum_{i=1}^{2} H_i^{(1)}(\xi)\phi_i \end{aligned} \tag{4.3.16}$$

2. 高阶六面体单元形函数的构建

基于以上分析，下面说明用 Hermite 插值函数构建 8 节点六面体高阶单元的方法。

如图 4.3.3 所示，以三个位移分量 u、v 和 w 中的一个为例进行分析，将其记为 u，则单元节点的广义位移分量可表示为

$$\begin{aligned} U &= [U_1 \quad U_2 \quad U_3 \quad \cdots \quad U_{32}]^{\mathrm{T}} \\ &= \left[u_1 \quad \frac{\partial u_1}{\partial x} \quad \frac{\partial u_1}{\partial y} \quad \frac{\partial u_1}{\partial z} \quad u_2 \quad \cdots \quad u_8 \quad \frac{\partial u_8}{\partial x} \quad \frac{\partial u_8}{\partial y} \quad \frac{\partial u_8}{\partial z}\right]^{\mathrm{T}} \end{aligned} \tag{4.3.17}$$

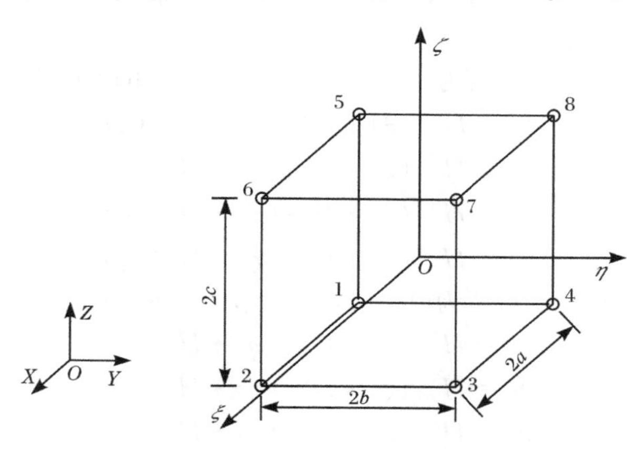

图 4.3.3　高阶 8 节点六面体单元

应用 Hermite 插值函数构建形函数时，先将图 4.3.3 中的六面体单元改用局部坐标来表示，其换算关系为：$\xi=\frac{1}{a}(x-x_0)$、$\eta=\frac{1}{b}(y-y_0)$、$\zeta=\frac{1}{c}(z-z_0)$，其中 (x_0, y_0, z_0) 为单元的形心，a、b、c 分别为六面体单元在 X 轴、Y 轴和 Z 轴方向长度的一半。依据一维 Hermite 插值函数的形式（见式(4.3.15)）可以推导出以下 12 个基本函数[138]：

$$\begin{cases} H_{-1}^{(0)}(\xi)=\frac{1}{4}(2-3\xi+\xi^3), & H_{-1}^{(1)}(\xi)=\frac{a}{4}(\xi-1)(\xi^2-1) \\ H_{+1}^{(0)}(\xi)=\frac{1}{4}(2+3\xi-\xi^3), & H_{+1}^{(1)}(\xi)=\frac{a}{4}(\xi+1)(\xi^2-1) \\ H_{-1}^{(0)}(\eta)=\frac{1}{4}(2-3\eta+\eta^3), & H_{-1}^{(1)}(\eta)=\frac{b}{4}(\eta-1)(\eta^2-1) \\ H_{+1}^{(0)}(\eta)=\frac{1}{4}(2+3\eta-\eta^3), & H_{+1}^{(1)}(\eta)=\frac{b}{4}(\eta+1)(\eta^2-1) \\ H_{-1}^{(0)}(\zeta)=\frac{1}{4}(2-3\zeta+\zeta^3), & H_{-1}^{(1)}(\zeta)=\frac{c}{4}(\zeta-1)(\zeta^2-1) \\ H_{+1}^{(0)}(\zeta)=\frac{1}{4}(2+3\zeta-\zeta^3), & H_{+1}^{(1)}(\zeta)=\frac{c}{4}(\zeta+1)(\zeta^2-1) \end{cases} \tag{4.3.18}$$

六面体单元的形函数可写成三个一维 Hermite 插值函数的乘积，即

$$N_i=H_{\xi_i}^{(n)}(\xi)\cdot H_{\eta_i}^{(n)}(\eta)\cdot H_{\zeta_i}^{(n)}(\zeta) \tag{4.3.19}$$

式中，N_i 的下标 i 不是单元的节点序号而是节点的广义位移序号；下标 ξ_i、η_i 和 ζ_i 是单元节点局部坐标系中的坐标值，取值为－1 或＋1；上标(n)表示导数的阶数，取值为 0 或 1。

形函数 N_i 的特点是某个节点处的第 i 个广义节点位移为 1 而其余的广义节点位移均为零。依据形函数的这一特点可以得到全部 32 个形函数，下面按照单元的节点编号依次给出：

(1) 节点 1 的局部坐标值为(－1，－1，－1)，节点 1 的形函数为

$$\begin{cases} N_1 = H_{-1}^{(0)}(\xi) \cdot H_{-1}^{(0)}(\eta) \cdot H_{-1}^{(0)}(\zeta) \\ N_2 = H_{-1}^{(1)}(\xi) \cdot H_{-1}^{(0)}(\eta) \cdot H_{-1}^{(0)}(\zeta) \\ N_3 = H_{-1}^{(0)}(\xi) \cdot H_{-1}^{(1)}(\eta) \cdot H_{-1}^{(0)}(\zeta) \\ N_4 = H_{-1}^{(0)}(\xi) \cdot H_{-1}^{(0)}(\eta) \cdot H_{-1}^{(1)}(\zeta) \end{cases} \tag{4.3.20a}$$

(2) 节点 2 的局部坐标值为(1，－1，－1)，节点 2 的形函数为

$$\begin{cases} N_5 = H_{+1}^{(0)}(\xi) \cdot H_{-1}^{(0)}(\eta) \cdot H_{-1}^{(0)}(\zeta) \\ N_6 = H_{+1}^{(1)}(\xi) \cdot H_{-1}^{(0)}(\eta) \cdot H_{-1}^{(0)}(\zeta) \\ N_7 = H_{+1}^{(0)}(\xi) \cdot H_{-1}^{(1)}(\eta) \cdot H_{-1}^{(0)}(\zeta) \\ N_8 = H_{+1}^{(0)}(\xi) \cdot H_{-1}^{(0)}(\eta) \cdot H_{-1}^{(1)}(\zeta) \end{cases} \tag{4.3.20b}$$

(3) 依次类推，节点 8 的局部坐标值为(－1，1，1)，节点 8 的形函数为

$$\begin{cases} N_{29} = H_{-1}^{(0)}(\xi) \cdot H_{+1}^{(0)}(\eta) \cdot H_{+1}^{(0)}(\zeta) \\ N_{30} = H_{-1}^{(1)}(\xi) \cdot H_{+1}^{(0)}(\eta) \cdot H_{+1}^{(0)}(\zeta) \\ N_{31} = H_{-1}^{(0)}(\xi) \cdot H_{+1}^{(1)}(\eta) \cdot H_{+1}^{(0)}(\zeta) \\ N_{32} = H_{-1}^{(0)}(\xi) \cdot H_{+1}^{(0)}(\eta) \cdot H_{+1}^{(1)}(\zeta) \end{cases} \tag{4.3.20c}$$

虽然式(4.3.20)已给出了形函数的表达式，但是其过于复杂并且在程序实现时有较大的难度，于是基于形函数的特性，在保证其计算精度的基础上对上述形函数做适当的简化。首先考察与$\dfrac{\partial u_1}{\partial x}$相关联的形函数 N_2，其在 η 方向和 ζ 方向的变化规律均是三次的，这对于形函数来说过于复杂了，将其简化为线性变化，于是形函数 N_2 可简化为

$$\begin{aligned} N_2 &= H_{-1}^{(1)}(\xi) \cdot H_{-1}^{(0)}(\eta) \cdot H_{-1}^{(0)}(\zeta) = H_{-1}^{(1)}(\xi) \cdot \frac{1}{2}(1-\eta) \cdot \frac{1}{2}(1-\zeta) \\ &= -\frac{a}{16}(1-\xi)(1-\eta)(1-\zeta)(\xi^2-1) \end{aligned} \tag{4.3.21a}$$

以此类推，可得到形函数 N_3 和 N_4 简化后的表达式，即

$$\begin{cases} N_3 = H_{-1}^{(0)}(\xi)\cdot H_{-1}^{(1)}(\eta)\cdot H_{-1}^{(0)}(\zeta) = \dfrac{1}{2}(1-\xi)\cdot H_{-1}^{(1)}(\eta)\cdot\dfrac{1}{2}(1-\zeta) \\ \quad = -\dfrac{b}{16}(1-\xi)(1-\eta)(1-\zeta)(\eta^2-1) \\ N_4 = H_{-1}^{(0)}(\xi)\cdot H_{-1}^{(0)}(\eta)\cdot H_{-1}^{(1)}(\zeta) = \dfrac{1}{2}(1-\xi)\cdot\dfrac{1}{2}(1-\eta)\cdot H_{-1}^{(1)}(\zeta) \\ \quad = -\dfrac{c}{16}(1-\xi)(1-\eta)(1-\zeta)(\zeta^2-1) \end{cases}$$

(4.3.21b)

至此，可以给出高阶六面体单元任一节点处与一阶导数相关联的形函数，即

$$\begin{cases} N_{4i-2} = \dfrac{a}{16}\xi_i(1+\xi_i\xi)(1+\eta_i\eta)(1+\zeta_i\zeta)(\xi^2-1), & \text{与}\dfrac{\partial u}{\partial x}\text{相关} \\ N_{4i-1} = \dfrac{b}{16}\eta_i(1+\xi_i\xi)(1+\eta_i\eta)(1+\zeta_i\zeta)(\eta^2-1), & \text{与}\dfrac{\partial u}{\partial y}\text{相关} \\ N_{4i} = \dfrac{c}{16}\zeta_i(1+\xi_i\xi)(1+\eta_i\eta)(1+\zeta_i\zeta)(\zeta^2-1), & \text{与}\dfrac{\partial u}{\partial z}\text{相关} \end{cases} \tag{4.3.22}$$

式中，i 为高阶六面体单元的节点编号，取值为 $i=1,2,\cdots,8$。

下面以 N_1 为例给出与位移 u 相关的形函数的简化过程[144]，以常规 8 节点六面体单元的线性形函数 N_1 为基础，对其加以修正即可得到高阶六面体单元与位移 u 相关的形函数。已知线性形函数 N_1 在节点 1 处为 1，在其余节点处为零，它对 x 的导数在节点 1 和 2 处为 $-\dfrac{1}{2a}$，在其余节点处为零；它对 y 的导数在节点 1 和 4 处为 $-\dfrac{1}{2b}$，在其余节点处为零；它对 z 的导数在节点 1 和 5 处为 $-\dfrac{1}{2c}$，在其余节点处为零。依据形函数的特点，应使形函数 N_1 在 8 个节点上的一阶导数值全部为零。基于此按照如下方式构建高阶六面体单元与位移 u 相关的形函数 N_1，即

$$\begin{aligned} N_1 = &\frac{1}{8}(1-\xi)(1-\eta)(1-\zeta) + \frac{1}{2a}N_2 + \frac{1}{2a}N_6 \\ &+ \frac{1}{2b}N_3 + \frac{1}{2b}N_{15} + \frac{1}{2c}N_4 + \frac{1}{2c}N_{20} \end{aligned} \tag{4.3.23a}$$

由式(4.3.22)求得 N_2、N_3、N_4、N_6、N_{15} 和 N_{20}，并将其代入式(4.3.23a)整理可得

$$N_1 = \frac{1}{16}(1-\xi)(1-\eta)(1-\zeta)(2-\xi-\eta-\zeta-\xi^2-\eta^2-\zeta^2) \tag{4.3.23b}$$

至此，可以给出高阶六面体单元任意一节点处与位移 u 相关联的形函数，即

$$N_{4i-3} = \frac{1}{16}(1+\xi_i\xi)(1+\eta_i\eta)(1+\zeta_i\zeta)(2+\xi_i\xi+\eta_i\eta+\zeta_i\zeta-\xi^2-\eta^2-\zeta^2)$$

(4.3.24)

式中，i 为高阶六面体单元的节点编号，取值为 $i=1,2,\cdots,8$。

3. 高阶六面体单元的刚度矩阵

前面已获得了 8 节点六面体高阶单元的形函数，下面依据几何关系推导其刚度矩阵。如图 4.3.3 所示，在 8 节点高阶六面体单元中节点的位移向量可表示为

$$\boldsymbol{a} = [\boldsymbol{a}_1 \quad \boldsymbol{a}_2 \quad \cdots \quad \boldsymbol{a}_8]^{\mathrm{T}}$$
$$\boldsymbol{a}_i = \left[u_i \quad \frac{\partial u_i}{\partial x} \quad \frac{\partial u_i}{\partial y} \quad \frac{\partial u_i}{\partial z} \quad v_i \quad \frac{\partial v_i}{\partial x} \quad \frac{\partial v_i}{\partial y} \quad \frac{\partial v_i}{\partial z} \quad w_i \quad \frac{\partial w_i}{\partial x} \quad \frac{\partial w_i}{\partial y} \quad \frac{\partial w_i}{\partial z}\right]^{\mathrm{T}} \tag{4.3.25}$$

单元体内的任意一点有 6 个独立的 Eulerian 应变分量和 18 个独立的高阶应变分量，为便于表达分别将其表示为 $\boldsymbol{\varepsilon}$ 和 $\boldsymbol{\eta}$，即

$$\begin{aligned}\boldsymbol{\varepsilon} &= [\varepsilon_{xx} \quad \varepsilon_{yy} \quad \varepsilon_{zz} \quad \gamma_{zy} \quad \gamma_{xz} \quad \gamma_{yz}]^{\mathrm{T}} \\ \boldsymbol{\eta} &= [\eta_{xxx} \quad \eta_{yyx} \quad \eta_{zzx} \quad \eta_{xyx} \quad \eta_{yzx} \quad \eta_{xzx} \quad \eta_{xxy} \quad \eta_{yyy} \quad \eta_{zzy} \\ &\quad\ \eta_{xyy} \quad \eta_{yzy} \quad \eta_{xzy} \quad \eta_{xxz} \quad \eta_{yyz} \quad \eta_{zzz} \quad \eta_{xyz} \quad \eta_{yzz} \quad \eta_{xzz}]^{\mathrm{T}}\end{aligned} \tag{4.3.26}$$

高阶六面体单元的形函数 $\boldsymbol{N}_i$ 为

$$\begin{aligned}\boldsymbol{N}_i &= [N_{4i-3} \quad N_{4i-2} \quad N_{4i-1} \quad N_{4i}] \\ &= \frac{1}{16}(1+\xi_i\xi)(1+\eta_i\eta)(1+\zeta_i\zeta)\begin{bmatrix}2+\xi_i\xi+\eta_i\eta+\zeta_i\zeta-\xi^2-\eta^2-\zeta^2 \\ a\xi_i(\xi^2-1) \\ b\eta_i(\eta^2-1) \\ c\zeta_i(\zeta^2-1)\end{bmatrix}^{\mathrm{T}}\end{aligned} \tag{4.3.27}$$

式中，i 为单元的节点编号，其取值为 $i=1,2,\cdots,8$。

为便于表示，将高阶六面体单元的转换矩阵 $\boldsymbol{B}_i$ 写成

$$\begin{cases}\boldsymbol{B}_i = \begin{bmatrix}\boldsymbol{B}_i^{\varepsilon} \\ \boldsymbol{B}_i^{\eta}\end{bmatrix} \\ \boldsymbol{\varepsilon} = \sum\limits_{i=1}^{8}\boldsymbol{B}_i^{\varepsilon}\boldsymbol{a}_i \\ \boldsymbol{\eta} = \sum\limits_{i=1}^{8}\boldsymbol{B}_i^{\eta}\boldsymbol{a}_i\end{cases} \tag{4.3.28}$$

$$
\boldsymbol{B}_i^{\varepsilon}=\begin{bmatrix}
\frac{N_{4i-3}^{(\xi)}}{a} & \frac{N_{4i-2}^{(\xi)}}{a} & \frac{N_{4i-1}^{(\xi)}}{a} & \frac{N_{4i}^{(\xi)}}{a} & 0 & 0 & 0 & 0 & 0 & 0 & 0 & 0 \\
0 & 0 & 0 & 0 & \frac{N_{4i-3}^{(\eta)}}{b} & \frac{N_{4i-2}^{(\eta)}}{b} & \frac{N_{4i-1}^{(\eta)}}{b} & \frac{N_{4i}^{(\eta)}}{b} & 0 & 0 & 0 & 0 \\
0 & 0 & 0 & 0 & 0 & 0 & 0 & 0 & \frac{N_{4i-3}^{(\zeta)}}{c} & \frac{N_{4i-2}^{(\zeta)}}{c} & \frac{N_{4i-1}^{(\zeta)}}{c} & \frac{N_{4i}^{(\zeta)}}{c} \\
\frac{N_{4i-3}^{(\eta)}}{b} & \frac{N_{4i-2}^{(\eta)}}{b} & \frac{N_{4i-1}^{(\eta)}}{b} & \frac{N_{4i}^{(\eta)}}{b} & \frac{N_{4i-3}^{(\xi)}}{a} & \frac{N_{4i-2}^{(\xi)}}{a} & \frac{N_{4i-1}^{(\xi)}}{a} & \frac{N_{4i}^{(\xi)}}{a} & 0 & 0 & 0 & 0 \\
\frac{N_{4i-3}^{(\zeta)}}{c} & \frac{N_{4i-2}^{(\zeta)}}{c} & \frac{N_{4i-1}^{(\zeta)}}{c} & \frac{N_{4i}^{(\zeta)}}{c} & 0 & 0 & 0 & 0 & \frac{N_{4i-3}^{(\xi)}}{a} & \frac{N_{4i-2}^{(\xi)}}{a} & \frac{N_{4i-1}^{(\xi)}}{a} & \frac{N_{4i}^{(\xi)}}{a} \\
0 & 0 & 0 & 0 & \frac{N_{4i-3}^{(\zeta)}}{c} & \frac{N_{4i-2}^{(\zeta)}}{c} & \frac{N_{4i-1}^{(\zeta)}}{c} & \frac{N_{4i}^{(\zeta)}}{c} & \frac{N_{4i-3}^{(\eta)}}{b} & \frac{N_{4i-2}^{(\eta)}}{b} & \frac{N_{4i-1}^{(\eta)}}{b} & \frac{N_{4i}^{(\eta)}}{b}
\end{bmatrix}
\tag{4.3.29}
$$

$$
\boldsymbol{B}_i^{\eta}=\begin{bmatrix}
\frac{N_{4i-3}^{(\xi\xi)}}{a^2} & \frac{N_{4i-2}^{(\xi\xi)}}{a^2} & \frac{N_{4i-2}^{(\xi\xi)}}{a^2} & \frac{N_{4i}^{(\xi\xi)}}{a^2} & 0 & 0 & 0 & 0 & 0 & 0 & 0 & 0 \\
\frac{N_{4i-3}^{(\eta\eta)}}{b^2} & \frac{N_{4i-2}^{(\eta\eta)}}{b^2} & \frac{N_{4i-1}^{(\eta\eta)}}{b^2} & \frac{N_{4i}^{(\eta\eta)}}{b^2} & 0 & 0 & 0 & 0 & 0 & 0 & 0 & 0 \\
\frac{N_{4i-3}^{(\zeta\zeta)}}{c^2} & \frac{N_{4i-2}^{(\zeta\zeta)}}{c^2} & \frac{N_{4i-1}^{(\zeta\zeta)}}{c^2} & \frac{N_{4i}^{(\zeta\zeta)}}{c^2} & 0 & 0 & 0 & 0 & 0 & 0 & 0 & 0 \\
\frac{N_{4i-3}^{(\xi\eta)}}{ab} & \frac{N_{4i-2}^{(\xi\eta)}}{ab} & \frac{N_{4i-1}^{(\xi\eta)}}{ab} & \frac{N_{4i}^{(\xi\eta)}}{ab} & 0 & 0 & 0 & 0 & 0 & 0 & 0 & 0 \\
\frac{N_{4i-3}^{(\eta\zeta)}}{bc} & \frac{N_{4i-2}^{(\eta\zeta)}}{bc} & \frac{N_{4i-1}^{(\eta\zeta)}}{bc} & \frac{N_{4i}^{(\eta\zeta)}}{bc} & 0 & 0 & 0 & 0 & 0 & 0 & 0 & 0 \\
\frac{N_{4i-3}^{(\xi\zeta)}}{ac} & \frac{N_{4i-2}^{(\xi\zeta)}}{ac} & \frac{N_{4i-1}^{(\xi\zeta)}}{ac} & \frac{N_{4i}^{(\xi\zeta)}}{ac} & 0 & 0 & 0 & 0 & 0 & 0 & 0 & 0 \\
0 & 0 & 0 & 0 & \frac{N_{4i-3}^{(\xi\xi)}}{a^2} & \frac{N_{4i-2}^{(\xi\xi)}}{a^2} & \frac{N_{4i-1}^{(\xi\xi)}}{a^2} & \frac{N_{4i}^{(\xi\xi)}}{a^2} & 0 & 0 & 0 & 0 \\
0 & 0 & 0 & 0 & \frac{N_{4i-3}^{(\eta\eta)}}{b^2} & \frac{N_{4i-2}^{(\eta\eta)}}{b^2} & \frac{N_{4i-1}^{(\eta\eta)}}{b^2} & \frac{N_{4i}^{(\eta\eta)}}{b^2} & 0 & 0 & 0 & 0 \\
0 & 0 & 0 & 0 & \frac{N_{4i-3}^{(\zeta\zeta)}}{c^2} & \frac{N_{4i-2}^{(\zeta\zeta)}}{c^2} & \frac{N_{4i-1}^{(\zeta\zeta)}}{c^2} & \frac{N_{4i}^{(\zeta\zeta)}}{c^2} & 0 & 0 & 0 & 0 \\
0 & 0 & 0 & 0 & \frac{N_{4i-3}^{(\xi\eta)}}{ab} & \frac{N_{4i-2}^{(\xi\eta)}}{ab} & \frac{N_{4i-1}^{(\xi\eta)}}{ab} & \frac{N_{4i}^{(\xi\eta)}}{ab} & 0 & 0 & 0 & 0 \\
0 & 0 & 0 & 0 & \frac{N_{4i-3}^{(\eta\zeta)}}{bc} & \frac{N_{4i-2}^{(\eta\zeta)}}{bc} & \frac{N_{4i-1}^{(\eta\zeta)}}{bc} & \frac{N_{4i}^{(\eta\zeta)}}{bc} & 0 & 0 & 0 & 0 \\
0 & 0 & 0 & 0 & \frac{N_{4i-3}^{(\xi\zeta)}}{ac} & \frac{N_{4i-2}^{(\xi\zeta)}}{ac} & \frac{N_{4i-1}^{(\xi\zeta)}}{ac} & \frac{N_{4i}^{(\xi\zeta)}}{ac} & 0 & 0 & 0 & 0 \\
0 & 0 & 0 & 0 & 0 & 0 & 0 & 0 & \frac{N_{4i-3}^{(\xi\xi)}}{a^2} & \frac{N_{4i-2}^{(\xi\xi)}}{a^2} & \frac{N_{4i-1}^{(\xi\xi)}}{a^2} & \frac{N_{4i}^{(\xi\xi)}}{a^2} \\
0 & 0 & 0 & 0 & 0 & 0 & 0 & 0 & \frac{N_{4i-3}^{(\eta\eta)}}{b^2} & \frac{N_{4i-2}^{(\eta\eta)}}{b^2} & \frac{N_{4i-1}^{(\eta\eta)}}{b^2} & \frac{N_{4i}^{(\eta\eta)}}{b^2} \\
0 & 0 & 0 & 0 & 0 & 0 & 0 & 0 & \frac{N_{4i-3}^{(\zeta\zeta)}}{c^2} & \frac{N_{4i-2}^{(\zeta\zeta)}}{c^2} & \frac{N_{4i-1}^{(\zeta\zeta)}}{c^2} & \frac{N_{4i}^{(\zeta\zeta)}}{c^2} \\
0 & 0 & 0 & 0 & 0 & 0 & 0 & 0 & \frac{N_{4i-3}^{(\xi\eta)}}{ab} & \frac{N_{4i-2}^{(\xi\eta)}}{ab} & \frac{N_{4i-1}^{(\xi\eta)}}{ab} & \frac{N_{4i}^{(\xi\eta)}}{ab} \\
0 & 0 & 0 & 0 & 0 & 0 & 0 & 0 & \frac{N_{4i-3}^{(\eta\zeta)}}{bc} & \frac{N_{4i-2}^{(\eta\zeta)}}{bc} & \frac{N_{4i-1}^{(\eta\zeta)}}{bc} & \frac{N_{4i}^{(\eta\zeta)}}{bc} \\
0 & 0 & 0 & 0 & 0 & 0 & 0 & 0 & \frac{N_{4i-3}^{(\xi\zeta)}}{ac} & \frac{N_{4i-2}^{(\xi\zeta)}}{ac} & \frac{N_{4i-2}^{(\xi\zeta)}}{ac} & \frac{N_{4i}^{(\xi\zeta)}}{ac}
\end{bmatrix}
\tag{4.3.30}
$$

上述转换矩阵中，i 为单元的节点编号；上标(ξ)，…，(ζ)，$(\xi\xi)$，…，$(\xi\zeta)$分别表示形函数一阶或二阶偏导数，具体表达式为[138]

$$\begin{cases} N_{4i-3}^{(\xi)}=\dfrac{\partial N_{4i-3}}{\partial \xi}=\dfrac{1}{16}(1+\eta_i\eta)(1+\zeta_i\zeta)(1-2\xi_i\xi) \\ N_{4i-2}^{(\xi)}=\dfrac{\partial N_{4i-2}}{\partial \xi}=\dfrac{a}{8}\xi(1+\eta_i\eta)(1+\zeta_i\zeta) \\ N_{4i-1}^{(\xi)}=\dfrac{\partial N_{4i-1}}{\partial \xi}=\dfrac{b}{16}(1+\eta_i\eta)(1+\zeta_i\zeta)\xi_i\eta_i(\eta^2-1) \\ N_{4i}^{(\xi)}=\dfrac{\partial N_{4i}}{\partial \xi}=\dfrac{c}{16}(1+\eta_i\eta)(1+\zeta_i\zeta)\xi_i\zeta_i(\zeta^2-1) \end{cases} \tag{4.3.31a}$$

$$\begin{cases} N_{4i-3}^{(\eta)}=\dfrac{\partial N_{4i-3}}{\partial \eta}=\dfrac{1}{16}(1+\xi_i\xi)(1+\zeta_i\zeta)(1-2\eta_i\eta) \\ N_{4i-2}^{(\eta)}=\dfrac{\partial N_{4i-2}}{\partial \eta}=\dfrac{a}{16}(1+\xi_i\xi)(1+\zeta_i\zeta)\xi_i\eta_i(\xi^2-1) \\ N_{4i-1}^{(\eta)}=\dfrac{\partial N_{4i-1}}{\partial \eta}=\dfrac{b}{8}\eta(1+\xi_i\xi)(1+\zeta_i\zeta) \\ N_{4i}^{(\eta)}=\dfrac{\partial N_{4i}}{\partial \eta}=\dfrac{c}{16}(1+\xi_i\xi)(1+\zeta_i\zeta)\eta_i\zeta_i(\zeta^2-1) \end{cases} \tag{4.3.31b}$$

$$\begin{cases} N_{4i-3}^{(\zeta)}=\dfrac{\partial N_{4i-3}}{\partial \zeta}=\dfrac{1}{16}(1+\xi_i\xi)(1+\eta_i\eta)(1-2\zeta_i\zeta) \\ N_{4i-2}^{(\zeta)}=\dfrac{\partial N_{4i-2}}{\partial \zeta}=\dfrac{a}{16}(1+\xi_i\xi)(1+\eta_i\eta)\xi_i\zeta_i(\xi^2-1) \\ N_{4i-1}^{(\zeta)}=\dfrac{\partial N_{4i-1}}{\partial \zeta}=\dfrac{b}{16}(1+\xi_i\xi)(1+\eta_i\eta)\eta_i\zeta_i(\eta^2-1) \\ N_{4i}^{(\zeta)}=\dfrac{\partial N_{4i}}{\partial \zeta}=\dfrac{c}{8}\zeta(1+\xi_i\xi)(1+\eta_i\eta) \end{cases} \tag{4.3.31c}$$

$$\begin{cases} N_{4i-3}^{(\xi\xi)}=\dfrac{\partial^2 N_{4i-3}}{\partial \xi^2}=-\dfrac{1}{8}\xi_i(1+\eta_i\eta)(1+\zeta_i\zeta) \\ N_{4i-2}^{(\xi\xi)}=\dfrac{\partial^2 N_{4i-2}}{\partial \xi^2}=\dfrac{a}{8}(1+\eta_i\eta)(1+\zeta_i\zeta) \\ N_{4i-1}^{(\xi\xi)}=\dfrac{\partial^2 N_{4i-1}}{\partial \xi^2}=0 \\ N_{4i}^{(\xi\xi)}=\dfrac{\partial^2 N_{4i}}{\partial \xi^2}=0 \end{cases} \tag{4.3.31d}$$

$$
\begin{cases}
N_{4i-3}^{(\eta\eta)}=\dfrac{\partial^2 N_{4i-3}}{\partial\eta^2}=-\dfrac{1}{8}\eta_i(1+\xi_i\xi)(1+\zeta_i\zeta)\\
N_{4i-2}^{(\eta\eta)}=\dfrac{\partial^2 N_{4i-2}}{\partial\eta^2}=0\\
N_{4i-1}^{(\eta\eta)}=\dfrac{\partial^2 N_{4i-1}}{\partial\eta^2}=\dfrac{b}{8}(1+\xi_i\xi)(1+\zeta_i\zeta)\\
N_{4i}^{(\eta\eta)}=\dfrac{\partial^2 N_{4i}}{\partial\eta^2}=0
\end{cases}
\tag{4.3.31e}
$$

$$
\begin{cases}
N_{4i-3}^{(\zeta\zeta)}=\dfrac{\partial^2 N_{4i-3}}{\partial\zeta^2}=-\dfrac{1}{8}\zeta_i(1+\xi_i\xi)(1+\eta_i\eta)\\
N_{4i-2}^{(\zeta\zeta)}=\dfrac{\partial^2 N_{4i-2}}{\partial\zeta^2}=0\\
N_{4i-1}^{(\zeta\zeta)}=\dfrac{\partial^2 N_{4i-1}}{\partial\zeta^2}=0\\
N_{4i}^{(\zeta\zeta)}=\dfrac{\partial^2 N_{4i}}{\partial\zeta^2}=\dfrac{c}{8}(1+\xi_i\xi)(1+\eta_i\eta)
\end{cases}
\tag{4.3.31f}
$$

$$
\begin{cases}
N_{4i-3}^{(\xi\eta)}=\dfrac{\partial^2 N_{4i-3}}{\partial\xi\partial\eta}=\dfrac{1}{16}\eta_i(1+\zeta_i\zeta)(1-2\xi_i\xi)\\
N_{4i-2}^{(\xi\eta)}=\dfrac{\partial^2 N_{4i-2}}{\partial\xi\partial\eta}=\dfrac{a}{8}\eta_i\xi(1+\zeta_i\zeta)\\
N_{4i-1}^{(\xi\eta)}=\dfrac{\partial^2 N_{4i-1}}{\partial\xi\partial\eta}=\dfrac{b}{8}\xi_i\eta(1+\zeta_i\zeta)\\
N_{4i}^{(\xi\eta)}=\dfrac{\partial^2 N_{4i}}{\partial\xi\partial\eta}=\dfrac{c}{16}\xi_i\eta_i\zeta_i(1+\zeta_i\zeta)(\zeta^2-1)
\end{cases}
\tag{4.3.31g}
$$

$$
\begin{cases}
N_{4i-3}^{(\eta\zeta)}=\dfrac{\partial^2 N_{4i-3}}{\partial\eta\partial\zeta}=\dfrac{1}{16}\zeta_i(1+\xi_i\xi)(1-2\eta_i\eta)\\
N_{4i-2}^{(\eta\zeta)}=\dfrac{\partial^2 N_{4i-3}}{\partial\eta\partial\zeta}=\dfrac{a}{16}\xi_i\eta_i\zeta_i(1+\xi_i\xi)(\xi^2-1)\\
N_{4i-1}^{(\eta\zeta)}=\dfrac{\partial^2 N_{4i-3}}{\partial\eta\partial\zeta}=\dfrac{b}{8}\zeta_i\eta(1+\xi_i\xi)\\
N_{4i}^{(\eta\zeta)}=\dfrac{\partial^2 N_{4i-3}}{\partial\eta\partial\zeta}=\dfrac{c}{8}\eta_i\zeta(1+\xi_i\xi)
\end{cases}
\tag{4.3.31h}
$$

$$\begin{cases} N_{4i-3}^{(\xi\zeta)} = \dfrac{\partial^2 N_{4i-3}}{\partial\xi\partial\zeta} = \dfrac{1}{16}\zeta_i(1+\eta_i\eta)(1-2\zeta_i\zeta) \\ N_{4i-2}^{(\xi\zeta)} = \dfrac{\partial^2 N_{4i-2}}{\partial\xi\partial\zeta} = \dfrac{a}{8}\xi\zeta_i(1+\eta_i\eta) \\ N_{4i-1}^{(\xi\zeta)} = \dfrac{\partial^2 N_{4i-1}}{\partial\xi\partial\zeta} = \dfrac{b}{16}\xi_i\eta_i\zeta_i(1+\eta_i\eta)(\eta^2-1) \\ N_{4i}^{(\xi\zeta)} = \dfrac{\partial^2 N_{4i}}{\partial\xi\partial\zeta} = \dfrac{c}{8}\xi_i\zeta(1+\eta_i\eta) \end{cases} \tag{4.3.31i}$$

最终给出高阶六面体单元的单元刚度矩阵，即

$$\boldsymbol{k}^{e} = \iiint \boldsymbol{B}^{\mathrm{T}}\boldsymbol{D}\boldsymbol{B}\,\mathrm{d}x\mathrm{d}y\mathrm{d}z \tag{4.3.32}$$

4.3.3　分区破裂单元破坏的判定方法

4.3.2 节通过 Hermite 插值函数构建了高阶六面体单元，并且推导了单元的形函数和刚度矩阵，这使得在分区破裂的数值模拟中考虑应变梯度效应有了理论基础，但是要获得围岩的破坏区分布，还需要给出单元破坏的判定方法。在分区破裂的数值分析中，岩体单元的破坏基于两个判定准则：最大拉应变准则和分区破裂能量损伤破坏准则。

1. 最大拉应变准则

通过考虑应变梯度的分区破裂变形子程序求得单元的应变分量后，根据文献[145]给出的方法计算单元的最大拉应变，如果最大拉应变大于等于极限拉应变，即 $\varepsilon_{\max}\geqslant\varepsilon_{\mathrm{tu}}$，则单元发生拉破坏。

$$\varepsilon_{\max} = \frac{2}{\sqrt{3}}\sqrt{|J_2'|}\cos\left(\omega-\frac{\pi}{3}\right)+\frac{I_1'}{3} \tag{4.3.33}$$

式中，

$$\omega = \frac{1}{3}\arccos\left(-\frac{3\sqrt{3}}{2}\frac{J_3'}{|J_2'|\sqrt{|J_2'|}}\right) \tag{4.3.34}$$

$$\begin{cases} I_1' = \varepsilon_x+\varepsilon_y+\varepsilon_z \\ J_2' = -(e_1e_2+e_2e_3+e_1e_3) \\ J_3' = e_1e_2e_3 \end{cases} \tag{4.3.35}$$

$$\begin{cases} e_1 = \dfrac{2}{3}\varepsilon_x-\dfrac{1}{3}(\varepsilon_y+\varepsilon_z) \\ e_2 = \dfrac{2}{3}\varepsilon_y-\dfrac{1}{3}(\varepsilon_x+\varepsilon_z) \\ e_3 = \dfrac{2}{3}\varepsilon_z-\dfrac{1}{3}(\varepsilon_x+\varepsilon_y) \end{cases} \tag{4.3.36}$$

2. 分区破裂能量损伤破坏准则

如果单元的最大拉应变小于极限拉应变，即 $\varepsilon_{max}<\varepsilon_{tu}$，单元不发生拉破坏，则采用基于应变梯度的分区破裂能量损伤破坏准则作为单元破坏的判别标准，即：①当岩体单元吸收的应变能密度(dW/dV)小于临界应变能密度 $(dW/dV)_f$ 时，单元处于线弹性阶段，单元不发生破坏且其力学参数维持不变；②当岩体单元吸收的应变能密度(dW/dV)大于临界应变能密度 $(dW/dV)_f$ 时，材料进入峰后应变软化阶段，单元发生损伤其力学参数逐渐劣化，在这一阶段岩体单元弹性模量的取值为 $(1-d)E_0$，其中 d 为损伤变量；③当岩体单元吸收的应变能密度(dW/dV)大于极限应变能密度 $(dW/dV)_u$ 时，单元发生破坏。

4.4　依托ABAQUS平台的分区破裂计算程序开发

ABAQUS是由达索SIMULIA公司开发的有限元分析软件，是世界上最为著名的非线性有限元分析软件之一，得到了全球工业界和学术界广泛接受和认可。ABAQUS可解决的问题从相对简单的线性问题到许多复杂的非线性问题，可以胜任复杂结构的静力与动力分析，能够处理规模庞大的问题和模拟结构与材料高度非线性的影响[146]。

ABAQUS的单元库十分丰富，包含各种平面单元、实体单元以及一些二次单元，同时拥有各种类型的材料模型库，可以模拟金属、橡胶、岩土及高分子材料的力学行为。近年来，随着一些新的材料模型和单元类型的出现，ABAQUS中已有的材料模型和单元类型已不能满足科学研究的需要，ABAQUS因此为用户提供了丰富的用户子程序接口。ABAQUS的用户子程序是用户根据自己的需要，应用Fortran或Python语言编写的程序代码。ABAQUS中包含42个用户子程序接口、15个应用程序接口，用户可以定义边界条件、荷载条件、用户单元、材料特性以及利用用户子程序和其他应用软件进行数据交换等。

虽然ABAQUS的单元库和材料模型库十分丰富，但是其中并没有构建可考虑应变梯度效应的8节点高阶六面体单元，也并不包含分区破裂单元破坏的判定方法，因此，为开展深部洞室分区破裂的数值分析，需要依托ABAQUS平台开发分区破裂程序，开发的程序由分区破裂变形子程序和破坏子程序两部分组成。

1. 分区破裂变形子程序的开发

分区破裂变形子程序通过ABAQUS中的用户单元子程序(UEL)来实现，UEL是ABAQUS中众多子程序中的一种，用户可以针对自定义的单元利用Fortran语言编写相应的程序代码。UEL可以与ABAQUS主程序通过软件提供的接口进行数据传递，UEL 会与 ABAQUS 主程序共享一些变量，为了保证两种程序之间正常传递数据，UEL 有固定的书写格式与规范，如下所示：

```
SUBROUTINE UEL(RHS,AMATRX,SVARS,ENERGY,NDOFEL,NRHS,NSVARS,
1 PROPS,NPROPS,COORDS,MCRD,NNODE,U,DU,V,A,JTYPE,TIME,DTIME,
2 KSTEP,KINC,JELEM,PARAMS,NDLOAD,JDLTYP,ADLMAG,PREDEF,
3 NPREDF,LFLAGS,MLVARX,DDLMAG,MDLOAD,PNEWDT,JPROPS,NJPROP,PERIOD)
INCLUDE 'ABA_PARAM.INC'
DIMENSION RHS(MLVARX, * ),AMATRX(NDOFEL,NDOFEL),
1 SVARS( * ),ENERGY(7),PROPS(3),COORDS(MCRD,NNODE),
2 U(NDOFEL),DU(MLVARX, * ),V(NDOFEL),A(NDOFEL),TIME(2),
3 PARAMS( * ),JDLTYP(MDLOAD, * ),ADLMAG(MDLOAD, * ),
4 DDLMAG(MDLOAD, * ),PREDEF(2,NPREDF,NNODE),LFLAGS(4),JPROPS( * )
USER Coding to Define RHS, AMATRX, ENERGY, AND PNEWDT
RETURN
END
```

在 UEL 子程序中应至少包括 5 部分：ABAQUS 约定的子程序题名说明、ABAQUS 定义的参数声明表、用户自定义的局部变量声明表以及用户根据自身需要编写的程序代码和子程序返回与结束语句等。其中，用户必须要定义的变量有 AMATRX、RHS、SVARS，RHS 包含用户单元对总体系统方程的贡献，用来保存单元内部节点力；AMATRX 包含了用户单元对雅可比刚度矩阵或其他的总体系统方程矩阵的贡献，是单元刚度矩阵；SVARS 用来存储与单元求解有关的状态变量，可以根据需要用来储存单元应力、应变等。

运行用户单元子程序 UEL 时，需要在 INP 文件中先通过 * USER ELEMENT 语句定义用户单元。在 INP 文件中，关于 UEL 的命令语句有以下三种：

```
* USER ELEMENT, TYPE=Un, NODES=, COORDINATES=,
  PROPERTIES=, IPROPERTIES=, VARIABLES=, UNSYMM
  Data lines(s)
* ELEMENT, TYPE=Un, ELSET=Elset
  Data line(s)
* UEL PROPERTY, ELSET=Elset
  Data line(s)
```

其中，命令行 * USER ELEMENT 中，TYPE=Un 为用户单元编号，n 为正整数且小于 10000，NODES 为用户单元的节点数，COORDINATES 为坐标维数，PROPERTIES 为用户单元的浮点型材料参数个数，IPROPERTIES 为用户单元的整数型材料参数个数，VARIABLES 为状态变量数目，如果单元的刚度矩阵不对称则需要包含 UNSYMM 参数；命令行 * ELEMENT，TYPE＝Un，ELSET＝Elset 用来定义用户单元的单元集合；命令行 * UEL PROPERTY，ELSET＝Elset 为定义用户单元材料特性的语句。

在 ABAQUS 有限元分析中，分析步、增量步和迭代步是构成有限元计算程序运行的基本步骤，理解三者的概念与区别是 ABAQUS 程序开发的前提。一次完整的 ABAQUS 数值分析由一个或多个分析步构成，在每个分析步中可以定义荷载条件、边界条件、分析过程以及输出要求。增量步是分析步的细化，在 ABAQUS 非线性分析中，每个分析步所施加的荷载都可以被分解为若干小的荷载增量步以便完成整个非线性分析。用户可以定义增量步的大小，每个增量步计算结束时，结构处于近似平衡状态。迭代步是 ABAQUS 程序为在一个增量步中找到平衡解的计算尝试，如果在迭代步结束时没有找到平衡解，则继续尝试新的迭代步。如果在尝试多个迭代步计算后仍未达到平衡，则选用一个更小的增量步进行迭代计算，如果仍无法找到平衡解，则 ABAQUS 会终止计算。

ABAQUS 应用单元子程序 UEL 计算时，ABAQUS 主程序传递给用户单元子程序 UEL 位移和位移增量，并更新子程序相应的变量，将 UEL 计算得到的单元 AMATRX 矩阵和单元 RHS 矩阵返回主程序，通过 RHS 与外部载荷叠加计算残余力值，用以判断程序的收敛性。如果收敛进入下一个增量步求解，如果不收敛则返回 ABAQUS 主程序中进行再次的迭代直至收敛。

基于前面推导的 8 节点高阶六面体单元形函数和转换矩阵，依托 ABAQUS 平台开发分区破裂变形子程序，其主要流程如下：

(1) 增量步开始，初始化单元刚度矩阵 AMATRX 和内部节点力矩阵 RHS。

(2) 由节点坐标及形函数 N_i 确定应变转换矩阵 $\boldsymbol{B}$，通过调用分区破裂破坏子程序确定弹性系数矩阵 $\boldsymbol{D}$，结合高斯求积法计算得到单元刚度矩阵 AMATRX。

(3) ABAQUS 主程序结合边界条件和荷载条件，计算内部节点力矩阵 RHS 以及各状态变量，如应力、应变、高阶应力和高阶应变。

(4)更新各个变量，为下一增量步做准备。

图 4.4.1 为分区破裂变形子程序的计算流程图[138]。

2. 分区破裂破坏子程序的开发

分区破裂破坏子程序需依托 ABAQUS 中的用户材料子程序(UMAT)来实现。用户材料子程序 UMAT 全称为 User-defined Material Mechanical Behavior，是一个与 ABAQUS 进行数据交流的接口，用户可以通过这个接口实现在 ABAQUS 中调用自己定义的本构模型进行计算分析。

根据 ABAQUS 子程序的规则，需用 Fortran 或 Python 语言来编制 UMAT

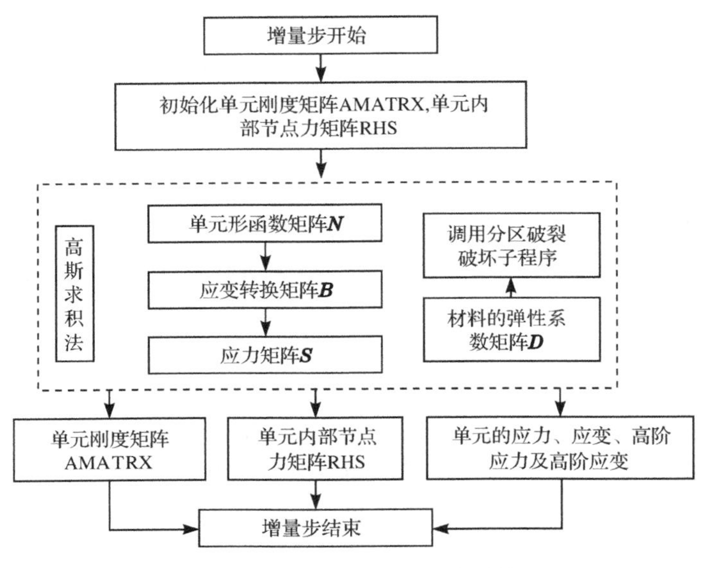

图 4.4.1 分区破裂变形子程序计算流程

材料子程序。编制的 UMAT 材料子程序大致由以下几个部分组成:子程序定义语句、ABAQUS 定义的参数说明、用户定义的局部变量说明、用户编制的程序主体、子程序返回和结束语句。用户材料子程序 UMAT 会与 ABAQUS 主程序共享一些变量,为了保证两者程序数据之间正常的传递,UMAT 有其固定的书写格式与规范,如下所示:

```
      SUBROUTINE UMAT(STRESS,STATEV,DDSDDE,SSE,SPD,SCD,
     1 RPL,DDSDDT,DRPLDE,DRPLDT,STRAN,DSTRAN,
     2 TIME,DTIME,TEMP,DTEMP,PREDEF,DPRED,MATERL,NDI,NSHR,NTENS,
     3 NSTATV,PROPS,NPROPS,COORDS,DROT,PNEWDT,CELENT,
     4 DFGRD0,DFGRD1,NOEL,NPT,KSLAY,KSPT,KSTEP,KINC)
      INCLUDE 'ABA_PARAM.INC'
      CHARACTER * 80 MATERL
      DIMENSION STRESS(NTENS),STATEV(NSTATV),
     1 DDSDDE(NTENS,NTENS),DDSDDT(NTENS),DRPLDE(NTENS),
     2 STRAN(NTENS),DSTRAN(NTENS),TIME(2),PREDEF(1),DPRED(1),
     3 PROPS(NPROPS),COORDS(3),DROT(3,3),DFGRD0(3,3),DFGRD1(3,3)

      USER Coding to Define DDSDDE, STRESS, STATEV, SSE, SPD, SCD
      And, if necessary, RPL, DDSDDT, DRPLDE, DRPLDT, PNEWDT
```

```
RETURN
END
```

UMAT 子程序中主要的变量有 DDSDDE、STRESS 和 STATEV，其中，DDSDDE 为雅可比矩阵，DDSDDE(i,j)表示增量步结束时第 j 个应变分量的改变引起的第 i 个应力分量的变化，DDSDDE 可为对称矩阵也可为非对称矩阵；STRESS 为应力张量，各张量对应相应的柯西应力，包含 NDI 个直接分量和 NSHR 个剪切分量，用户需要在 UMAT 中给出增量步结束时应力的更新形式；STATEV 为与求解过程相关的储存状态变量的数组，它可以用来存储弹塑性应变、等效塑性应变以及硬化参数等与本构模型相关的变量。

在每次迭代计算过程中，对于单元的所有积分点都要调用 UMAT 子程序，调用 UMAT 子程序可实现以下目的：

已知第 n 增量步的应力 σ_n、应变 ε_n，然后给出一个应变增量 $\mathrm{d}\varepsilon_{n+1}$，计算新的应力 σ_{n+1}，并完成雅可比矩阵的更新。在计算过程中，ABAQUS 主程序将需要的变量传给 UMAT 子程序，UMAT 子程序进行应力、应变计算并更新雅可比矩阵和状态变量，然后子程序将这些更新的变量返回给 ABAQUS 主程序，作为下一步运算的初始变量。

在深部洞室分区破裂现象的数值模拟分析中，采用最大拉应变准则和基于应变梯度的分区破裂能量损伤破坏准则来判定单元的破坏，分区破裂破坏子程序计算步骤如下：

(1) 增量步开始，读取单元的应力应变状态。

(2) 计算单元的最大拉应变 $\varepsilon_{\max}$，如果最大拉应变大于等于极限拉应变 $\varepsilon_{\max} \geqslant \varepsilon_{\mathrm{tu}}$，则单元发生拉破坏，弹性模量折减为残余值 E^*，转到步骤(7)。

(3) 如果最大拉应变小于极限拉应变 $\varepsilon_{\max} < \varepsilon_{\mathrm{tu}}$，则单元不会发生拉破坏，由单元的应变和高阶应变，按照式(4.2.5)计算单元的应变能密度 $\mathrm{d}W/\mathrm{d}V$。

(4) 将单元应变能密度 $\mathrm{d}W/\mathrm{d}V$ 与临界应变能密度 $(\mathrm{d}W/\mathrm{d}V)_{\mathrm{f}}$ 对比，如果 $\mathrm{d}W/\mathrm{d}V \leqslant (\mathrm{d}W/\mathrm{d}V)_{\mathrm{f}}$，则单元不发生损伤，弹性模量仍为初始值，转到步骤(7)。

(5) 如果 $\mathrm{d}W/\mathrm{d}V \geqslant (\mathrm{d}W/\mathrm{d}V)_{\mathrm{f}}$，则单元发生损伤，将单元应变能密度 $\mathrm{d}W/\mathrm{d}V$ 与极限应变能密度 $(\mathrm{d}W/\mathrm{d}V)_{\mathrm{u}}$ 对比，如果 $\mathrm{d}W/\mathrm{d}V \geqslant (\mathrm{d}W/\mathrm{d}V)_{\mathrm{u}}$，则单元发生破坏，弹性模量折减为残余值 E^*，转到步骤(7)。

(6) 如果 $(\mathrm{d}W/\mathrm{d}V)_{\mathrm{f}} < \mathrm{d}W/\mathrm{d}V < (\mathrm{d}W/\mathrm{d}V)_{\mathrm{u}}$，单元发生损伤，由单元的应变和高阶应变计算等效应变 $\tilde{\varepsilon} = \sqrt{\frac{2}{3}\varepsilon_{ij}\varepsilon_{ij} + l^2 \eta_{ijk}\eta_{ijk}}$ 和损伤变量 $d = \frac{\varepsilon_{\mathrm{u}}}{\tilde{\varepsilon}} \frac{\tilde{\varepsilon} - \varepsilon_{\mathrm{f}}}{\varepsilon_{\mathrm{u}} - \varepsilon_{\mathrm{f}}}$，则弹性模量折减为 $(1-d)E_0$，转到步骤(7)。

(7) 计算弹性系数矩阵 $\boldsymbol{D}$，增量步结束。

图 4.4.2 为分区破裂破坏子程序计算流程[138]。

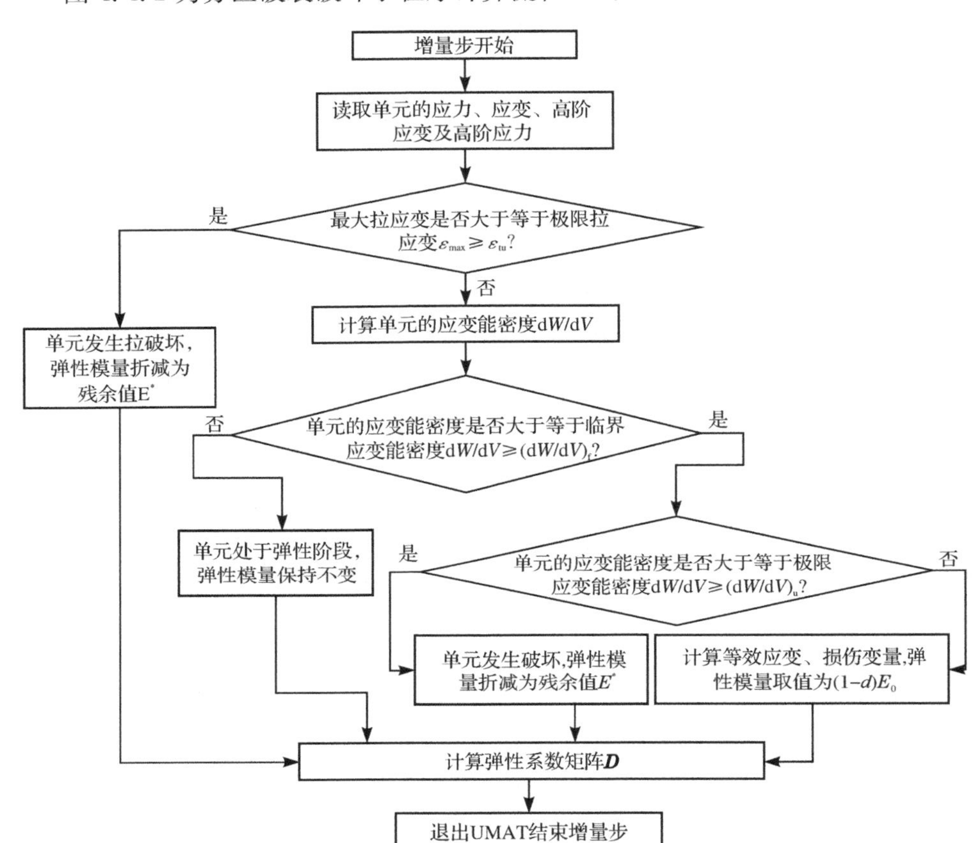

图 4.4.2　分区破裂破坏子程序计算流程

4.5　分区破裂数值模拟结果及分析

本节利用依托 ABAQUS 平台开发的分区破裂程序开展了不同条件下深部洞室分区破裂数值模拟分析，并将数值计算结果与模型试验结果做了对比分析。

4.5.1　圆形巷道分区破裂数值模拟

1. 计算参数与计算模型

数值模拟的范围与第 2 章中模型试验工况四的模拟范围一致，X 方向、Y 方向和 Z 方向均为 30m。图 4.5.1 为三维计算网格，共剖分 74025 个单元，78276 个节点。

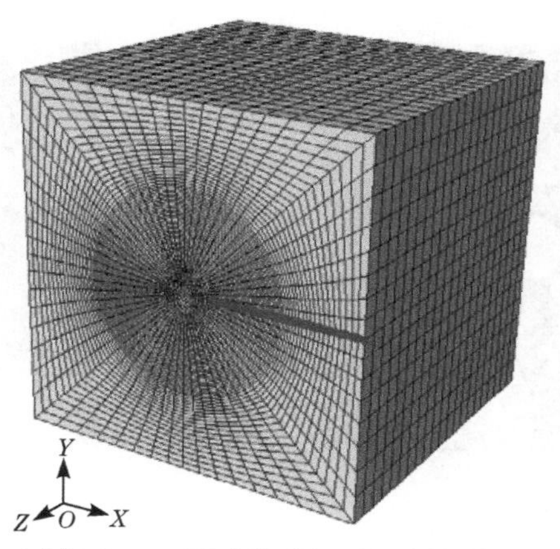

图 4.5.1　圆形巷道的三维计算网格

注：图中实线为数据监测点

巷道围岩计算参数：圆形巷道半径 2.5m；围岩弹性模量 $E=77.82$GPa；泊松比 $\mu=0.268$；峰值应变 $\varepsilon_f=1.538\times10^{-3}$；极限应变 $\varepsilon_u=5.689\times10^{-3}$；梯度弹性参数 $c=G=30.7$GPa；材料内部长度参数 $l=0.01$m。

计算模型所施加的外荷载与试验工况四的荷载一致，即竖直方向压应力为24MPa，平面内水平方向压应力为 36MPa，平行于洞轴向的压应力为 177MPa。

2. 数值计算结果及对比分析

首先在如图 4.5.1 所示的计算模型上施加外荷载，计算平衡后将模型中各节点的位移和应变置零，以在模型中建立初始地应力场，然后开挖巷道，计算平衡后得到巷道围岩的位移、应变和应力，并将其转换到柱坐标系下得到围岩径向位移、径向应变和应力变化。图 4.5.2 为巷道围岩径向位移、径向应变和应力计算分布云图；图 4.5.3 为巷道径向位移数值计算与模型试验结果对比曲线；图 4.5.4 为巷道径向应变数值计算与模型试验结果对比曲线；表 4.5.1 为巷道径向位移和径向应变数值计算值与模型试验值对比。

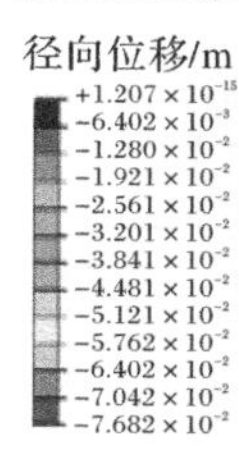

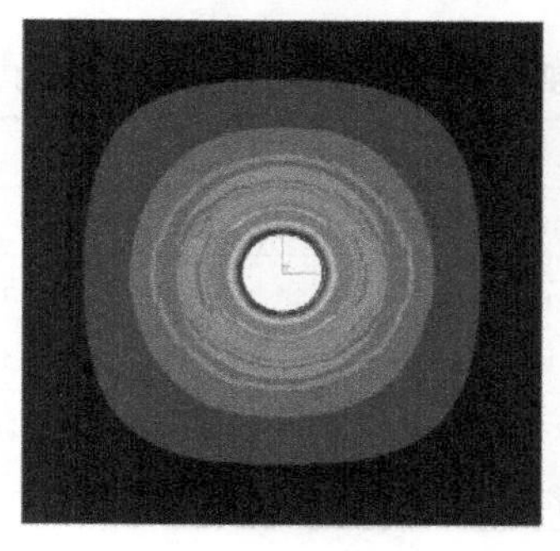

(a) 径向位移

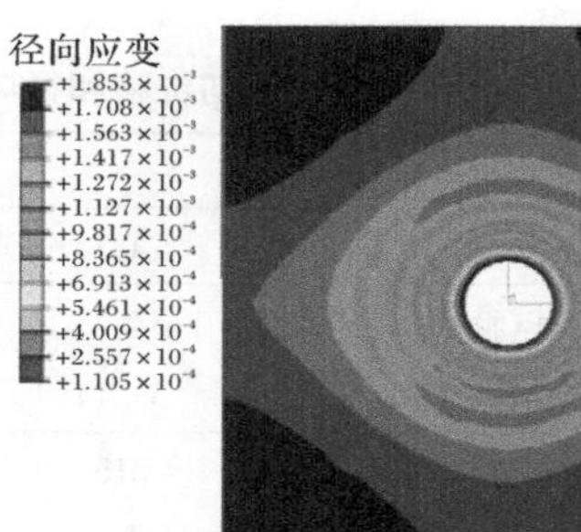

(b) 径向应变

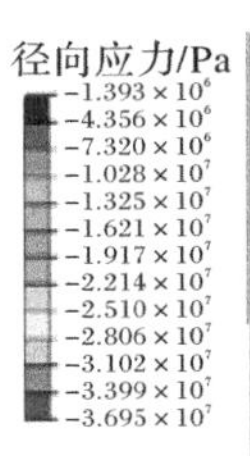

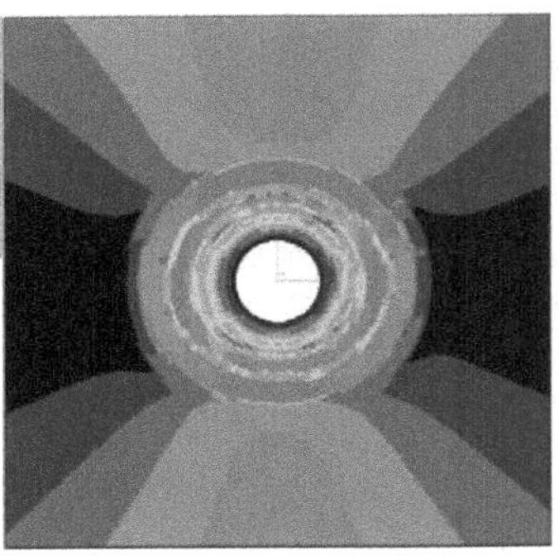

(c) 径向应力

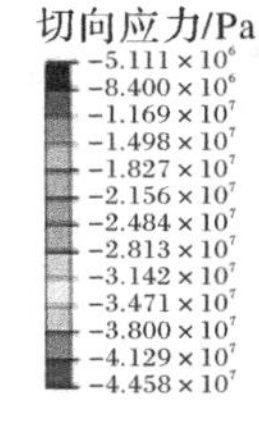

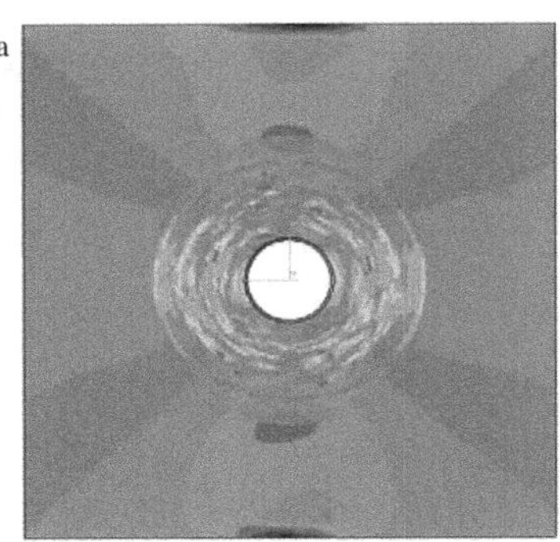

(d) 切向应力

图 4.5.2　巷道围岩径向位移、径向应变及应力计算分布云图

注:图中云图的坐标系均为柱坐标系

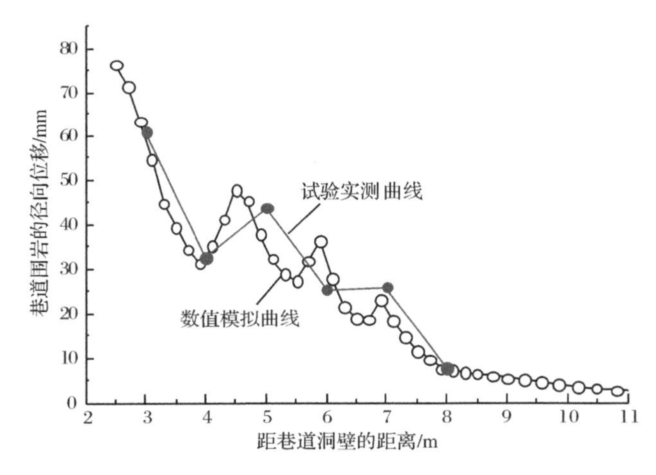

图 4.5.3　巷道径向位移数值计算与模型试验结果对比曲线

注:图中的径向位移的方向朝向洞内

表 4.5.1　巷道径向位移和径向应变数值计算值与模型试验值对比

分析项目	对比类别	距洞壁距离						
		3m	4m	5m	6m	7m	8m	9m
径向位移/mm	试验值	60.75	32.50	43.75	25.25	25.75	7.75	—
	计算值	58.84	33.14	34.96	31.98	20.55	7.33	—
径向应变/10^{-6}	试验值	1393	815	1089	644	837	363	156
	计算值	1462	795	1029	795	689	346	193

注:表中的径向位移的方向朝向洞内,径向应变为拉应变。

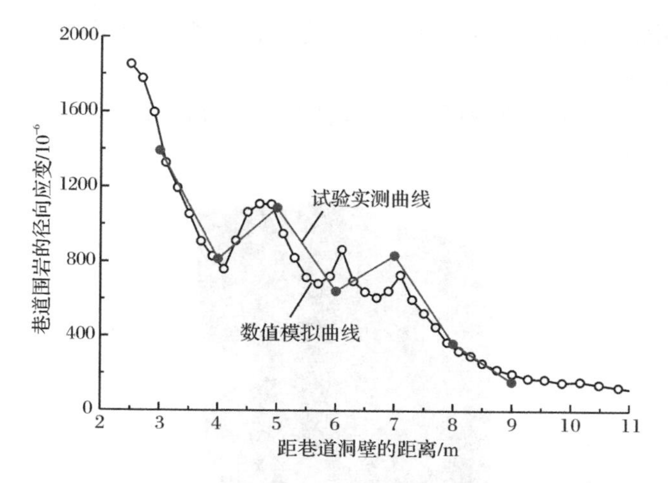

图 4.5.4　巷道径向应变数值计算与模型试验结果对比曲线

注:图中的径向应变为拉应变

由图 4.5.2～图 4.5.4、表 4.5.1 可以看出:①巷道围岩的径向位移和径向应变呈现波峰与波谷间隔交替的振荡型衰减变化,并且振荡波幅随距洞壁距离的增加而逐渐减小,这种变化规律与浅部洞室开挖后洞周径向位移、径向应变随离洞壁距离的增大而单调减小的规律完全不同;②洞周径向位移、径向应变的变化趋势和量值皆与模型试验结果具有较好的一致性,这验证了分区破裂力学模型和分区破裂数值计算结果的可靠性。

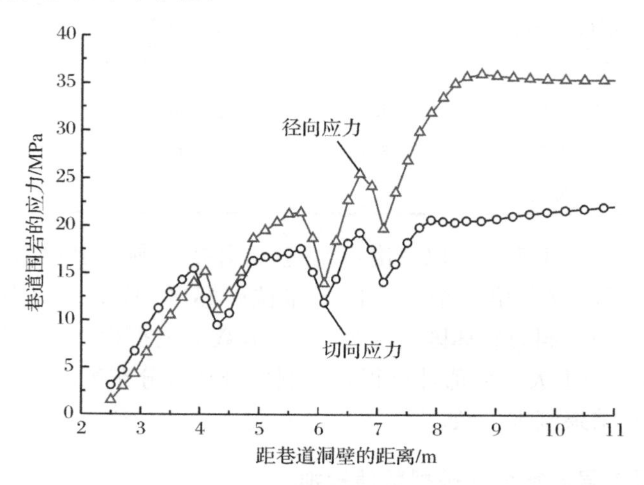

图 4.5.5　巷道围岩径向应力和切向应力数值计算变化曲线

注:图中的径向应力和切向应力均为压应力

由图 4.5.5 可以看出:数值计算获得的巷道围岩径向应力和切向应力也呈现

波峰与波谷间隔交替的振荡型变化，其振荡波幅随距洞壁距离的增加而逐渐减小，直至为原岩应力。

图 4.5.6 为巷道围岩破坏区分布图，表 4.5.2 为巷道破坏区范围数值计算与模型试验结果对比。

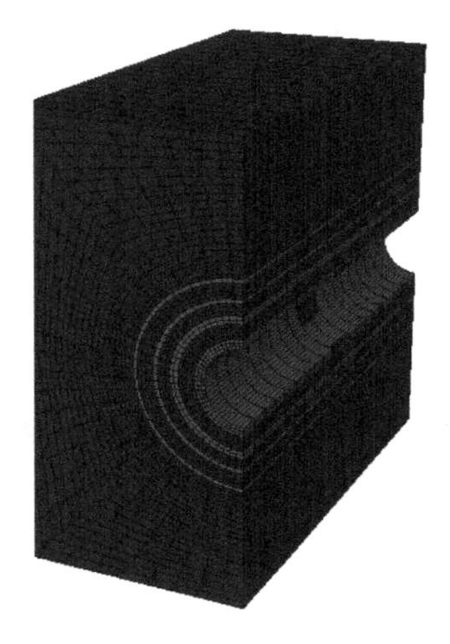

图 4.5.6　巷道围岩破坏区分布图

表 4.5.2　巷道破坏区范围数值计算与模型试验结果对比

破裂区编号	模型试验结果		数值计算结果	
	破裂区范围/m	平均半径/m	破裂区范围/m	平均半径/m
1	2.50～3.80	3.15	2.50～3.10	2.80
2	4.35～4.60	4.48	4.30～4.70	4.50
3	6.05～6.20	6.13	5.60～5.80	5.70
4	8.30～8.40	8.35	6.90～7.10	7.00

由表 4.5.2 和图 4.5.6 可以看出：计算获得开挖后洞周出现四个间隔分布的破坏区，其中靠近洞壁的第一个破坏区为张拉破坏区，其余三个为损伤破坏区。模型试验实测得到的洞周破坏区深度为 8.40m，数值模拟得到的巷道破坏区深度为7.10m，两者相差不大。数值计算得到的洞周破坏区分布范围、平均半径和平均宽度与模型试验结果基本一致。

4.5.2　含软弱夹层洞室分区破裂数值模拟

1. 计算参数与计算模型

数值模拟的范围与第 2 章中模型试验工况九的模拟范围一致，X 方向、Y 方向和 Z

方向均为 30m。图 4.5.7 为三维计算网格，共剖分 102300 个单元，109704 个节点。

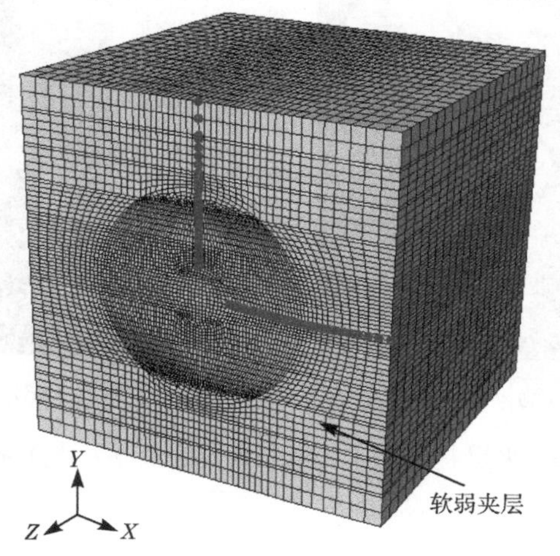

图 4.5.7　含软弱夹层岩体的三维计算网格

注：图中实线为数据监测点

巷道加载方式、边界条件以及围岩计算参数与 4.5.1 节圆形巷道计算条件一致。软弱砂质泥岩夹层计算参数：弹性模量 $E=15.56\text{GPa}$，泊松比 $\mu=0.257$，峰值应变 $\varepsilon_f=2.972\times10^{-3}$，极限应变 $\varepsilon_u=9.936\times10^{-3}$，取梯度弹性参数 $c=G=6.19\text{GPa}$，材料内部长度参数 $l=0.02\text{m}$。

2. 数值计算结果及对比分析

图 4.5.8 为夹层巷道围岩径向位移、径向应变及应力计算分布云图；图 4.5.9～图 4.5.11 为夹层巷道径向位移、径向应变和应力数值计算与模型试验结果对比曲线；表 4.5.3 为夹层巷道径向位移、径向应变和应力数值计算值与模型试验值对比。

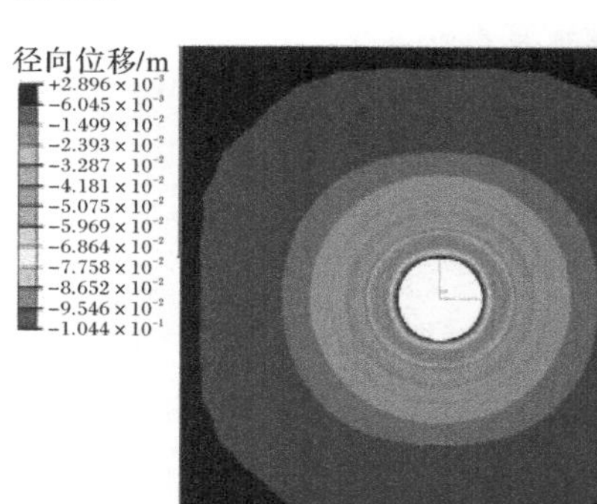

(a) 径向位移

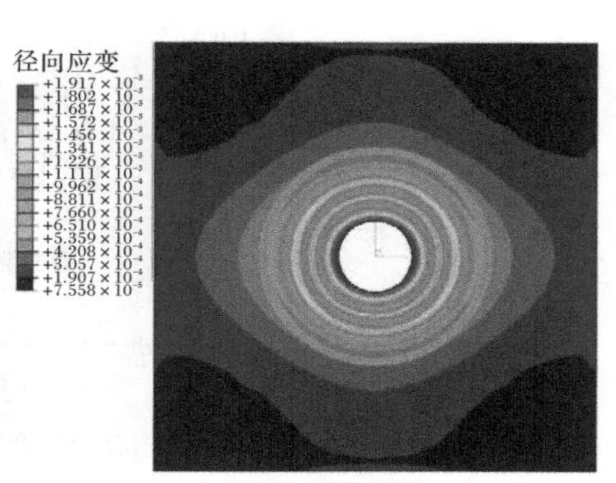

(b) 径向应变

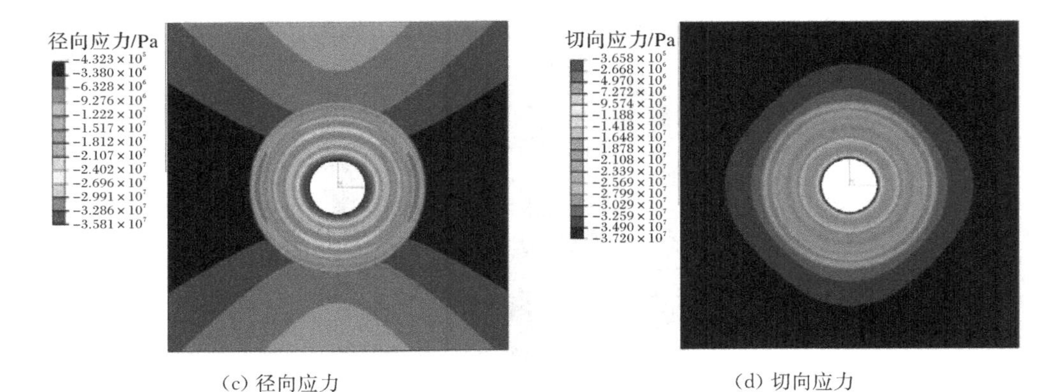

(c) 径向应力　　(d) 切向应力

图 4.5.8　夹层巷道径向位移、径向应变及应力计算分布云图

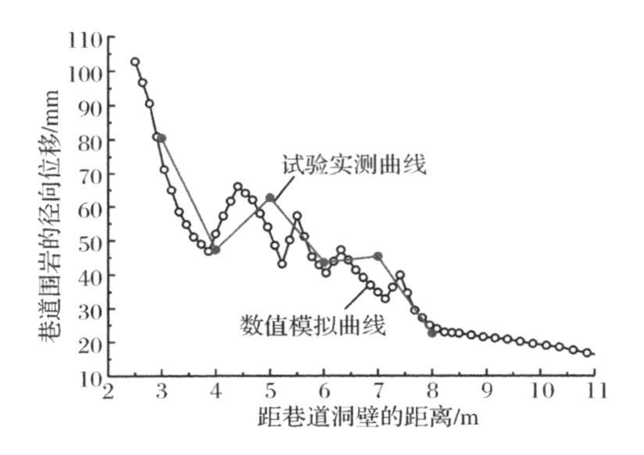

图 4.5.9　夹层巷道径向位移数值计算与模型试验结果对比曲线

注:图中的径向位移的方向朝向洞内

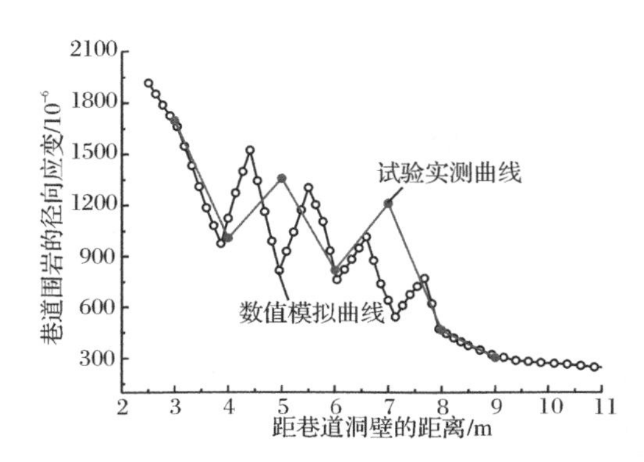

图 4.5.10　夹层巷道径向应变数值计算与模型试验结果对比曲线

注:图中的径向应变为拉应变

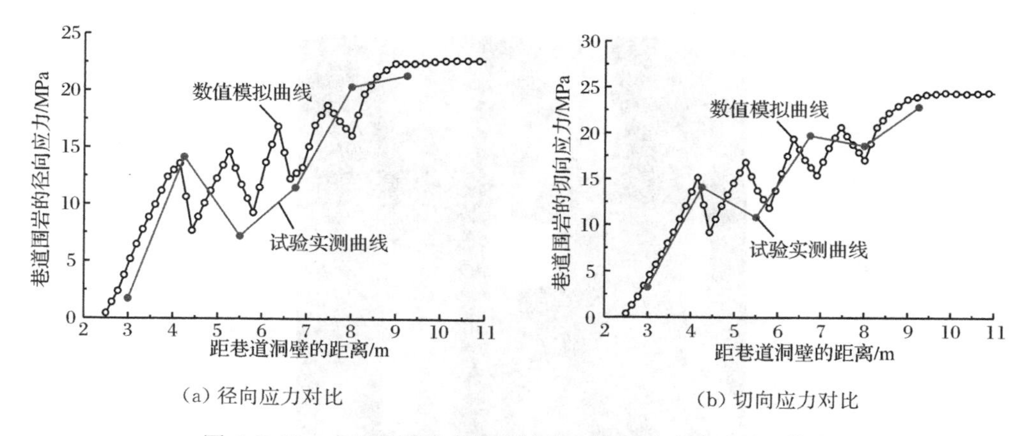

(a) 径向应力对比　　(b) 切向应力对比

图 4.5.11　夹层巷道应力数值计算与模型试验结果对比曲线

注:图中的径向应力和切向应力均为压应力

表 4.5.3　夹层巷道径向位移、径向应变和应力数值计算值与模型试验值对比

分析项目	对比类别	距洞壁距离						
		3m	4m	5m	6m	7m	8m	9m
径向位移/mm	试验值	80.50	47.25	62.50	43.50	45.25	22.50	—
	计算值	74.46	51.98	52.05	41.16	34.82	24.53	—
径向应变/10^{-6}	试验值	1694	1006	1354	817	1210	464	303
	计算值	1681	1122	853	815	637	462	315
分析项目	对比类别	距洞壁距离						
		3m	4.25m	5.5m	6.75m	8.0m	9.25m	
洞腰切向应力/MPa	试验值	3.25	14.05	10.80	19.75	18.65	22.90	
	计算值	4.13	12.99	14.04	16.36	17.14	24.04	
洞顶径向应力/MPa	试验值	1.75	14.15	7.20	11.50	20.4	21.40	
	计算值	4.66	11.49	12.03	12.69	16.13	22.45	

注:表中的径向位移的方向朝向洞内,径向应变为拉应变,应力均为压应力。

由图 4.5.8～图 4.5.11、表 4.5.3 可以看出:夹层巷道围岩的径向位移、径向应变和应力均呈现波峰与波谷间隔交替的振荡型变化规律,并且其振荡波幅随距洞壁距离的增加而逐渐减小,这与通过模型试验实测得到的径向位移和径向应变的变化规律相一致,且与浅部洞室开挖后洞周径向位移、径向应变随离洞壁距离的增大而单调减小的规律完全不同。

图 4.5.12 为夹层巷道围岩破坏区分布图;表 4.5.4 为夹层巷道破坏区范围数值计算与模型试验结果的对比。

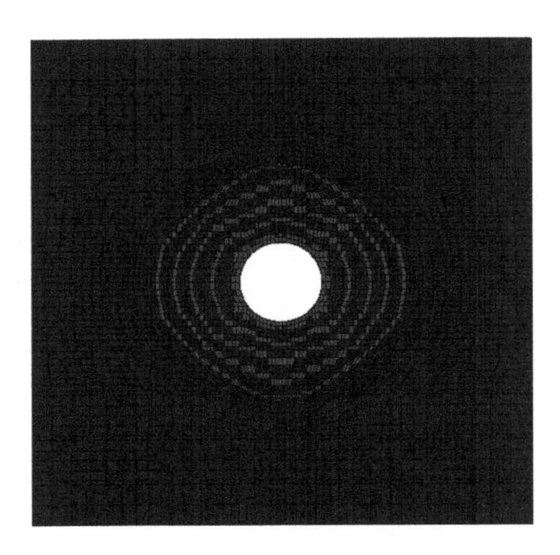

图 4.5.12 夹层巷道围岩破坏区分布图

表 4.5.4 夹层巷道破坏区范围数值计算与模型试验结果对比

破裂区编号	模型试验结果		数值计算结果	
	破裂区范围/m	平均半径/m	破裂区范围/m	平均半径/m
1	2.50～3.70	3.10	2.50～3.25	2.88
2	4.30～4.60	4.45	4.00～4.25	4.13
3	5.45～5.75	5.60	5.25～5.50	5.38
4	6.85～7.10	6.98	6.25～6.50	6.38
5	8.70～8.85	8.78	7.25～7.50	7.38

注：表中试验数据根据相似条件由模型试验结果换算得到。

由图 4.5.12 和表 4.5.4 可以看出：夹层巷道数值计算与模型试验洞周都出现五个间隔分布的破坏区，其中靠近洞壁的第一破坏区为张拉破坏区，其余四个为损伤破坏区。模型试验实测得到的洞周破坏区深度为 8.85m，数值模拟得到的巷道破坏区深度为 7.50m，两者基本一致。数值计算得到的洞周破坏区范围、平均半径和平均宽度与模型试验结果也基本一致。

4.5.3 非圆形洞室分区破裂数值模拟

将马蹄形、城门形及矩形巷道试验工况的试验参数根据相似条件换算为原型参数并开展相应的数值计算，最后将数值计算结果与模型试验结果加以对比分析。

1. 计算参数与计算模型

数值模拟范围为在 X 方向、Y 方向和 Z 方向各取 30m。图 4.5.13 为马蹄形、城门形和矩形巷道三维计算网格，其中马蹄形巷道剖分了 57140 个单元，60690 个节点；城门形巷道剖分了 52160 个单元，55461 个节点；矩形巷道剖分了 51120 个单元，54369 个节点。

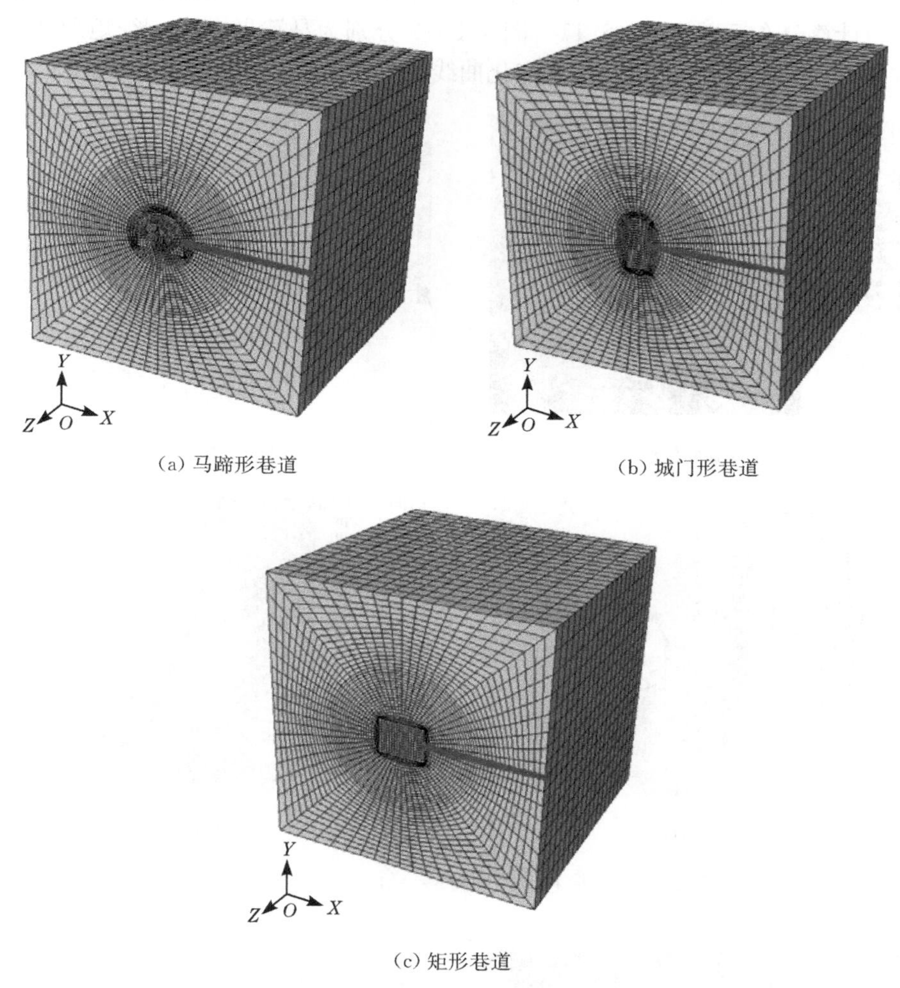

(a) 马蹄形巷道

(b) 城门形巷道

(c) 矩形巷道

图 4.5.13　马蹄形、城门形及矩形巷道三维计算网格

计算参数：马蹄形巷道宽度 5.0m、高度 3.88m；城门形巷道的宽度 2.5m、高度 5.0m、拱顶直径 3.5m；矩形巷道宽度为 5.0m、高度为 3.75m。模型边界条件、力学参数与圆形巷道一致。

加载参数：竖直方向压应力均为 24MPa，水平面内垂直于洞轴向的压应力均为 36MPa；城门形和矩形巷道平行于洞轴向的压应力为 177MPa，马蹄形巷道平行于洞轴向的压应力为 155MPa。

2. 数值计算结果及对比分析

图 4.5.14～图 4.5.16 分别为马蹄形、城门形及矩形巷道径向位移、径向应变及应力计算分布云图；图 4.5.17～图 4.5.19 分别为马蹄形、城门形、矩形巷道径向位移、径向应变和应力数值计算变化曲线。

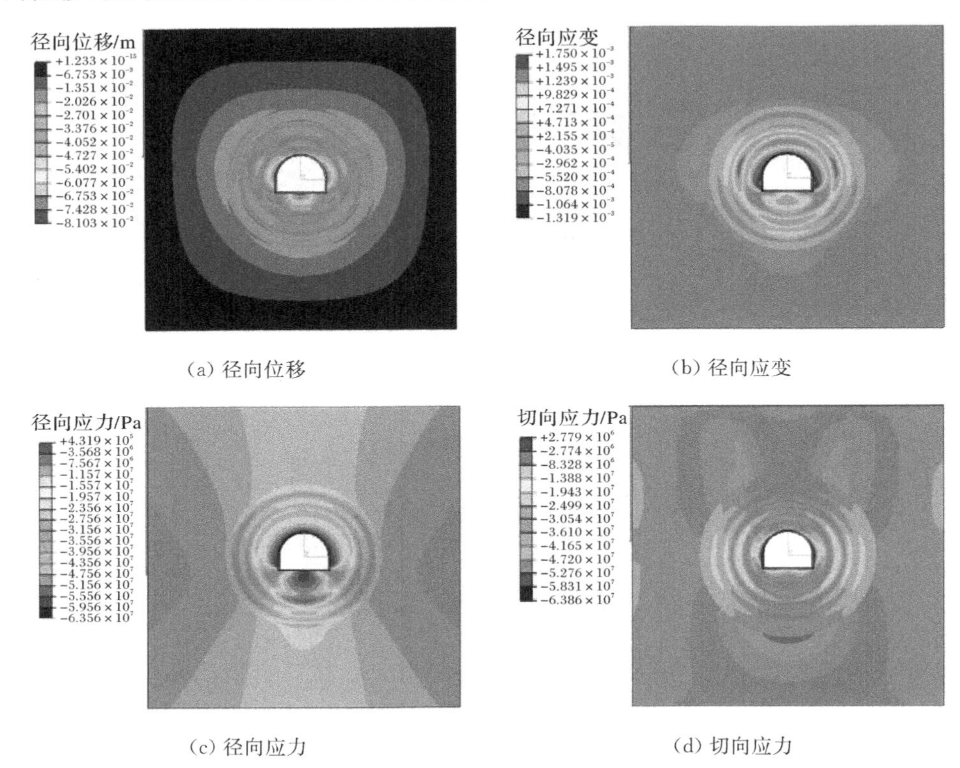

(a) 径向位移　　(b) 径向应变

(c) 径向应力　　(d) 切向应力

图 4.5.14　马蹄形巷道径向位移、径向应变及应力分布云图

径向位移/m

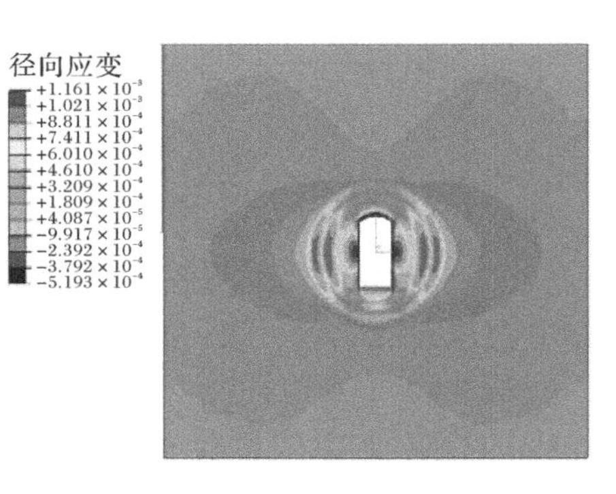

(a) 径向位移　　(b) 径向应变

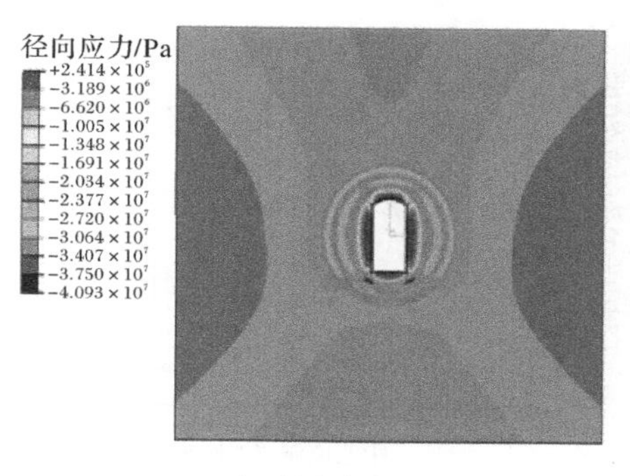

(c) 径向应力

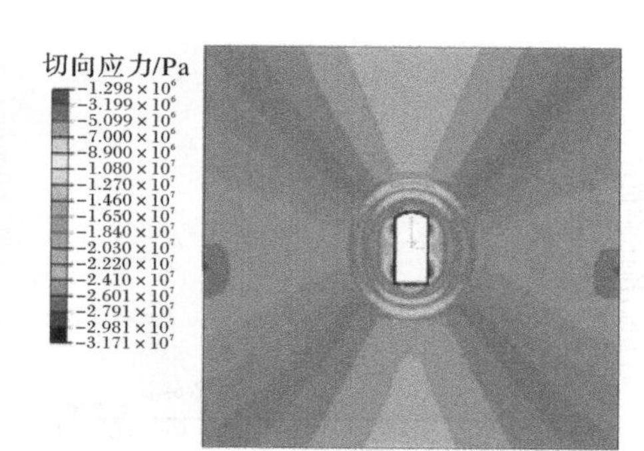

(d) 切向应力

图 4.5.15　城门形巷道径向位移、径向应变及应力分布云图

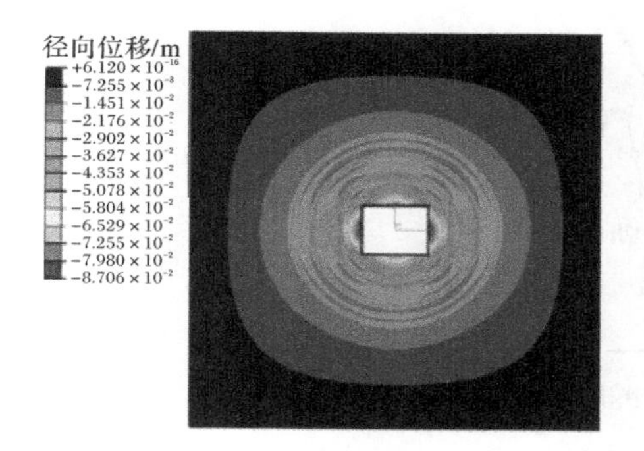

(a) 径向位移

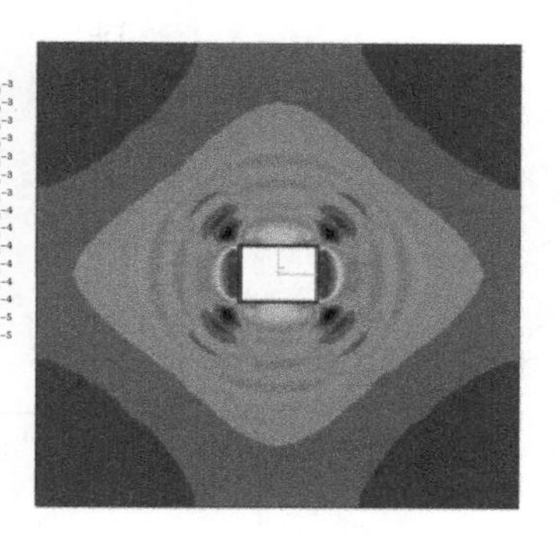

(b) 径向应变

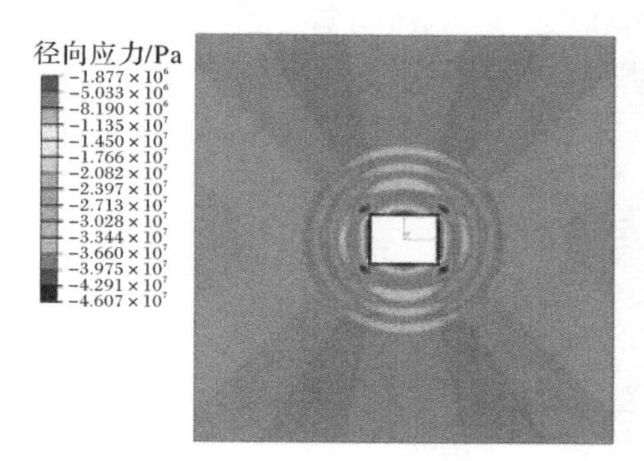

(c) 径向应力

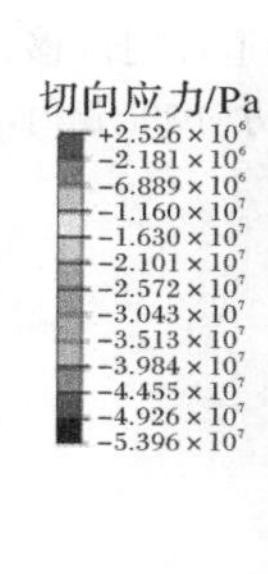

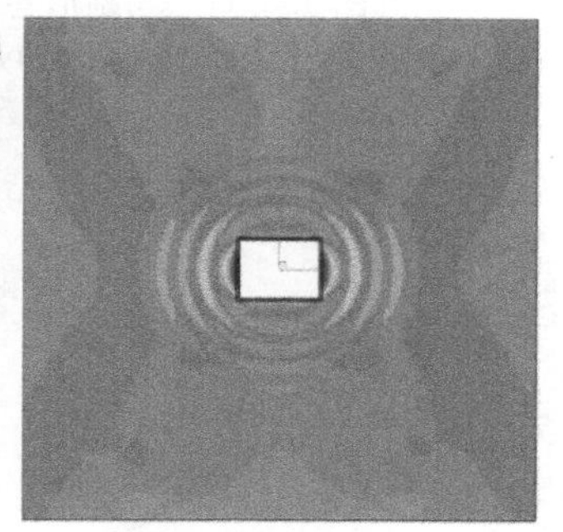

(d) 切向应力

图 4.5.16　矩形巷道径向位移、径向应变及应力分布云图

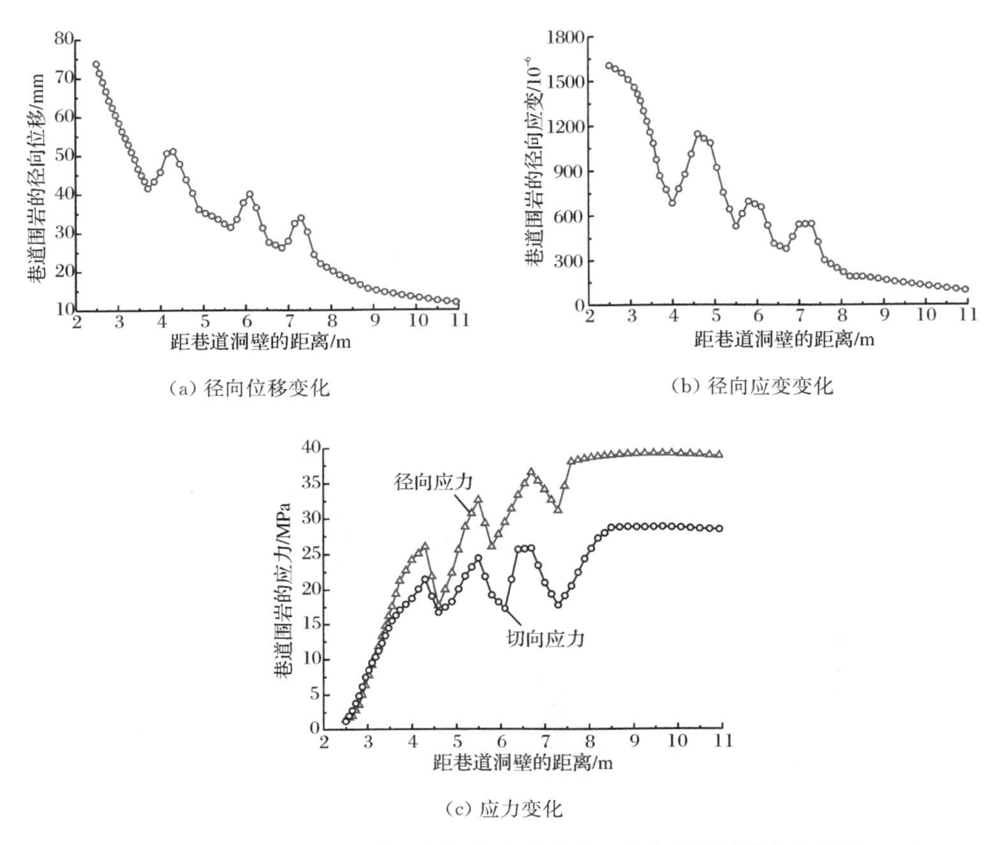

(a) 径向位移变化

(b) 径向应变变化

(c) 应力变化

图 4.5.17　马蹄形巷道径向位移、径向应变及应力数值计算变化曲线

注：图中径向位移的方向朝向洞内，径向应变为拉应变，应力均为压应力

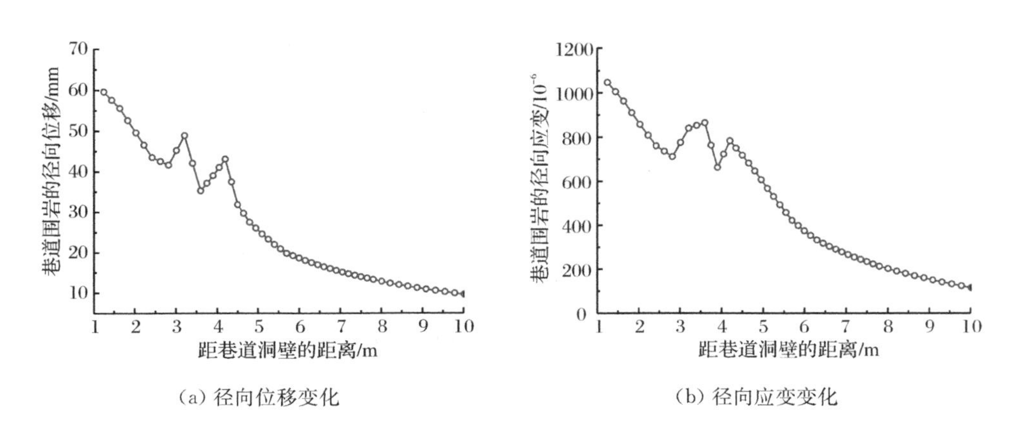

(a) 径向位移变化

(b) 径向应变变化

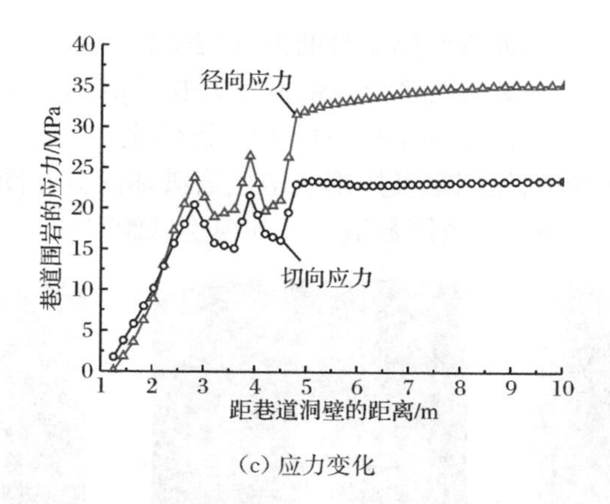

(c) 应力变化

图 4.5.18　城门形巷道径向位移、径向应变及应力数值计算变化曲线

注:图中径向位移的方向朝向洞内,径向应变为拉应变,应力均为压应力

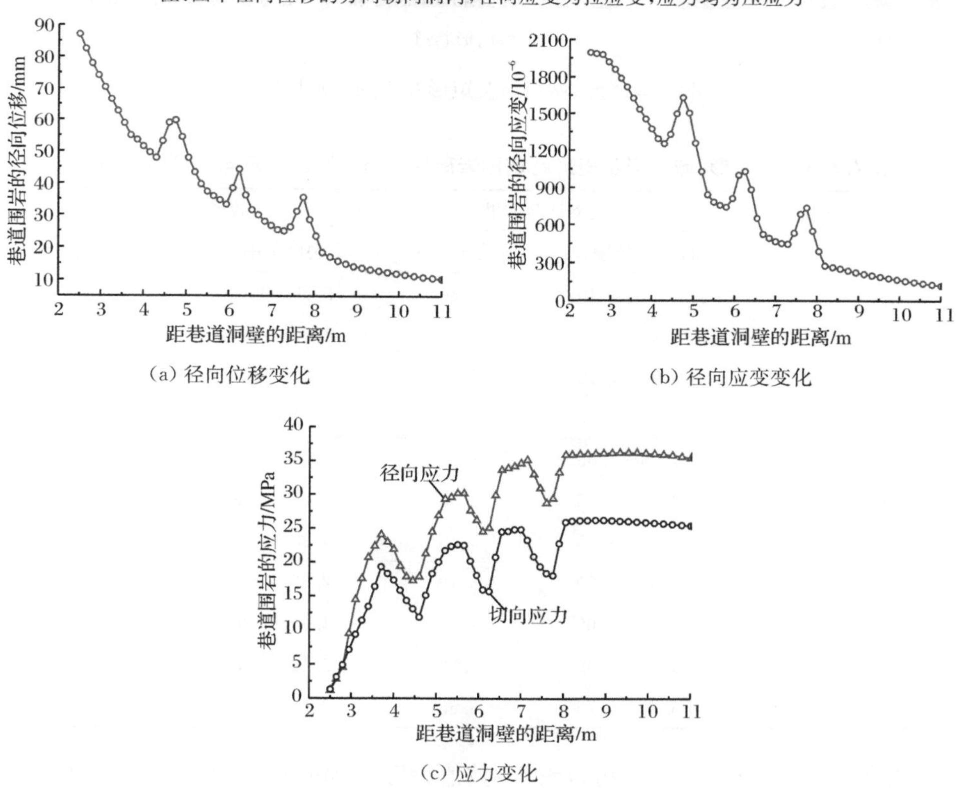

(a) 径向位移变化　　(b) 径向应变变化

(c) 应力变化

图 4.5.19　矩形巷道径向位移、径向应变及应力数值计算变化曲线

注:图中径向位移的方向朝向洞内,径向应变为拉应变,应力均为压应力

由图 4.5.14～图 4.5.19 可以看出:开挖后非圆形巷道围岩的径向位移、径向

应变和应力均呈现波峰与波谷间隔交替的振荡型变化，其振荡波幅随距洞壁距离的增加而逐渐减小，这种变化规律与浅部洞室开挖后洞周径向位移、径向应变及应力随离洞壁距离的增大而单调减小的规律完全不同。

图 4.5.20 为马蹄形、城门形及矩形巷道围岩破坏区分布图；表 4.5.5 为马蹄形、城门形及矩形巷道破坏区范围数值计算与模型试验对比。

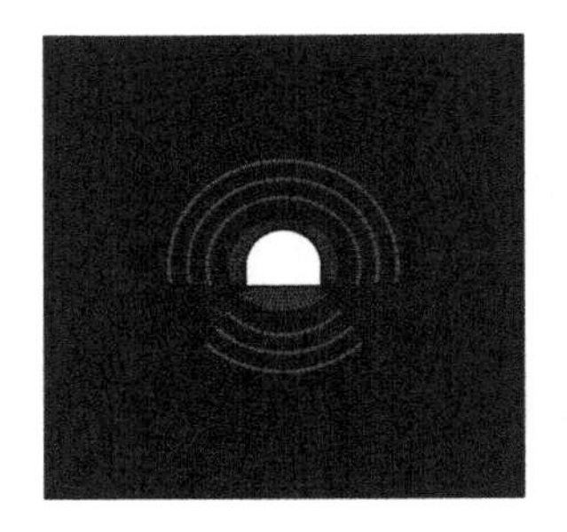

(a) 马蹄形巷道

(b) 城门形巷道

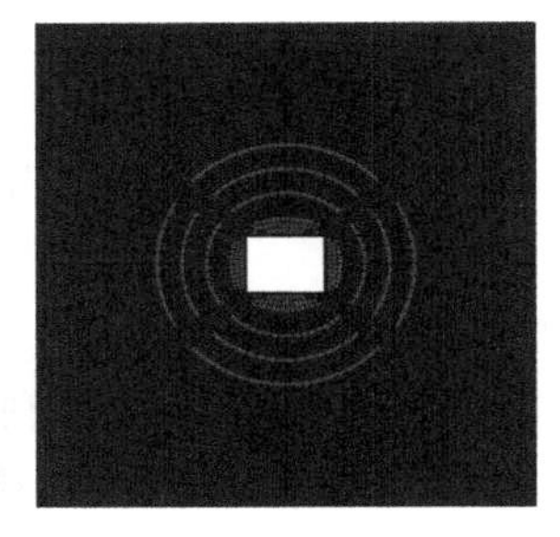

(c) 矩形巷道

图 4.5.20 马蹄形、城门形及矩形巷道围岩破坏区分布图

表 4.5.5 马蹄形、城门形及矩形巷道围岩破坏区范围数值计算与模型试验对比

巷道断面形状	破裂区编号	模型试验结果		数值计算结果	
		破裂区范围/m	平均半径/m	破裂区范围/m	平均半径/m
马蹄形	1	2.50～4.10	3.30	2.50～3.60	3.05
	2	4.90～5.20	5.05	4.60～4.90	4.75
	3	6.90～7.10	7.00	5.80～6.10	5.95
	4	8.50～8.70	8.60	7.20～7.50	7.35
城门形	1	1.25～2.05	1.65	1.25～2.43	1.84
	2	2.60～2.75	2.68	3.21～3.60	3.41
	3	3.45～3.55	3.50	4.20～4.50	4.35
矩形	1	2.50～3.70	3.10	2.50～3.40	2.95
	2	4.45～4.65	4.55	4.60～4.90	4.75
	3	5.40～5.60	5.50	6.10～6.40	6.25
	4	6.60～6.75	6.68	7.60～7.90	7.75

由图 4.5.20 和表 4.5.5 可以看出：数值计算得到的马蹄形、城门形及矩形巷道围岩内的破裂区数目、范围、平均半径和平均宽度皆与相应模型试验结果具有较好的一致性。

4.5.4　最大主应力对洞室破裂方式的影响

1. 计算参数与计算模型

数值模拟范围、三维计算网格、边界约束条件以及围岩计算参数与圆形隧洞计算条件一致。加载条件是：竖直方向压应力为 24MPa，水平面内垂直于洞轴向压应力为 177MPa，平行于洞轴向压应力为 36MPa。

2. 数值计算结果及对比分析

图 4.5.21 为最大主应力垂直于洞轴向条件下的巷道径向位移、径向应变及应力数值计算分布云图；图 4.5.22 为巷道径向位移、径向应变及应力数值计算变化曲线；图 4.5.23 为巷道围岩破坏区分布图。

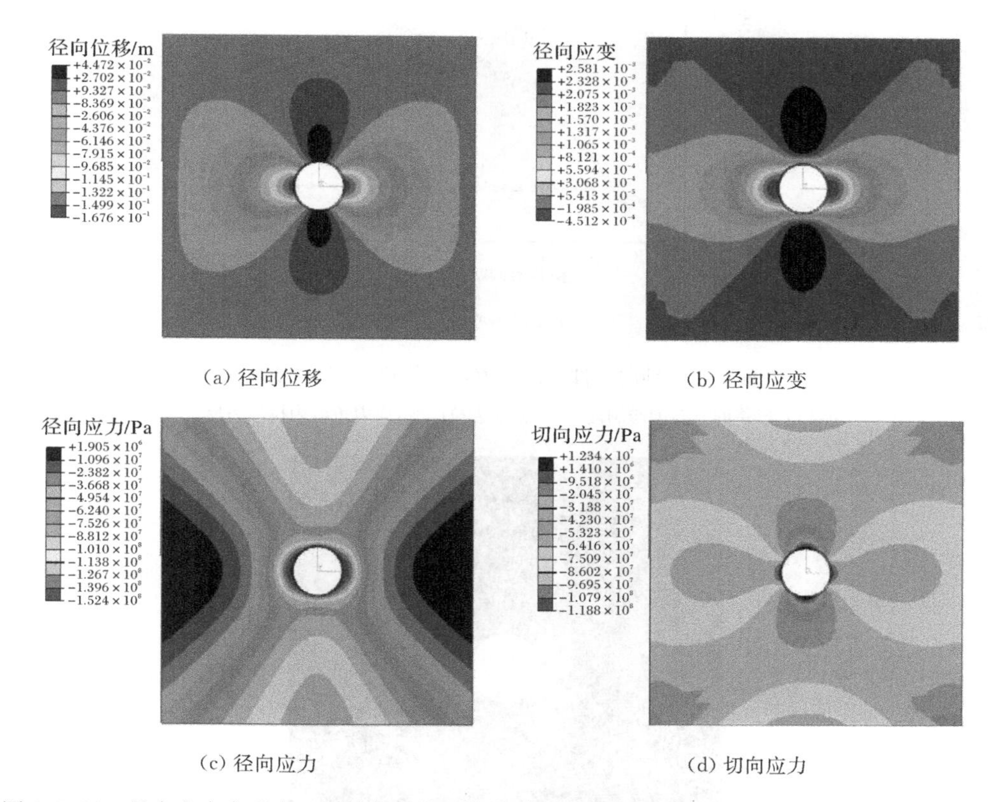

(a) 径向位移　(b) 径向应变

(c) 径向应力　(d) 切向应力

图 4.5.21　最大主应力垂直于洞轴向条件下的巷道径向位移、径向应变及应力数值计算分布云图

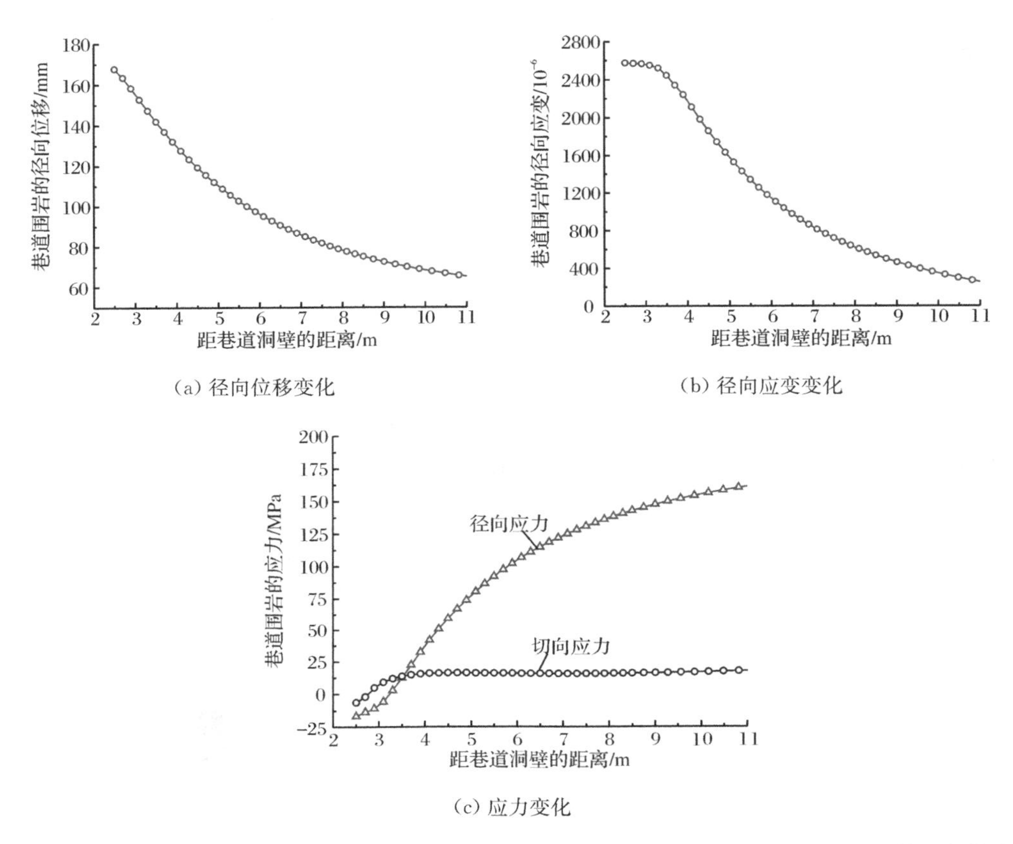

图 4.5.22　最大主应力垂直于洞轴向条件下的巷道径向位移、径向应变及应力数值计算变化曲线

注:图中的径向位移的方向朝向洞内,径向应变为拉应变,应力负值为拉应力反之为压应力

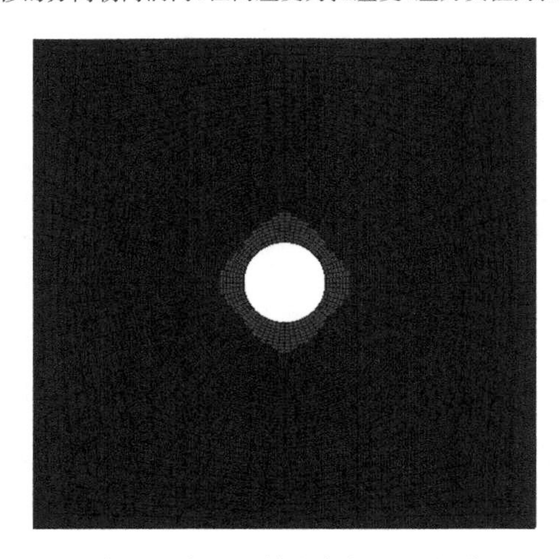

图 4.5.23　最大主应力垂直于洞轴向条件下的巷道围岩破坏区分布图

由图 4.5.21～图 4.5.23 可以看出：巷道围岩的径向位移、径向应变和应力均随距洞壁距离的增加而单调变化，没有出现波峰和波谷间隔交替的振荡型变化，这与浅部洞室围岩径向位移、径向应变及应力的变化规律一致，表明在最大主应力垂直于洞轴方向条件下，巷道围岩内没有出现分区破裂现象，这与第 2 章模型试验工况五的试验结果相一致。

4.5.5 洞室形状对分区破裂的影响分析

图 4.5.24、图 4.5.25 分别为圆形、马蹄形和矩形洞室径向位移、径向应变计算分布云图；图 4.5.26 为圆形、马蹄形和矩形洞室围岩破坏区分布图；表 4.5.6 为圆形、马蹄形和矩形洞室径向位移和径向应变计算值对比；表 4.5.7 为圆形、马蹄形和矩形洞室围岩破坏区范围对比。

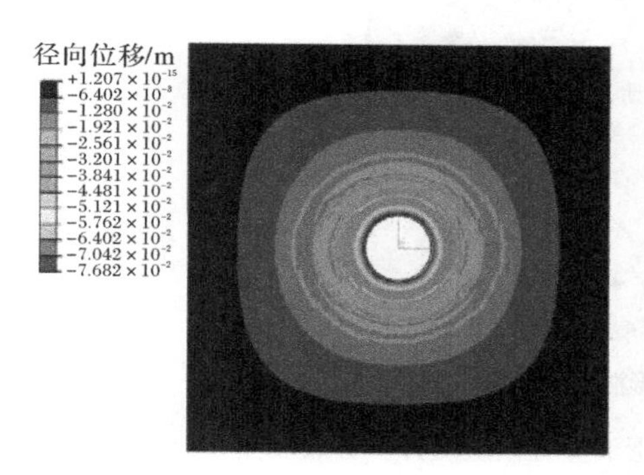

(a) 圆形洞室

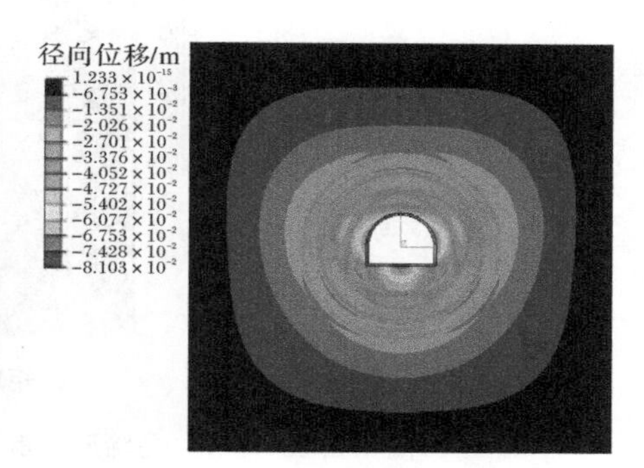

(b) 马蹄形洞室

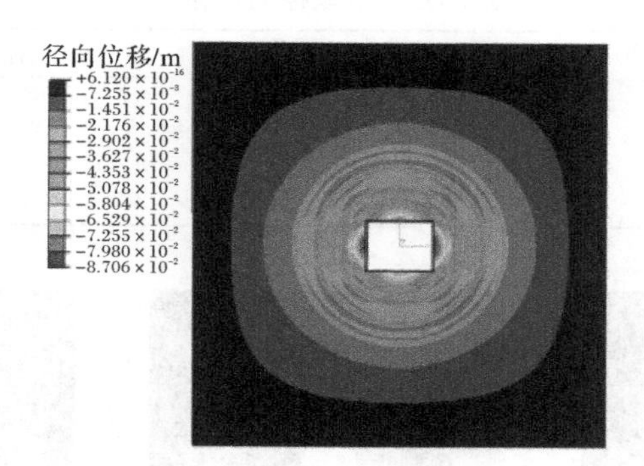

(c) 矩形洞室

图 4.5.24　圆形、马蹄形和矩形洞室径向位移计算分布云图

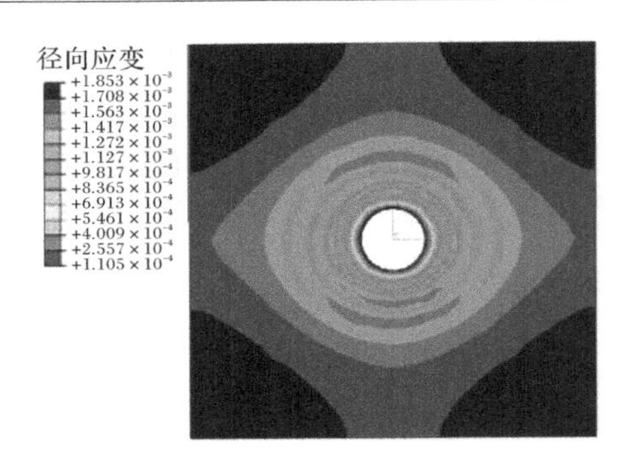

(a) 圆形洞室

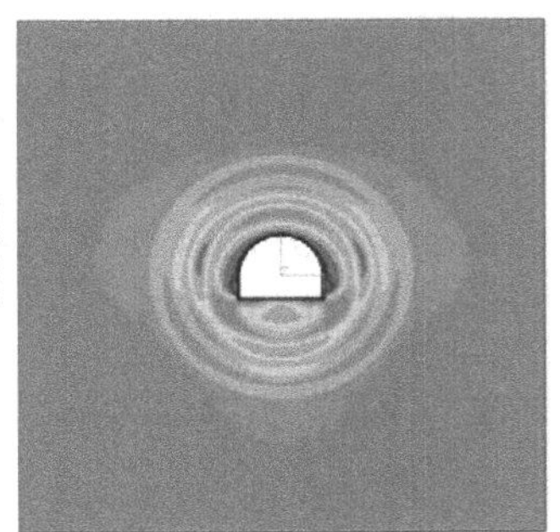

(b) 马蹄形洞室

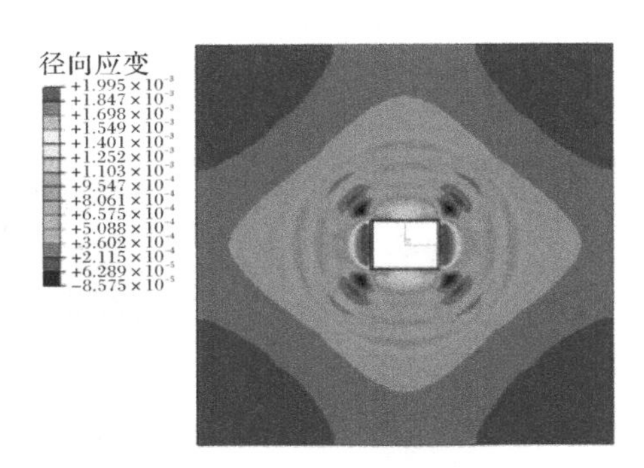

(c) 矩形洞室

图 4.5.25　圆形、马蹄形和矩形洞室径向应变计算分布云图

表 4.5.6　圆形、马蹄形和矩形洞室径向位移和径向应变计算值对比

巷道断面形状	径向位移/mm	径向应变/10^{-6}
圆形	76.31	1853
马蹄形	81.26	1911
矩形	87.09	1995

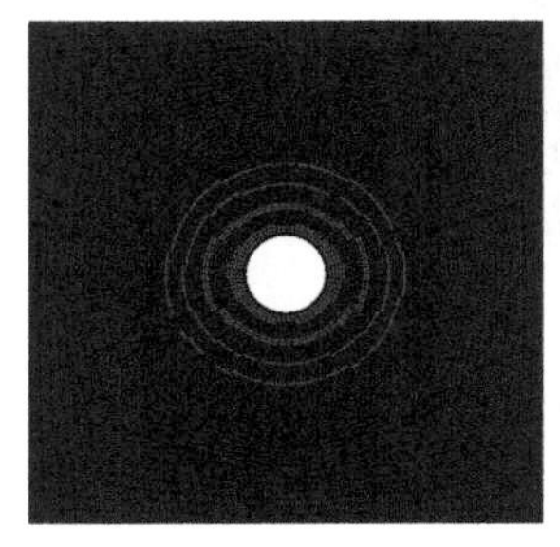

(a) 圆形洞室

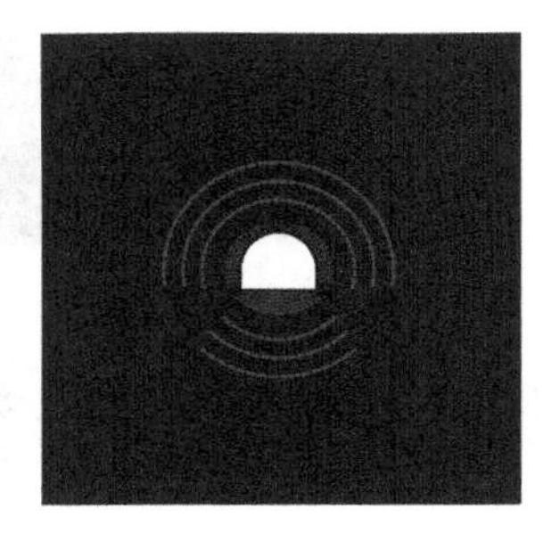

(b) 马蹄形洞室

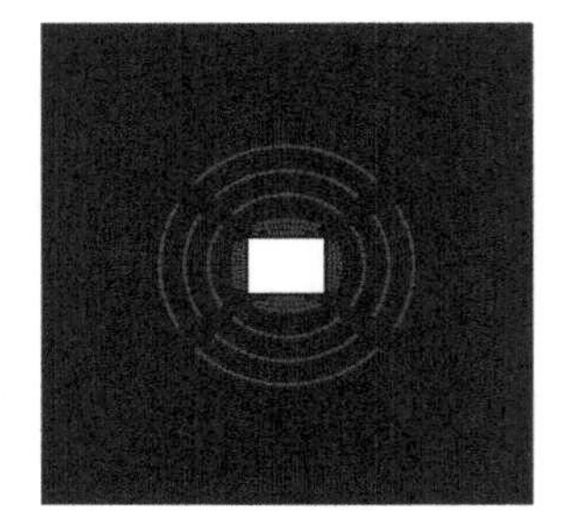

(c) 矩形洞室

图 4.5.26　圆形、马蹄形和矩形洞室围岩破坏区分布图

表 4.5.7　圆形、马蹄形和矩形洞室围岩破坏区范围对比

破裂区编号	圆形洞室		马蹄形洞室		矩形洞室	
	破裂区范围/m	平均半径/m	破裂区范围/m	平均半径/m	破裂区范围/m	平均半径/m
1	2.50～3.10	2.80	2.50～3.60	3.05	2.50～3.40	2.95
2	4.30～4.70	4.50	4.60～4.90	4.75	4.60～4.90	4.75
3	5.60～5.80	5.70	5.80～6.10	5.95	6.10～6.40	6.25
4	6.90～7.10	7.00	7.20～7.50	7.35	7.60～7.90	7.75

由图 4.5.24～图 4.5.26 和表 4.5.6、表 4.5.7 可以看出：

(1) 圆形、马蹄形和矩形洞室围岩径向位移和径向应变均呈现波峰与波谷间隔交替的振荡型衰减变化规律。矩形洞室围岩的径向位移和径向应变最大、马蹄形洞室次之、圆形洞室最小。

(2) 在相同的计算条件下，圆形、马蹄形和矩形洞室围岩均出现了四个破裂区，并且各破裂区的半径以矩形洞室最大、马蹄形洞室次之、圆形洞室最小。就破裂区深度来讲，矩形洞室破裂区深度最大、马蹄形次之、圆形最小。由此可见，圆形洞室受力情况最好、马蹄洞次之、矩形洞最差，因此深部工程中洞室断面形状应尽量采用圆形。

4.6　深部洞室分区破裂的形成机理

前面采用模型试验、理论研究和数值模拟等多种手段对深部洞室的分区破裂过程进行了深入研究，分析了洞区最大主应力分布状态、洞室形状和尺寸、软弱夹层构造等因素对分区破裂的影响，获得深部洞室分区破裂的产生条件、影响因素和力学成因。

1. 产生条件

通过高地应力条件下多工况深部巷道开挖真三维地质力学模型试验，获得了深部洞室分区破裂的产生条件：在洞区最大主应力方向平行于洞轴向且其量值超过围岩抗压强度的动力开挖状态下，深部洞室才会产生分区破裂现象，而洞区初始最大主应力方向垂直于洞轴向时，不会出现分区破裂现象。

2. 影响因素

(1) 深部洞室分区破裂的范围与洞室尺寸密切相关。洞室尺寸越大，洞周破裂区的层数越多、破裂深度越大，但当出现分区破裂现象时，最外层破裂区的形状与洞室形状关系不大，不管洞室形状为马蹄形、城门形还是矩形，最外层破裂区的

形状均近似为圆环形。就圆形、马蹄形、矩形三种形状的洞室来讲,圆形洞室受力最为合理、马蹄形洞室次之、矩形洞室最差,深部工程中洞室的断面形状应尽量采用圆形。

(2) 深部洞室分区破裂的范围与软弱夹层及其间距有较大的关系。软弱夹层的间距越小,围岩内破裂区的层数越多、破裂深度越大,说明软弱夹层弱化了巷道围岩力学特性,加重了围岩变形破坏,使得分区破裂现象更为明显。

(3) 深部洞室分区破裂的范围与最大主应力的量值密切相关。最大主应力量值越大,洞周破裂区的层数越多、破裂深度越大,洞周径向位移和径向应变越大,分区破裂现象越明显。

3. 力学成因

因深部洞室所处的地应力很高,当最大主应力平行于洞室轴线方向时,洞室开挖后洞周围岩应力释放,较高的轴向应力使得洞壁附近区域产生了较大的拉应变,继而使洞壁附近区域出现张拉破坏。较高的轴向应力使得张拉破坏区以外的围岩仍有较大范围处于峰后应变软化阶段,这一范围内围岩的应力呈现出波峰与波谷间隔交替的振荡型衰减变化,正是这种振荡型的变化规律使得围岩内出现了多个间隔分布的局部化破坏带,如图 4.6.1(a)所示。在破坏带位置,围岩的径向位移和径向应变为波峰值,应力为波谷值;而在两个相邻破坏带的中间位置,围岩的径向位移和径向应变为波谷值,应力为波峰值。也就是说,在合适的应力条件下,深部洞室围岩的破裂区和相对完整区间隔分布,围岩的径向位移、径向应变和应力均呈现波峰与波谷间隔交替的振荡型衰减变化。而在浅部洞室中,破坏区、塑性区和弹性区依次出现,围岩的位移、应变和应力均单调变化,如图 4.6.1(b)所示。

综上所述,深部洞室之所以能出现与浅部洞室破坏模式迥异的分区破裂现象,关键是因为围岩应力波峰与波谷间隔交替振荡变化所致。

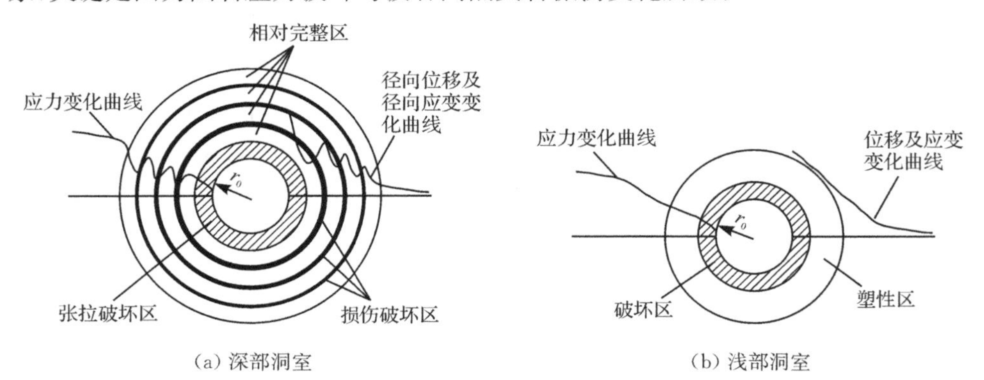

(a) 深部洞室　　(b) 浅部洞室

图 4.6.1　深部洞室分区破裂现象的产生机理

4.7 本章小结

本章将建立的分区破裂非线性弹性损伤软化模型和分区破裂能量损伤破坏准则程序化，并开展了深部洞室分区破裂数值计算，获得了如下研究结论：

（1）将应变梯度项和高阶应力项引入应变能密度中，提出了基于应变梯度的分区破裂能量损伤破坏准则。

（2）根据分区破裂非线性弹性损伤软化模型，构建了可考虑应变梯度效应的 8 节点六面体高阶单元，通过 Hermite 插值函数推导了高阶单元的形函数和刚度矩阵，提出了分区破裂的数值分析方法，依托 ABAQUS 平台开发了分区破裂计算程序。

（3）开展了不同工况条件下的深部洞室分区破裂数值模拟计算分析。数值计算结果与模型试验结果具有较好的一致性，有效验证了分区破裂力学模型和数值计算方法的可靠性。

（4）阐明了深部洞室分区破裂的形成机制。洞区最大主应力平行于洞轴方向且其量值超过围岩抗压强度的动力开挖状态是深部洞室产生分区破裂的重要条件；在轴向高地应力作用下，洞周径向位移和应力出现波峰与波谷间隔交替的振荡型变化是产生分区破裂的关键力学原因。

第5章 地下洞室初始地应力场的反演方法

5.1 引 言

为合理进行地下工程的开挖设计和施工，必须详细了解影响工程稳定性的各种因素。在众多影响岩体开挖稳定性的因素中，初始地应力是最重要的因素之一。地应力不仅是影响岩体力学响应的主要控制因素，同时也是引起岩体变形破坏的关键力学因素。地应力的形成原因是复杂多样的，一般认为是岩体重力和地球板块历次构造运动发展的结果，同时还受岩性、地形、断层及裂隙等因素的影响[147~151]，它与岩体的自重和地质历史构造运动密切相关，是空间和时间的函数。但是，目前还不能做到以地球发展的历史为依据求解出可供工程建设应用的初始地应力场。初始地应力是相对于施工开挖之后地应力重分布(即二次应力)而言的，对于工程建设，一般假定初始地应力场是相对稳定的应力场，即与时间无关。岩体初始地应力场是岩土工程设计与施工所必需的重要参数，它不仅是影响地下工程稳定的重要因素，也是模拟施工开挖应力释放过程的前提和基础。初始地应力场是否可靠，将直接影响到工程的设计与施工安全，因此，如何准确反映地下工程的初始地应力场，是岩土工程所面临的一个重要课题。工程现场实测地应力是提供岩体初始地应力最直接、最有效的方法，但由于时间、经费等因素的限制，不可能进行大量的量测，而且地应力场成因复杂，影响因素众多，测点相对分散，地应力量测结果具有一定的离散性。因此，还必须在现场实测地应力的基础上，通过反演分析得到适用范围较大的初始地应力场。

目前，初始地应力反演分析方法大致可以分为两类：一类是位移反分析方法，即结合现场开挖引起的实测位移，反演小范围的岩体初始地应力；另一类是应力回归分析方法，即结合对区域地应力场产生条件的规律性认识，建立该区域地应力场的三维地质概化模型。根据工程所在区域的少量地应力实测资料进行回归计算，使得计算地应力场与实测地应力场达到最优拟合，当计算域内已有初始地应力实测资料时，使用该方法较为高效、可靠，但是回归分析所得到的是与网格剖分有关的离散点的初始应力，使用起来十分不便。目前，国内外对初始地应力进行拟合的方法主要有两种：一类是线性回归的方法[152]，即把应力分量回归计算值随深度的变化进行一元线性回归，此方法精度不高，尤其对于剪应力的拟合偏差较大；第二类是正交多项式拟合的方法[153]，即采用正交多项式来拟合离散点初始地应力，正交多项式拟合场函数能够简单地在不同模型间转换地应力，采用正交多项式法拟合的应力函数，精度基本符合要求，但是这个方法不能反映地应力随埋深的变化规律以及山体地形势对地应力场的影响，其物理意义不明确。

本书考虑埋深和山体地形势对地应力场的影响，在初始地应力回归分析的基础上，采用数理统计方法对回归地应力进行拟合分析，得到初始地应力函数，将该方法应用于双江口水电站和大岗山水电站地下厂房厂区的初始地应力反演，有效获得地下厂房厂区初始地应力场的分布特征与变化规律[154]。

5.2　初始地应力的影响因素

影响初始地应力场的因素是很复杂的，其中涉及地形、岩性、地质、地温以及地下水等。大量工程实践表明：自重与地质构造作用是岩体地应力场形成的主要影响因素，而地温、地下水等因素的影响程度相对较小，且难以量化，可忽略不计。故本书选择岩体自重和地质构造运动等7种因素作为初始地应力回归分析的主要影响因素，其中构造应力重点考虑了水平挤压构造应力、水平剪切构造应力和竖向剪切构造应力，这基本覆盖了形成构造应力的主要影响因素。

考虑岩体自重和地质构造运动的7种影响因素是[155]：①自重应力；②平行洞室轴线(*Y*轴)的水平挤压构造应力(见图5.2.1)；③垂直洞室轴线(*Y*轴)的水平挤压构造应力(见图5.2.2)；④水平面内沿*X*轴方向的剪切应力(见图5.2.3)；⑤水平面内沿洞室轴线(*Y*轴)方向的剪切应力(见图5.2.4)；⑥平行于洞室轴线(*Y*轴)的垂直平面内竖向剪切应力(见图5.2.5)；⑦垂直于洞室轴线(*Y*轴)的垂直平面内竖向剪切应力(见图5.2.6)。

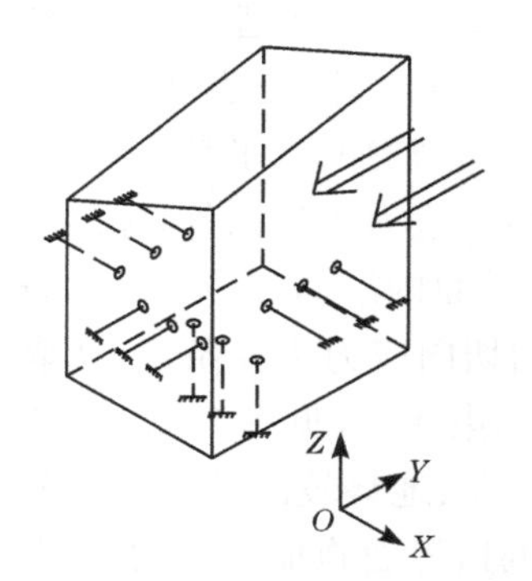

图5.2.1　平行洞室轴线(*Y*轴)的水平挤压构造应力

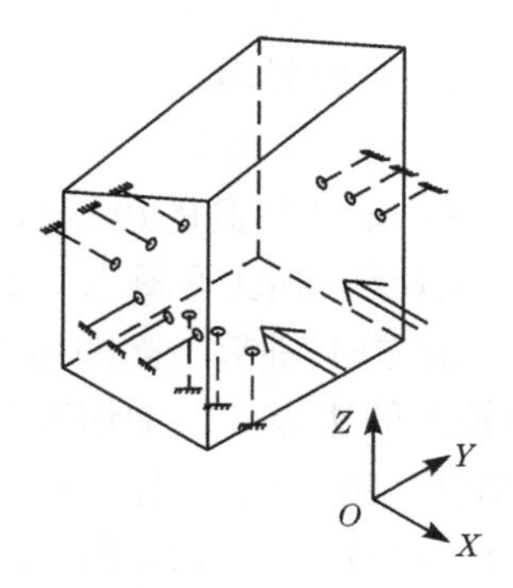

图5.2.2　垂直洞室轴线(*Y*轴)的水平挤压构造应力

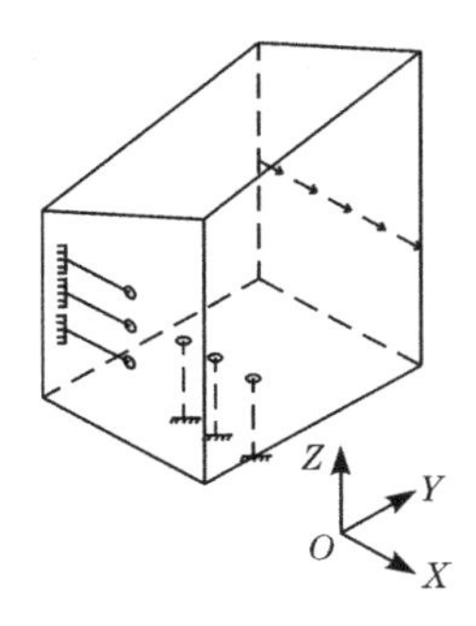

图 5.2.3　水平面内沿 X 轴方向的剪切应力

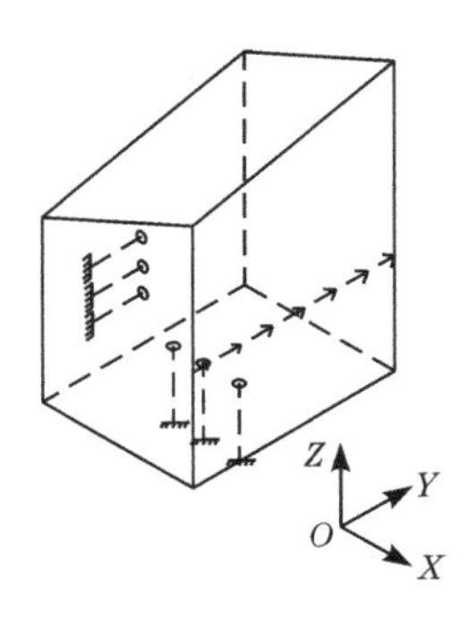

图 5.2.4　水平面内沿洞室轴线(Y 轴)方向的剪切应力

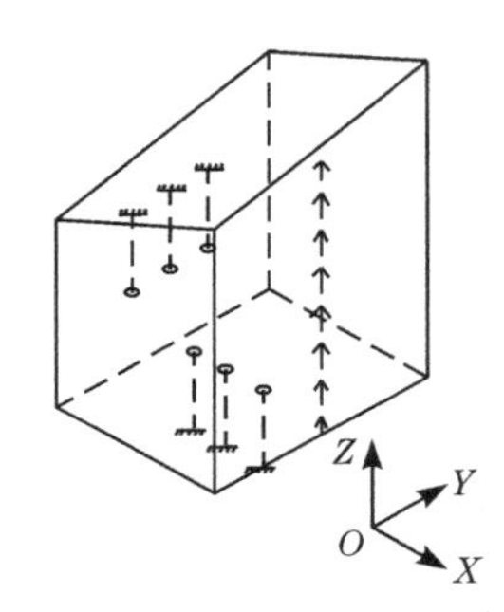

图 5.2.5　平行于洞室轴线(Y 轴)的垂直平面内竖向剪切应力

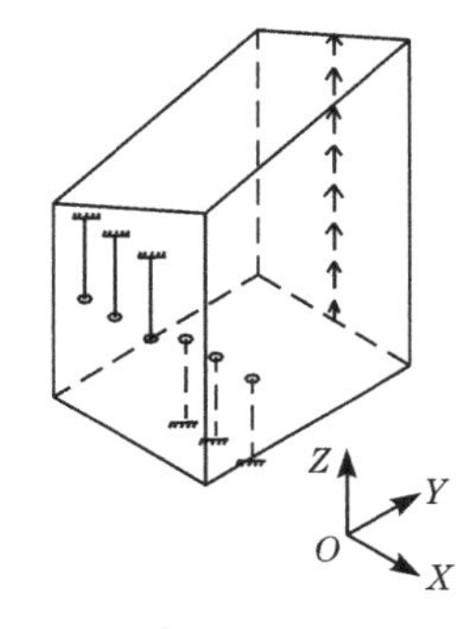

图 5.2.6　垂直于洞室轴线(Y 轴)的垂直平面内竖向剪切应力

针对初始地应力场的上述 7 种影响因素，回归分析过程中的具体边界条件是：①自重应力状态：除地表外其余 5 个边界面全部施加法向位移约束，在整个模型中施加自重应力；②平行洞室轴线(Y 轴)的水平挤压构造运动：选择垂直于 Y 轴方向、地势较高的边界面施加三角形应力边界条件，除地表外其余各边界面施加法向位移约束(见图 5.2.1)；③垂直洞室轴线(Y 轴)的水平挤压构造运动：选择垂直于 X 轴方向、地势较高的边界面施加三角形应力边界条件，除地表外其余各边界面施加法向位移约束(见图 5.2.2)；④水平面内沿 X 方向的剪切构造运动：选择平行于 X 轴方向、地势较高的边界面施加切向应力边界条件，选取平行于 X 轴方向、地势较低的边界面施加切向约束，并约束底面(见图 5.2.3)；⑤水平面内沿 Y 方向的剪切构造运动：选择平行于 Y 轴方向、地势较高的边界面施加切向应力边界条件，选取平行于 Y 轴方向、地势较低的边界面施加切向约束，并约束底面(见图 5.2.4)；⑥平行于洞室轴线的垂直平面内竖向均匀剪切构造运动：选择平行于 Y 轴方向、地势较高的边界面施加切向应力边界条件，选取平行于 Y 轴方向、地势较低的边界面施加切向约束，并约束底面(见图 5.2.5)；⑦垂直于洞室轴线的垂直平面内竖向均匀剪切构造运动：选择平行于 X 轴方向、地势较高的边界面施加切向应力边界条件，选取平行于 X 轴方向、地势较低的边界面施加切向约束，并约束底面(见图5.2.6)。

5.3　初始地应力回归分析与拟合方法

1. 初始地应力回归分析方法

根据多元回归分析原理，将地应力回归计算值 $\hat{\sigma}_k$ 作为因变量，把有限元计算求得的自重应力场和构造应力场相应于实测点的应力计算值 σ_k^i 作为自变量，则回归方程的形式为

$$\hat{\sigma}_k = \sum_{i=1}^{n} L_i \sigma_k^i \tag{5.3.1}$$

式中，k 为测点序号；$\hat{\sigma}_k$ 为第 k 观测点的回归计算值；L_i 为相应于自变量的多元回归系数；n 为工况数。

对于每一个应力状态 σ_k^i 都可确定一个回归计算值 $\hat{\sigma}_k$。用量测值 σ_k^* 与回归计算值 $\hat{\sigma}_k$ 之差来表示量测值与回归方程的偏离程度，即该量测值的残差为 $S_k = \sigma_k^* - \hat{\sigma}_k$。假设有 m 个测点，则全部量测值与回归方程的偏离程度就用全部量测值 $\sum_{k=1}^{m}\sum_{j=1}^{6}\sigma_{jk}^*$ 与回归计算值 $\sum_{k=1}^{m}\sum_{j=1}^{6}\sigma_{jk}^i$ 的残差平方和表示，即

$$S_{残} = \sum_{k=1}^{m}\sum_{j=1}^{6} S_{jk}^2 = \sum_{k=1}^{m}\sum_{j=1}^{6}\left(\sigma_{jk}^* - \sum_{i=1}^{n} L_i \sigma_{jk}^i\right)^2 \tag{5.3.2}$$

式中，σ_{jk}^* 为 k 测点 j 应力分量的量测值；σ_{jk}^i 为 i 工况下 k 观测点 j 应力分量的有限元计算值。

根据最小二乘法原理，使得 $S_{残}$ 为最小值的方程式为[155]

$$\begin{bmatrix} \sum_{k=1}^{m}\sum_{j=1}^{6}(\sigma_{jk}^1)^2 & \sum_{k=1}^{m}\sum_{j=1}^{6}\sigma_{jk}^1\sigma_{jk}^2 & \cdots & \sum_{k=1}^{m}\sum_{j=1}^{6}\sigma_{jk}^1\sigma_{jk}^n \\ & \sum_{k=1}^{m}\sum_{j=1}^{6}(\sigma_{jk}^2)^2 & \cdots & \sum_{k=1}^{m}\sum_{j=1}^{6}\sigma_{jk}^2\sigma_{jk}^n \\ & & \ddots & \vdots \\ \text{对称} & & & \sum_{k=1}^{m}\sum_{j=1}^{6}(\sigma_{jk}^n)^2 \end{bmatrix} \begin{bmatrix} L_1 \\ L_2 \\ \vdots \\ L_n \end{bmatrix} = \begin{bmatrix} \sum_{k=1}^{m}\sum_{j=1}^{6}\sigma_{jk}^*\sigma_{jk}^1 \\ \sum_{k=1}^{m}\sum_{j=1}^{6}\sigma_{jk}^*\sigma_{jk}^2 \\ \vdots \\ \sum_{k=1}^{m}\sum_{j=1}^{6}\sigma_{jk}^*\sigma_{jk}^n \end{bmatrix} \tag{5.3.3}$$

解方程式(5.3.3)，得到 n 个待定回归系数 $L=(L_1, L_2, \cdots, L_n)^{\mathrm{T}}$，则计算域内任一点 p 的回归初始应力可由该点各工况有限元计算值叠加而得

$$\sigma_{jp} = \sum_{i=1}^{n} L_i \sigma_{jp}^{i} \tag{5.3.4}$$

式中，$j=1,2,\cdots,6$ 对应六个初始应力分量。

为检验上述回归结果是否合理，引进以下参数检验：

回归平方和：

$$U = \sum_{i=1}^{m} (\sigma_j^i - \overline{\sigma_j^i})^2 \tag{5.3.5}$$

剩余平方和：

$$Q = \sum_{i=1}^{m} (e_j^i)^2 = \sum_{i=1}^{m} (\sigma_j^i - \sum_{k=1}^{n} L_j^i \sigma_{jk}^i)^2 \tag{5.3.6}$$

总离差：

$$S_{yy} = Q + U \tag{5.3.7}$$

复相关系数：

$$R = \sqrt{1 - \frac{Q}{S_{yy}}} = \sqrt{\frac{U}{Q+U}} \tag{5.3.8}$$

一般情况下，R 值越接近 1，回归效果越好。在使用复相关系数 R 值时，n 应大于 m 的 5～10 倍才有效，当 $n=m$ 时，总会得 $R=1$，在这种情况下需进行 F 检验。

$$F = \frac{\frac{U}{m}}{\frac{Q}{n-m-1}} \tag{5.3.9}$$

取显著性水平 $\alpha=0.01$ 或 $\alpha=0.05$，如果 $F>F_\alpha(m,n-m-1)$，就表示这 m 个变量效果显著。

2. 初始地应力函数的拟合方法

上述回归计算所得到的是与网格剖分有关的离散单元的初始地应力，使用起来十分不便，每当计算网格变化时，就需重新回归计算新网格单元的初始地应力，因此，有必要根据回归计算所得到的各离散单元的初始地应力，在三维空间中进行拟合分析，从而得到工程区域内的初始地应力函数，这样在计算网格变化时，只需将新网格单元形心处的埋深和相应地表高程代入地应力函数即可得到该单元的初始地应力。

通过大量的实测资料以及有限元计算成果来看，对于给定区域，初始地应力分布主要受埋深和山体地形的影响，其中埋深影响最大。

为了分析埋深和山体地形对地应力分布的影响，首先构建如图 5.3.1 所示的坐标系。图中，点 A、B、C 处于截面Ⅰ上，点 D、E、F 处于截面Ⅱ上。Z 轴方向是垂直方向，在笛卡儿坐标系中，六个点的坐标分别为 $A(X_a,Y_a,Z_a)$、$B(X_b,Y_b,Z_b)$、$C(X_c,Y_c,Z_c)$、$D(X_d,Y_d,Z_d)$、$E(X_e,Y_e,Z_e)$、$F(X_f,Y_f,Z_f)$。

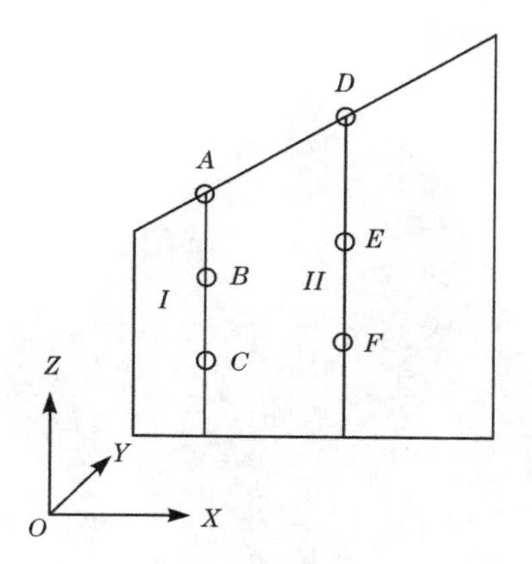

图 5.3.1　应力拟合坐标系

各测点地应力只与埋深和测点所处的山体地形有关，根据回归计算的各单元应力，可采用如下表达式来拟合初始地应力函数：

$$\sigma_{ij}=aH^2+bH+dZ+c \tag{5.3.10}$$

式中，H 表示测点埋深即测点距地表的垂直距离；Z 表示测点所处的山体地形势，即测点对应地表高程；a、b、c、d 为待定系数。

5.4　双江口水电站地下厂房厂区初始地应力场的反演

根据双江口水电站地下厂房厂区实测地应力资料，利用 5.3 节建立的初始地应力回归分析与拟合方法对地下厂房厂区三维初始地应力场进行了反演分析，得到地下厂房厂区初始地应力函数与应力分布变化规律。

5.4.1　数值计算模型

数值计算范围的确定应遵循两个原则：①几何范围必须包含全部工程影响区域，且适当增大，减小边界影响；②边界处的几何约束条件必须易于确定，宜将山脊线与河谷线选作边界。

通过分析双江口水电站工程区的范围、地应力量测点的分布情况以及该工程区的水文地质与工程地质条件，采用笛卡儿直角坐标系来建立地下厂房厂区地质模型。以所建地下厂房为中心区域，取厂房轴线方向为 Y 轴，垂直于厂房轴线方向为 X 轴，竖直向上为 Z 轴，确定的计算范围为：X 轴方向取 2500m，Y 轴方向取 2200m，Z 轴方向从地表至高程 1400m，距厂房底约 800m。计算范围内模拟了地下厂房厂区的地形地貌，同时模拟了河床岸坡分布的全风化和强风化地层带。三维数值计算网格共剖分了 40000 个单元，43706 个节点。计算网格如图 5.4.1 所示。

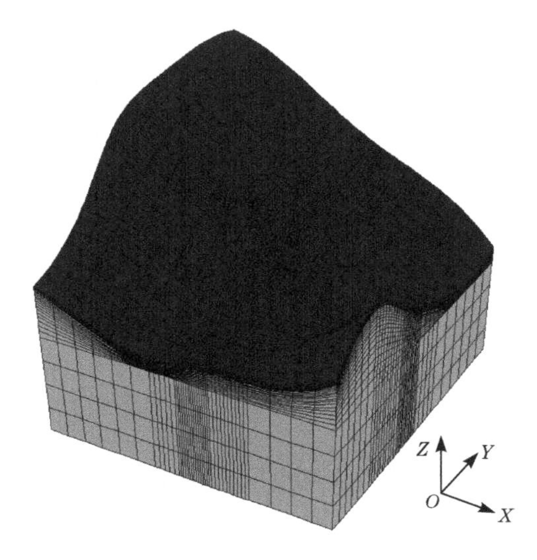

图 5.4.1 三维数值计算网格

5.4.2 岩体计算参数

根据工程地质条件和岩体力学试验结果，地下厂房厂区各类岩体的物理力学参数取值如表 5.4.1 所示。

表 5.4.1 地下厂房围岩物理力学参数

类别	地质特征	天然密度 /(10^3kg/m^3)	单轴抗压强度 /MPa	变形模量 /GPa	泊松比
Ⅰ	新鲜花岗岩夹花岗细晶岩脉，整体块状结构	2.65	80～100	20	0.20
Ⅱ	微/新鲜花岗岩夹花岗细晶岩、伟晶岩脉，块状、次块状结构	2.60	75	13	0.25
Ⅲ	弱上风化、弱卸荷花岗岩夹花岗细晶岩、伟晶岩脉，裂隙发育的微新岩体，镶嵌结构	2.55	65	7	0.30
Ⅳ	弱下风化、强卸荷花岗岩夹花岗细晶岩、伟晶岩脉，镶嵌结构	2.35	35	3	0.35
Ⅴ	强卸荷带松动岩体、断层破碎带	—	—	0.3	0.35

5.4.3　地下厂房厂区初始地应力实测结果分析

双江口水电站地应力测量主要采用孔径变形法和水压致裂法。为将地应力实测结果应用于有限元回归计算，需将实测地应力转换为计算模型坐标系中的应力分量形式，根据大地坐标系与任意空间坐标系之间的应力转换公式[156]，可将表 5.4.2 中实测地应力转换为模型坐标系中的应力分量，其转换结果如表 5.4.3 所示。

表 5.4.2　初始地应力实测结果

序号	测点编号	垂直埋深/m	方向及量值	σ_1/MPa	σ_2/MPa	σ_3/MPa
1	σ SPD9-1	308	量值/MPa	37.82	16.05	8.21
			α/(°)	331.6	54.1	137.7
			β/(°)	46.8	−7.0	42.3
2	σ SPD9-2	238	量值/MPa	22.11	11.63	5.86
			α/(°)	332.0	84.0	210.1
			β/(°)	30.1	32.9	42.3
3	σ SPD9-3	173	量值/MPa	19.21	13.61	5.57
			α/(°)	323.0	49.2	300.4
			β/(°)	−23.5	8.6	64.8
4	σ SPD9-4	107	量值/MPa	15.98	8.53	3.14
			α/(°)	325.6	81.8	208.5
			β/(°)	30.1	37.3	38.1
5	σ SPD9-5	470	量值/MPa	28.96	18.83	10.88
			α/(°)	325.0	72.5	201.4
			β/(°)	27.2	30.3	47.0
6	σ SPD9-6	357	量值/MPa	27.29	18.27	8.49
			α/(°)	310.4	36.8	223.8
			β/(°)	−3.5	45.6	44.2
7	SYZK1	431	量值/MPa	16.91	10.32	8.01
			α/(°)	357	92	216
			β/(°)	19	14	66
8	SYZK2	549	量值/MPa	24.56	20.37	10.52
			α/(°)	349	92	237
			β/(°)	18	35	49

注：测点编号以 σ 为首的测点采用孔径变形法，以 SYZ 为首的测点采用水压致裂法；α 为 σ_1 在水平面上的投影方位角；β 为 σ_1 的倾角，以仰角为正。

表 5.4.3 模型坐标下测点应力转换计算结果

测点	X/m	Y/m	Z/m	σ_x/MPa	σ_y/MPa	σ_z/MPa	τ_{yz}/MPa	τ_{zx}/MPa	τ_{xy}/MPa
σ SPD9-1	53	−137	2268	−15.84	−22.18	−24.06	−13.61	5.52	1.12
σ SPD9-2	−10	−214	2268	−13.73	−16.74	−7.92	3.84	−3.28	1.18
σ SPD9-3	−70	−289	2268	−11.07	−16.88	−11.65	−6.52	−0.45	3.86
σ SPD9-4	−126	−358	2268	−8.19	−11.12	−8.35	−4.99	−0.30	3.72
σ SPD9-5	−161	−6	2268	−19.26	−22.74	−16.66	−7.11	−0.33	4.71
σ SPD9-6	98	−83	2268	−18.64	−21.86	−13.56	−2.47	−4.29	6.81
SYZK1	142	−28	2268	−10.20	−15.95	−9.08	−2.60	−0.86	−0.52
SYZK2	205	50	2268	−16.92	−23.50	−15.04	−3.19	−4.44	1.54

注:表中正应力分量以压为负。

5.4.4 地下厂房厂区初始地应力的回归分析

以双江口水电站地下厂房洞室群8个测点的实测地应力为回归目标,根据前面提出的地应力回归分析方法计算获得地下厂房厂区初始地应力值,如表5.4.4所示。通过分析可知:水压致裂法和孔径变形法共计8个测点的地应力回归计算值与实测值之间的相关系数为0.90,属于强相关,总体来讲,回归应力与实测应力的大小和分布方位都比较吻合。

表 5.4.4 各测点主应力回归计算值与实测值对比

测点序号	测点编号	结果对比	σ_1			σ_2			σ_3		
			量值/MPa	α/(°)	β/(°)	量值/MPa	α/(°)	β/(°)	量值/MPa	α/(°)	β/(°)
1	σ SPD9-1	实测值	37.82	331.6	46.8	16.05	54.1	−7.0	8.21	137.7	42.3
		回归值	25.01	341.34	35.36	14.68	85.94	19.55	5.76	199.21	48.04
		绝对误差	12.81	9.74	11.44	1.37	31.84	26.55	2.45	61.51	5.74
2	σ SPD9-3	实测值	19.21	323.0	−23.5	13.61	49.2	8.6	5.57	300.4	64.8
		回归值	23.20	338.86	33.85	13.55	83.83	21.06	4.34	199.61	48.47
		绝对误差	3.99	15.86	57.35	0.06	34.63	12.46	1.23	100.79	16.33
3	σ SPD9-2	实测值	22.11	332.0	30.1	11.63	84.0	32.9	5.86	210.1	42.3
		回归值	21.44	334.23	31.33	11.74	81.16	22.51	2.53	198.19	49.78
		绝对误差	0.67	2.23	1.23	0.11	2.84	10.39	3.33	11.91	7.48
4	σ SPD9-4	实测值	15.98	325.6	30.1	8.53	81.8	37.3	3.14	208.5	38.1
		回归值	19.83	326.23	27.19	9.31	91.60	22.32	2.11	192.17	53.55
		绝对误差	3.85	0.63	2.91	0.78	9.80	14.98	1.03	16.33	15.45

续表

测点序号	测点编号	结果对比	σ_1 量值/MPa	σ_1 α/(°)	σ_1 β/(°)	σ_2 量值/MPa	σ_2 α/(°)	σ_2 β/(°)	σ_3 量值/MPa	σ_3 α/(°)	σ_3 β/(°)
5	σ SPD9-5	实测值	28.96	325.00	27.20	18.83	72.5	30.30	10.88	201.40	47.0
		回归值	28.30	342.09	34.88	17.05	85.22	18.06	8.07	197.6	49.42
		绝对误差	0.66	17.09	7.68	1.78	12.72	12.24	2.81	3.80	2.42
6	σ SPD9-6	实测值	27.29	310.40	−3.50	18.27	36.80	45.60	8.49	223.80	44.20
		回归值	27.52	341.24	34.45	16.33	85.05	19.19	7.23	198.78	49.14
		绝对误差	0.23	30.84	37.95	1.94	48.25	26.41	1.26	25.02	4.94
7	SYZK1	实测值	16.91	357.00	19.00	10.32	92.00	14.00	8.01	216.00	66.00
		回归值	27.98	342.00	34.88	16.89	85.26	18.25	7.76	197.81	49.31
		绝对误差	11.07	15.00	15.88	6.57	6.74	4.25	0.25	18.19	16.69
8	SYZK2	实测值	24.56	349.00	18.00	20.37	92.00	35.00	10.52	237.00	49.00
		回归值	28.66	342.47	34.96	18.13	84.76	16.93	8.77	196.03	50.00
		绝对误差	4.10	6.53	16.96	2.24	7.24	18.07	1.75	40.97	1.00

注：表中主应力符号以受压为正；α 为 σ_1 在水平面上的投影方位角；β 为 σ_1 的倾角，以仰角为正。

图 5.4.2 为 $y+0$m 横剖面最大主应力和最小主应力等色云图。

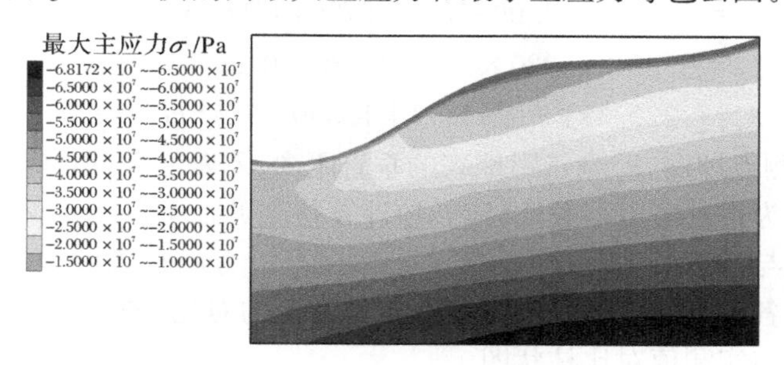

(a) $y+0$m 横剖面最大主应力 σ_1 等色云图

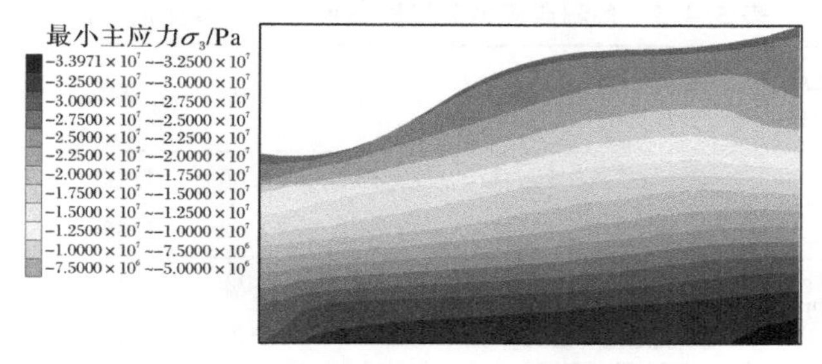

(b) $y+0$m 横剖面最小主应力 σ_3 等色云图

图 5.4.2　$y+0$m 横剖面主应力等值线图

回归所得地下厂房厂区初始地应力的分布规律是：

(1) 在埋深较浅处，最大主应力 σ_1 方向大致上沿垂直方向，最小主应力 σ_3 方向大致沿水平方向，随着埋藏深度的增加，最大主应力逐渐偏向水平方向，而最小主应力逐渐偏向为垂直方向。这说明地下厂房厂区浅部最大主应力主要以自重应力分布为主、深部最大主应力主要以构造应力分布为主。

(2) 在地下厂房厂区，最大主应力 σ_1 方向近似平行于地下厂房厂区的轴线方向，最小主应力 σ_3 方向近似垂直于地下厂房厂区的轴线方向，这与该部位实测主应力的方向吻合。

5.4.5 地下厂房厂区初始地应力函数

应力函数拟合在地下厂房厂区部位共选取了 26 个竖向截面，每个截面钻孔内选取了 25 个单元，共选取了 600 个单元的回归应力值进行拟合。根据式(5.3.10)，通过数理统计分析可拟合得到考虑埋深和地形影响的双江口水电站地下厂房厂区的初始地应力函数表达式[154]，即

$$
\begin{cases}
\sigma_x = -32.201 - 0.036H + 7.530\times10^{-6}H^2 + 0.44Z \\
\sigma_y = -97.584 - 0.034H - 1.010\times10^{-5}H^2 + 0.035Z \\
\sigma_z = -42.805 - 0.022H + 5.910\times10^{-7}H^2 + 0.014Z \\
\tau_{xy} = 18.394 + 0.008H - 3.97\times10^{-6}H^2 - 0.007Z \\
\tau_{xz} = 8.37 + 2.320\times10^{-6}H^2 - 0.004Z \\
\tau_{yz} = -20.181 - 0.017H + 1.390\times10^{-5}H^2 + 0.008Z
\end{cases}
\tag{5.4.1}
$$

式中，H 表示测点埋深，即测点距地表的垂直距离；Z 表示测点对应地表高程。

表 5.4.5 为根据应力函数式(5.4.1)计算得到的地下厂房厂区各测点应力分量回归拟合值与实测值的对比；表 5.4.6 为根据应力函数式(5.4.1)计算得到的地下厂房厂区各测点主应力回归拟合值与实测值的对比；图 5.4.3 为各测点主应力回归拟合值与实测值对比柱状图。

表 5.4.5 各测点应力分量回归拟合值与实测值对比

测点序号	测点编号	结果对比	σ_x/MPa	σ_y/MPa	σ_z/MPa	τ_{xy}/MPa	τ_{yz}/MPa	τ_{zx}/MPa
1	σ SPD9-1	实测值	−15.84	−22.18	−24.06	1.12	−13.61	5.52
		拟合值	−12.87	−14.51	−11.72	1.58	−7.50	−2.21
2	σ SPD9-2	实测值	−13.73	−16.74	−7.92	1.18	3.84	−3.28
		拟合值	−10.64	−11.75	−10.21	1.17	−6.84	−2.30
3	σ SPD9-3	实测值	−11.07	−16.88	−11.65	3.86	−6.52	−0.45
		拟合值	−8.50	−9.27	−8.79	0.76	−6.11	−2.36

续表

测点序号	测点编号	结果对比	σ_x/MPa	σ_y/MPa	σ_z/MPa	τ_{xy}/MPa	τ_{yz}/MPa	τ_{zx}/MPa
4	σ SPD9-4	实测值	−8.19	−11.12	−8.35	3.72	−4.99	−0.30
		拟合值	−6.27	−6.84	−7.35	0.30	−5.24	−2.40
5	σ SPD9-5	实测值	−19.26	−22.74	−16.66	4.71	−7.11	−0.33
		拟合值	−17.76	−21.30	−15.21	2.38	−8.50	−1.92
6	σ SPD9-6	实测值	−18.64	−21.86	−13.56	6.81	−2.47	−4.29
		拟合值	−14.39	−16.51	−12.78	1.84	−7.88	−2.13
7	SYZK1	实测值	−10.20	−15.95	−9.08	−0.52	−2.60	−0.86
		拟合值	−16.62	−19.61	−14.38	2.20	−8.33	−2.00
8	SYZK2	实测值	−16.92	−23.50	−15.04	1.54	−3.19	−4.44
		拟合值	−20.00	−24.79	−16.90	2.69	−8.72	−1.73

注:表中正应力分量以压为负。

表 5.4.6　各测点主应力回归拟合值与实测值对比

测点序号	测点编号	结果对比	σ_1			σ_2			σ_3		
			量值/MPa	α/(°)	β/(°)	量值/MPa	α/(°)	β/(°)	量值/MPa	α/(°)	β/(°)
1	σ SPD9-1	实测值	37.82	331.6	46.8	16.05	54.1	−7.0	8.21	137.7	42.3
		拟合值	20.75	352.02	40.0	13.76	93.02	12.86	4.61	239.05	45.6
2	σ SPD9-3	实测值	19.21	323.0	−23.5	13.61	49.2	8.6	5.57	300.4	64.8
		拟合值	17.93	357.49	42.54	11.43	96.86	10.08	3.25	197.35	45.7
3	σ SPD9-2	实测值	22.11	332.0	30.1	11.63	84.0	32.9	5.86	210.1	42.3
		拟合值	15.33	363.63	44.81	9.11	100.79	7.15	2.13	197.83	44.3
4	σ SPD9-4	实测值	15.98	325.6	30.1	8.53	81.8	37.3	3.14	208.5	38.1
		拟合值	12.73	370.76	46.96	6.60	105.17	4.11	1.13	198.98	42.8
5	σ SPD9-5	实测值	28.96	325.0	27.2	18.83	72.5	30.3	10.88	201.4	47.0
		拟合值	27.36	343.65	34.14	18.60	85.80	17.24	8.31	197.98	50.7
6	σ SPD9-6	实测值	27.29	310.4	−3.5	18.27	36.8	45.6	8.49	223.8	44.2
		拟合值	22.75	338.63	388.18	15.30	90.60	14.48	5.64	197.37	48.2
7	SYZK1	实测值	16.91	357	19	10.32	92	14	8.01	216	66.0
		拟合值	25.76	345.17	35.51	17.50	87.32	16.44	7.35	197.72	49.8
8	SYZK2	实测值	24.56	349	18	20.37	92	35	10.52	237	49.0
		拟合值	30.60	341.31	31.41	20.71	83.01	18.39	10.38	198.67	52.5

注:表中主应力符号以受压为正;α 为 σ_1 在水平面上的投影方位角;β 为 σ_1 的倾角,以仰角为正。

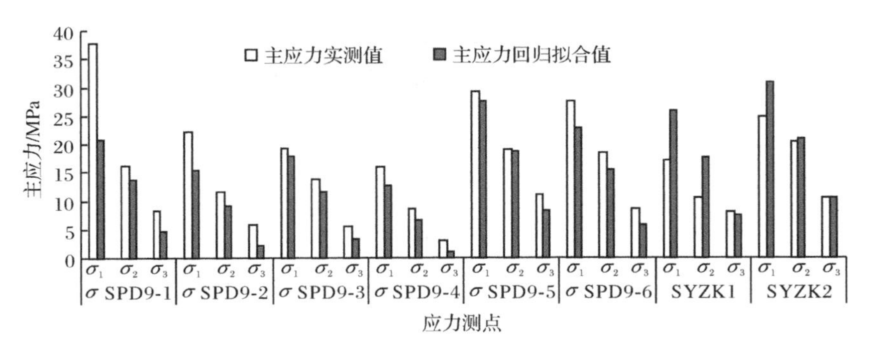

图 5.4.3 各测点主应力回归拟合值与实测值对比柱状图

由表 5.4.6 和图 5.4.3 可以看出：回归拟合得到的初始主应力无论在大小还是分布方位上皆与实测主应力的大小和分布方位一致，说明双江口水电站地下厂房厂区初始地应力反演计算结果是合理可靠的。

5.5 大岗山水电站地下厂房厂区初始地应力场的反演

5.5.1 工程概况

大岗山水电站位于西部大渡河中游四川省石棉县境内，坝址距下游石棉县城约 40km，距成昆铁路汉源火车站约 130km，距上游泸定县城约 72km。坝址左岸有省道 211 线（泸定—石棉公路）相通，交通较为方便。大岗山水电站是大渡河干流开发的大型水电工程之一，坝址处控制流域面积达 6.27 万 km^2，占全流域的 80%，多年平均流量约 1010m^3/s，电站正常蓄水位 1130m，大坝壅水高度约 180m，最大坝高约 210m，总库容约 7.42 亿 m^3，电站装机容量 2600MW。图 5.5.1 为坝区地形地貌图，图 5.5.2 为大坝枢纽布置效果图。

枢纽区基岩以澄江期花岗岩类为主。其中灰白色、微红色黑云二长花岗岩分布在上、下坝址，以中粒结构为主；肉红色正长花岗岩具中细粒结构，主要分布在上坝址上游桃坪至铜槽沟以西一带，其他地段则呈透镜体分布于黑云二长花岗岩之中。此外，尚有辉绿岩脉、玢岩脉、花岗细晶岩脉、闪长岩脉等各类岩脉穿插发育于花岗岩中，尤以辉绿岩脉分布较多。枢纽区地质构造较为简单，无区域断裂切割，构造型式以沿脉岩发育的挤压破碎带、小断层和节理裂隙为特征。

图 5.5.1　坝区地形地貌图

图 5.5.2　大坝枢纽布置效果图

5.5.2　初始地应力实测结果

中国地震局地壳应力研究所采用水压致裂法和孔径变形法在大岗山地下厂房河床、坝肩部位以及地下厂房部位分别进行了地应力测量。其中水压致裂法钻孔主要分布在河床及靠近河床的两岸岸坡部位；而孔径变形法钻孔测点主要分布在坝区左岸地下厂房部位，离坝基面较远。根据孔径变形法地应力测量结果，采用 5.3 节建立的地应力回归分析与拟合方法对大岗山水电站地下厂房厂区的初始地应力场进行反演。

1. 厂区孔径变形法测点及分布

大岗山水电站地下厂房厂区孔径变形法地应力测试钻孔总计有 6 个，6 个测点分布在左岸靠近地下厂房部位，其分布布置如图 5.5.3 所示。测点编号、洞号及洞深分别是：左岸地下厂房部位的 PD3-1 测点（洞号 PD03、洞深 0＋516m）、PD3-2 测点（洞号 PD03、洞深 0＋446m）、PD3-3 测点（洞号 PD03、洞深 0＋273m）、PD3-4 测点（洞号 PD03cz、洞深 0＋245m）、PD3-5 测点（洞号 PD03cz、洞深 0＋150m）、PD3-6 测点（洞号 PD03cz、洞深 0＋25m）。

2. 孔径变形法地应力实测结果

表 5.5.1 为大岗山水电站地下厂房初始地应力测试成果[157]。

根据表 5.5.1 中各主应力在水平面上投影方向角及倾角数值可以看出：

地下厂房附近孔径变形法 6 个测点的最大主应力 σ_1 在水平面上投影的方向角平均值为 N43.42°E；最小主应力 σ_3 在水平面上投影的方向角平均值为 N47.51°W；地下厂房轴线的方位角为 N55°E；与厂房轴线垂直方向的方位角为 N35°W，因此可近似认为，地下厂房附近地应力测点的最大主应力 σ_1 在水平面上投影方向近似平行于地下厂房轴线，最小主应力 σ_3 在水平面上投影方向近似垂直于地下厂房轴线，如图 5.5.4 所示。

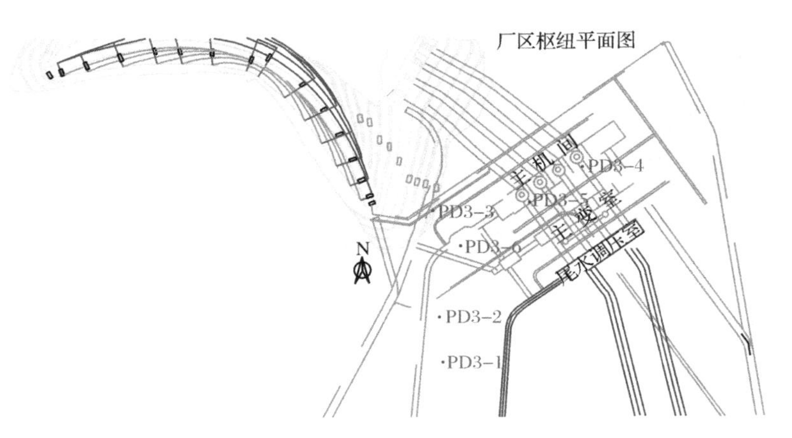

图 5.5.3 孔径变形法地应力测量钻孔位置示意图

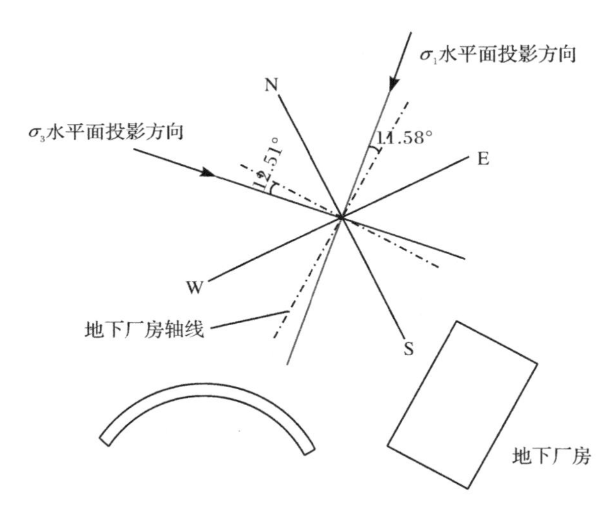

图 5.5.4 孔径变形法实测的最大、最小主应力方向示意图

表 5.5.1 大岗山水电站地下厂房厂区初始地应力测试成果表

测试方法	测点编号	测点位置		测点岩性	σ_1			σ_2			σ_3			备注
		洞号及洞深/m	高程/m		量值/MPa	α/(°)	β/(°)	量值/MPa	α/(°)	β/(°)	量值/MPa	α/(°)	β/(°)	
孔径变形法	PD3-1	PD03 0+516m	约980	黑云二长花岗岩	22.19	29.37	6.56	15.51	148.38	70.57	9.73	297.00	18.20	测点岩体中地下水较丰富
	PD3-2	PD03 0+446m			20.15	18.15	9.14	13.70	161.00	64.50	7.12	278.60	21.60	
	PD3-3	PD03 0+273m			18.50	52.84	1.03	10.01	168.34	87.62	4.75	322.80	2.13	测点岩体相对较完整，局部岩体有地下水渗出
	PD3-4	PD03cz 0+245m			13.01	60.95	38.62	10.10	53.03	−51.11	2.43	327.85	−3.88	测点处岩体相对较差(裂隙发育)，地下水较丰富
	PD3-5	PD03cz 0+150m			11.37	44.91	23.46	9.96	91.53	−57.71	2.90	324.43	−20.86	测点附近岩体相对较差
	PD3-6	PD03cz 0+25m			19.28	54.30	0.19	10.70	146.33	84.55	4.58	324.28	5.44	测点处岩体相对较完整

注：α 为主应力在水平面上的投影方位角；β 为主应力的倾角，仰角为正。

5.5.3 地应力反演计算条件

1. 计算范围的选取

为较好地模拟大岗山水电站地下厂房厂区初始地应力场，选取了较大的计算范围(见图 5.5.5)，其中 X 轴方向(即垂直于主机间、主变室和尾调室的轴线方向)为 1000m，Z 轴方向(即平行于主机间、主变室和尾调室的轴线方向)为 1000m，Y 轴方向(即沿高程方向)从地表至高程 700m。图 5.5.5 为三维数值计算网格，图中共剖分了 25485 个单元，6786 个节点。

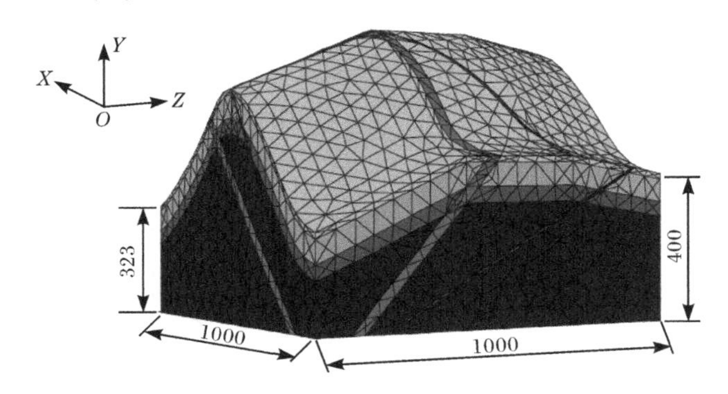

图 5.5.5 三维数值计算网格(单位：m)

地应力场回归数值计算范围内模拟了地形起伏特征与岩层分布情况，同时模拟了规模较大的辉绿岩脉和断层破碎带。

2. 边界约束条件

在数值计算过程中，对模型各侧面和底边界施加法向位移约束，上边界为自由边界。

3. 岩体计算参数

根据四川省大渡河大岗山水电站可行性报告(工程地质)[157]，岩体的物理力学参数如表 5.5.2 所示。

表 5.5.2　岩体物理力学参数

岩性	水平变形模量/GPa	垂直变形模量/GPa	泊松比	水平剪切模量/GPa	垂直剪切模量/GPa	容重/(kN/m³)
Ⅱ类	24.5	14.0	0.25	9.80	5.60	26.5
Ⅲ-2 类	9.05	6.0	0.30	3.65	2.31	26.2
Ⅳ类	2.5	2.0	0.35	0.93	0.74	25.8
Ⅴ类	0.7	0.7	0.37	0.26	0.26	24.5

5.5.4　实测地应力的转换

地下厂房厂区实测地应力只提供了测点三个主应力大小及各主应力的方位（倾向 α 和倾角 β 见表 5.5.1），而实际反演计算需要给出每个测点的六个应力分量，因此要按照计算坐标系进行转换。

以图 5.5.5 坐标系 XYZ 中坐标应力分量为基本对象，而地应力实测值是按主应力平面方位和倾角给出的，转换前首先需要按照下式计算实测主应力与坐标轴之间的方向余弦：

$$\begin{cases} L_i = \cos\beta_i \cos\alpha_{ix} \\ M_i = \cos\beta_i \sin\alpha_{ix} \\ N_i = \sin\beta_i \end{cases} \tag{5.5.1}$$

式中，L_i、M_i、N_i 分别为 σ_i 对 X、Y、Z 轴的方向余弦；β_i 为 σ_i 与水平面之间的夹角；α_{ix} 为 σ_i 与轴正向 X 之间夹角。

根据每组实测主应力量值及方向余弦，由式(5.5.2)可将实测主应力转换成计算坐标系内的应力分量

$$\begin{cases} \sigma_x = L_1^2\sigma_1 + L_2^2\sigma_2 + L_3^2\sigma_3 \\ \sigma_y = M_1^2\sigma_1 + M_2^2\sigma_2 + M_3^2\sigma_3 \\ \sigma_z = N_1^2\sigma_1 + N_2^2\sigma_2 + N_3^2\sigma_3 \\ \tau_{xy} = L_1M_1\sigma_1 + L_2M_2\sigma_2 + L_3M_3\sigma_3 \\ \tau_{yz} = M_1N_1\sigma_1 + M_2N_2\sigma_2 + M_3N_3\sigma_3 \\ \tau_{zx} = N_1L_1\sigma_1 + N_2L_2\sigma_2 + N_3L_3\sigma_3 \end{cases} \tag{5.5.2}$$

根据式(5.5.2)可将表 5.5.1 中实测主应力转化为有限元计算坐标系下的应力分量，转换结果如表 5.5.3 所示。

表 5.5.3 实测地应力转换结果

测点序号	σ_x/MPa	σ_y/MPa	σ_z/MPa	τ_{xy}/MPa	τ_{yz}/MPa	τ_{zx}/MPa
PD3-1	−12.65	−15.03	−19.74	1.22	−0.63	−5.00
PD3-2	−12.34	−12.63	−16.00	1.54	0.70	−7.02
PD3-3	−4.78	−10.01	−18.48	0.19	−0.16	−0.52
PD3-4	−2.50	−11.20	−11.84	0.99	−1.37	0.56
PD3-5	−3.83	−9.29	−11.11	−2.44	−0.48	−0.27
PD3-6	−4.64	−10.64	−19.28	0.58	−0.04	−0.18

5.5.5 地下厂房厂区初始地应力回归分析

图 5.5.6～图 5.5.8 为回归计算获得的大岗山地下厂房厂区初始最大主应力、中间主应力和最小主应力分布云图。

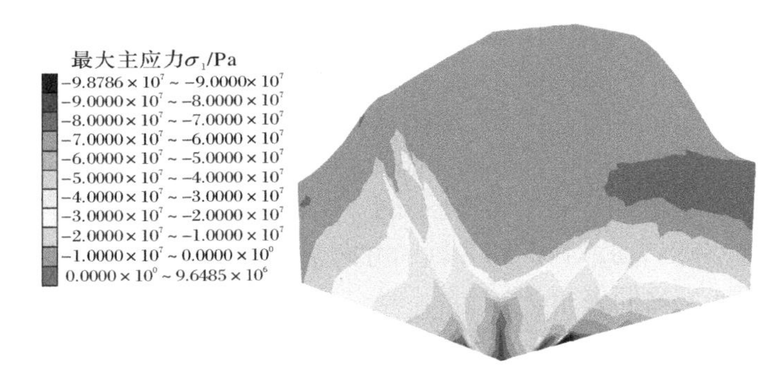

图 5.5.6 最大主应力 σ_1 分布云图

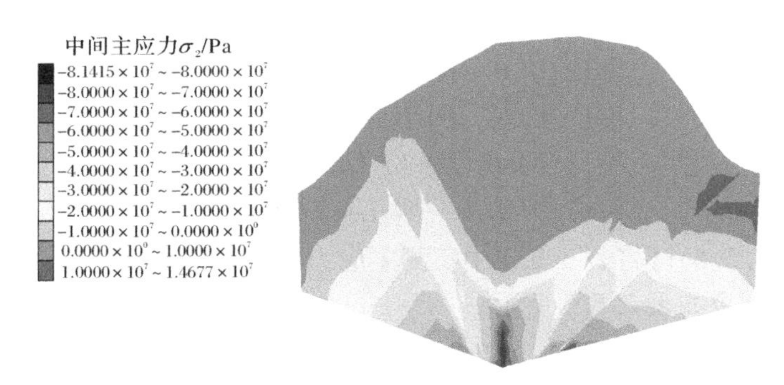

图 5.5.7 中间主应力 σ_2 分布云图

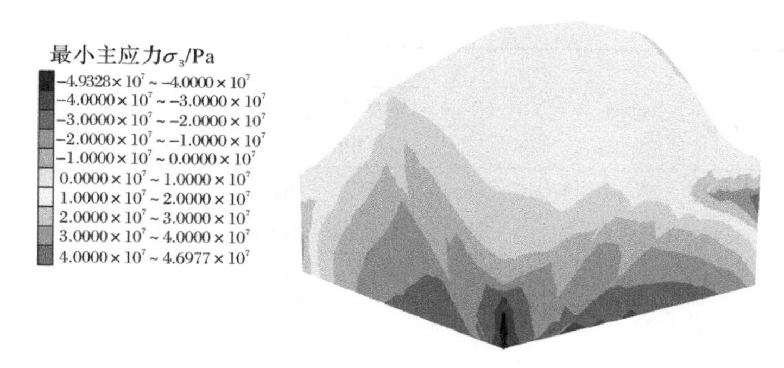

图5.5.8　最小主应力σ_3分布云图

由图5.5.6～图5.5.8可以看出：

(1) 模型中最大、最小和中间主应力的量值由浅部到深部逐渐增大。在模型的底部，即高程700m平面，最大主应力的量值最大可达100MPa左右，最小主应力的量值最大可达50MPa左右，中间主应力的量值最大可达80MPa左右。受岩脉、断层、地形构造等因素的影响，模型出现部分拉应力区。由于边界条件、约束效应的影响，在远离地下厂房厂区的模型边界和岸坡部位出现部分应力集中现象，在模型内部无明显应力集中现象出现。

(2) 模型模拟了地表真实的地形起伏特征与岩层分部情况，同时模拟了规模较大的辉绿岩脉和断层破碎带。在断层部位有部分应力集中出现，对地应力的整体分布影响不大。

(3) 整个地下厂房厂区数值模拟计算范围内的初始最大主应力σ_1的变化范围为12～19MPa，初始中间主应力σ_2的变化范围为9～12MPa，初始最小主应力σ_3的变化范围为3～9MPa。

(4) 在地下厂房厂区河谷的岸坡浅表地层内出现一些量值不大的主拉应力，这主要是由于岸坡表层分布的强风化地层风化卸荷影响所致。

表5.5.4和表5.5.5分别列出了各测点主应力及应力分量回归计算值与实测值的对比。

表5.5.4　各测点主应力回归计算值与实测值对比

测点序号	测点编号	结果对比	σ_1			σ_2			σ_3		
			量值/MPa	α/(°)	β/(°)	量值/MPa	α/(°)	β/(°)	量值/MPa	α/(°)	β/(°)
1	PD3-1	实测值	22.19	29.37	6.56	15.51	148.38	70.57	9.73	297.00	18.20
		回归值	17.92	41.92	6.77	12.10	173.7	66.20	8.70	335.23	22.70
		绝对误差	4.27	12.55	0.21	3.41	25.32	4.37	1.03	38.23	4.50

续表

测点序号	测点编号	结果对比	σ_1			σ_2			σ_3		
			量值/MPa	α/(°)	β/(°)	量值/MPa	α/(°)	β/(°)	量值/MPa	α/(°)	β/(°)
2	PD3-2	实测值	20.15	18.15	9.14	13.70	161.00	64.50	7.12	278.60	21.60
		回归值	18.31	49.82	1.77	11.66	162.93	82.04	8.29	329.94	7.76
		绝对误差	1.84	31.67	7.37	2.04	1.93	17.54	1.17	51.34	13.84
3	PD3-3	实测值	18.5	52.84	1.03	10.01	168.34	87.62	4.75	322.80	2.13
		回归值	16.64	53.52	0.92	9.76	150.51	77.18	3.20	323.74	−12.79
		绝对误差	1.86	0.68	0.11	0.25	17.83	10.44	1.55	0.94	14.92
4	PD3-4	实测值	13.01	60.95	38.62	10.10	53.03	−51.11	2.43	327.85	−3.88
		回归值	12.88	53.05	13.45	11.73	199.58	74.00	3.95	329.00	−8.50
		绝对误差	0.13	7.90	25.17	1.63	146.55	125.11	1.52	1.15	4.62
5	PD3-5	实测值	11.37	44.91	23.46	9.96	91.53	−57.71	2.90	324.43	−20.86
		回归值	15.56	50.79	4.00	12.13	172.64	82.45	5.87	329.65	−6.39
		绝对误差	4.19	5.88	19.46	2.17	81.11	140.16	2.97	5.22	14.47
6	PD3-6	实测值	19.28	54.30	0.19	10.70	146.33	84.55	4.58	324.28	5.44
		回归值	17.75	53.96	2.12	11.40	156.88	78.87	6.07	324.38	−10.92
		绝对误差	1.53	0.34	1.93	0.70	10.55	5.68	1.49	0.10	16.36

注：表中主应力 σ 以压为正；α 为 σ_1 在水平面上的投影方位角；β 为 σ_1 的倾角，以仰角为正。

表 5.5.5　各测点应力分量回归计算值与实测值对比

测点序号	测点编号	结果对比	σ_x/MPa	σ_y/MPa	σ_z/MPa	τ_{xy}/MPa	τ_{yz}/MPa	τ_{zx}/MPa
1	PD3-1	实测值	−12.65	−15.03	−19.74	1.22	−0.63	−5.00
		回归值	−9.59	−11.68	−17.45	1.35	−0.45	1.77
		绝对误差	3.06	3.36	2.29	0.13	0.18	6.77
2	PD3-2	实测值	−12.34	−12.63	−16.00	1.54	0.70	−7.02
		回归值	−8.43	−11.61	−18.22	0.47	−0.17	0.88
		绝对误差	3.91	1.03	2.23	1.07	0.87	7.91
3	PD3-3	实测值	−4.78	−10.01	−18.48	0.19	−0.16	−0.52
		回归值	−3.53	−9.44	−16.63	−1.42	−0.08	−0.31
		绝对误差	1.25	0.56	1.85	1.61	0.08	0.21
4	PD3-4	实测值	−2.50	−11.20	−11.84	0.99	−1.37	0.56
		回归值	−4.16	−11.62	−12.78	−1.13	−0.34	0.57
		绝对误差	1.66	0.42	0.94	2.12	1.03	0.00

续表

测点序号	测点编号	结果对比	σ_x/MPa	σ_y/MPa	σ_z/MPa	τ_{xy}/MPa	τ_{yz}/MPa	τ_{zx}/MPa
5	PD3-5	实测值	−3.83	−9.29	−11.11	−2.44	−0.48	−0.27
		回归值	−6.01	−12.07	−15.48	−0.67	−0.29	0.75
		绝对误差	2.18	2.78	4.37	1.77	0.19	1.01
6	PD3-6	实测值	−4.64	−10.64	−19.28	0.58	−0.04	−0.18
		回归值	−6.26	−11.22	−17.74	−1.00	−0.22	−0.17
		绝对误差	1.63	0.58	1.54	1.58	0.19	0.01

注:表中正应力分量以压为负。

由表 5.5.4 和表 5.5.5 可以看出:各测点地应力回归计算值与实测值之间的残余误差较小,二者相关系数大于 0.9,属于强相关。总体来讲,回归计算应力与实测应力比较吻合。

5.5.6　地下厂房厂区初始地应力函数

1. *初始地应力函数*

为在回归分析的基础上对地下厂房厂区初始地应力函数进行拟合,在地下厂房厂区部位共选取了 24 个竖向钻孔,每个竖向钻孔内选取了 20 个单元,共选取了 480 个单元的应力回归值进行拟合。进行应力函数拟合用的竖向钻孔位置如图 5.5.9 所示。

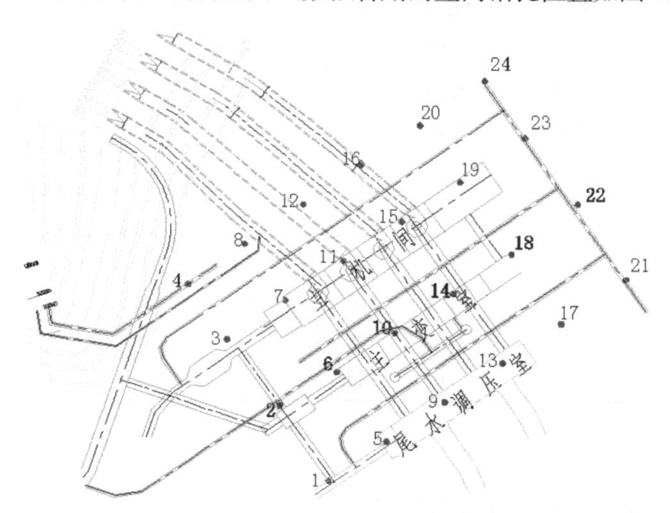

图 5.5.9　应力函数拟合用的竖向钻孔位置示意图

注:图中圆点表示拟合应力钻孔位置

由于大岗山地下厂房厂区地表地形起伏不大,为方便分析,拟合过程中只考虑埋深的影响，地形的影响不予考虑。因此，根据初始地应力函数拟合方法，首先使用 SPSS 软件对选取出的 480 个单元回归计算的六个应力分量进行统计分析，然后拟合出六个应力分量随埋深变化的应力函数，最后将实测点埋深代入拟合出应力函数，并将拟合值与实测值比较，以此检验拟合应力函数的可靠性。

拟合得到大岗山地下厂房厂区初始地应力函数表达式为

$$\begin{cases}\sigma_x = 4.1358 - 0.01188h - 1.036\times10^{-4}h^2 \\ \sigma_y = 5.276 - 0.051h + 2.36\times10^{-5}h^2 \\ \sigma_z = 5.506 - 0.066h - 2.73\times10^{-5}h^2 \\ \tau_{xy} = 5.967 - 0.025h + 2.87\times10^{-5}h^2 \\ \tau_{yz} = 0.603 - 0.003h + 1.97\times10^{-6}h^2 \\ \tau_{xz} = 5.324 - 0.028h + 4.02\times10^{-5}h^2 \end{cases} \tag{5.5.3}$$

2. 回归拟合应力分量与实测值的对比

表 5.5.6 是各测点应力分量回归拟合值与实测值对比。

表 5.5.6 各测点应力分量回归拟合值与实测值对比

测点序号	测点编号	结果对比	σ_x/MPa	σ_y/MPa	σ_z/MPa	τ_{xy}/MPa	τ_{yz}/MPa	τ_{zx}/MPa
1	PD3-1	实测值	−12.65	−15.03	−19.74	1.22	−0.63	−5.00
		拟合值	−8.84	−11.89	−17.21	0.52	−0.28	0.81
2	PD3-2	实测值	−12.34	−12.63	−16.00	1.54	0.70	−7.02
		拟合值	−7.90	−11.48	−16.65	0.54	−0.26	0.74
3	PD3-3	实测值	−4.78	−10.01	−18.48	0.19	−0.16	−0.52
		拟合值	−2.24	−8.37	−12.42	0.95	−0.12	0.64
4	PD3-4	实测值	−2.50	−11.20	−11.84	0.99	−1.37	0.56
		拟合值	−9.10	−12.00	−17.36	0.52	−0.29	0.83
5	PD3-5	实测值	−3.83	−9.29	−11.11	−2.44	−0.48	−0.27
		拟合值	−4.16	−9.58	−14.06	0.74	−0.18	0.60
6	PD3-6	实测值	−4.64	−10.64	−19.28	0.58	−0.04	−0.18
		拟合值	−6.93	−11.04	−16.04	0.57	−0.24	0.69

注：表中正应力分量以压为负。

3. 主应力回归拟合值与实测值的对比

表 5.5.7 是各测点主应力回归拟合值与实测值对比；图 5.5.10 是各测点主应力回归拟合值与实测值对比柱状图。

表 5.5.7 各测点主应力回归拟合值与实测值对比

测点序号	测点编号	结果对比	σ_1			σ_2			σ_3		
			量值/MPa	α/(°)	β/(°)	量值/MPa	α/(°)	β/(°)	量值/MPa	α/(°)	β/(°)
1	PD3-1	实测值	22.19	29.37	6.56	15.51	148.38	70.57	9.73	297.00	18.20
		拟合值	17.31	49.32	3.49	11.95	172.21	80.57	8.69	330.14	8.75
2	PD3-2	实测值	20.15	18.15	9.14	13.70	161.00	64.50	7.12	278.60	21.60
		拟合值	16.73	50.01	3.34	11.53	172.61	81.38	7.77	329.53	7.94
3	PD3-3	实测值	18.50	52.84	1.03	10.01	168.34	87.62	4.75	322.80	2.13
		拟合值	12.47	51.18	2.56	8.50	165.45	81.13	2.06	328.44	8.48
4	PD3-4	实测值	13.01	60.95	38.62	10.10	53.03	−51.11	2.43	327.85	−3.88
		拟合值	17.46	49.11	3.58	12.06	172.13	80.20	8.94	330.31	9.11
5	PD3-5	实测值	11.37	44.91	23.46	9.96	91.53	−57.71	2.90	324.43	−20.86
		拟合值	14.11	51.33	2.87	9.66	169.53	81.99	4.03	328.29	7.48
6	PD3-6	实测值	19.28	54.30	0.19	10.70	146.33	84.55	4.58	324.28	5.44
		拟合值	16.11	50.50	3.21	11.10	172.70	81.91	6.81	329.08	7.42

注:表中应力符号以受压为正;α 为 σ_1 在水平面上的投影方位角;β 为 σ_1 的倾角,仰角为正。

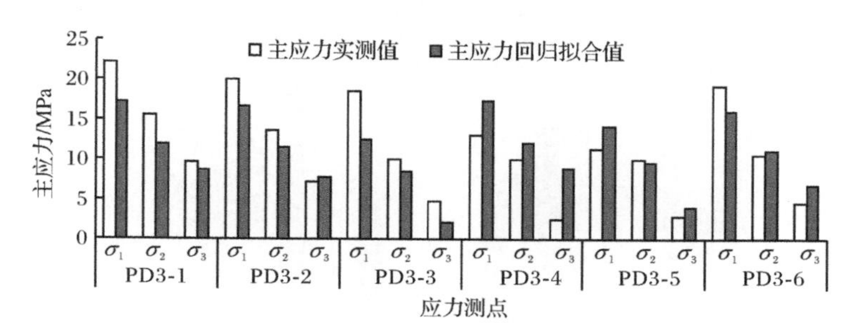

图 5.5.10 各测点主应力回归拟合值与实测值对比柱状图

由表 5.5.7 和图 5.5.10 可以看出:回归拟合得到的初始主应力无论在大小还是分布方位上皆与实测主应力的大小和分布方位一致,表明大岗山地下厂房厂区的初始地应力反演计算结果是可靠的。

5.6 本章小结

(1) 考虑初始地应力的形成条件,选取自重、挤压构造运动和剪切构造运动作为影响地下厂房厂区初始地应力场的主要因素，建立了初始地应力的多元回归拟合分析方法。

(2) 在初始地应力回归分析的基础上，考虑埋深和地形对初始地应力分布的影响，得到双江口水电站地下厂房厂区和大岗山水电站地下厂房厂区的初始地应力场函数。

(3) 反演获得的地下厂房厂区各测点的初始地应力与实测地应力大小基本吻合、方向基本一致，表明反演计算得到的双江口水电站和大岗山水电站地下厂房厂区的初始地应力场是合理可靠的。

(4) 反演计算表明：①无论是双江口水电站还是大岗山水电站，其地下厂房最大主应力的方向基本沿厂房轴线方向，且沿厂房轴线方向的构造应力大于垂直厂房轴线方向的构造应力；②随着埋藏深度的增加，最大主应力的方向由竖直方向逐渐转变为水平方向。在埋深较浅时，最大主应力以垂直应力为主，在埋深较深时，最大主应力以水平构造应力为主；③地下厂房厂区初始地应力场是一个在浅部以自重应力为主，在深部以构造应力为主，由构造应力和自重应力联合组成的中等偏高的地应力场。

第 6 章 大型地下厂房施工期围岩力学参数动态反演与开挖稳定性分析

目前,根据现场监测位移来反演岩体力学参数已成为地下洞室围岩稳定分析的核心内容[158~164]。由于开挖扰动的影响,围岩力学参数随开挖进程而不断变化,因此如何实时动态反演岩体力学参数就成为地下工程围岩稳定分析需要解决的重要问题。为此,本章以大岗山水电站地下厂房工程为研究背景,考虑围岩力学参数的实时变化,建立了正交设计效应优化位移反分析法,对地下厂房逐层开挖扰动范围内围岩的力学参数进行了实时动态反演,应用动态反演的围岩力学参数,对地下厂房各开挖层围岩稳定性进行了数值计算分析,并将计算结果及时反馈给设计单位,有效指导和优化了地下厂房工程的设计和施工方案[165]。

6.1 正交设计效应优化位移反分析法

6.1.1 正交试验设计

正交试验设计是利用正交表来安排与分析多因素试验的一种设计方法,它是从试验因素的全部水平组合中挑选部分有代表性的水平组合进行试验,通过对这部分试验结果的分析,了解全面试验的情况,找出最优的水平组合。正交试验设计的基本特点是:用部分试验来代替全面试验,通过对部分试验结果的分析,了解全面试验的情况[166,167]。

在试验安排中,每个因素在研究的范围内选几个水平,就好比在选优区内打上网格,如果网上的每个点都做试验,就是全面试验。例如,在 3 因素 3 水平试验中,三个因素 A、B、C,每个因素有三个水平,分别为 A_1、A_2、A_3,B_1、B_2、B_3,C_1、C_2、C_3,3 个因素的选优区可以用一个立方体表示,3 个因素各取 3 个水平,把立方体划分成 27 个格点,反映在图 6.1.1 上就是立方体内的 27 个“○”。若 27 个网格点都试验,就是全面试验。

3 因素 3 水平的全面试验水平组合数为 $3^3=27$,4 因素 3 水平的全面试验水平组合数为 $3^4=81$,5 因素 3 水平的全面试验水平组合数为 $3^5=243$,这在科学试验中是有可能做不到的。

常用的正交表如表 6.1.1 所示,记为 $L_9(3^3)$,这里“L”表示正交表,“9”表示总共要做 9 次试验,其中一个“3”表示每个因素都有 3 个水平,另一个“3”表示这个表有三列，最多可以安排 3 个因素。

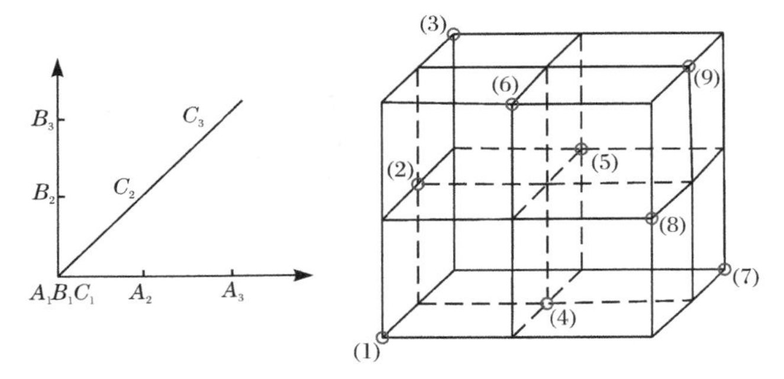

图 6.1.1　3 因素 3 水平试验的均衡分散立体图

表 6.1.1　正交表 $L_9(3^3)$

试验号＼因素	A	B	C
1	1	1	1
2	1	2	2
3	1	3	3
4	2	1	2
5	2	2	3
6	2	3	1
7	3	1	3
8	3	2	1
9	3	3	2

图 6.1.1 中标有试验号的九个“○”，就是利用正交表 $L_9(3^3)$ 从 27 个试验点中挑选出来的 9 个试验点，即

(1)$A_1B_1C_1$　　(2)$A_1B_2C_2$　　(3)$A_1B_3C_3$

(4)$A_2B_1C_2$　　(5)$A_2B_2C_3$　　(6)$A_2B_3C_1$

(7)$A_3B_1C_3$　　(8)$A_3B_2C_1$　　(9)$A_3B_3C_2$

上述选择保证了 A 因素的每个水平与 B 因素、C 因素的各个水平在试验中各搭配一次。对于 A、B、C 三个因素来说，是在 27 个全面试验点中选择 9 个试验点，仅是全面试验的 1/3。

从图 6.1.1 中可以看到，9 个试验点在选优区中均衡分布，在立方体的每个平面上，都恰有 3 个试验点，在立方体的每条线上也恰有一个试验点，9 个试验点均衡地分布于整个立方体内，有较强的代表性，能够比较全面地反映选优区内的基本情况。

6.1.2　反演目标函数

在待反演的多种不同参数取值组合中，选取一组参数使之相应的计算位移值与实测位移值在整体上具有最大的拟合程度，是直接位移反分析方法的核心内容。因此，对于实际工程的参数反演分析，需要将实测位移与正分析计算位移进行对比，以两者之间的某种误差函数作为目标函数进行参数估计。实际工程采用的参数反演目标函数主要有误差平方和、最大相对误差和最大绝对误差等[168]，它们分别表示为

$$U_1 = \sum_{i=1}^{N} (u_i - u_i^*)^2 \tag{6.1.1}$$

$$U_2 = \max_{1 \leqslant i \leqslant N} \left| u_i - u_i^* \right| \tag{6.1.2}$$

$$U_3 = \max_{1 \leqslant i \leqslant N} \left| \frac{u_i - u_i^*}{u_i} \right| \tag{6.1.3}$$

式中，N 为实测位移点总数；u_i^* 为第 i 个测点的实测位移值；u_i 为第 i 个测点的计算位移值。

由于 u_i 为待定参数的相当复杂的非线性函数，因此一般采用有限元法来求出 u_i。在实际工程中可取式(6.1.1)～式(6.1.3)中的任意式作为目标函数，本书采用式(6.1.1)作为参数反演的目标函数。

6.1.3　效应优化分析

直接优化反演法又称直接逼近法，是通过利用正分析的过程和格式，对参数反演目标函数进行迭代计算，逐次修正未知参数的试算值，直至获得最佳值(即全局最优解)。这种参数反演方法的实质是目标函数的寻优问题。常用的优化迭代方法可用于线性及各类非线性问题的优化反分析，具有很宽的适用范围。但是，这些优化方法解的稳定性差，计算工作量对待定参数的试探值或分布区间等具有很大依赖性，尤其是当待定参数的数目较多时，工作量大而且收敛速度缓慢。因此，本书针对工程应用的特点，在满足工程精度要求下，通过研究正交设计试验中起主导作用的待反演参数各水平因素对目标函数计算误差的影响，提出正交试验设计效应优化位移反分析法，该法具有优化计算工作量小，效率高的特点，其具体计算分析过程如下：

在正交设计中，若以 μ_t 表示第 t 号试验各因素水平搭配对指标值 x_t 影响的总和，也叫 x_t 的理论值，则有

$$x_t = \mu_t + \varepsilon_t, \quad t = 1,2,\cdots,n; \varepsilon_t \propto N(0,\sigma^2) \tag{6.1.4}$$

式中，ε_t 是相互独立的随机误差。

这种数据结构形式称为在 $L_n(m^k)$ 型正交表上安排试验的数学模型。由于各正交表的具体情况不同，数据结构的具体形式也不相同，因此下面以正交表 $L_4(2^3)$ 为例说明，如表 6.1.2 所示。

表 6.1.2 $L_4(2^3)$ 正交表

试验号 \ 列号	A	B
1	1	1
2	1	2
3	2	1
4	2	2

假设安排 A、B 两个因素，A 安排在第 1 列，B 安排在第 2 列，根据各试验号因素水平组合的不同，数据结构的形式为

$$\begin{cases} x_1 = \mu_{11} + \varepsilon_1 \\ x_2 = \mu_{12} + \varepsilon_2 \\ x_3 = \mu_{21} + \varepsilon_3 \\ x_4 = \mu_{22} + \varepsilon_4 \end{cases} \tag{6.1.5}$$

式中，μ_{ij} 表示在 A_i、B_j 组合下指标值 x_t 的理论值。

$$\mu_{ij} = \mu + a_i + b_j, \quad i = 1,2; j = 1,2 \tag{6.1.6}$$

式中，$\mu=\dfrac{1}{4}(\mu_{11}+\mu_{12}+\mu_{21}+\mu_{22})$称为平均值；$a_i$ 为因素 A 在 i 水平时的效应，$a_1+a_2=0$；b_i 为因素 B 在 j 水平时的效应，$b_1+b_2=0$。

因此，数据结构式变为

$$\begin{cases} x_1 = \mu + a_1 + b_1 + \varepsilon_1 \\ x_2 = \mu + a_1 + b_2 + \varepsilon_2 \\ x_3 = \mu + a_2 + b_1 + \varepsilon_3 \\ x_4 = \mu + a_2 + b_2 + \varepsilon_4 \end{cases} \tag{6.1.7}$$

由式(6.1.4)可知，ε_t 是随机误差，要对 μ_t 作出估计，即求出 μ_t 的估计值 $\hat{\mu}_t$，并使其满足式(6.1.8)，即

$$\sum_{t=1}^{n}(x_t - \hat{\mu}_t)^2 = \min \sum_{t=1}^{n}(x_t - \mu_t)^2 \tag{6.1.8}$$

由式(6.1.7)和式(6.1.8)可得

$$\begin{aligned} S &= \sum_{t=1}^{4}(x_t - \mu_t)^2 \\ &= (x_1 - \mu - a_1 - b_1)^2 + (x_2 - \mu - a_1 - b_2)^2 \end{aligned}$$

$$+(x_3-\mu-a_2-b_1)^2+(x_4-\mu-a_2-b_2)^2 \tag{6.1.9}$$

为使 S 达到最小,采用最小二乘法,求 μ_t 的估计值$\hat{\mu}_t$,就是求 μ、a_i、b_i 的估计值$\hat{\mu}$、$\hat{a}_i$、$\hat{b}_i$。

由$\frac{\partial S}{\partial \mu}=0$,即

$$\frac{\partial S}{\partial \mu}=-2(x_1-\mu-a_1-b_1)-2(x_2-\mu-a_1-b_2)$$
$$-2(x_3-\mu-a_2-b_1)-2(x_4-\mu-a_2-b_2)=0 \tag{6.1.10}$$

可得到

$$x_1+x_2+x_3+x_4-4\mu-2(a_1+a_2)-2(b_1+b_2)=0 \tag{6.1.11}$$

考虑 $a_1+a_2=0$,$b_1+b_2=0$,有 $x_1+x_2+x_3+x_4-4\mu=0$,即

$$\mu=\frac{1}{4}(x_1+x_2+x_3+x_4) \tag{6.1.12}$$

记为

$$\hat{\mu}=\bar{x} \tag{6.1.13}$$

同样,根据$\frac{\partial S}{\partial a_1}=-2(x_1-\mu-a_1-b_1)-2(x_2-\mu-a_1-b_2)=0$,并考虑 $b_1+b_2=0$,可得到

$$a_1=\frac{x_1+x_2}{2}-\mu=\bar{A}_1-\mu \tag{6.1.14}$$

记为

$$\hat{a}_1=\bar{A}_1-\hat{\mu} \tag{6.1.15}$$

类似推导,获得

$$\begin{cases}\hat{a}_2=\bar{A}_2-\hat{\mu}\\ \hat{b}_1=\bar{B}_1-\hat{\mu}\\ \hat{b}_2=\bar{B}_2-\hat{\mu}\end{cases} \tag{6.1.16}$$

假设最优方案里 A 是最重要的因素,最优方案下指标值的点估计公式为

$$\hat{\mu}_{优}=\hat{\mu}+\hat{a}_i \tag{6.1.17}$$

6.1.4　力学参数反演流程与计算步骤

图 6.1.2 是正交试验设计效应优化位移反分析法的反演计算流程[169]。

具体反演计算步骤如下:

(1) 建立地应力反演计算模型,根据现场地应力实测数据,采用多元回归拟合法反演地下厂房厂区初始地应力场,得到初始地应力函数及分布规律。

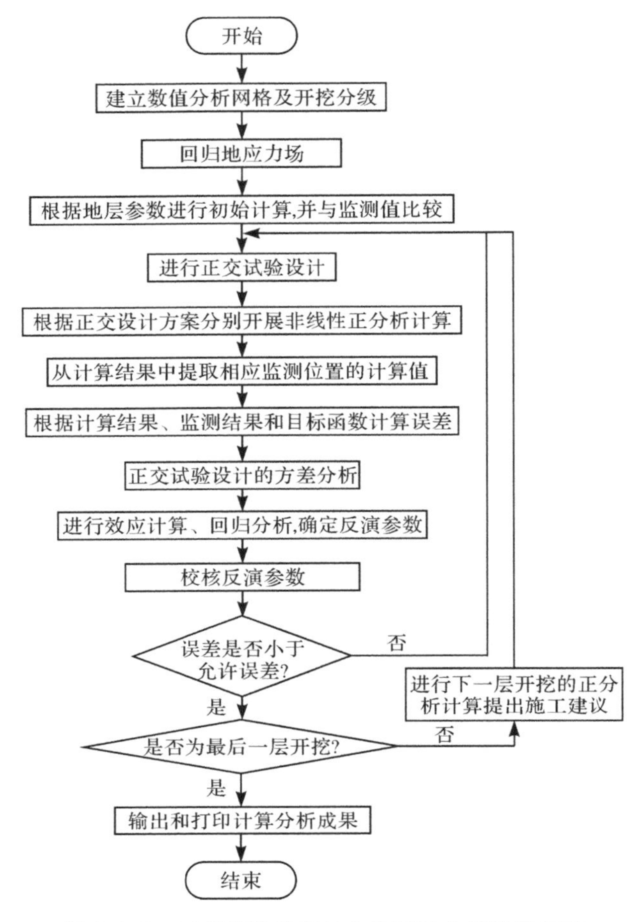

图 6.1.2　正交设计效应优化位移反分析计算流程

(2) 建立地下厂房围岩力学参数反演数值计算模型,输入地应力函数和地层参数进行初始计算,并与监测值比较,确定围岩力学参数的取值范围。

(3) 以待反演的围岩力学参数为设计变量,在岩体力学参数取值范围内,通过正交试验设计具有代表性的参数组合,分别进行正分析计算。

(4) 将实测位移与正分析计算位移进行对比,以两者之间的误差平方和作为参数估计的目标函数,即

$$S=\sum_{i=1}^{N}(u_i-u_i^*)^2 \tag{6.1.18}$$

式中,u_i 为对 i 测点计算位移;u_i^* 为 i 测点监测位移;N 为测点数。

(5) 比较各组参数计算所得的误差 S 值,最小误差 S 所对应的那组参数即为待优参数。

(6) 继续对待优参数进行效应优化以获得最优参数，即点估计。

(7) 利用效应优化获得的最优参数进行正分析计算，并与对应监测位移进行比较以校核反演参数。

(8) 应用反演获得的岩体最优参数进行地下厂房各层开挖稳定性计算，并对洞室开挖围岩稳定性进行预测。

(9) 根据计算分析结果对地下厂房施工开挖围岩稳定提出指导性建议，并及时反馈给设计和施工单位。

(10) 重复(3)～(9)步计算过程，直至地下厂房开挖完成。

6.2 大岗山地下厂房围岩力学参数动态反演分析

6.2.1 数值计算模型

1. 围岩本构模型

围岩本构模型采用理想弹塑性模型，屈服准则采用摩尔—库伦准则。

2. 围岩物理力学参数

根据地质勘察报告[157]，大岗山地下厂房厂区围岩物理力学参数取值如表6.2.1所示，地下厂房厂区初始地应力采用第5章的反演结果进行计算。

表6.2.1 地下厂房围岩物理力学参数

地层类别	容重/(kN/m^3)	变形模量/GPa	黏聚力/MPa	摩擦角/(°)	泊松比
Ⅲ类	26.2	6	1.15	45	0.3
Ⅳ类	25.8	1.25	0.6	35	0.35
Ⅴ类	24.5	0.5	0.075	19.3	0.35

3. 数值计算模型

三维数值分析模型考虑了主厂房、主变室、尾调室、母线洞、尾水洞以及洞区范围内的主要地层分布，模拟了厂区分布的β_{80}、β_{81}、β_{163}、β_{164}等岩脉地质构造。计算选择厂横向(即水流方向)为X轴，铅垂向为Y轴，厂纵向为Z轴。计算坐标原点选在厂横(X轴)0+0.0m、高程(Y轴)0.0m、厂纵(Z轴)0+0.0m位置，数值模拟范围为$-302.9\text{m}\leqslant X\leqslant 450.0\text{m}$，$700.0\text{m}\leqslant Y\leqslant$地表，$-300.0\text{m}\leqslant Z\leqslant 500.0\text{m}$，共剖分了37970节点，201189个单元。边界条件为对模型底部和各侧面施加法向位移约束，模型地表为自由边界。三维数值分析模型如图6.2.1所示。

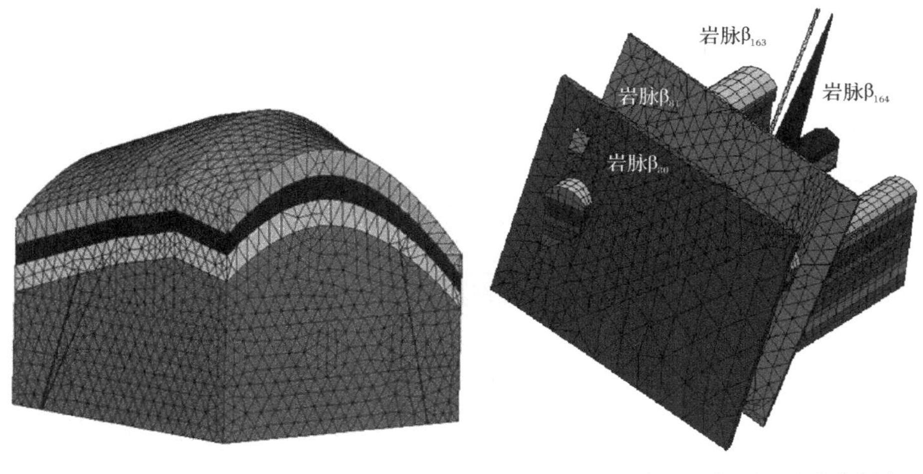

(a) 三维数值计算网格模型　　(b) 地下厂房洞室附近主要岩脉分布图

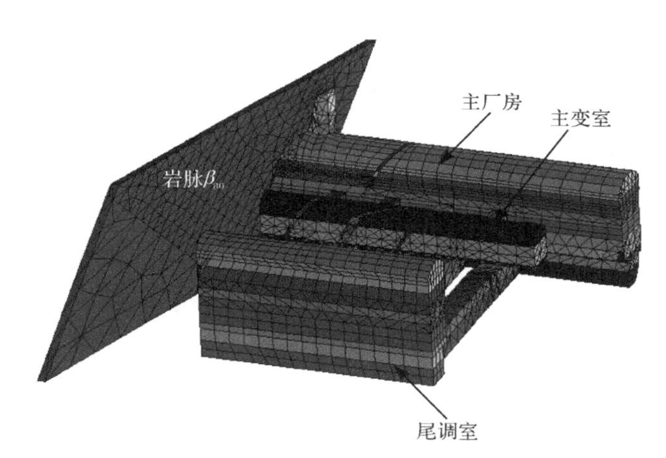

(c) 地下厂房网格剖分

图 6.2.1　地下厂房网格剖分与地质构造分布

4. 地下厂房开挖方案与支护参数

图 6.2.2 为大岗山地下厂房设计开挖方案，限于篇幅，本书主要选取主厂房最后开挖三层（即第七层、第八层和第九层）的开挖动态反演计算结果进行分析说明。

洞室系统锚杆长度根据不同的洞室和部位分别取为 5m、6m、7m、8m，主厂房顶拱的预应力锚杆长度为 9m，预应力施加值为 150kN，锚固段的长度为 2m。预应力锚索的长度根据不同部位分别取为 15m、20m 和 47.5m，锚固段长度为 10m，

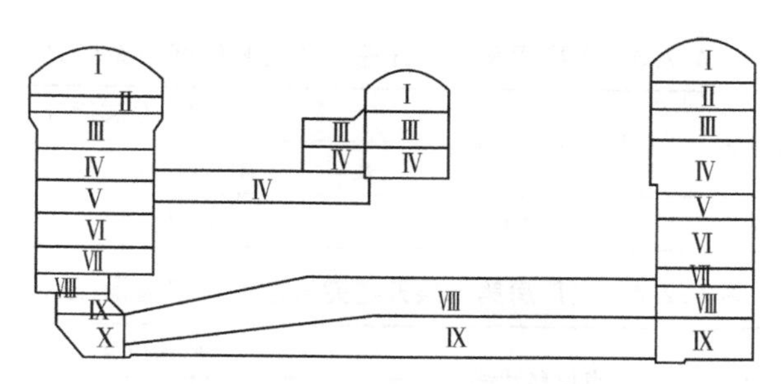

图 6.2.2　地下厂房开挖方案

预应力施加值为 1500kN 和 1800kN。具体设计参数参见文献[170]。

6.2.2　地下厂房第七层开挖围岩力学参数的动态反演与分析

由于大岗山地下厂房厂区主要以Ⅱ、Ⅲ类围岩分布为主,其中Ⅲ类围岩的力学参数更为关键,因此在洞室分步开挖过程中,主要对洞室当前开挖层开挖扰动范围内的Ⅱ、Ⅲ类围岩的力学参数进行动态反演,具体包括Ⅱ、Ⅲ类围岩的变形模量和Ⅲ类围岩的黏聚力。对Ⅱ类围岩的黏聚力,Ⅱ、Ⅲ类围岩的泊松比、内摩擦角以及各地质构造和厂区地表风化地层的相关力学参数仍采用工程地质勘察报告中确定的相关力学参数进行计算。

1. 监测位移增量

由于各监测剖面的多点位移计多为后续埋设,为减小多点位移计安装和监测过程中的位移误差,采用位移增量进行力学参数反演,即将地下厂房第七层开挖后多点位移计的位移监测值减去第六层开挖后的位移监测值作为参数反演的位移增量。第七层开挖完毕监测位移增量如表 6.2.2～表 6.2.6 所示,表中各监测剖面位置参见文献[170]。

表 6.2.2　主厂房第七层开挖完毕监测位移增量(一)

多点位移计埋设位置	多点位移计编号	监测位移增量/mm			
		孔口	距孔口 4m	距孔口 10m	距孔口 19m
主厂房 11＃监测剖面下部	M3-18CFX	－2.30	－3.56	－4.79	0.00
主厂房 11＃监测剖面下部	M3-19CFX	－0.32	0.20	1.14	0.00
主厂房 11＃监测剖面下部	M3-20CFX	－1.23	－1.07	－0.92	0.00
主厂房下部 9＃监测剖面左边墙	M3-9CFX	0.56	0.72	0.56	0.00
主厂房下部 9＃监测剖面顶拱	M3-10CFX	0.26	0.23	0.27	0.00

表 6.2.3 主厂房第七层开挖完毕监测位移增量(二)

多点位移计埋设位置	多点位移计编号	监测位移增量/mm			
		孔口	距孔口 4m	距孔口 9m	距孔口 16m
主厂房 3#机组下游边墙	M4-14CFX	4.95	3.72	1.44	损坏

表 6.2.4 主厂房第七层开挖完毕监测位移增量(三)

多点位移计埋设位置	多点位移计编号	监测位移增量/mm			
		孔口	距孔口 4m	距孔口 11m	距孔口 23m
主厂房 1#监测剖面上游拱肩	M4-1CFS	3.06	3.11	3.18	0.97
主厂房 1#监测剖面下游拱肩	M4-3CFS	1.55	1.51	0.69	0.30
主厂房 2#监测剖面上游拱肩	M4-4CFS	1.88	1.88	1.60	0.77
主厂房 2#监测剖面顶拱	M4-5CFS	−0.33	−0.38	−0.03	−0.98
主厂房 2#监测剖面下游拱肩	M4-6CFS	0.87	1.06	0.87	0.67
主厂房 3#监测剖面顶拱	M4-7CFS	−0.01	0.02	−0.35	0.05
主厂房 4#监测剖面顶拱	M4-8CFS	0.13	3.38	0.10	0.00
主厂房 5#监测剖面顶拱	M4-9CFS	0.17	0.21	0.21	0.15
主厂房 4#机组上游边墙	M4-6CFX	16.11	15.65	9.68	1.73
主厂房 3#机组上游边墙	M4-11CFX	7.87	7.06	3.53	2.50
主厂房 1#机组上游边墙	M4-17CFX	3.35	1.20	0.12	−0.27
主厂房 1#机组下游边墙	M4-20CFX	9.08	7.11	5.15	1.04

表 6.2.5 主变室开挖完毕监测位移增量

多点位移计埋设位置	多点位移计编号	监测位移增量/mm			
		孔口	距孔口 4m	距孔口 11m	距孔口 23m
主变室 1#监测剖面上游边墙	M4-1ZBS	1.19	1.50	0.99	1.30
主变室 1#监测剖面上游拱肩	M4-2ZBS	1.32	11.59	8.89	0.81
主变室 1#监测剖面顶拱	M4-3ZBS	0.65	0.53	0.01	0.08
主变室 1#监测剖面下游拱肩	M4-4ZBS	2.73	2.76	1.24	2.38
主变室 2#监测剖面上游边墙	M4-5ZBS	2.28	3.42	1.82	0.44
主变室 2#监测剖面上游拱肩	M4-6ZBS	2.08	2.13	2.18	0.48
主变室 2#监测剖面顶拱	M4-7ZBS	−9.30	−4.94	−2.43	2.54
主变室 2#监测剖面下游拱肩	M4-8ZBS	4.08	2.68	0.24	0.00
主变室 3#监测剖面上游拱肩	M4-9ZBS	7.39	7.29	6.58	7.29
主变室 3#监测剖面顶拱	M4-10ZBS	−6.45	−6.36	−6.39	−6.50
主变室 3#监测剖面下游拱肩	M4-11ZBS	−0.15	0.12	−2.65	0.06

表 6.2.6 尾调室第七层开挖完毕监测位移增量

多点位移计埋设位置	多点位移计编号	监测位移增量/mm		
		孔口	距孔口 4m	距孔口 12m
尾调室 1#监测剖面上游拱肩	M3-1WTS	1.60	1.63	0.46
尾调室 1#监测剖面顶拱	M3-2WTS	0.06	0.08	−0.11
尾调室 1#监测剖面下游拱肩	M3-3WTS	−0.04	0.13	0.27
尾调室 2#监测剖面上游拱肩	M3-4WTS	−0.05	0.05	−0.15
尾调室 2#监测剖面顶拱	M3-5WTS	0.09	0.07	0.18
尾调室 2#监测剖面下游拱肩	M3-6WTS	0.05	0.05	−0.02
尾调室 2#机组上游边墙	M3-9WTS	9.30	8.25	2.42
尾调室 2#机组下游边墙	M3-10WTS	10.25	7.94	1.73
尾调室 4#机组上游边墙	M3-11WTS	3.22	−5.52	−7.91
尾调室 4#机组	M3-14WTS	3.30	2.95	1.29

2. 正交试验设计与效应优化

对Ⅱ、Ⅲ类围岩的变形模量和Ⅲ类围岩的黏聚力进行反演计算。根据地下厂房第六层开挖反演结果，应用正交设计进行3因素3水平试验设计，Ⅱ类围岩变形模量取为：18.2GPa、19.2GPa、20.2GPa；Ⅲ类围岩变形模量取为：7.13GPa、8.13GPa、9.13GPa；Ⅲ类围岩黏聚力取为：0.88MPa、0.98MPa、1.08MPa，据此得到正交试验设计方案如表6.2.7所示。

表 6.2.7 正交试验设计方案

试验号	A：Ⅱ类围岩变形模量/GPa	B：Ⅲ类围岩变形模量/GPa	C：Ⅲ类围岩黏聚力/MPa
1	18.2(1)	7.13(1)	0.88(1)
2	18.2(1)	8.13(2)	0.98(2)
3	18.2(1)	9.13(3)	1.08(3)
4	19.2(2)	7.13(1)	0.98(2)
5	19.2(2)	8.13(2)	1.08(3)
6	19.2(2)	9.13(3)	0.88(1)
7	20.2(3)	7.13(1)	1.08(3)
8	20.2(3)	8.13(2)	0.88(1)
9	20.2(3)	9.13(3)	0.98(2)

根据以上设计方案进行地下厂房第七层开挖弹塑性正分析计算，得到各设计方案代表性测点的计算位移值及与监测位移值的对比，如表6.2.8～表6.2.10所

示。结合目标函数对测点计算位移和监测位移进行方差分析，可知方案 9 为最优方案，继续对主导因素进行效应优化，最后反演获得第七层开挖Ⅱ、Ⅲ类围岩的力学参数，如表 6.2.11 所示。其他各类围岩的力学参数仍采用表 6.2.1 中的参数进行计算。

表 6.2.8　主厂房各设计方案计算位移值和监测位移值比较

多点位移计编号	监测点位置	监测位移值/mm	计算位移值/mm								
			方案 1	方案 2	方案 3	方案 4	方案 5	方案 6	方案 7	方案 8	方案 9
M3-9CFX	孔口	0.56	1.097	1.184	0.981	0.958	1.045	0.832	1.119	1.006	0.843
	距孔口 4m	0.72	1.311	1.265	1.019	1.173	1.327	1.081	0.987	1.189	1.074
M3-10CFX	孔口	0.26	0.587	0.536	0.485	0.434	0.383	0.332	0.351	0.343	0.279
	距孔口 4m	0.23	0.498	0.482	0.366	0.250	0.234	0.218	0.302	0.346	0.267
M3-20CFX	孔口	−1.23	−1.489	−1.568	−1.647	−1.226	−1.405	−1.684	−1.463	−1.342	−1.321
	距孔口 4m	−1.07	−0.879	−1.184	−1.289	−1.194	−1.299	−1.104	−1.309	−1.214	−1.119
M4-3CFS	孔口	1.55	2.178	2.057	2.076	2.015	2.194	1.973	1.952	1.731	1.863
	距孔口 4m	1.51	2.086	1.979	1.897	2.063	1.955	1.947	1.839	1.801	1.763
M4-11CFX	孔口	7.87	10.069	9.987	9.705	9.723	9.341	8.959	8.977	8.295	8.313
	距孔口 4m	7.06	9.377	9.072	8.767	8.462	8.157	7.852	7.547	7.242	7.437
M4-17CFX	孔口	3.35	4.115	3.908	4.001	4.094	3.987	4.080	3.873	3.766	3.859
	距孔口 4m	1.20	1.886	1.701	1.816	1.631	1.746	1.561	1.376	1.591	1.306
M4-20CFX	孔口	9.08	10.627	10.299	11.071	10.643	10.315	10.987	9.659	10.331	9.803
	距孔口 4m	7.11	9.735	9.192	8.649	9.106	8.563	8.020	8.477	8.934	8.391

表 6.2.9　主变室各设计方案计算位移值和监测位移值比较

多点位移计编号	监测点位置	监测位移值/mm	计算位移值/mm								
			方案 1	方案 2	方案 3	方案 4	方案 5	方案 6	方案 7	方案 8	方案 9
M4-3ZBS	孔口	0.65	1.013	0.934	0.871	0.913	0.886	0.831	0.902	0.825	0.734
	距孔口 4m	0.53	0.684	0.594	0.562	0.631	0.579	0.599	0.478	0.5217	0.546
M4-5ZBS	孔口	2.28	3.438	3.113	2.988	2.879	2.638	2.813	2.188	3.016	2.638
	距孔口 4m	3.42	4.699	4.231	4.127	3.974	3.692	3.927	3.349	3.774	3.419
M4-7ZBS	孔口	−9.30	−12.178	−11.387	−11.052	−9.359	−10.360	−9.361	−9.362	−9.021	−8.764
	距孔口 4m	−4.94	−7.042	−6.115	−5.794	−5.263	−5.335	−5.407	−4.479	−6.551	−5.423
M4-8ZBS	孔口	4.08	6.849	6.754	6.659	6.564	6.469	6.374	6.279	6.184	6.089
	距孔口 4m	2.68	3.818	3.681	3.522	4.352	4.079	3.906	3.833	4.036	3.187

表 6.2.10 尾调室各设计方案计算位移值和监测位移值比较

多点位移计编号	监测点位置	监测位移值/mm	计算位移值/mm								
			方案 1	方案 2	方案 3	方案 4	方案 5	方案 6	方案 7	方案 8	方案 9
M3-1WTS	孔口	1.60	2.003	1.9282	1.8534	1.978	1.887	2.019	1.724	1.787	1.736
	距孔口 4m	1.63	2.152	2.041	1.983	2.017	1.883	1.968	1.909	1.883	1.791
M3-9WTS	孔口	9.30	11.374	10.273	9.172	10.071	9.970	9.869	10.768	9.867	9.566
	距孔口 4m	8.25	10.078	9.849	9.124	9.793	9.521	9.377	9.568	9.721	9.212
M3-10WTS	孔口	10.25	14.474	13.508	12.749	13.189	12.617	11.487	11.567	12.46	11.421
	距孔口 4m	7.94	4.574	4.753	4.032	4.111	3.779	3.469	3.352	3.173	2.994
M3-11WTS	孔口	3.22	4.587	4.392	4.566	4.527	4.307	3.987	4.067	3.981	3.786
M3-14WTS	孔口	3.30	5.287	5.096	4.939	4.815	4.691	5.067	4.843	3.919	3.595
	距孔口 4m	2.95	3.812	3.769	3.661	4.089	3.892	3.749	3.719	3.977	3.739

表 6.2.11 第七层开挖反演的围岩力学参数

Ⅱ类围岩变形模量/GPa	Ⅲ类围岩变形模量/GPa	Ⅲ类围岩黏聚力/MPa
19.6	8.13	0.98

3. 地下厂房第七层开挖围岩稳定性分析

应用表 6.2.11 反演所得的围岩力学参数进行地下厂房第七层开挖弹塑性计算，获得 1＃～4＃机组主厂房、主变室和尾调室洞周围岩最大位移值，如表 6.2.12 所示。

表 6.2.12 地下厂房第七层开挖完毕洞室围岩最大位移值

机组号	部位	主厂房最大位移/mm	主变室最大位移/mm	尾调室最大位移/mm
1＃	拱顶	18.0	18.3	16.0
	上游边墙	5.0	16.0	7.0
	下游边墙	6.5	9.0	6.5
2＃	拱顶	19.5	22.0	18.5
	上游边墙	9.0	15.0	9.0
	下游边墙	6.0	13.6	6.0
3＃	拱顶	19.5	18.6	17.0
	上游边墙	6.0	15.0	9.0
	下游边墙	8.0	13.0	7.0
4＃	拱顶	16.8	15.8	18.0
	上游边墙	6.0	13.5	11.0
	下游边墙	7.5	9.5	7.0

1）洞室围岩位移变化规律

图 6.2.3 为 2＃机组剖面位移矢量图。

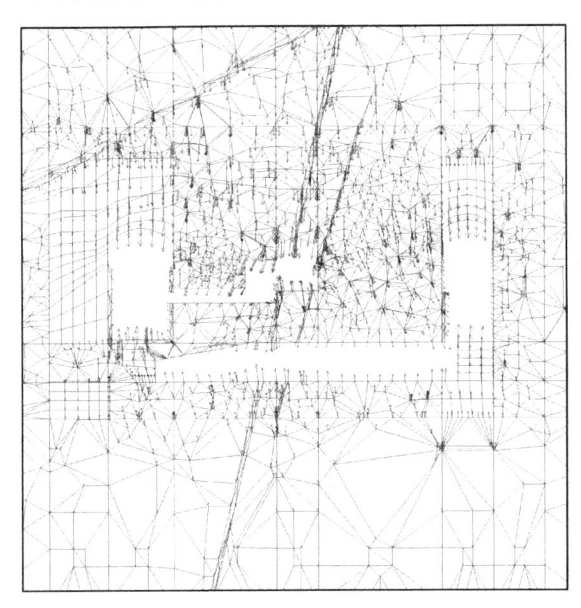

图 6.2.3　第七层开挖完毕 2＃机组剖面位移矢量图

2）洞室围岩应力变化规律

图 6.2.4 和图 6.2.5 为 2＃机组剖面最大、最小主应力云图。图 6.2.6 为 2＃机组剖面主应力矢量图。表 6.2.13 为开挖后围岩最大主应力变化。

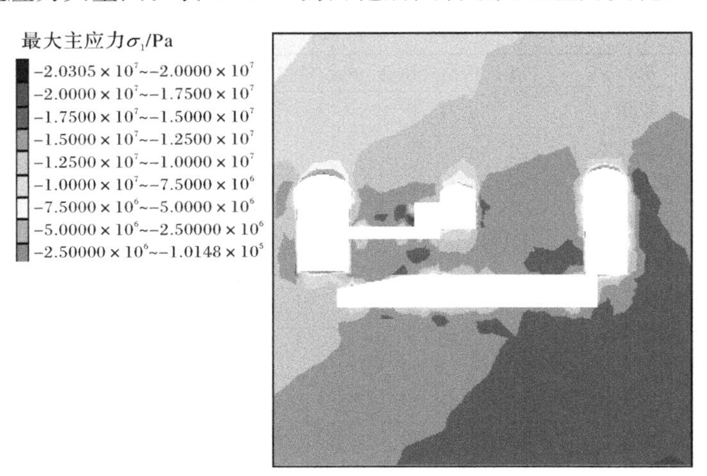

图 6.2.4　第七层开挖完毕 2＃机组剖面最大主应力云图

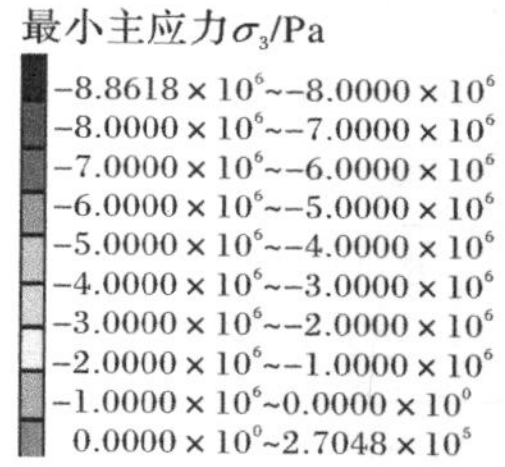

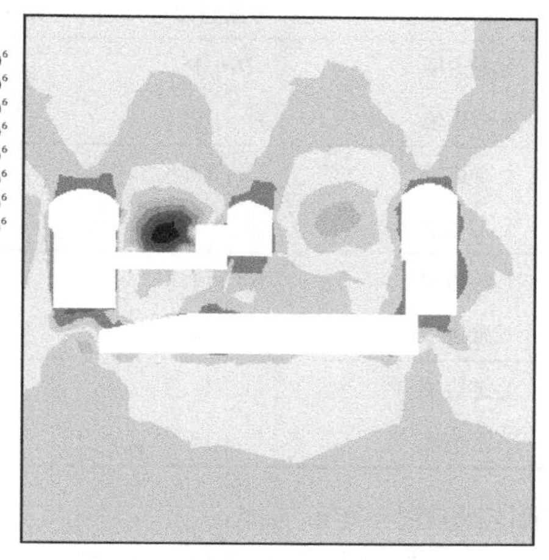

图 6.2.5　第七层开挖完毕 2＃机组剖面最小主应力云图

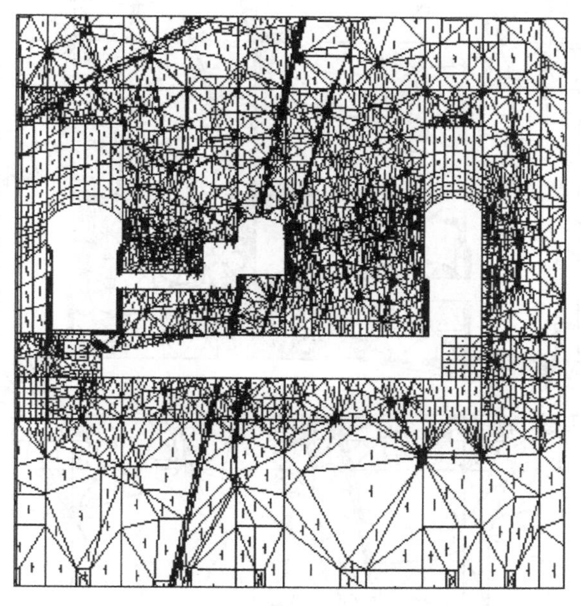

图 6.2.6　第七层开挖完毕 2＃机组剖面主应力矢量图

表 6.2.13　地下厂房第七层开挖完毕洞室围岩最大主应力变化

机组号	部位	主厂房主应力/MPa	主变室主应力/MPa	尾调室主应力/MPa
1#	上游边墙	16～18	16～19.5	16～19.8
	下游边墙	13～16.5	15～17.6	16～18
2#	上游边墙	11～17.8	16～20	12～17.5
	下游边墙	11～15	12～15.6	12～16.5
3#	上游边墙	10～14.2	11～17.5	14～17
	下游边墙	12～15	13～15.6	14～17.5
4#	上游边墙	11～14.8	15～19	14～18.4
	下游边墙	14～18.2	13～15.9	14～16.8

3) 洞室围岩塑性区分布规律

图 6.2.7 为 2# 机组剖面塑性区分布图。表 6.2.14 为围岩塑性区分布最大厚度。

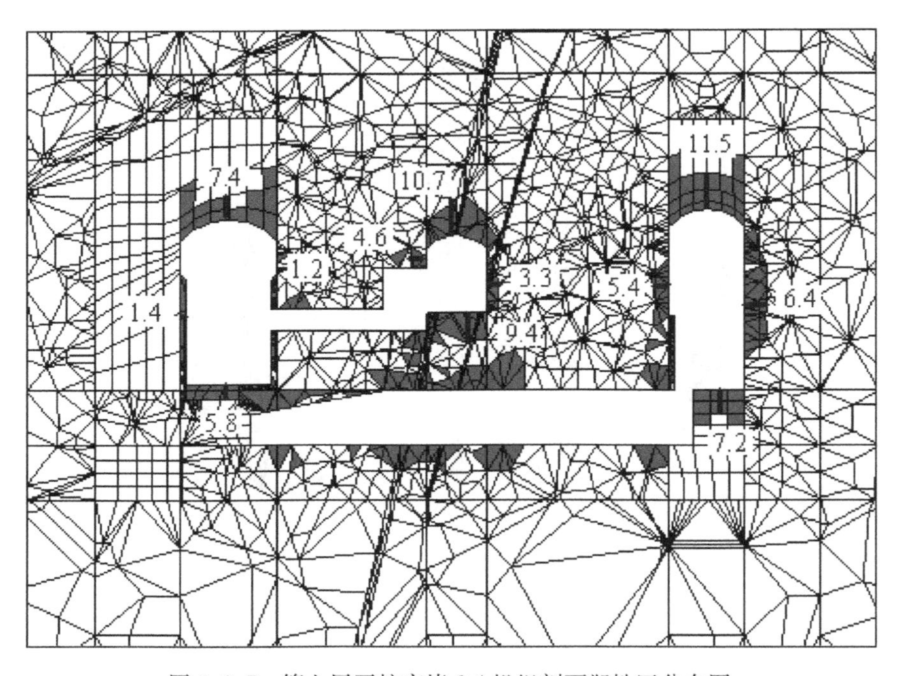

图 6.2.7　第七层开挖完毕 2# 机组剖面塑性区分布图

表 6.2.14　地下厂房第七层开挖完毕洞室围岩塑性区分布最大厚度

机组号	部位	主厂房塑性区最大厚度/m	主变室塑性区最大厚度/m	尾调室塑性区最大厚度/m
1#	拱顶	4.5	8.3	4.8
	上游边墙	1.6	4.0	4.8
	下游边墙	1.3	4.9	4.5
2#	拱顶	7.4	10.7	11.5
	上游边墙	1.4	4.6	5.4
	下游边墙	1.2	3.3	6.4
3#	拱顶	9.0	3.3	9.0
	上游边墙	1.4	3.3	12.0
	下游边墙	1.4	6.4	10.0
4#	拱顶	9.7	2.1	8.0
	上游边墙	1.4	5.0	8.7
	下游边墙	7.0	4.0	5.5

4. 反演计算位移与监测位移的对比

第七层开挖完毕反演计算位移和监测位移比较如图 6.2.8 和表 6.2.15 所示。

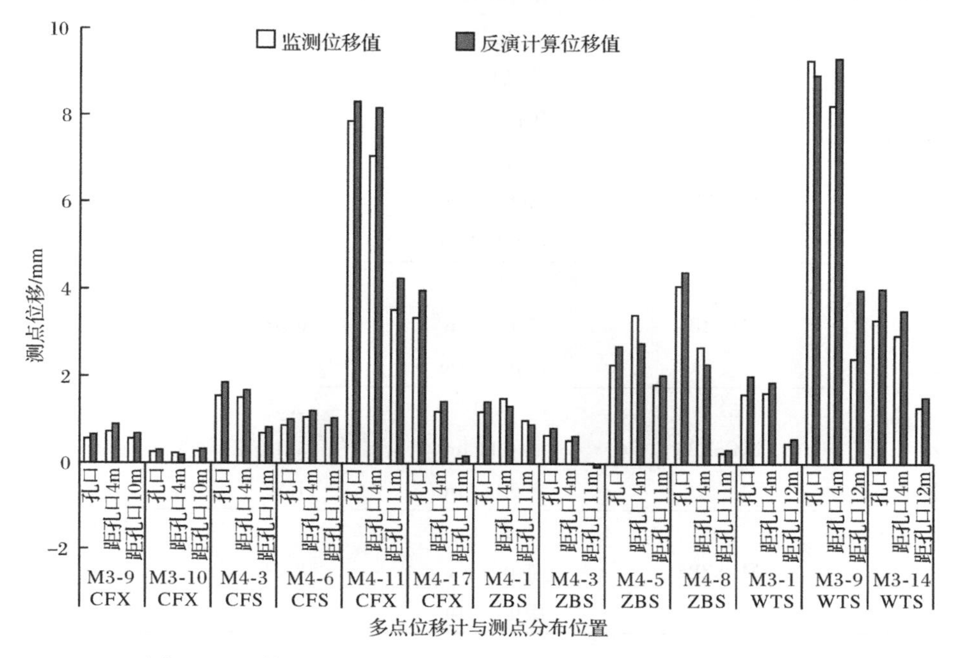

图 6.2.8　第七层开挖完毕反演计算位移和监测位移对比柱状图

表 6.2.15　第七层开挖完毕反演计算位移和监测位移对比

位置	多点位移计编号	测点位置	对比位移/mm	
			监测值	计算值
主厂房	M3-9CFX	孔口	0.56	0.652
		距孔口 4m	0.72	0.887
		距孔口 10.0m	0.56	0.676
	M3-10CFX	孔口	0.26	0.302
		距孔口 4m	0.23	0.185
		距孔口 10m	0.27	0.321
	M4-3CFS	孔口	1.55	1.857
		距孔口 4m	1.51	1.681
		距孔口 11m	0.69	0.823
	M4-6CFS	孔口	0.87	1.012
		距孔口 4m	1.06	1.204
		距孔口 11m	0.87	1.037
	M4-11CFX	孔口	7.87	8.321
		距孔口 4m	7.06	8.173
		距孔口 11m	3.53	4.251
	M4-17CFX	孔口	3.35	3.972
		距孔口 4m	1.20	1.432
		距孔口 11m	0.12	0.172
主变室	M4-1ZBS	孔口	1.19	1.424
		距孔口 4m	1.50	1.321
		距孔口 11m	0.99	0.891
	M4-3ZBS	孔口	0.65	0.813
		距孔口 4m	0.53	0.632
		距孔口 11m	0.01	−0.080
	M4-5ZBS	孔口	2.28	2.696
		距孔口 4m	3.42	2.771
		距孔口 11m	1.82	2.041
	M4-8ZBS	孔口	4.08	4.396
		距孔口 4m	2.68	2.292
		距孔口 11m	0.24	0.312

续表

位置	多点位移计编号	测点位置	对比位移/mm	
			监测值	计算值
尾调室	M3-1WTS	孔口	1.60	2.017
		距孔口4m	1.63	1.872
		距孔口12m	0.46	0.567
	M3-9WTS	孔口	9.30	8.957
		距孔口4m	8.25	9.351
		距孔口12m	2.42	3.982
	M3-14WTS	孔口	3.30	4.012
		距孔口4m	2.95	3.517
		距孔口12m	1.29	1.526

由图6.2.8和表6.2.15可以看出:反演计算位移和监测位移的变化趋势基本一致,除个别点外,大部分测点位移的计算误差小于10%,在工程允许误差范围内。

5. 主厂房第七层开挖反馈分析建议

随着洞室大部分开挖完成,洞周位移变化量趋于稳定,但是主厂房与主变室、主厂房与尾水廊道、尾调室与尾水廊道等洞室交叉部位的塑性区分布范围与发育深度相对较大,建议加强对洞室交叉部位的变形监测,并根据监测结果及时对地下厂房高边墙下部及洞室交叉部位采用长锚索进行重点加强支护。

6.2.3 地下厂房第八层开挖围岩力学参数的动态反演与分析

1. 监测位移增量

相对第七层,地下厂房第八层开挖完毕洞周各多点位移计的监测位移增量如表6.2.16～表6.2.19所示。

表6.2.16 主厂房第八层开挖完毕多点位移计监测位移增量(一)

多点位移计埋设位置	多点位移计编号	监测位移增量/mm				
		孔口	距孔口4m	距孔口11m	距孔口23m	距孔口39m
主厂房2#监测剖面上游拱肩	M4-4CFS	1.58	1.14	1.09	1.17	0
主厂房2#监测剖面顶拱	M4-5CFS	0.12	−0.27	−0.29	−0.10	0
主厂房2#监测剖面下游拱肩	M4-6CFS	0.86	0.45	1.19	0.36	0
主厂房3#监测剖面顶拱	M4-7CFS	0.39	−0.23	−0.25	−0.03	0
主厂房3#机组剖面上游边墙	M4-10CFX	0.50	0.15	0.23	−0.36	0
主厂房1#机组剖面上游边墙	M4-17CFX	2.92	1.73	1.17	1.13	0

表 6.2.17　主厂房第八层开挖完毕多点位移计监测位移增量(二)

多点位移计埋设位置	多点位移计编号	监测位移增量/mm				
		孔口	距孔口 4m	距孔口 9m	距孔口 16m	距孔口 27m
主厂房 3＃机组剖面下游边墙	M4-14CFX	2.22	1.47	0.95	—	0.0

表 6.2.18　主变室第八层开挖完毕多点位移计监测位移增量

多点位移计埋设位置	多点位移计编号	监测位移增量/mm				
		孔口	距孔口 4m	距孔口 11m	距孔口 23m	距孔口 39m
主变室 2＃监测剖面上游边墙	M4-5ZBS	0.82	0.21	0.22	−0.01	0.0
主变室 2＃监测剖面上游拱肩	M4-6ZBS	1.07	0.80	0.59	0.14	0.0
主变室 2＃监测剖面下游拱肩	M4-8ZBS	−0.07	−1.13	−0.95	0.00	0.0

表 6.2.19　尾调室第八层开挖完毕多点位移计监测位移增量

多点位移计埋设位置	多点位移计编号	监测位移增量/mm			
		孔口	距孔口 4m	距孔口 12m	距孔口 24m
尾调室 2＃机组顶拱	M3-2WTS	0.05	0.12	−0.13	0.0
尾调室 2＃监测剖面顶拱	M3-5WTS	0.15	−0.29	−0.78	0.0
尾调室 2＃监测剖面下游拱肩	M3-6WTS	0.20	0.12	−0.04	0.0
尾调室 1＃监测剖面下游拱肩	M3-7WTS	0.86	−0.20	0.15	0.0
尾调室 2＃监测剖面下游拱肩	M3-8WTS	1.18	0.39	0.26	0.0
尾调室 2＃机组上游边墙	M3-9WTS	3.06	2.79	1.04	0.0
尾调室 2＃机组下游边墙	M3-10WTS	2.15	1.72	0.24	0.0

2. 正交试验设计与效应优化分析

应用正交设计进行 3 因素 3 水平的试验设计，根据前期反演计算结果，Ⅱ类围岩变形模量取为：18.8GPa、19.6GPa、20.4GPa；Ⅲ类围岩变形模量取为：7.73GPa、8.13GPa、8.53GPa；Ⅱ类围岩黏聚力取 1.78MPa、1.86MPa、1.94MPa，据此得到正交试验设计方案，如表 6.2.20 所示。

表 6.2.20　正交试验设计方案

试验号	*A*：Ⅱ类围岩变形模量/GPa	*B*：Ⅲ类围岩变形模量/GPa	*C*：Ⅱ类围岩黏聚力/MPa
1	18.8(1)	7.73(1)	1.78(1)
2	18.8(1)	8.13(2)	1.86(2)
3	18.8(1)	8.53(3)	1.94(3)
4	19.6(2)	7.73(1)	1.86(2)

续表

试验号	*A*：Ⅱ类围岩变形模量/GPa	*B*：Ⅲ类围岩变形模量/GPa	*C*：Ⅱ类围岩黏聚力/MPa
5	19.6(2)	8.13(2)	1.94(3)
6	19.6(2)	8.53(3)	1.78(1)
7	20.4(3)	7.73(1)	1.94(3)
8	20.4(3)	8.13(2)	1.78(1)
9	20.4(3)	8.53(3)	1.86(2)

根据以上设计方案进行地下厂房第八层开挖弹塑性正分析计算，各设计方案代表性测点的计算位移值和监测位移值对比如表 6.2.21～表 6.2.23 所示。

表 6.2.21　主厂房各设计方案计算位移值和监测位移值比较

多点位移计编号	监测点	监测位移值/mm	计算位移值/mm								
			方案 1	方案 2	方案 3	方案 4	方案 5	方案 6	方案 7	方案 8	方案 9
M4-4CFS	孔口	1.58	1.15	1.11	1.10	1.13	1.15	1.15	1.17	1.16	1.13
	距孔口 4m	1.14	0.99	0.94	0.92	0.98	0.99	1.00	1.02	1.01	0.97
M4-5CFS	孔口	0.12	0.01	0.05	0.06	0.04	0.04	0.03	0.02	0.01	0.03
	距孔口 4m	−0.27	−0.17	−0.21	−0.21	−0.20	−0.19	−0.18	−0.18	−0.16	−0.18
M4-7CFS	孔口	0.39	0.33	0.35	0.35	0.33	0.35	0.32	0.37	0.33	0.32
	距孔口 4m	−0.23	−0.59	−0.60	−0.59	−0.59	−0.59	−0.57	−0.61	−0.58	−0.56
M4-10CFX	孔口	0.50	2.23	2.16	2.18	2.06	2.06	2.15	1.98	2.04	2.01
	距孔口 4m	0.15	1.93	1.87	1.90	1.78	1.79	1.87	1.73	1.76	1.74
M4-14CFX	孔口	2.22	0.22	0.16	0.14	0.16	0.13	0.22	0.13	0.21	0.16
	距孔口 4m	1.47	0.17	0.11	0.09	0.12	0.08	0.17	0.09	0.16	0.11
M4-17CFX	孔口	2.92	4.64	4.41	4.20	4.35	4.17	4.52	4.13	4.55	4.28
	距孔口 4m	1.73	5.11	4.91	4.72	4.84	4.69	4.96	4.63	5.00	4.76

表 6.2.22　主变室各设计方案计算值和监测值比较

多点位移计编号	监测点	监测位移值/mm	计算位移值/mm								
			方案 1	方案 2	方案 3	方案 4	方案 5	方案 6	方案 7	方案 8	方案 9
M4-5ZBS	孔口	0.82	0.88	0.89	0.80	0.89	0.80	0.87	0.89	0.88	0.88
	距孔口 4m	0.21	0.21	0.22	0.23	0.21	0.22	0.19	0.21	0.20	0.20
M4-6ZBS	孔口	1.07	1.34	1.30	1.30	1.26	1.25	1.25	1.23	1.21	1.19
	距孔口 4m	0.80	1.22	1.19	1.20	1.16	1.14	1.15	1.12	1.11	1.09

续表

多点位移计编号	监测点	监测位移值/mm	计算位移值/mm								
			方案 1	方案 2	方案 3	方案 4	方案 5	方案 6	方案 7	方案 8	方案 9
M4-8ZBS	孔口	−0.07	0.74	0.71	0.70	0.71	0.69	0.58	0.68	0.68	0.68
	距孔口 4m	−1.13	−0.61	−0.62	−0.59	−0.59	−0.58	−0.69	−0.57	−0.57	−0.57

表 6.2.23 尾调室各设计方案计算值和监测值比较

多点位移计编号	监测点	监测位移值/mm	计算位移值/mm								
			方案 1	方案 2	方案 3	方案 4	方案 5	方案 6	方案 7	方案 8	方案 9
M3-2WTS	孔口	0.05	0.05	0.06	0.07	0.06	0.07	0.04	0.08	0.05	0.06
	距孔口 4m	0.12	0.16	0.17	0.18	0.16	0.17	0.15	0.17	0.15	0.16
M3-5WTS	孔口	0.15	0.04	0.03	0.03	0.04	0.04	0.04	0.04	0.05	0.05
	距孔口 4m	−0.29	−0.06	−0.07	−0.07	−0.06	−0.06	−0.06	−0.05	−0.04	−0.05
M3-6WTS	孔口	0.20	0.29	0.28	0.26	0.26	0.25	0.27	0.24	0.26	0.25
	距孔口 4m	0.12	0.24	0.24	0.23	0.23	0.22	0.23	0.21	0.22	0.22
M3-7WTS	孔口	0.86	1.80	1.68	1.54	1.61	1.49	1.74	1.43	1.68	1.55
M3-8WTS	孔口	1.18	1.55	1.15	0.80	1.11	0.78	1.51	0.79	1.51	1.09
	距孔口 4m	0.39	1.41	1.06	0.76	1.03	0.74	1.37	0.74	1.36	1.00
M3-9WTS	孔口	3.06	5.14	4.73	4.43	4.56	4.24	4.95	4.09	4.76	4.36
	距孔口 4m	2.79	5.43	5.02	4.71	4.84	4.53	5.23	4.34	5.02	4.63
M3-10WTS	孔口	2.15	2.14	2.29	2.38	2.21	2.25	2.06	2.12	1.99	2.14
	距孔口 4m	1.72	2.32	2.47	2.55	2.38	2.43	2.25	2.29	2.16	2.30

结合目标函数对测点计算位移和监测位移进行方差分析，可知方案 5 为最优方案，继续对主导因素进行效应优化，最后反演获得第八层开挖Ⅱ、Ⅲ类围岩的力学参数(见表 6.2.24)，其他各类围岩的力学参数仍采用表 6.2.1 中的参数。

表 6.2.24 第八层开挖反演得到的Ⅱ、Ⅲ类围岩力学参数

Ⅱ类围岩变形模量/GPa	Ⅲ类围岩变形模量/GPa	Ⅱ类围岩黏聚力/MPa
20.15	7.73	1.94

3. 地下厂房第八层开挖围岩稳定性分析

应用表 6.2.24 反演所得的围岩力学参数进行第八层开挖弹塑性计算，获得洞室围岩位移、应力和塑性区变化，如表 6.2.25～表 6.2.27 和图 6.2.9～图 6.2.13所示。

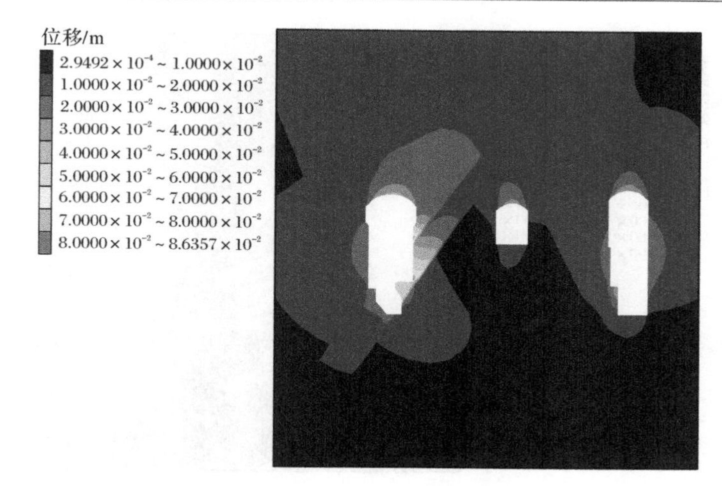

图 6.2.9 第八层开挖完毕 2#机组剖面位移云图

1）洞室围岩位移变化规律

表 6.2.25 地下厂房第八层开挖完毕洞室围岩最大位移变化

机组号	部位	主厂房最大位移/mm	主变室最大位移/mm	尾调室最大位移/mm
2#	拱顶	43.0	35.8	39.0
	上游边墙	23.0	15.0	24.0
	下游边墙	41.2	12.0	26.7
4#	拱顶	35.0	34.0	37.2
	上游边墙	20.0	36.7	65.0
	下游边墙	28.0	34.0	19.4

由于应力释放，开挖后洞周位移朝向开挖临空面，其中拱顶下沉，底板上抬，较大的变形主要集中在主厂房、主变室和尾调室的拱顶部位，主厂房下游边墙由于岩脉 β_{163}、β_{164} 斜穿过，变形相对较大。

2）洞室围岩应力变化规律

开挖后，上、下游边墙部位出现一定的应力集中，开挖后洞周径向应力释放，切向应力增加。

表 6.2.26 地下厂房第八层开挖完毕洞室围岩最大主应力变化

机组号	部位	主厂房最大主应力/MPa	主变室最大主应力/MPa	尾调室最大主应力/MPa
2#	上游边墙	10.8～22.4	10～26.5	12～25.3
	下游边墙	9.5～16.4	13～27.6	12～29.3
4#	上游边墙	8～23.3	10～20.8	12～21.1
	下游边墙	10～26.2	11～23.6	14～25.8

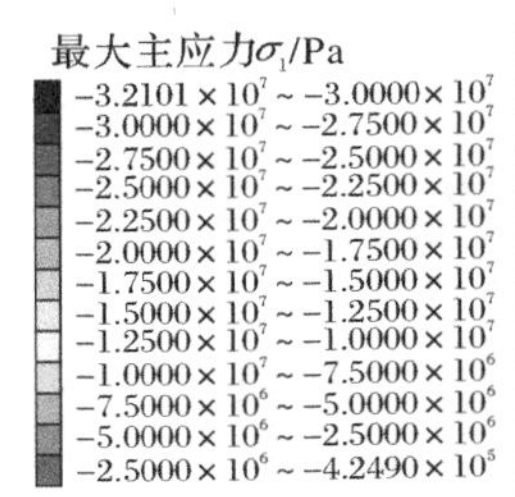

图 6.2.10　第八层开挖完毕 2＃机组剖面最大主应力云图

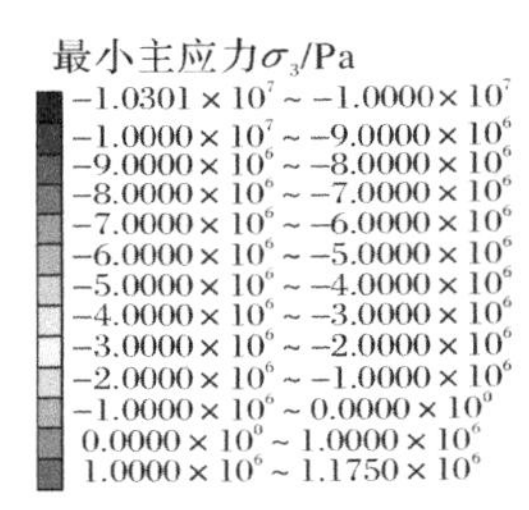

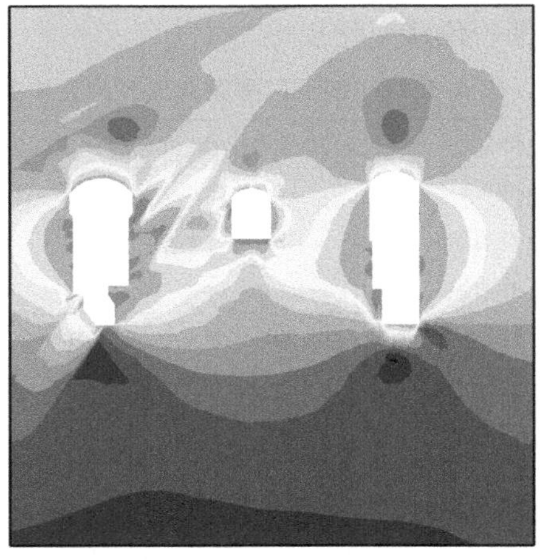

图 6.2.11　第八层开挖完毕 2＃机组剖面最小主应力云图

3）洞室围岩塑性区分布规律

表 6.2.27　地下厂房第八层开挖完毕洞室围岩塑性区分布最大厚度

机组号	部位	主厂房塑性区厚度/m	主变室塑性区厚度/m	尾调室塑性区厚度/m
2＃	拱顶	9.3	3.8	11.3
	上游边墙	12.0	4.7	19.1
	下游边墙	16.1	5.1	19.6
4＃	拱顶	2.2	4.4	3.5
	上游边墙	5.7	5.6	22.4
	下游边墙	8.2	5.8	9.7

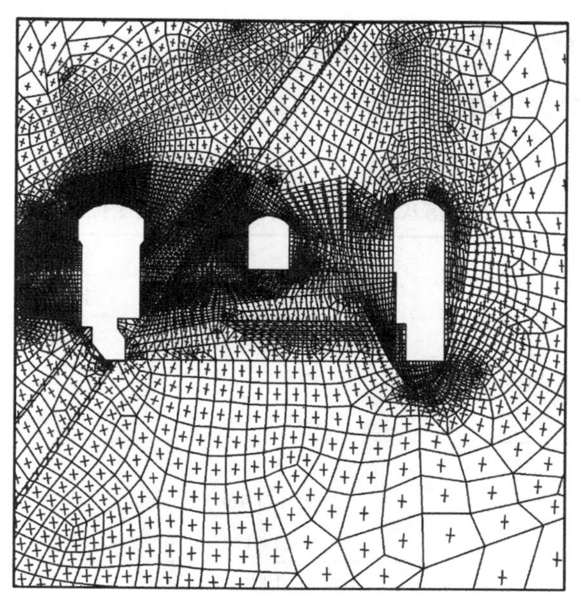

图 6.2.12　第八层开挖完毕 2＃机组剖面主应力矢量图

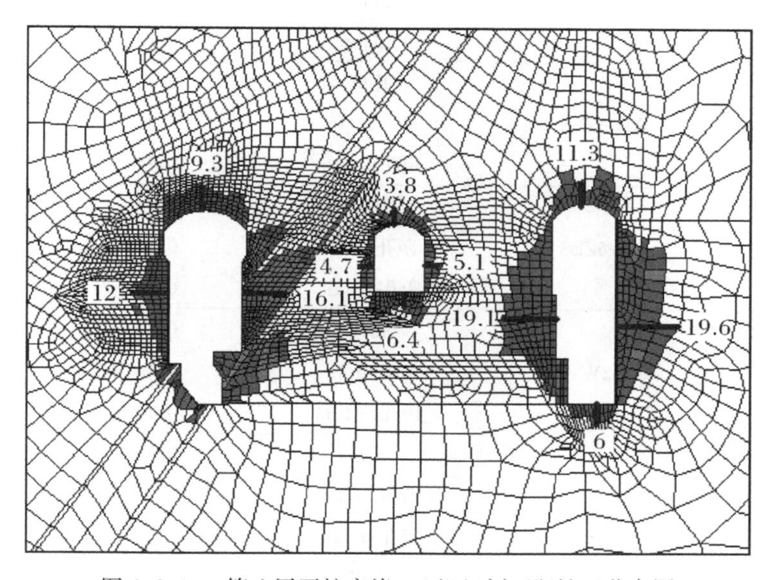

图 6.2.13　第八层开挖完毕 2＃机组剖面塑性区分布图

4＃机组尾水调压室上游边墙受Ⅳ类岩脉 β_{164} 的影响，上游边墙岩脉穿越部位塑性区局部达到 22.4m，施工过程中应对该部位进行局部重点支护。

4. 反演计算位移与监测位移的对比

将第八层开挖完毕的反演计算位移与监测位移进行比较，分别如表 6.2.28 和图 6.2.14～图 6.2.25 所示。

表 6.2.28 第八层开挖反演计算位移和监测位移对比

位置	多点位移计编号	测点位置	对比位移/mm	
			监测值	计算值
主厂房	M4-4CFS	孔口	1.15	1.58
		距孔口 4m	0.90	1.14
		距孔口 11m	0.78	1.09
	M4-5CFS	孔口	1.45	1.66
		距孔口 4m	1.19	1.43
		距孔口 11m	1.05	1.27
	M4-7CFS	孔口	1.12	1.43
		距孔口 4m	0.73	0.86
		距孔口 11m	0.49	0.55
		距孔口 23m	0.18	0.27
主变室	M4-5ZBS	孔口	0.82	0.86
		距孔口 4m	0.21	0.22
		距孔口 11m	0.22	0.26
	M4-6ZBS	孔口	1.07	1.23
		距孔口 4m	0.80	1.13
		距孔口 11m	0.59	0.88
尾调室	M3-2WTS	孔口	0.75	0.88
		距孔口 4m	0.46	0.62
		距孔口 12m	0.16	0.29
	M3-5WTS	孔口	0.68	0.78
		距孔口 4m	0.5	0.62
		距孔口 12m	0.32	0.39
	M3-7WTS	孔口	0.86	1.45
		距孔口 4m	0.45	0.7
		距孔口 12m	0.29	0.38

续表

位置	多点位移计编号	测点位置	对比位移/mm	
			监测值	计算值
尾调室	M3-8WTS	孔口	0.50	0.78
		距孔口 4m	0.39	0.48
		距孔口 12m	0.26	0.32
	M3-9WTS	孔口	3.06	4.14
		距孔口 4m	2.79	3.23
		距孔口 12m	1.63	2.36
	M3-10WTS	孔口	2.15	2.86
		距孔口 4m	1.72	2.34
		距孔口 12m	0.24	0.49

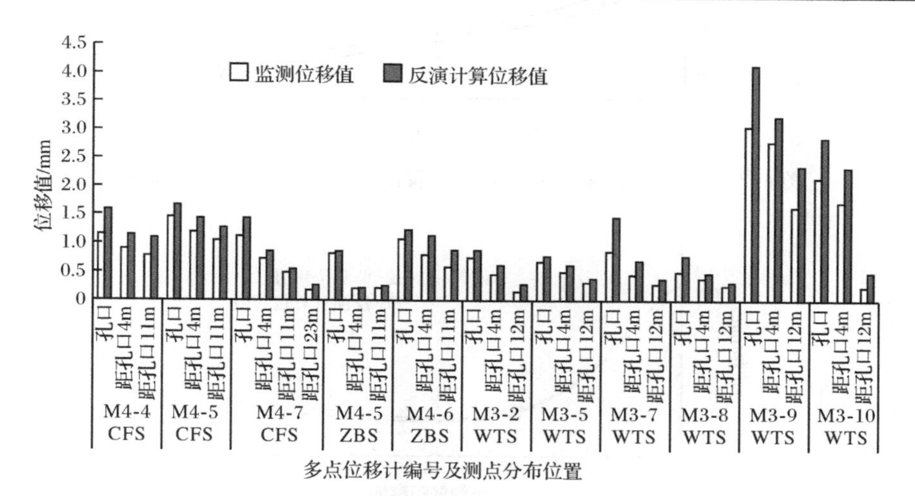

图 6.2.14　洞周主要测点的反演计算位移与监测位移对比柱状图

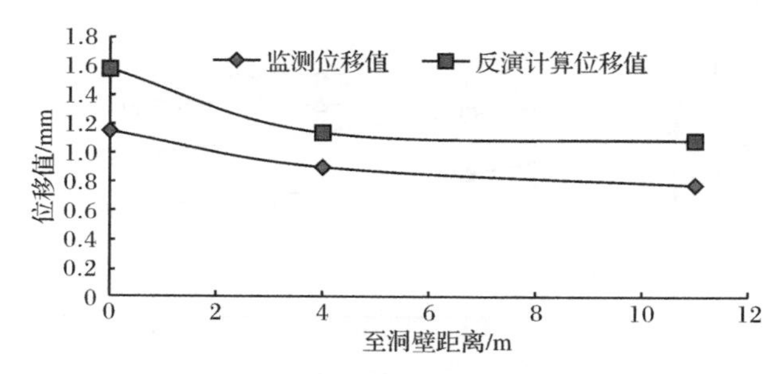

图 6.2.15　多点位移计 M4-4CFS 的反演计算位移与监测位移比较

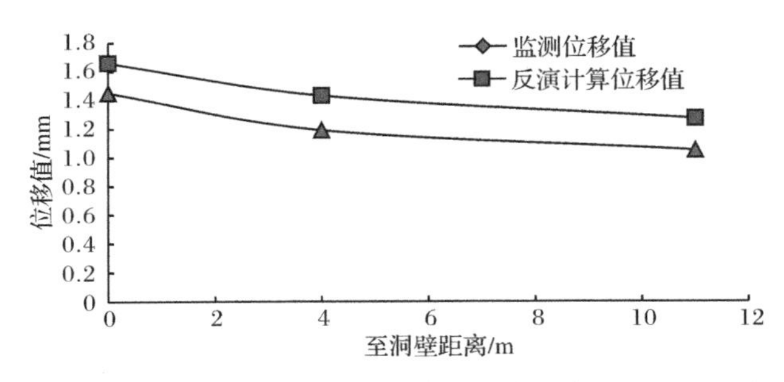

图 6.2.16 多点位移计 M4-5CFS 的反演计算位移与监测位移比较

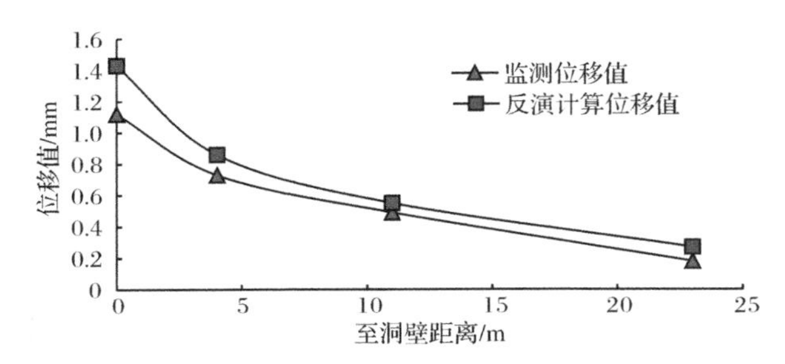

图 6.2.17 多点位移计 M4-7CFS 的反演计算位移与监测位移比较

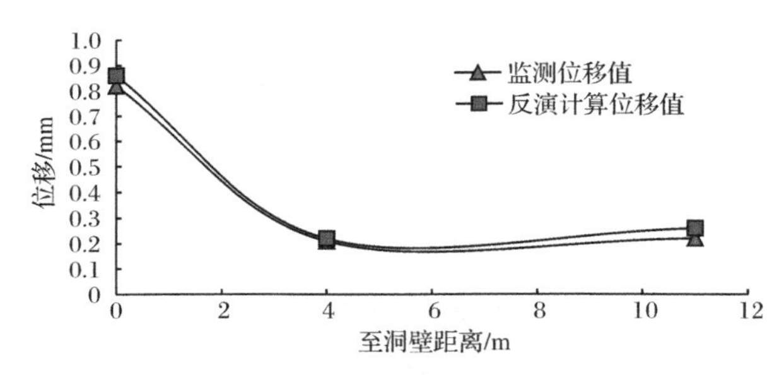

图 6.2.18 多点位移计 M4-5ZBS 的反演计算位移与监测位移比较

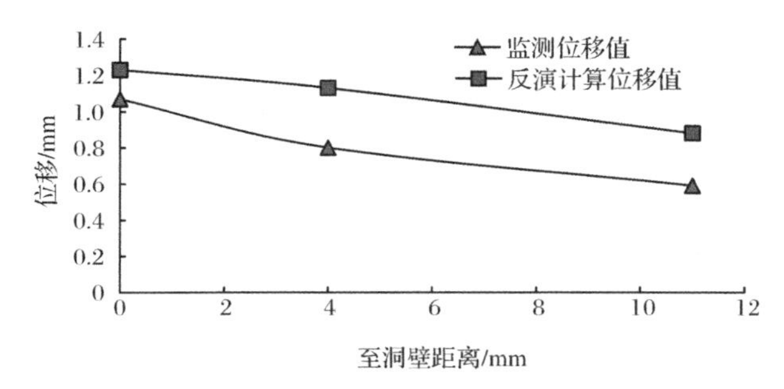

图 6.2.19 多点位移计 M4-6ZBS 的反演计算位移与监测位移比较

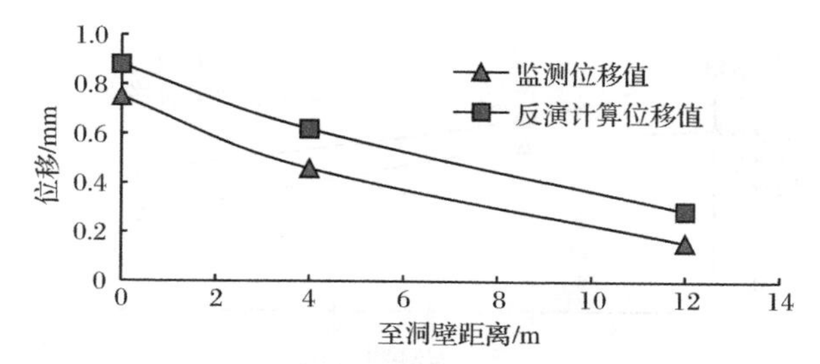

图 6.2.20　多点位移计 M3-2WTS 的反演计算位移与监测位移比较

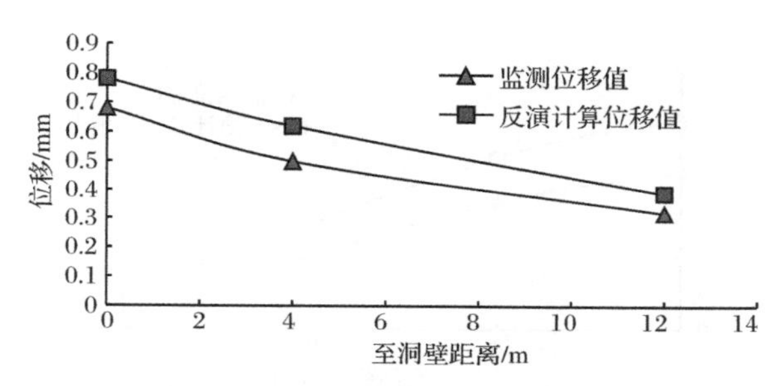

图 6.2.21　多点位移计 M3-5WTS 的反演计算位移与监测位移比较

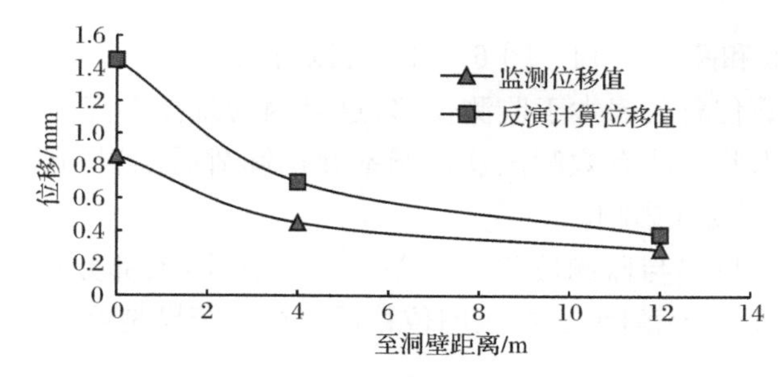

图 6.2.22　多点位移计 M3-7WTS 的反演计算位移与监测位移比较

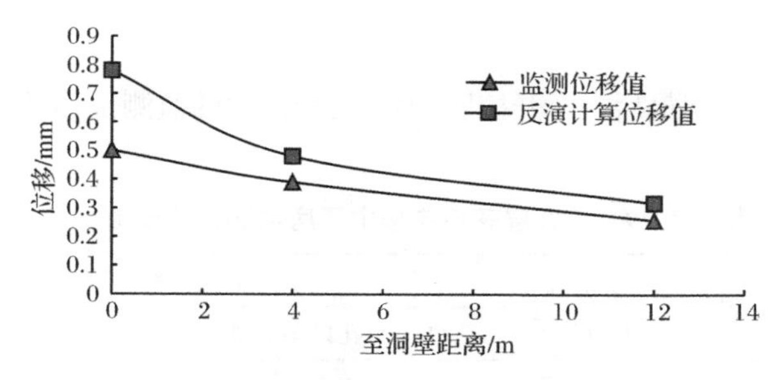

图 6.2.23　多点位移计 M3-8WTS 的反演计算位移与监测位移比较

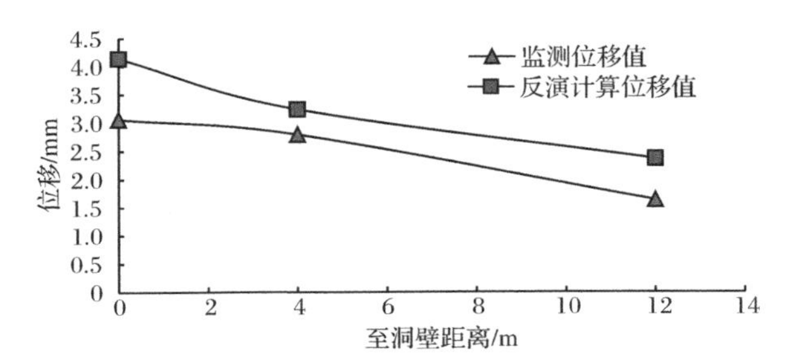

图 6.2.24　多点位移计 M3-9WTS 的反演计算位移与监测位移比较

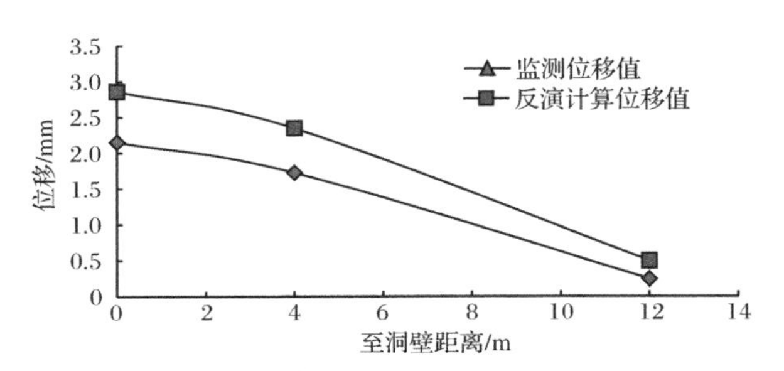

图 6.2.25　多点位移计 M3-10WTS 的反演计算位移与监测位移比较

由表 6.2.28 和图 6.2.14～图 6.2.25 可以看出：

(1) 反演计算位移普遍大于监测位移，这是因为现场多点位移计都是在洞室开挖后埋设的，因此无法有效测试获得洞室开挖卸荷后围岩的瞬时弹性变形，而数值反演计算却不受此影响。

(2) 反演计算位移与监测位移的误差除个别点外，大部分在 10%以内，处于工程精确度允许的误差范围之内，表明位移反演计算结果是可靠的。

6.2.4　地下厂房第九层开挖围岩力学参数的动态反演与分析

1. 监测位移增量

第九层是地下厂房最后一个开挖层，第九层开挖后的监测位移增量如表 6.2.29～表 6.2.32 所示。

表 6.2.29　第九层开挖完毕主厂房监测位移增量(一)

多点位移计埋设位置	多点位移计编号	监测位移增量/mm				
		孔口	距孔口 4m	距孔口 11m	距孔口 23m	距孔口 39m
主厂房 2＃监测剖面上游拱肩	M4-4CFS	1.58	1.14	1.09	1.17	0.0
主厂房 2＃监测剖面顶拱	M4-5CFS	0.12	−0.27	−0.29	−0.10	0.0

续表

多点位移计埋设位置	多点位移计编号	监测位移增量/mm				
		孔口	距孔口 4m	距孔口 11m	距孔口 23m	距孔口 39m
主厂房 2#监测剖面下游拱肩	M4-6CFS	0.86	0.45	1.19	0.36	0.0
主厂房 3#监测剖面顶拱	M4-7CFS	0.39	−0.23	−0.25	−0.03	0.0
主厂房 3#机组剖面上游边墙	M4-10CFX	0.50	0.15	0.23	−0.36	0.0
主厂房 1#机组剖面上游边墙	M4-17CFX	2.92	1.73	1.17	1.13	0.0

表 6.2.30　第九层开挖完毕主厂房监测位移增量(二)

多点位移计埋设位置	多点位移计编号	监测位移增量/mm				
		孔口	距孔口 4m	距孔口 9m	距孔口 16m	距孔口 27m
主厂房 3#机组剖面下游边墙	M4-14CFX	2.22	1.47	0.95	—	0.0

表 6.2.31　第九层开挖完毕主变室监测位移增量

多点位移计埋设位置	多点位移计编号	监测位移增量/mm				
		孔口	距孔口 4m	距孔口 11m	距孔口 23m	距孔口 39m
主变室 2#监测剖面上游边墙	M4-5ZBS	0.82	0.21	0.22	−0.01	0.0
主变室 2#监测剖面上游拱肩	M4-6ZBS	1.07	0.80	0.59	0.14	0.0
主变室 2#监测剖面下游拱肩	M4-8ZBS	−0.07	−1.13	−0.95	0.00	0.0

表 6.2.32　第九层开挖完毕尾调室监测位移增量

多点位移计埋设位置	多点位移计编号	监测位移增量/mm			
		孔口	距孔口 4m	距孔口 12m	距孔口 24m
尾调室 2#机组顶拱	M3-2WTS	0.05	0.12	−0.13	0.0
尾调室 2#监测剖面顶拱	M3-5WTS	0.15	−0.29	−0.78	0.0
尾调室 2#监测剖面下游拱肩	M3-6WTS	0.20	0.12	−0.04	0.0
尾调室 1#监测剖面下游拱肩	M3-7WTS	0.86	−0.20	0.15	0.0
尾调室 2#监测剖面下游拱肩	M3-8WTS	1.18	0.39	0.26	0.0
尾调室 2#机组上游边墙	M3-9WTS	3.06	2.79	1.04	0.0
尾调室 2#机组下游边墙	M3-10WTS	2.15	1.72	0.24	0.0

2. 正交试验设计与效应优化分析

Ⅱ类围岩变形模量取为:18.8GPa、19.6GPa、20.4GPa;Ⅲ类围岩变形模量取为:7.73GPa、8.13GPa、8.53GPa;Ⅱ类围岩黏聚力取 1.78MPa、1.86MPa、1.94MPa,据此得到正交试验设计方案如表 6.2.33 所示。

表 6.2.33　正交试验设计方案

试验号	A:Ⅱ类围岩变形模量/GPa	B:Ⅲ类围岩变形模量/GPa	C:Ⅱ类围岩黏聚力/MPa
1	18.8(1)	7.73(1)	1.78(1)
2	18.8(1)	8.13(2)	1.86(2)
3	18.8(1)	8.53(3)	1.94(3)
4	19.6(2)	7.73(1)	1.86(2)
5	19.6(2)	8.13(2)	1.94(3)
6	19.6(2)	8.53(3)	1.78(1)
7	20.4(3)	7.73(1)	1.94(3)
8	20.4(3)	8.13(2)	1.78(1)
9	20.4(3)	8.53(3)	1.86(2)

对上述设计方案进行第九层开挖弹塑性正分析计算，通过对比计算位移值和监测位移值(见表 6.2.34～表 6.2.36)，依据目标函数进行方差分析，可知方案 7 为最优方案，继续对主导因素进行效应优化，最后获得第九层开挖反演的Ⅱ、Ⅲ类围岩力学参数，如表 6.2.37 所示。

表 6.2.34　主厂房各设计方案计算位移值和监测位移值比较

多点位移计编号	监测点	监测位移值/mm	计算位移值/mm								
			方案 1	方案 2	方案 3	方案 4	方案 5	方案 6	方案 7	方案 8	方案 9
M4-4CFS	孔口	1.58	1.15	1.11	1.10	1.13	1.15	1.15	1.17	1.16	1.13
	距孔口 4m	1.14	0.99	0.94	0.92	0.98	0.99	1.00	1.02	1.01	0.97
M4-5CFS	孔口	0.12	0.01	0.05	0.06	0.04	0.04	0.03	0.02	0.01	0.03
	距孔口 4m	−0.27	−0.17	−0.21	−0.21	−0.20	−0.19	−0.18	−0.18	−0.16	−0.18
M4-7CFS	孔口	0.39	0.33	0.35	0.35	0.33	0.35	0.32	0.37	0.33	0.32
	距孔口 4m	−0.23	−0.59	−0.60	−0.59	−0.59	−0.59	−0.57	−0.61	−0.58	−0.56
M4-10CFX	孔口	0.50	2.23	2.16	2.18	2.06	2.06	2.15	1.98	2.04	2.01
	距孔口 4m	0.15	1.93	1.87	1.90	1.78	1.79	1.87	1.73	1.76	1.74
M4-14CFX	孔口	2.22	0.22	0.16	0.14	0.16	0.13	0.22	0.13	0.21	0.16
	距孔口 4m	1.47	0.17	0.11	0.09	0.12	0.08	0.17	0.09	0.16	0.11
M4-17CFX	孔口	2.92	4.64	4.41	4.20	4.35	4.17	4.52	4.13	4.55	4.28
	距孔口 4m	1.73	5.11	4.91	4.72	4.84	4.69	4.96	4.63	5.00	4.76

表 6.2.35　主变室各设计方案计算位移值和监测位移值比较

多点位移计编号	监测点	监测位移值/mm	计算位移值/mm								
			方案 1	方案 2	方案 3	方案 4	方案 5	方案 6	方案 7	方案 8	方案 9
M4-5ZBS	孔口	0.82	0.88	0.89	0.80	0.89	0.80	0.87	0.89	0.88	0.88
	距孔口 4m	0.21	0.21	0.22	0.23	0.21	0.22	0.19	0.21	0.20	0.20
M4-6ZBS	孔口	1.07	1.34	1.30	1.30	1.26	1.25	1.25	1.23	1.21	1.19
	距孔口 4m	0.80	1.22	1.19	1.20	1.16	1.14	1.15	1.12	1.11	1.09
M4-8ZBS	孔口	−0.07	0.74	0.71	0.70	0.71	0.69	0.58	0.68	0.68	0.68
	距孔口 4m	−1.13	−0.61	−0.62	−0.59	−0.59	−0.58	−0.69	−0.57	−0.57	−0.57

表 6.2.36　尾调室各设计方案计算位移值和监测位移值比较

多点位移计编号	监测点	监测位移值/mm	计算位移值/mm								
			方案 1	方案 2	方案 3	方案 4	方案 5	方案 6	方案 7	方案 8	方案 9
M3-2WTS	孔口	0.05	0.05	0.06	0.07	0.06	0.07	0.04	0.08	0.05	0.06
	距孔口 4m	0.12	0.16	0.17	0.18	0.16	0.17	0.15	0.17	0.15	0.16
M3-5WTS	孔口	0.15	0.04	0.03	0.03	0.04	0.04	0.04	0.04	0.05	0.05
	距孔口 4m	−0.29	−0.06	−0.07	−0.07	−0.06	−0.06	−0.06	−0.05	−0.04	−0.05
M3-6WTS	孔口	0.20	0.29	0.28	0.26	0.26	0.25	0.27	0.24	0.26	0.25
	距孔口 4m	0.12	0.24	0.24	0.23	0.23	0.22	0.23	0.21	0.22	0.22
M3-7WTS	孔口	0.86	1.80	1.68	1.54	1.61	1.49	1.74	1.43	1.68	1.55
M3-8WTS	孔口	1.18	1.55	1.15	0.80	1.11	0.78	1.51	0.79	1.51	1.09
	距孔口 4m	0.39	1.41	1.06	0.76	1.03	0.74	1.37	0.74	1.36	1.00
M3-9WTS	孔口	3.06	5.14	4.73	4.43	4.56	4.24	4.95	4.09	4.76	4.36
	距孔口 4m	2.79	5.43	5.02	4.71	4.84	4.53	5.23	4.34	5.02	4.63
M3-10WTS	孔口	2.15	2.14	2.29	2.38	2.21	2.25	2.06	2.12	1.99	2.14
	距孔口 4m	1.72	2.32	2.47	2.55	2.38	2.43	2.25	2.29	2.16	2.30

表 6.2.37　第九层开挖反演的围岩力学参数

Ⅱ类围岩变形模量/GPa	Ⅲ类围岩变形模量/GPa	Ⅱ类围岩黏聚力/MPa
20.15	7.73	1.94

3. 地下厂房第九层开挖围岩稳定性分析

第九层开挖完毕围岩位移、应力和塑性区变化如表 6.2.38～表 6.2.40 和图 6.2.26～图 6.2.30 所示。

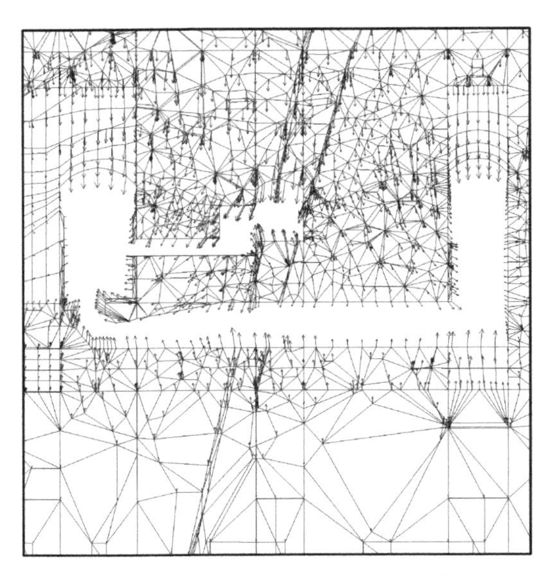

图 6.2.26　第九层开挖完毕 2♯机组剖面位移矢量图

表 6.2.38　地下厂房第九层开挖完毕洞室围岩最大位移变化

机组号	部位	主厂房最大位移/mm	主变室最大位移/mm	尾调室最大位移/mm
1♯	拱顶	17.5	16.5	16.2
	上游边墙	7.5	19.3	8.0
	下游边墙	9.0	10.0	11.0
2♯	拱顶	15.0	22.0	18.5
	上游边墙	9.0	14.5	9.8
	下游边墙	8.8	12.5	6.0
3♯	拱顶	17.0	18.5	16.5
	上游边墙	7.0	15.7	9.0
	下游边墙	9.0	14.6	7.5
4♯	拱顶	16.0	15.5	17.7
	上游边墙	6.0	14.2	11.2
	下游边墙	8.0	10.0	6.8

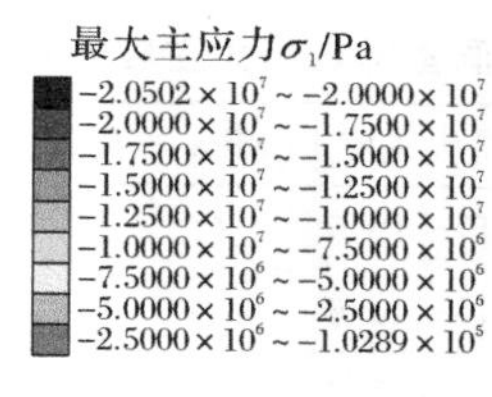

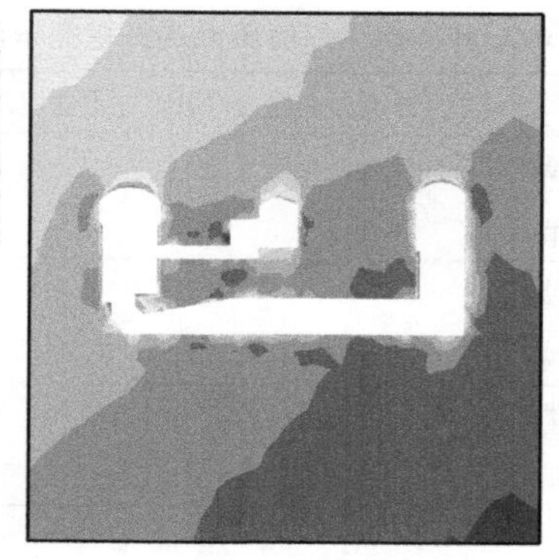

图 6.2.27　第九层开挖完毕 2＃机组剖面最大主应力云图

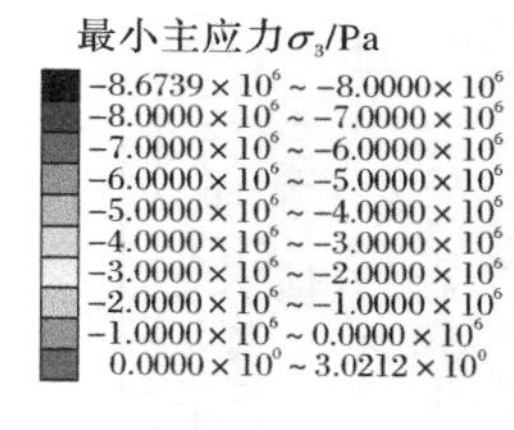

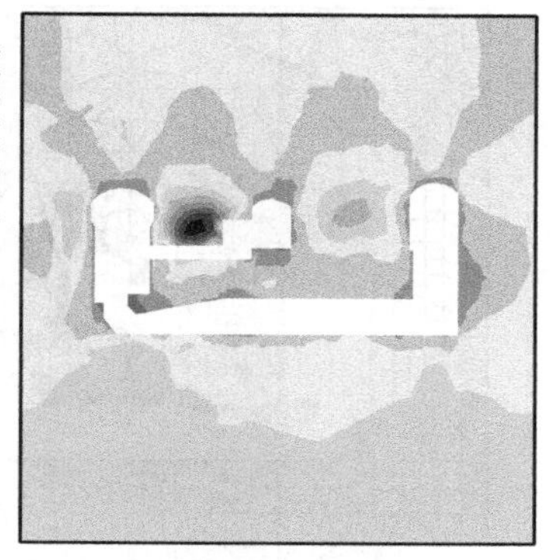

图 6.2.28　第九层开挖完毕 2＃机组剖面最小主应力云图

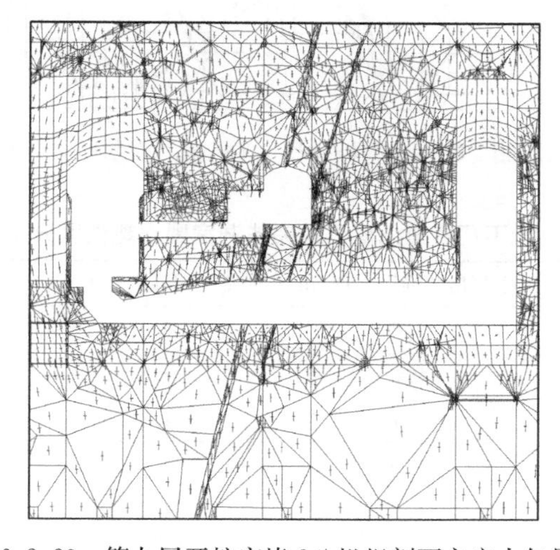

图 6.2.29　第九层开挖完毕 2＃机组剖面主应力矢量图

表 6.2.39 地下厂房第九层开挖完毕洞室围岩最大主应力变化

机组号	部位	主厂房最大主应力/MPa	主变室最大主应力/MPa	尾调室最大主应力/MPa
1#	上游边墙	6～14	11～19.5	13～18.8
	下游边墙	8～14.5	11～17.6	11～18
2#	上游边墙	7～16.8	13～18.6	14～19.2
	下游边墙	8～13	12～15.6	10～11.5
3#	上游边墙	6～14.2	11～17.5	14～19
	下游边墙	8～12	13～16.6	9～11
4#	上游边墙	7～14.2	12～19	14～18.4
	下游边墙	9～13.7	12～15.9	14～16.8

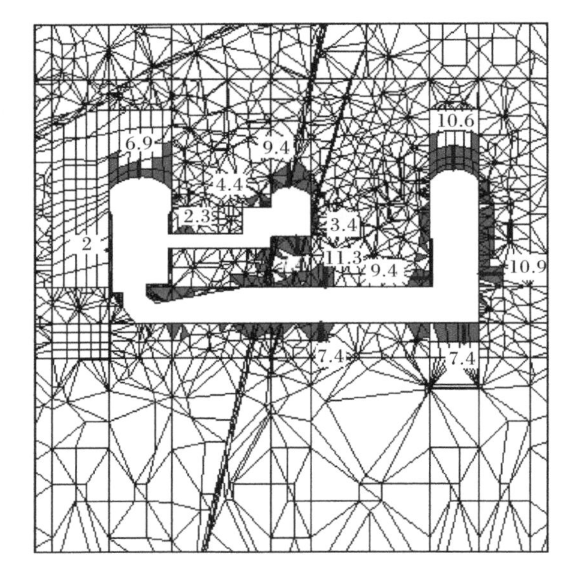

图 6.2.30 第九层开挖完毕 2＃机组剖面塑性区分布图

表 6.2.40 地下厂房第九层开挖完毕洞室围岩塑性区分布最大厚度

机组号	部位	主厂房塑性区厚度/m	主变室塑性区厚度/m	尾调室塑性区厚度/m
1#	拱顶	7.8	6.9	6.0
	上游边墙	0.6	4.8	3.1
	下游边墙	0.7	4.8	9.3
2#	拱顶	6.9	9.4	10.6
	上游边墙	0.5	4.4	9.4
	下游边墙	0.61	3.4	10.9

续表

机组号	部位	主厂房塑性区厚度/m	主变室塑性区厚度/m	尾调室塑性区厚度/m
3#	拱顶	9.9	3.0	8.6
	上游边墙	1.5	4.6	12.9
	下游边墙	2.0	6.0	10.0
4#	拱顶	10.2	5.3	7.8
	上游边墙	6.1	5.0	8.0
	下游边墙	6.3	4.6	6.5

4. 反演计算位移与监测位移的对比

第九层开挖完毕反演计算位移和监测位移比较如表 6.2.41 和图 6.2.31 所示。

表 6.2.41　第九层开挖反演计算位移和监测位移对比

位置	多点位移计编号	测点位置	对比位移/mm	
			监测值	计算值
主厂房	M4-4CFS	孔口	1.58	1.65
		距孔口 4m	1.14	1.20
		距孔口 11m	1.09	0.95
	M4-5CFS	孔口	0.12	0.33
		距孔口 4m	−0.27	−0.06
		距孔口 11m	−0.29	−0.07
	M4-7CFS	孔口	0.39	0.33
		距孔口 4m	−0.23	−0.05
		距孔口 11m	−0.25	−0.06
		距孔口 23m	−0.03	−0.03
主变室	M4-5ZBS	孔口	0.82	0.90
		距孔口 4m	0.21	0.73
		距孔口 11m	0.22	0.70
	M4-6ZBS	孔口	1.07	1.09
		距孔口 4m	0.80	1.02
		距孔口 11m	0.59	0.75

续表

位置	多点位移计编号	测点位置	对比位移/mm	
			监测值	计算值
尾调室	M3-2WTS	孔口	0.05	0.13
		距孔口 4m	0.12	0.06
		距孔口 12m	−0.13	−0.04
	M3-5WTS	孔口	0.15	0.15
		距孔口 4m	−0.29	−0.04
		距孔口 12m	−0.78	−0.54
	M3-7WTS	孔口	0.86	1.15
		距孔口 4m	−0.20	−0.14
		距孔口 12m	0.15	0.05
	M3-8WTS	孔口	1.18	1.67
		距孔口 4m	0.39	0.58
		距孔口 12m	0.26	0.64
	M3-9WTS	孔口	3.06	3.80
		距孔口 4m	2.79	3.58
		距孔口 12m	1.04	2.23
	M3-10WTS	孔口	2.15	1.73
		距孔口 4m	1.72	1.12
		距孔口 12m	0.24	−0.24

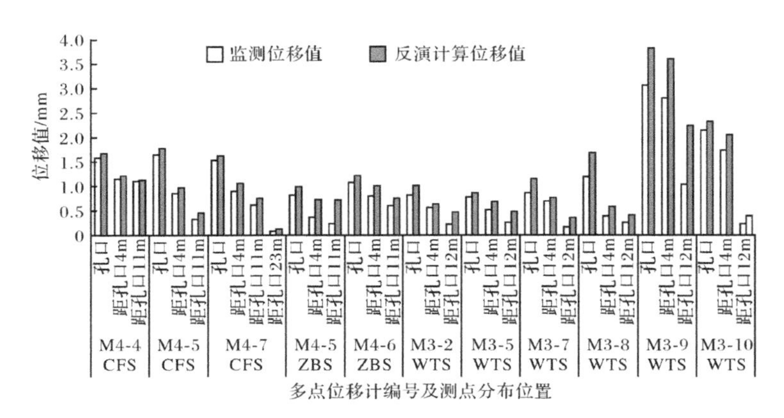

图 6.2.31　第九层开挖反演计算位移与监测位移对比柱状图

由图 6.2.31 和表 6.2.41 分析可以看出：反演计算位移和监测位移的误差小

于 10%，在工程允许误差范围内，计算表明本书建立的岩体力学参数动态反演方法和围岩稳定性计算结果是可靠的。

6.2.5　洞室锚杆与锚索受力分析

选取 2＃机组主厂房和尾调室开挖后洞周关键部位的锚杆、锚索进行受力分析，水平长线上边或其左、右侧标注的数字代表预应力锚索编号，其余数字代表锚杆编号(见图 6.2.32)，图 6.2.33 和图 6.2.34 分别为 2＃机组剖面主厂房开挖完毕洞周典型锚杆和锚索的轴力分布图。

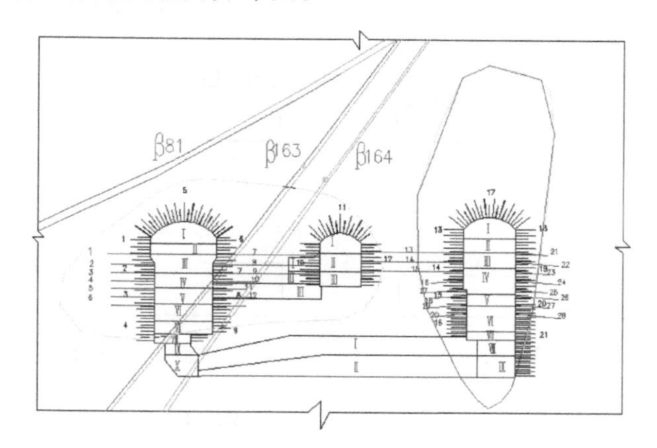

图 6.2.32　2＃机组洞周锚杆锚索编号

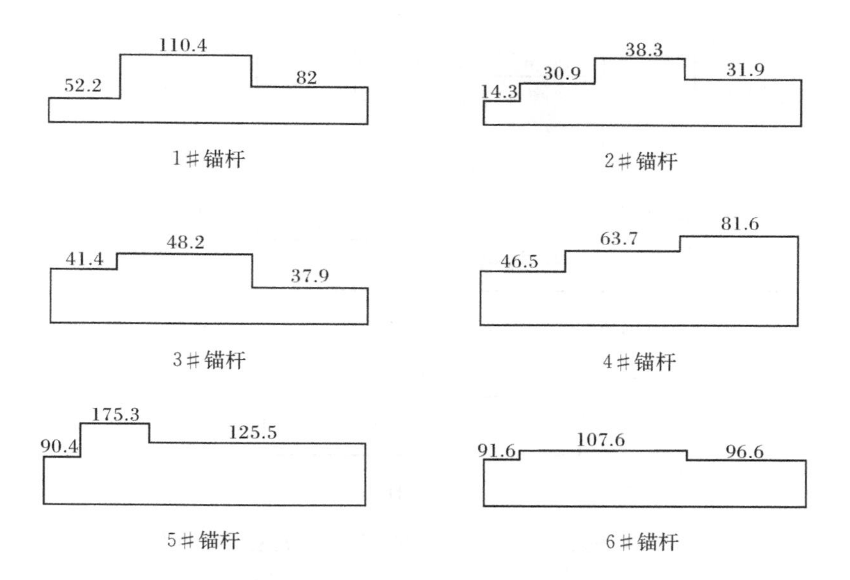

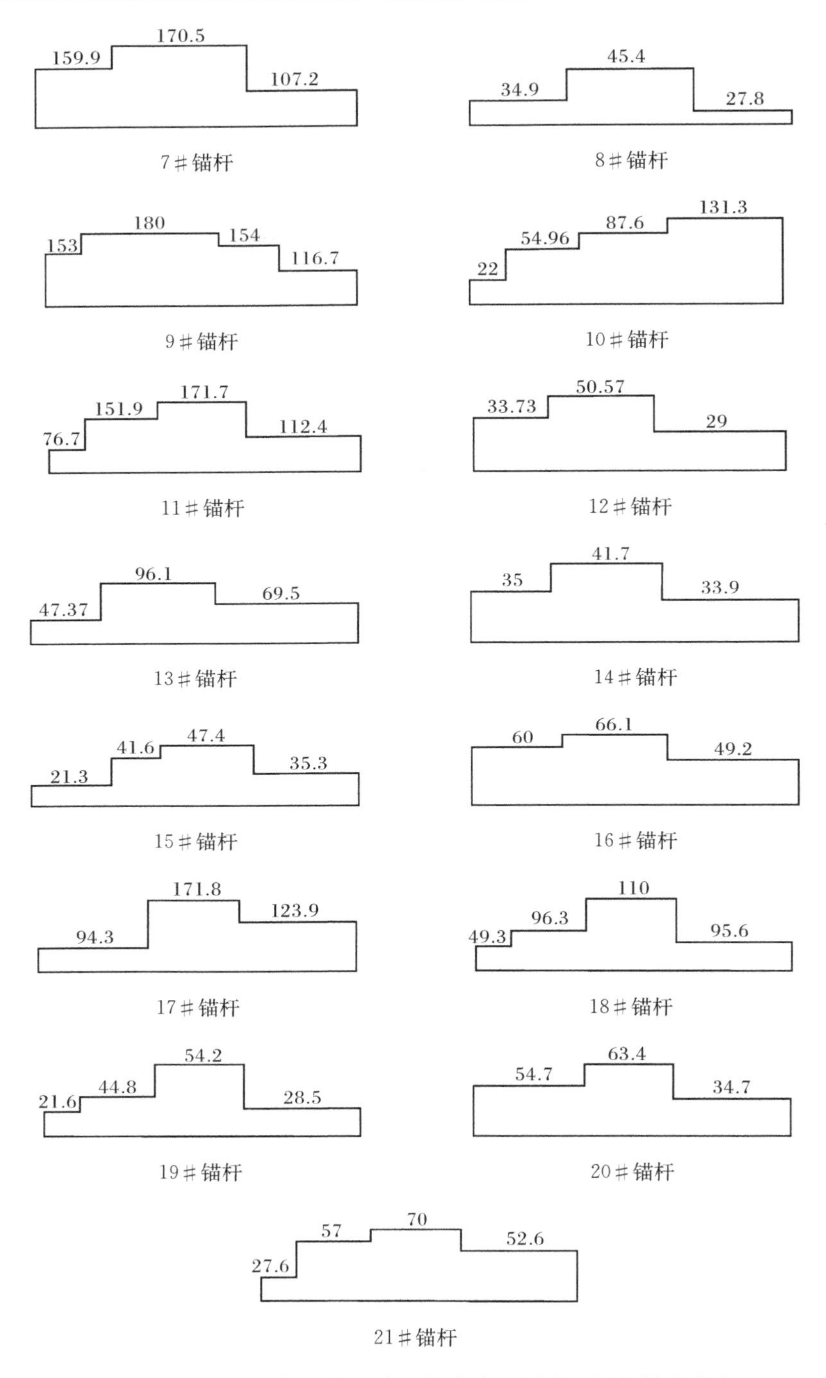

图 6.2.33　2#机组剖面主厂房开挖完毕洞周典型锚杆轴力分布图

注:左端为锚杆起点,右端为终点;轴力单位 kN

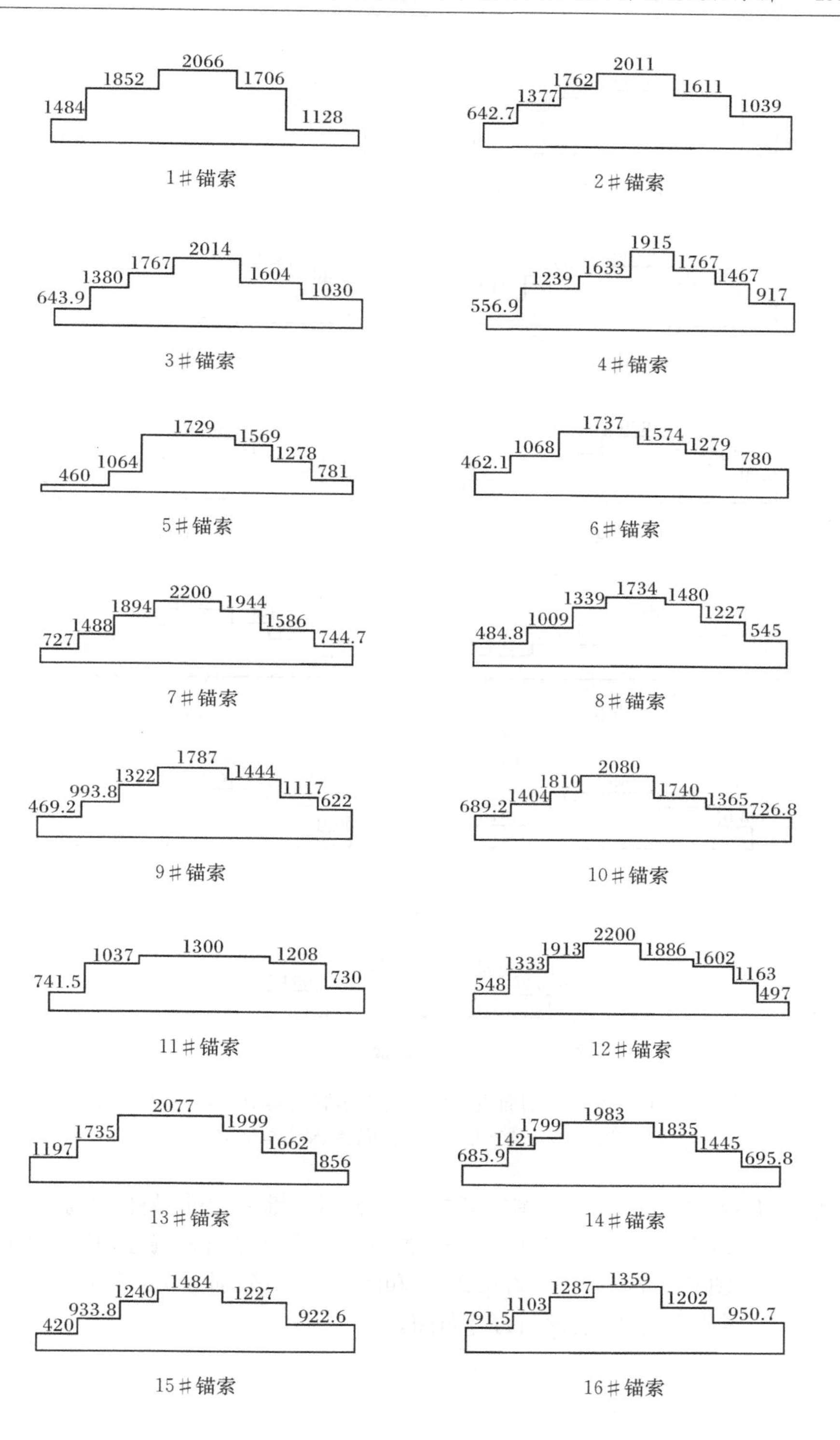
1484
1852
2066
1706
1128
1#锚索
642.7
1377
1762
2011
1611
1039
2#锚索
643.9
1380
1767
2014
1604
1030
3#锚索
556.9
1239
1633
1915
1767
1467
917
4#锚索
460
1064
1729
1569
1278
781
5#锚索
462.1
1068
1737
1574
1279
780
6#锚索
727
1488
1894
2200
1944
1586
744.7
7#锚索
484.8
1009
1339
1734
1480
1227
545
8#锚索
469.2
993.8
1322
1787
1444
1117
622
9#锚索
689.2
1404
1810
2080
1740
1365
726.8
10#锚索
741.5
1037
1300
1208
730
11#锚索
548
1333
1913
2200
1886
1602
1163
497
12#锚索
1197
1735
2077
1999
1662
856
13#锚索
685.9
1421
1799
1983
1835
1445
695.8
14#锚索
420
933.8
1240
1484
1227
922.6
15#锚索
791.5
1103
1287
1359
1202
950.7
16#锚索

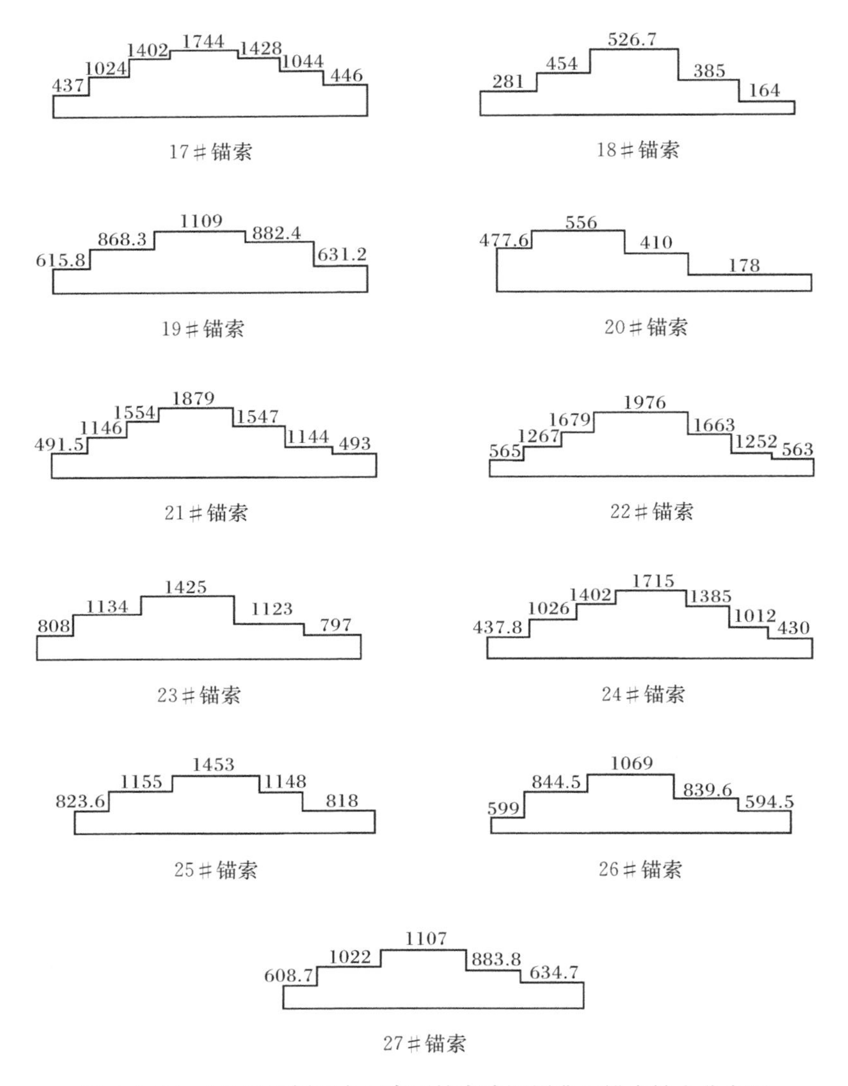

图 6.2.34　2＃机组剖面主厂房开挖完毕洞周典型锚索轴力分布图

注：左端为锚索起点，右端为终点；轴力单位 kN

选取 4＃机组主厂房和尾调室开挖完后洞周关键部位的锚杆、锚索进行受力分析，水平长线上边或其左、右侧标注的数字代表预应力锚索编号，其余数字代表锚杆编号，如图 6.2.35 所示。图 6.2.36 和图 6.2.37 分别是 4＃机组剖面主厂房开挖完毕洞周典型锚杆、锚索轴力分布图。

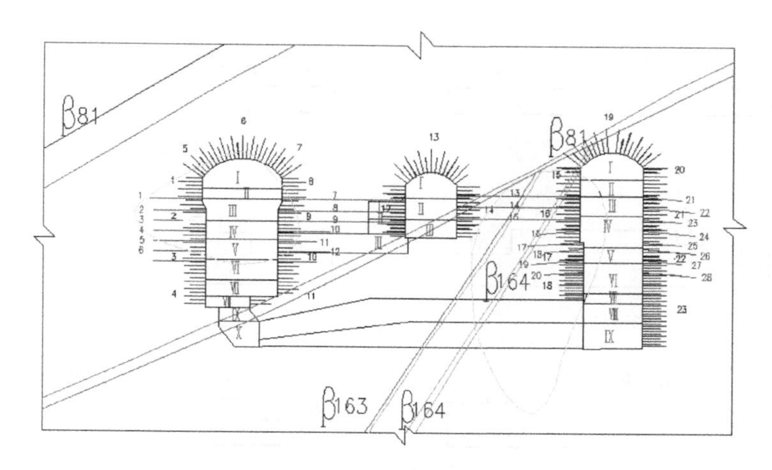

图 6.2.35　4＃机组洞周锚杆锚索编号

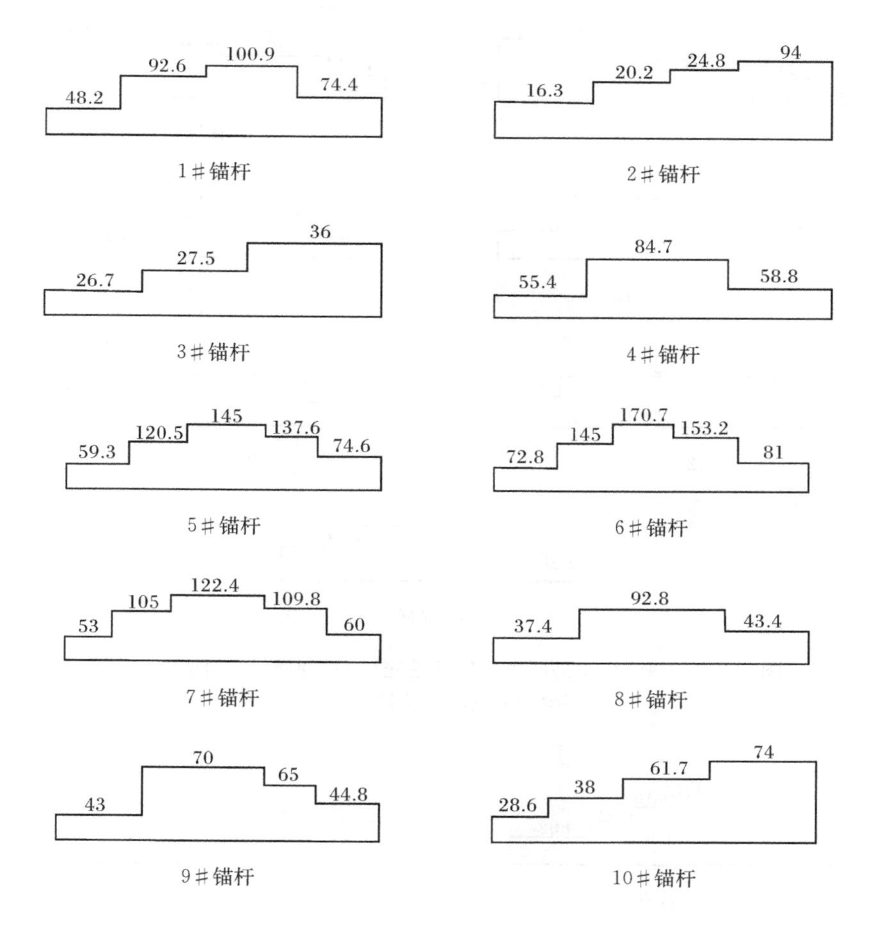

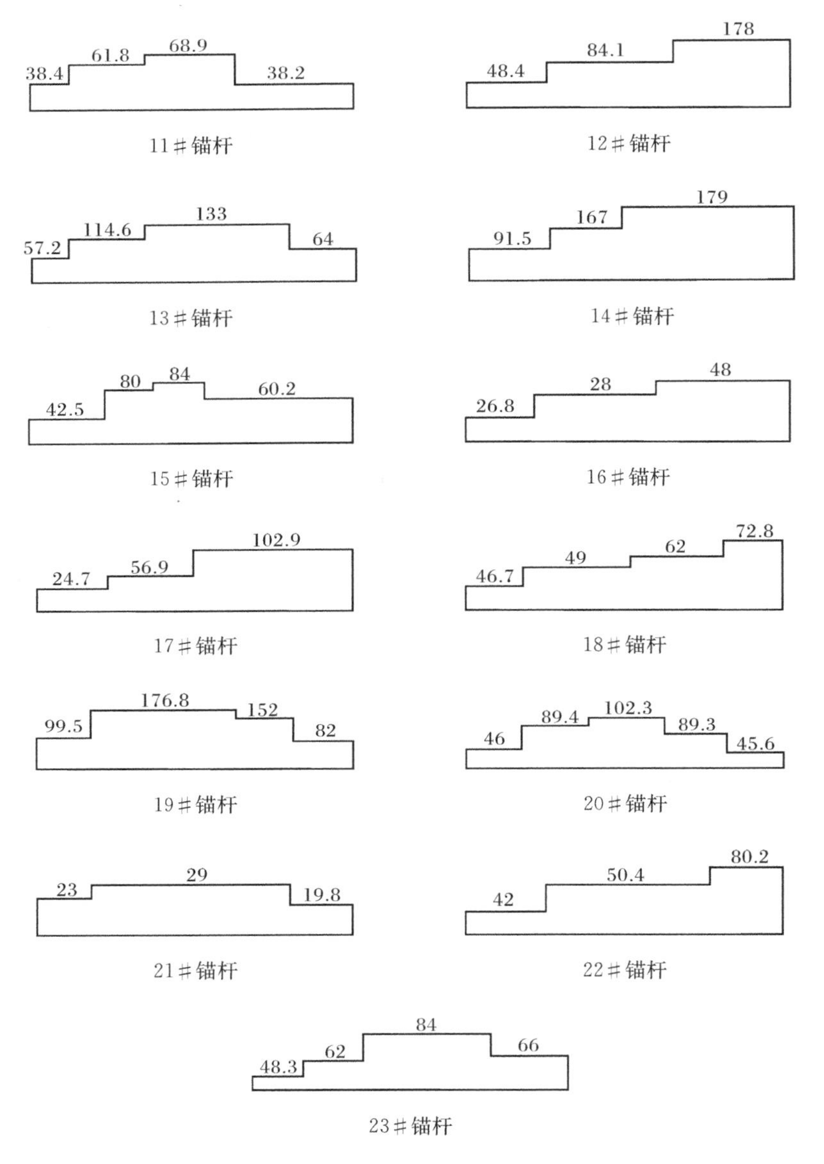

图 6.2.36　4#机组剖面主厂房开挖完毕洞周典型锚杆轴力分布图

注:左端为锚杆起点,右端为终点;轴力单位 kN

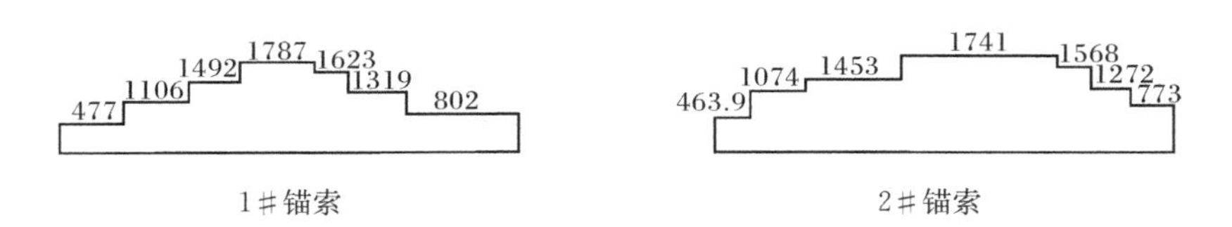

1#锚索　　2#锚索

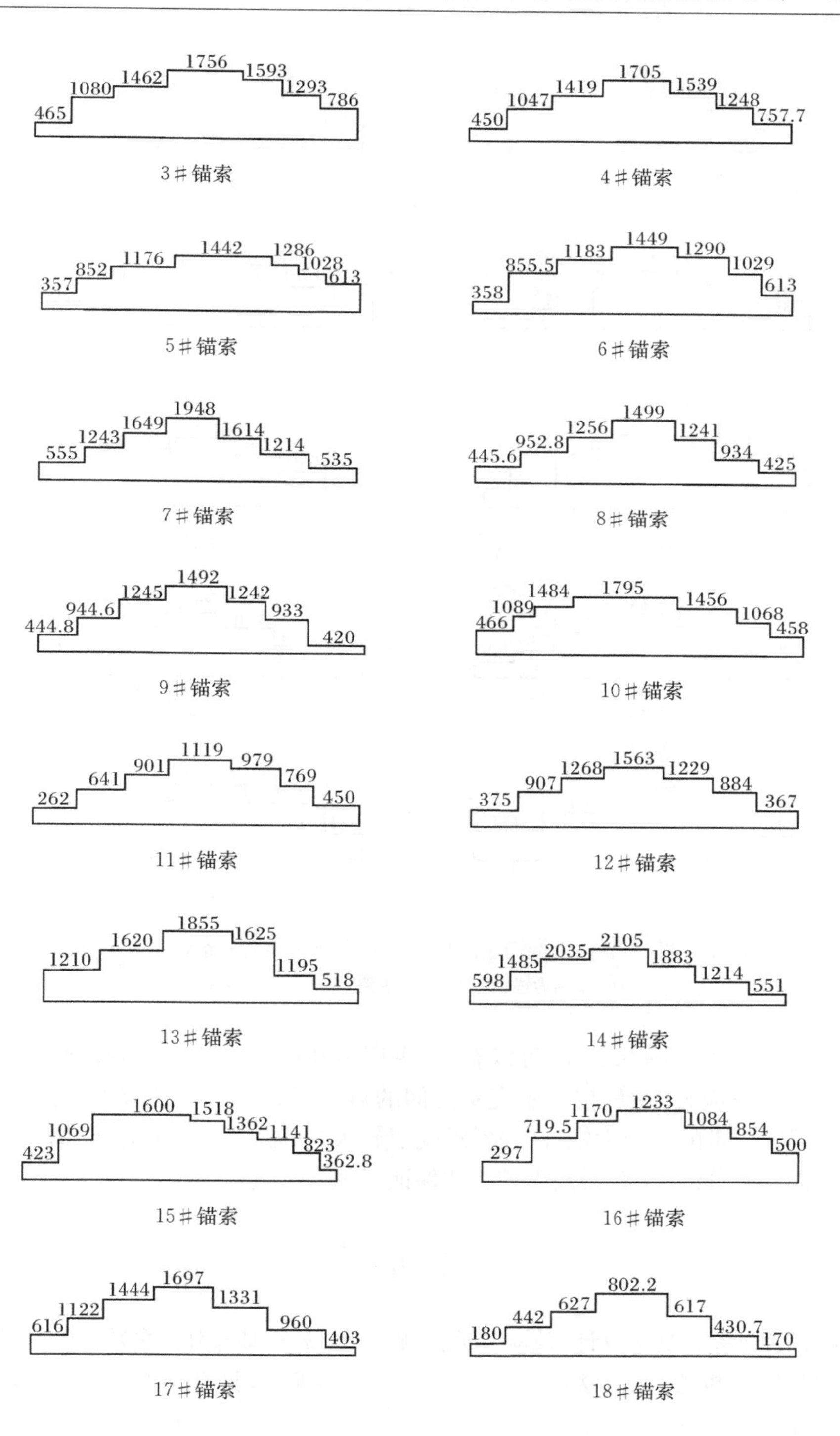
465
1080
1462
1756
1593
1293
786
3#锚索
450
1047
1419
1705
1539
1248
757.7
4#锚索
357
852
1176
1442
1286
1028
613
5#锚索
358
855.5
1183
1449
1290
1029
613
6#锚索
555
1243
1649
1948
1614
1214
535
7#锚索
445.6
952.8
1256
1499
1241
934
425
8#锚索
444.8
944.6
1245
1492
1242
933
420
9#锚索
466
1089
1484
1795
1456
1068
458
10#锚索
262
641
901
1119
979
769
450
11#锚索
375
907
1268
1563
1229
884
367
12#锚索
1210
1620
1855
1625
1195
518
13#锚索
598
1485
2035
2105
1883
1214
551
14#锚索
423
1069
1600
1518
1362
1141
823
362.8
15#锚索
297
719.5
1170
1233
1084
854
500
16#锚索
616
1122
1444
1697
1331
960
403
17#锚索
180
442
627
802.2
617
430.7
170
18#锚索

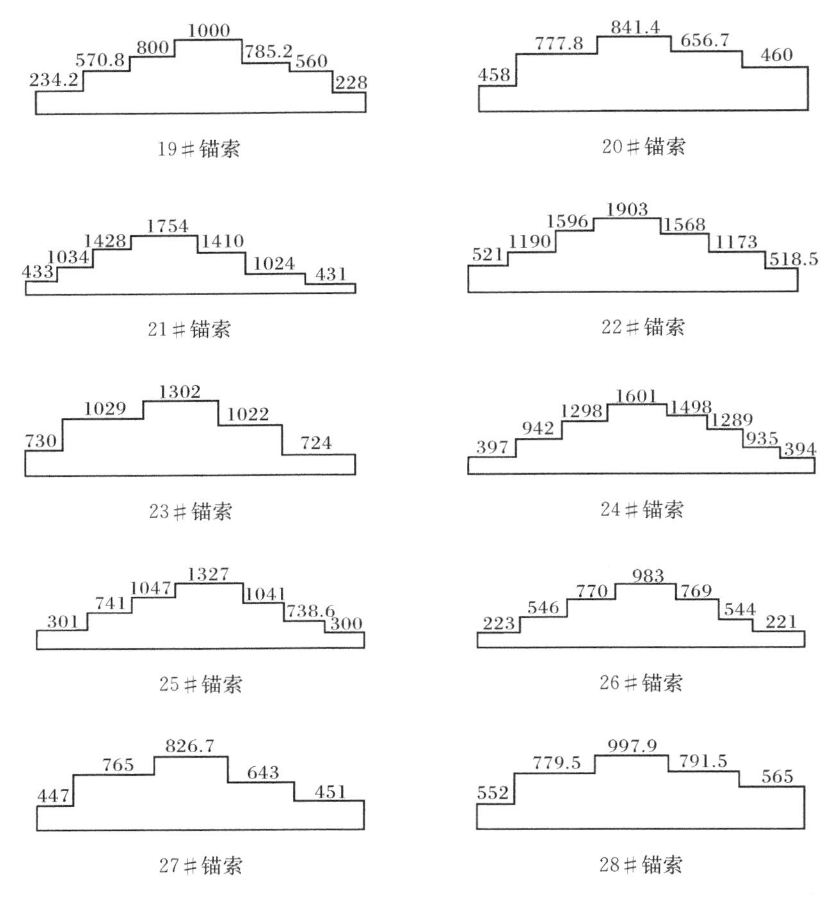

图 6.2.37　4#机组剖面主厂房开挖完毕洞周典型锚索轴力分布图

注:左端为锚索起点,右端为终点;轴力单位 kN

由图 6.2.32～图 6.2.37 可以看出:主厂房和尾调室开挖完后,洞周锚杆、锚索主要承受拉应力,主厂房与主变室之间的对穿锚索承受的拉应力较大,特别是穿过断层破碎带的预应力锚杆、锚索承受了较大的拉应力,表明锚杆、锚索的承载能力已得到充分的发挥,岩锚支护有效保证了围岩的安全稳定。

6.3　本章小结

(1) 综合考虑正交设计、效应计算的优点,建立了围岩力学参数正交设计效应优化位移反分析法,该方法在满足工程精度的要求下,具有简便、快捷的优点,便于在工程中推广应用。

（2）应用正交设计效应优化位移反分析法对大岗山水电站地下厂房开挖进行了围岩力学参数反演，动态反演获得地下厂房不同开挖层围岩的力学参数。

（3）应用动态反演的围岩力学参数，对地下厂房当前开挖层的围岩稳定性进行了三维数值计算分析，并对下一层开挖围岩稳定性进行了预测，获得了围岩位移场、应力场和塑性区的变化规律。

（4）计算分析结果表明：

① 由于应力释放，开挖后洞周位移朝向开挖临空面，其中拱顶下沉，底板上抬，较大的变形主要集中在主厂房、主变室和尾调室的拱顶部位和软弱岩脉出露部位。

② 开挖后洞周应力得到释放，主厂房和尾调室上、下游边墙部位出现一定程度的应力集中。

③ 主厂房、主变室和尾调室顶拱部位分布有较大范围的Ⅲ类围岩，是形成洞周塑性区的主要原因。主厂房上方有软弱的Ⅴ类岩脉 β_{80} 穿过，Ⅳ类岩脉 β_{81} 穿过主变室下部并从尾调室上部穿过，Ⅳ类岩脉 β_{164} 从尾调室拱顶出露，是影响洞室稳定的主要因素。开挖后洞周塑性区主要为压剪屈服。

④ 开挖后由于锚索、锚杆的抗拉承载作用，有效保证了围岩的安全稳定。

（5）通过围岩力学参数动态反演与洞室开挖稳定性分析，计算结果表明：大岗山水电站地下厂房洞室群在施工开挖过程中和开挖后整体是稳定的。但计算也显示：辉绿岩脉和断层破碎带是影响地下厂房洞室围岩稳定性的关键因素，施工过程中应加强对洞区软弱地质构造出露部位以及主厂房与主变室、主厂房与尾水廊道、尾调室与尾水廊道等洞室交叉部位的变形监测，并根据监测结果及时对地下厂房高边墙下部及洞室交叉部位进行重点支护。

第7章　超深埋缝洞型油藏溶洞垮塌破坏机制与储油裂缝闭合规律研究

7.1　引　　言

碳酸盐岩油藏在全球范围内分布广泛。据统计，世界上236个大型油气田中，96个为碳酸盐岩油藏，约占40%，碳酸盐岩油藏中有30%以上为缝洞型油藏。我国的海相碳酸盐岩油气资源量大于300×10^{8}t，石油资源量150×10^{8}t，主要分布在塔里木盆地和华北地区，其中缝洞型油藏占探明碳酸盐岩油藏储量的2/3，是今后增储的主要领域[171~184]。新疆塔河油田奥陶系缝洞型碳酸盐岩油藏埋深在5300～6200m之间，为特大型、超深层、低丰度的稠油油藏。缝洞型油藏的主要储集空间以古岩溶作用形成的孔、洞和构造变形产生的构造裂缝为主，其中大型洞穴是最主要的储集空间，裂缝既是储集空间，也是主要联通渗流通道。在塔河油田碳酸盐岩油藏采油过程中，随着缝内地层压力下降，井下发生了部分溶洞垮塌或大裂缝出油通道闭合现象，严重影响了油井的产量及油藏的采收率[185~189]。

为了避免溶洞垮塌和裂缝闭合对油井产量的影响，本书开展了塔河油田奥陶系碳酸盐岩力学试验，在较为准确获得缝洞围岩力学参数的基础上，开展了超深埋矩形溶洞垮塌破坏三维地质力学模型试验。在模型试验研究的基础上，对不同形态、尺寸溶洞的垮塌破坏模式以及缝洞型裂缝的闭合过程开展了数值模拟分析，系统揭示出缝洞型油藏溶洞的垮塌破坏条件、破坏规律以及高角度裂缝的闭合规律。

7.2　塔河油田超埋深碳酸盐岩力学试验

为了分析碳酸盐岩油藏溶洞垮塌对油井开采的影响，迫切需要了解碳酸盐岩的力学特性，以便为分析碳酸盐岩油藏溶洞垮塌机制提供基本的计算力学参数。碳酸盐岩油藏地层本身的地质条件复杂，如盆地形成时间跨度大、埋深跨度大、非均质性强、裂缝溶洞发育等，造成碳酸盐岩地层力学参数变化规律不易掌握[190]。目前，国内外学者主要通过油藏区露头岩石的力学测试和对油田钻井与测井资料的分析来研究碳酸盐岩的力学特性及其内部孔隙结构特征[191~194]。由于受深部钻井取样困难的限制，国内外很少有学者对埋深达数千米的碳酸盐岩油藏基质开展力学试验研究。本书通过深部钻井取样获得埋深达 5300～6200m 的碳酸盐岩油藏岩样，通过开展力学试验和微细观电镜扫描试验，较为准确地获得了超埋深碳酸盐岩的力学参数及其微细观破裂机制[195]。

7.2.1　现场取样与标准试件制备

1. 现场深部钻孔取样

为了开展塔河油田碳酸盐岩力学试验，中石化西北局在新疆塔里木盆地塔河油田基地对碳酸盐岩油藏地层的 S86 井、S80 井、TK427 井、塔深 2 井进行了深部钻井取样，获得了埋深达 5000～7000m 的碳酸盐岩(灰岩和白云岩)岩样，岩样特征信息如表 7.2.1 所示，图 7.2.1 为现场钻井岩芯照片。

表 7.2.1　现场岩样特征信息

井号	取样深度/m	岩性
S86 井	5566.88～5567.08	浅灰白色岩溶灰岩
S80 井	5528.96～5529.10	灰白色角砾状灰岩
TK427 井	5565.63～5566.82	灰色沙屑泥晶灰岩
塔深 2 井	6650.00～6652.59	浅褐灰色含灰质泥晶白云岩

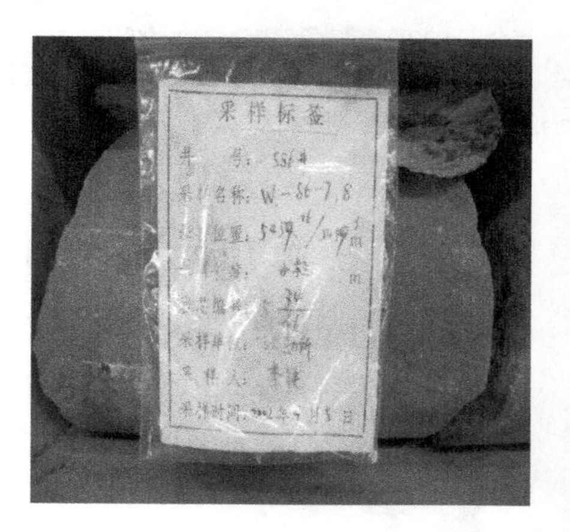

(a) S86 井岩芯照片

(b) S80 井岩芯照片

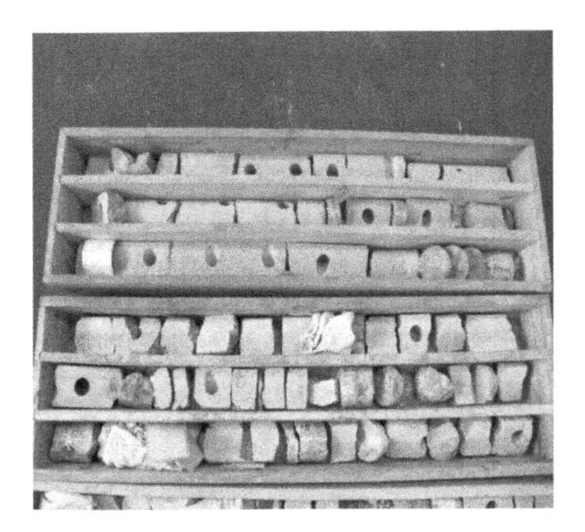

(c) TK427 井岩芯照片

(d) 塔深 2 井岩芯照片

图 7.2.1　现场钻井岩芯照片

2. 室内试件制备

由于现场钻井岩芯的岩样直径为 60mm，并且不是全直径岩芯，有的为半圆形，形状很不规则，这样的岩样无法满足《工程岩体试验方法标准》(GB/T 50266—2013)的要求，因此要采用加模取芯工艺制取直径为 50mm 的标准岩石试件，具体制作步骤如下。

1) 加模制样

由于现场钻井岩芯的岩样形状不规则，为便于在岩石取芯机上进行夹持钻芯取样，首先需要在室内对取自现场的非标准岩样进行加模，如图 7.2.2 所示。考虑到加模材料的强度会影响取样完整性，采用 C30 混凝土进行加模。加模制样过程具体分为三个步骤：

(1) 采用岩石切割机把现场岩样底端切割平整，然后用双端面磨石机对岩样底面进行打磨，保证底面平整光滑以使岩样垂直放到模具中。

(2) 严格按照 C30 混凝土标准配比配制混凝土材料，把配制好的混凝土放入装有岩样的模具中并及时振捣以排出混凝土材料中的气泡。

(3) 两天之后从模具中取出混凝土试块，放到水中养护 28 天后使用岩石取芯机进行钻芯制样。

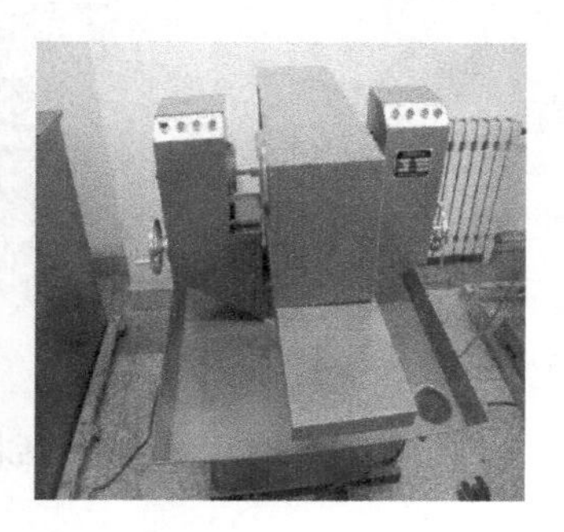

(a) 切割打磨不规整岩样

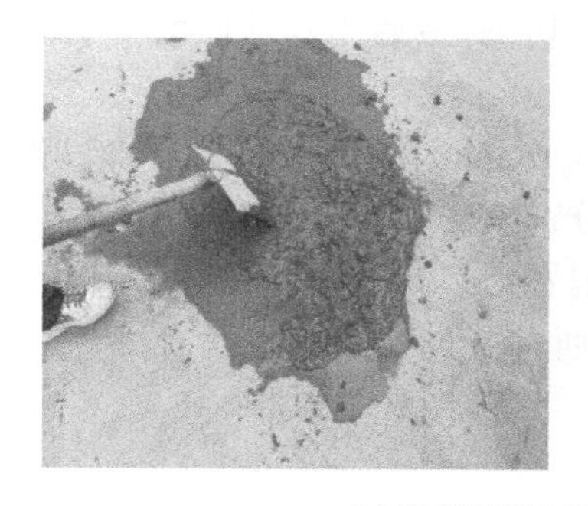

(b) 配制混凝土材料包裹现场岩样

(c) 脱模养护

图 7.2.2 加模制样过程照片

2) 钻芯取样

对混凝土包裹的岩样进行钻芯，整个钻芯取样过程分为钻芯、切割、打磨三个步骤，如图 7.2.3 所示。

(a) 钻芯

(b) 切割

(c) 打磨

图 7.2.3 钻芯取样制作过程

首先在岩石取芯机上夹持混凝土试块，然后对混凝土中包裹的岩芯进行钻样，对钻样取出的标准直径岩石试件进行切割，最后用双端面磨石机对试件端面进行打磨直至试件表面平整光滑。

共制作出满足规范要求的 6 个直径 50mm、高度 100mm 的标准试件以及 3 个直径 50mm，高度 50mm 的标准试件，并分别编号，如图 7.2.4 所示。其中，编号为 1-1、1-2、1-3 的试件用于三轴压缩试验，编号为 2-1、2-2、2-3 的试件用于单轴压缩试验，编号为 3-1、3-2、3-3 的试件用于巴西劈裂试验。碳酸盐岩试件基本特征参数如表 7.2.2 所示。

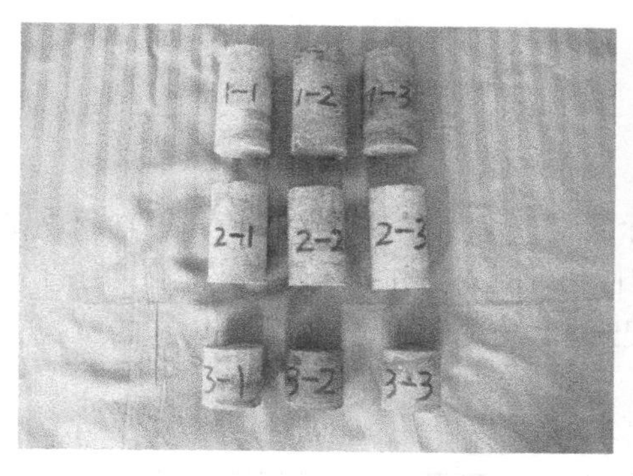

(a) 制作的全部标准岩石试件

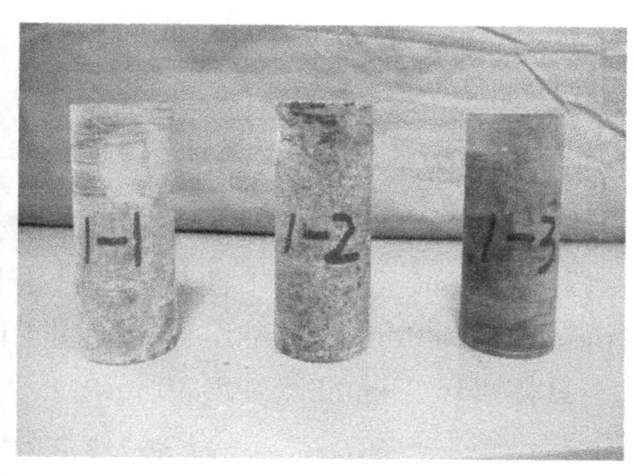

(b) 三轴压缩试验试件

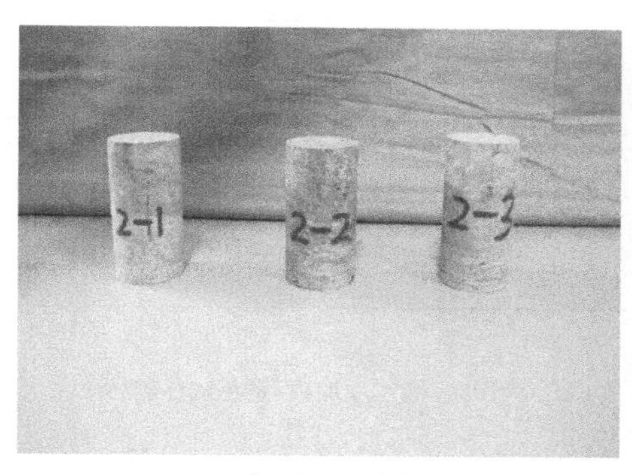

(c) 单轴压缩试验试件

(d) 巴西劈裂试验试件

图 7.2.4　制备的标准碳酸盐岩试件

表 7.2.2　碳酸盐岩试件基本特征参数

试件编号	现场取样深度/m	直径/mm	高度/mm	密度/(10^3kg/m^3)	试件用途
1-1	5565.63～5566.82	49.6	98.2	2.57	
1-2	5528.96～5529.10	49.1	98.6	2.76	三轴试验
1-3	5325.54～5325.63	49.2	98.5	2.53	
2-1	5467.71～5464.85	49.0	98.1	2.64	
2-2	5566.88～5567.08	49.3	97.9	2.73	单轴试验
2-3	6650.00～6652.59	48.6	97.5	2.69	
3-1	5528.96～5529.10	48.9	49.1	2.72	
3-2	5553.77～5555.51	49.1	48.7	2.74	巴西劈裂试验
3-3	4887.00～4888.12	49.4	48.9	2.59	

7.2.2 碳酸盐岩力学参数测试

1. 试验工况

制作的直径 50mm、高度 100mm 的标准岩石试件主要用于单轴和三轴压缩试验，以测试碳酸盐岩的弹性模量、泊松比、抗压强度和抗剪强度；制作的直径 50mm、高度 50mm 的标准试件主要用于巴西劈裂试验，以测试碳酸盐岩的抗拉强度。具体试验工况如表 7.2.3 所示。

表 7.2.3 力学试验工况

试验类型	试件编号	围压/MPa	试验加载条件
单轴试验	2-1	0	以 0.5MPa/s 的速度加轴压直至试件破坏
	2-2	0	
	2-3	0	
三轴试验	1-1	10	以 0.05MPa/s 的速度同时施加轴压和围压，当围压达到 10MPa、20MPa、30MPa 以后稳定围压不变，以 0.7MPa/s 的速度加轴压至试件破坏
	1-2	20	
	1-3	30	
巴西劈裂试验	3-1	0	以 0.5MPa/s 的速度加载，直至试件破坏
	3-2	0	
	3-3	0	

2. 力学试验测试结果分析

1）单轴压缩试验

采用伺服控制岩石压力试验机进行单轴压缩试验，岩石试件的压力由试验机的传感器测得，试件压缩变形通过静态电阻应变仪测得。图 7.2.5 为试件单轴压缩试验及破坏形态；图 7.2.6 为测试获得的碳酸盐岩试件的全应力-应变曲线；表 7.2.4为碳酸盐岩的单轴压缩试验结果。

(a) 单轴压缩试验

(b) 单轴压缩破坏形态

图 7.2.5 试件单轴压缩试验及破坏形态

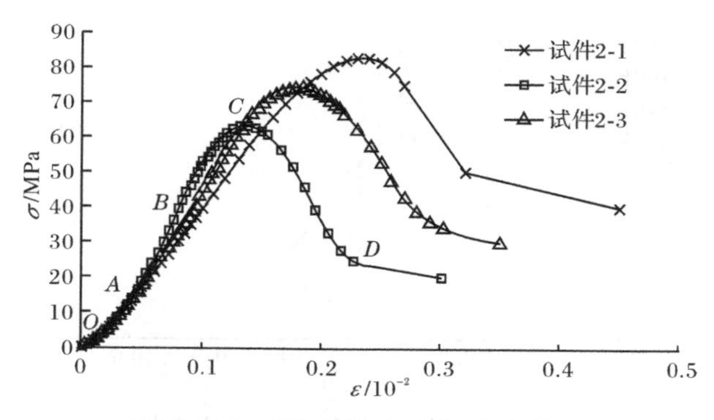

图 7.2.6　单轴压缩全应力-应变曲线

表 7.2.4　单轴压缩试验结果

试件编号	抗压强度/MPa	弹性模量/GPa	泊松比
2-1	85	31	0.22
2-2	62.5	42	0.24
2-3	75	36	0.30
平均值	74.2	36.3	0.25

由图 7.2.6 和表 7.2.4 可以看出：

(1) 碳酸盐岩的全应力-应变曲线分为四个阶段(以试件 2-2 为例)：OA 段为微裂隙闭合压密阶段，曲线呈上凹型；AB 段为线弹性变形阶段，应力-应变曲线基本呈直线，在 B 点达到弹性极限；BC 段为弹塑性变形阶段，此阶段曲线呈上凸状，岩石产生不可逆的塑性变形，B 点是岩石从弹性到塑性的转折点，为岩石屈服点。一旦达到峰值点 C 时，岩石即发生劈裂破坏并伴随着较大的响声，此时 C 点应力称为岩石的峰值强度或单轴抗压强度；CD 段为应变软化阶段，此阶段曲线斜率为负，随着变形的增大，岩石承载力迅速下降，岩石完全破坏，但仍具有一定的残余承载力，并依靠岩石破裂面之间的摩擦力来抵抗外力。

(2) 由于单轴压缩为无侧限抗压试验，因此试验过程中碳酸盐岩试件由于局部破裂常常导致碎片或碎块崩离试件或脱落，岩石最终呈现出劈裂破坏模式。

2) 三轴压缩试验

三轴压缩试验在岩石全自动三轴伺服流变仪上进行。通过三轴压缩试验，主要获取岩石的抗剪强度(包括黏聚力和内摩擦角)，同时也获得不同围压状态下的岩石峰值强度和弹性模量。图 7.2.7 为不同围压下的全应力-应变曲线；图 7.2.8 为莫尔应力圆强度曲线；图 7.2.9 为试件三轴压缩破坏形态；表 7.2.5 为三轴压缩试验结果。

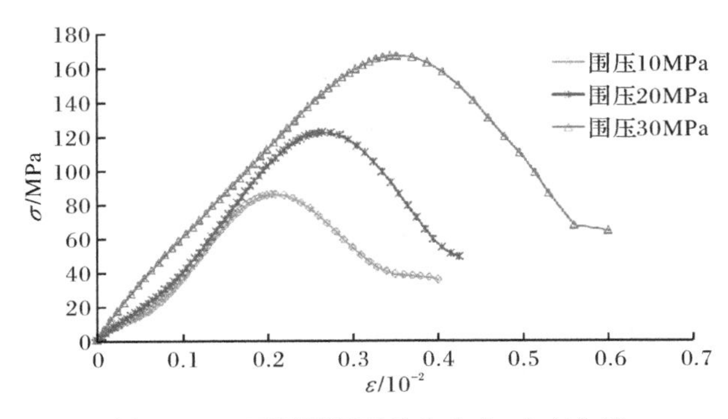

图 7.2.7　不同围压下的全应力-应变曲线

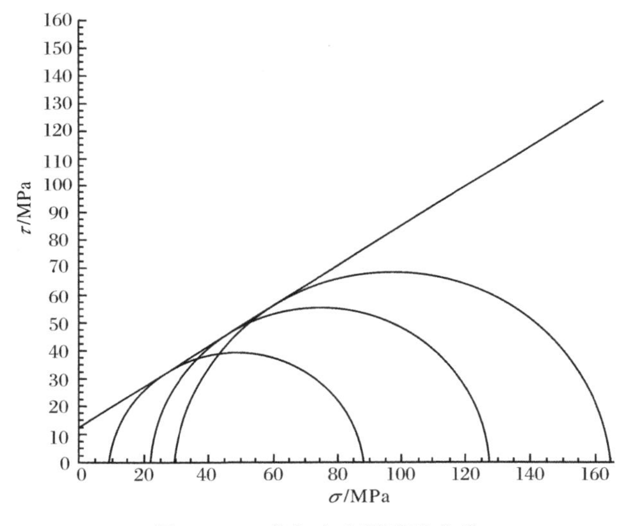

图 7.2.8　莫尔应力圆强度曲线

表 7.2.5　三轴压缩试验结果

试件编号	围压/MPa	轴向抗压强度/MPa	弹性模量/GPa	黏聚力/MPa	内摩擦角/(°)
1-1	10	88.3	37.9	12.418	36.05
1-2	20	124.5	40.0	12.418	36.05
1-3	30	165.5	44.3	12.418	36.05

由图 7.2.7～图 7.2.9 和表 7.2.5 分析可以看出：

(1) 碳酸盐岩具有明显的围压效应，围压对碳酸盐岩的抗压强度和弹性模量影响较大，随着围压的增大，碳酸盐岩的峰值强度和弹性模量也随之增大，表现出显著的应变硬化特性。

图 7.2.9　试件三轴压缩破坏形态

(2) 在加载的初始阶段，不同围压下碳酸盐岩的应力-应变关系曲线形态明显不同。当围压小于 20MPa 时，曲线开始呈现上凹状，围压在 30MPa 时上凹段不明显。这是由于在围压较小时，轴向压力和围压共同作用使碳酸盐岩内部的部分微裂隙闭合，但当围压较大时，在加载轴压之前，微裂隙已经在较大的围压作用下被压密闭合。

(3) 随着轴向荷载的增加，碳酸盐岩的应力-应变曲线表现出明显的线弹性，之后随着轴向应力的增加，碳酸盐岩内部已有裂隙开始扩展并且生成新的裂隙，直到岩样中有大量裂隙出现贯通，并沿一定结构面发生剪切滑移，此时碳酸盐岩进入裂纹非稳定扩展阶段。一旦达到峰值强度，岩样即发生破坏，失去承载能力，并伴随着较大的响声。

(4) 在三轴应力状态下，碳酸盐岩表现为沿斜截面的剪切破坏，并且有次生裂纹产生。

(5) 与普通埋深碳酸盐岩相比，超深埋普通碳酸盐岩由于受到三维高围压地应力的影响，其破坏强度更高，产生的塑性变形更大。

3) 巴西劈裂试验

岩石抗拉强度采用巴西劈裂试验间接获得，试件抗拉强度由式(7.2.1)计算得到，即

$$\sigma_t = \frac{2P}{\pi D H_0} \tag{7.2.1}$$

式中，P 为破坏荷载；D 为试件直径；H_0 为试件高度。

图 7.2.10 为巴西劈裂试验照片，表 7.2.6 为巴西劈裂试验结果。

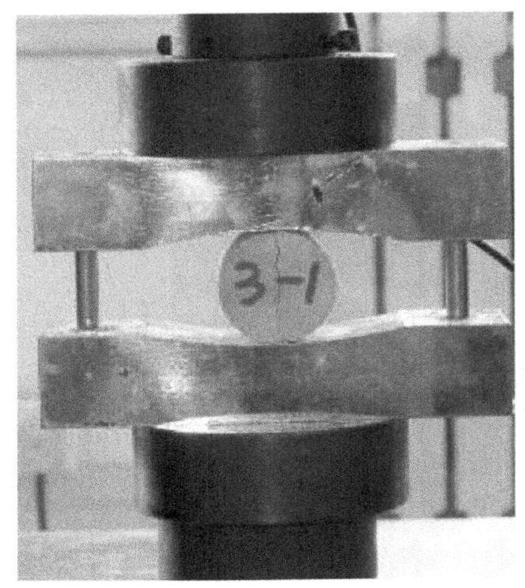

图 7.2.10 巴西劈裂试验

表 7.2.6 巴西劈裂试验结果

岩石类别	试件编号	破坏荷载/kN	抗拉强度/MPa
碳酸盐岩	3-1	14.2	3.7
	3-2	12.9	3.3
	3-3	15.9	4.2
	平均值	14.3	3.8

由图 7.2.10 可以看出:试件劈裂破坏成 2 个基本对称的半圆盘,且劈裂面没有出现摩擦痕迹,比较平直新鲜,整体表现出拉伸破坏的特征。

7.2.3 碳酸盐岩微细观破裂机制

为了分析超深埋碳酸盐岩的微细观破裂机制,对单轴和三轴压缩的碳酸盐岩试件的破裂断口进行了微细观电镜扫描试验,试验在 SU-70 热场发射扫描电镜上进行,并与宏观力学试验进行了对比分析。

1. 单轴压缩破坏断口的微细观特征

图 7.2.11 为碳酸盐岩试件单轴压缩破裂断口的电镜扫描照片。

由图 7.2.11 可以看出:碳酸盐岩是多晶体材料,晶粒本身的强度要大于晶体间的黏结强度,因此在单轴压缩条件下,碳酸盐岩表现出沿晶断裂。如图 7.2.11(a)所示,碳酸盐岩沿晶体被拉开,有明显棱角的晶体露出,晶体表面光滑,无岩渣堆积。沿晶断裂主要分为两种:一种是晶间断裂,主要是因为晶体强度与晶界强度大于晶间强度,断裂发生在晶间,如图 7.2.11(b)所示;另一种是晶界断裂,此时晶界强度最小,晶体强度和晶间强度均大于晶界强度,断裂发生在晶界,如图 7.2.11(c)所示。

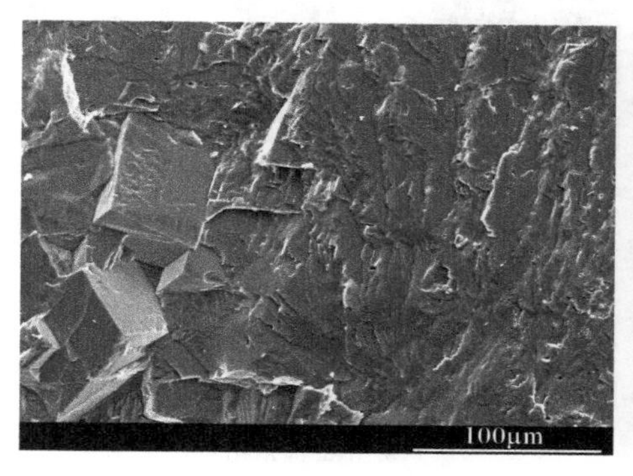

(a) 沿晶断裂

(b) 晶间断裂

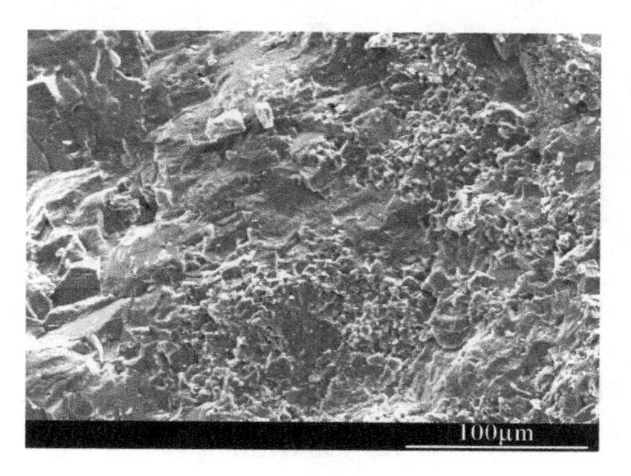

(c) 晶界断裂

图 7.2.11 单轴压缩破裂断口电镜扫描照片

从上述分析可知,碳酸盐岩在单轴压缩条件下表现出张拉破坏特性,这与宏观上单轴压缩破坏特征相一致。

2. 三轴压缩破坏断口的微细观特征

图 7.2.12 为碳酸盐岩试件三轴压缩破裂断口的电镜扫描照片。

由图 7.2.12 可以看出:三轴压缩破坏电镜扫描主要表现出的性质为剪断裂。剪切断口主要分三种:①切晶擦花,如图 7.2.12(a)所示,晶体在剪切应力的作用下被剪断,棱角被磨,剪断后的粉末及晶体之间的物质碎片汇集于摩擦后的晶体表面;②沿晶面擦花,如图 7.2.12(b)所示,晶体在剪切力作用下产生沿运动方向的滑移或者错列,晶间物质附着于晶体表面;③平坦面花样,如图 7.2.12(c)所示,此时剪切力对于岩石断口影响较均匀,产生的剪切面平坦光滑。

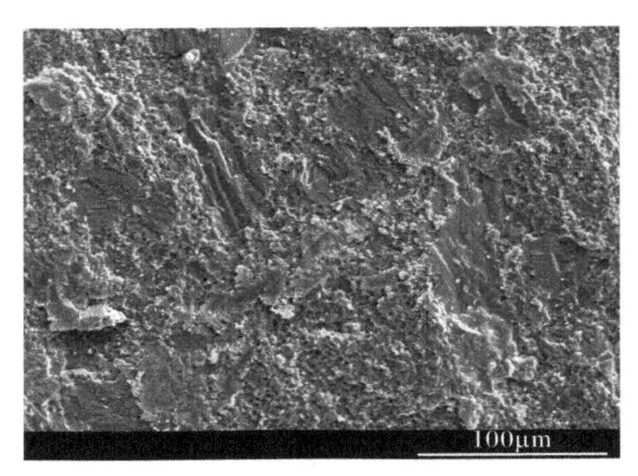

(a) 切晶擦花

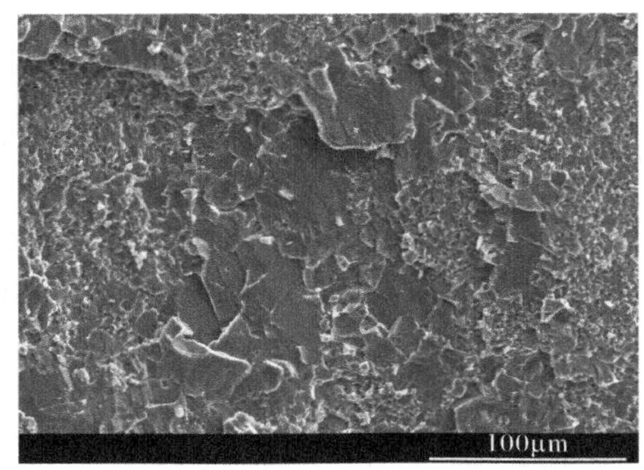

(b) 沿晶面擦花

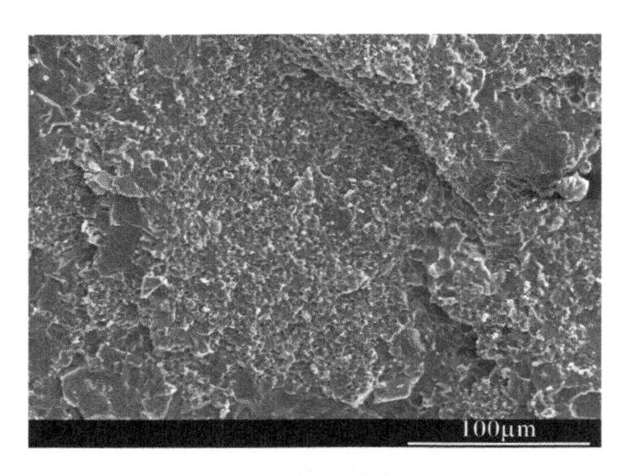

(c) 平坦面花样

图 7.2.12 三轴压缩破裂断口电镜扫描照片

从上述分析可知,碳酸盐岩在三轴压缩条件下表现出剪切破坏特性,这与宏观三轴压缩破坏特征相一致。

7.3 超深埋碳酸盐岩溶洞垮塌破坏三维地质力学模型试验

对埋深超过 5000m 的超深埋地下洞室的变形破坏过程而言,要进行物理模型试验,现有的地质力学模型试验系统存在明显的不足:①模型系统最大出力有限,难以模拟超高压地应力条件下深部洞室的变形破坏规律;②模型试验系统大多考虑均匀加载,难以模拟深部地应力的非均匀分布状况;③模型试验过程中难以实时动态自动监测模型内部任意部位的位移变化。

为解决现有模型试验系统的不足，本书研制了超高压智能数控真三维加载模型试验系统，系统最大额定出力 63MPa，最大加载 45000kN，可实现从 0.05～63MPa 之间的任意加载。系统采用数控技术实现模型超高压梯度非均匀加载，采用光电转换技术实现模型内部任意部位位移的自动监测。整套模型试验系统具有额定出力大、加载精度高、自动监测模型内部任意部位位移等优点[196]。

7.3.1 超高压智能数控真三维加载模型试验系统的研制

1. 模型系统设计与系统构造

超高压智能数控真三维加载模型试验系统主要由模型反力架、超高压加载系统、智能液压控制系统、模型位移自动采集系统和模型高清多探头窥视系统组成，如图 7.3.1 所示。

模型试验反力架采用高强度框梁组合结构型式，主要用于容纳试验模型并作为模型加载的反力装置，具有刚度高、整体稳定性好、方便模型开挖及试验现象观察等优点；超高压加载系统布置在模型反力架内部，主要由设计吨位达 5000kN 的液压千斤顶、台形传力加载模块和三维加载导向框装置组成，主要用于对试验模型进行超高压真三维加载；智能液压控制系统通过数控技术对模型进行梯度非均匀加载；模型位移自动采集系统通过光电转换技术自动监测模型体内任意部位的位移，位移测量精度达 0.001mm；模型高清多探头窥视系统采用高清摄像技术，通过模型反力架正面设置的透明窗口对模型洞室变形破坏过程进行实时动态窥测。

图 7.3.1　超高压智能数控真三维加载模型试验系统

1. 超高压加载系统；2. 模型反力架；3. 智能液压控制系统；

4. 模型位移自动采集系统；5. 模型高清多探头窥视系统

下面对系统各部分构造进行详细介绍：

1) 模型反力架

模型反力架采用框架立式组合结构，整体尺寸为 4.0m×4.0m×2.6m(长×高×厚)，采用厚度为 30mm 的 Q345 高强度合金钢板加工制作而成，主要包括底梁、顶梁、左右立柱、前后反力墙、透明开挖窗、角件等构件，如图 7.3.2 所示。前后反力面板与立柱之间通过高强螺栓固定，并用 8 根直径 50mm 的 40Cr 高强拉杆拉紧，以控制反力架的挠曲变形。采用 ABAQUS 有限元软件对模型反力架在满负荷加载状态下的整体稳定性进行计算，结果表明：模型架在 45000kN 的满负荷外载作用下，反力架的最大挠度小于 4mm，满足模型试验反力架结构整体刚度和稳定性要求，可防止模型反力架因变形过大而造成试验边界条件的改变。

为方便洞室开挖和观察洞室破坏现象，在模型反力装置的前反力墙中部设置了透明窗口，其主要由高强钢骨架和钢化玻璃面板组成。在钢化玻璃面板中央切割有开挖窗口，通过更换不同洞形的钢化玻璃面板，可方便进行不同形状洞室的开挖和观察洞周破坏现象。

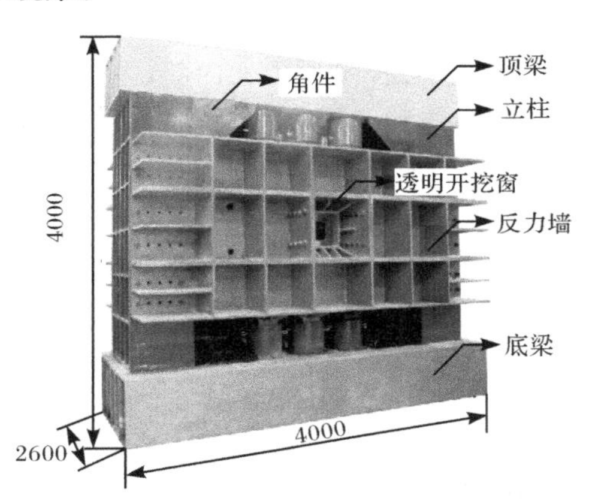

图 7.3.2 模型反力架(单位 mm)

2) 超高压加载系统

超高压加载系统由 33 个独立加载单元组成，每个加载单元分布 1 个设计加载吨位为 5000kN 的液压千斤顶和 1 个台形传力加载模块。千斤顶油缸直径 280mm，行程 100mm。台形传力加载模块顶部盖板尺寸为 200mm×200mm×30mm(长×宽×厚)，底部盖板尺寸为 500mm×500mm×30mm(长×宽×厚)，顶、底两盖板之间通过 8 块加筋肋板连结形成台形传力结构。各台形传力加载模块底部盖板紧贴试验模型表面，顶部盖板与千斤顶相连，通过台形传力加载模块将千斤顶荷载有效地传递给试验模型。图 7.3.3 为加载单元；图 7.3.4 为超高压加载系统设计图。

图 7.3.3　加载单元

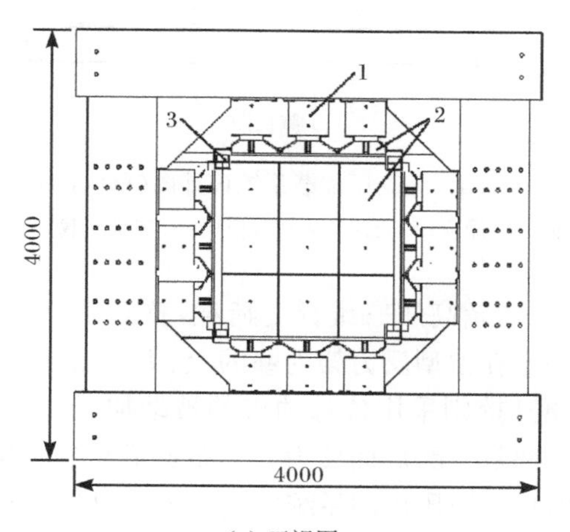

(a) 正视图

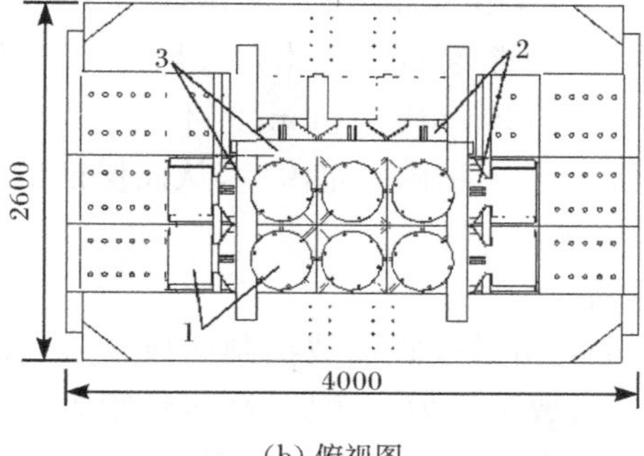

(b) 俯视图

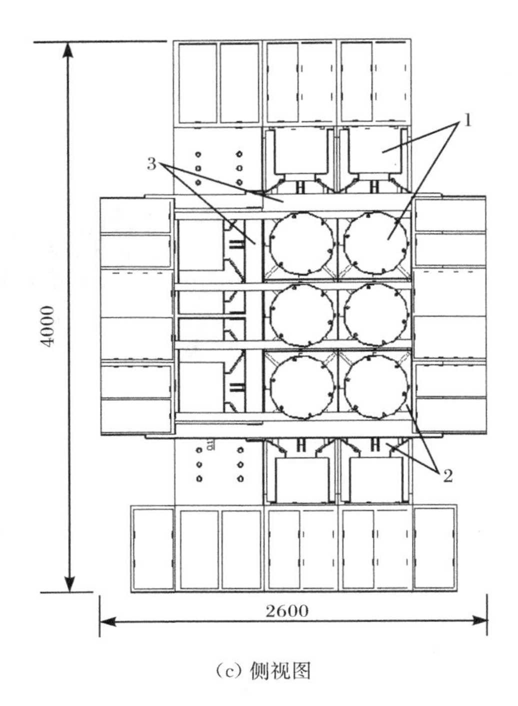

(c) 侧视图

图 7.3.4　超高压加载系统设计图(单位:mm)

1. 液压千斤顶; 2. 台形传力加载模块; 3. 三维加载导向框

为实现对模型体施加超高压三维梯度荷载,整套系统共设计了 33 个加载单元,由高强螺栓分别固定在模型反力架内壁的上、下、左、右、后五个面上进行主动加载,模型正面为方便开挖则采用位移约束的被动加载。在模型上、下、左、右每个面上各布置了 6 个加载单元,后面反力墙上布置了 9 个加载单元。33 个加载单元被分为 8 组,分别由智能液压控制系统控制的 8 个油路通道进行独立、同步梯度非均匀加载。

为防止模型体压缩变形后相邻加载面之间出现相互妨碍的"打架"现象,在模型试验体外侧设置了加载导向框装置。具体方法是:在模型体相邻加载面交界处设置了由 8 根横截面尺寸为 100mm×100mm 的不锈钢方管焊接而成的导向框装置,加载前,模型加载面嵌入导向框内一定深度,从而保证试验模型在各自加载方向上不受相邻加载面的干扰。

3) 智能液压控制系统

智能液压控制系统主要由触摸式加载控制面板、电机、油箱、电磁溢流阀、电磁换向阀、分配阀、单向阀、数字压力传感器、高压油管等部件组成。为实现三维梯度非均匀加载,智能液压控制系统将 33 个加载千斤顶分成 8 路,由 8 条独立分布的油路通道自动进行加载、稳压和卸载。其中，模型顶部6个千斤顶为一路；模型底部6个千斤顶为一路；模型左、右侧面千斤顶从上往下被分成三个梯度加载层，每层四个千斤顶为一路，共3路；模型后面千斤顶从上往下被分成三个梯度加载层，每层3个千斤顶为一路，共3路。智能液压控制系统油路设计如图7.3.5所示。

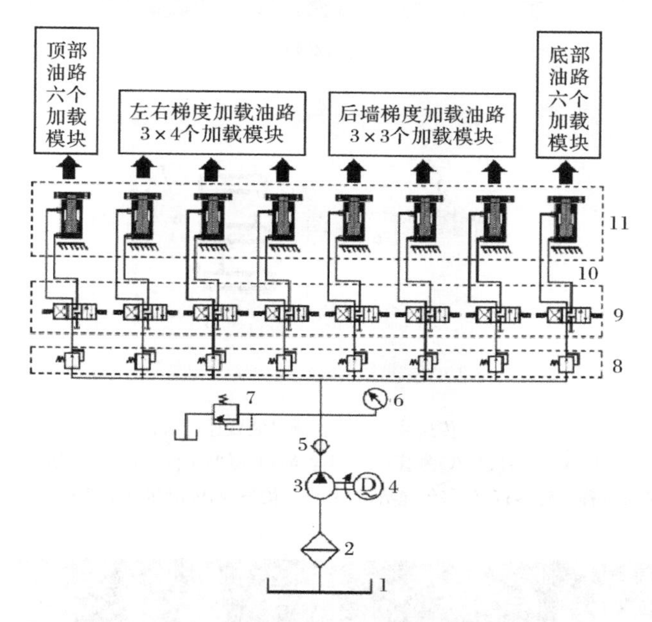

图7.3.5 智能液压控制系统油路设计图

1. 油箱；2. 滤油器；3. 柱塞泵；4. 电机；5. 单向阀；6. 压力表；
7. 溢流阀；8. 减压阀；9. 三位四通电磁阀；10. 高压油管；11. 液压千斤顶

试验过程中，智能液压控制系统根据实际地应力大小通过8条油路通道进行梯度非均匀加载，其中，顶部油路按 $\sigma_{顶}=\gamma h_{顶}$ 进行加载，$h_{顶}$ 为洞顶实际埋深；底部油路按 $\sigma_{底}=\gamma h_{底}$ 进行加载，$h_{底}$ 为洞底实际埋深；侧面及后墙上三个梯度加载层则分别按 $\sigma_{梯1}=K\gamma h_{梯1}$，$\sigma_{梯2}=K\gamma h_{梯2}$，$\sigma_{梯3}=K\gamma h_{梯3}$ 进行加载，其中，γ 为岩体容重，K 为地应力侧压系数，$h_{梯}$ 为各梯度加载层处实际埋深。

4）模型位移自动采集系统

模型位移自动采集系统通过光电转换技术实现模型位移数据的自动采集，该系统主要由位移传递装置、位移测量装置、信号转换装置、数据处理装置和可视化人机交互界面组成，如图7.3.6所示。

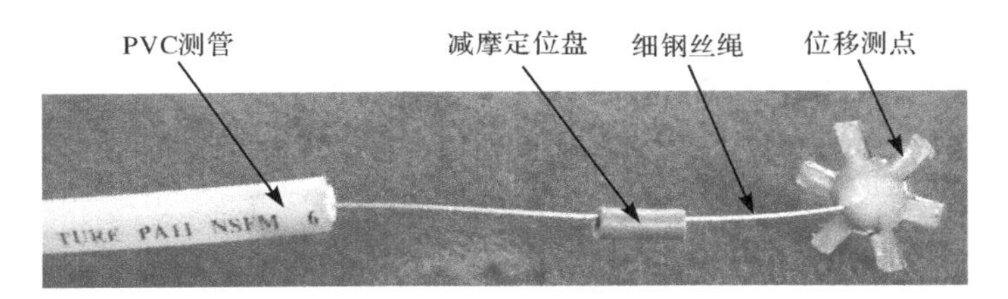

(a) 位移测杆

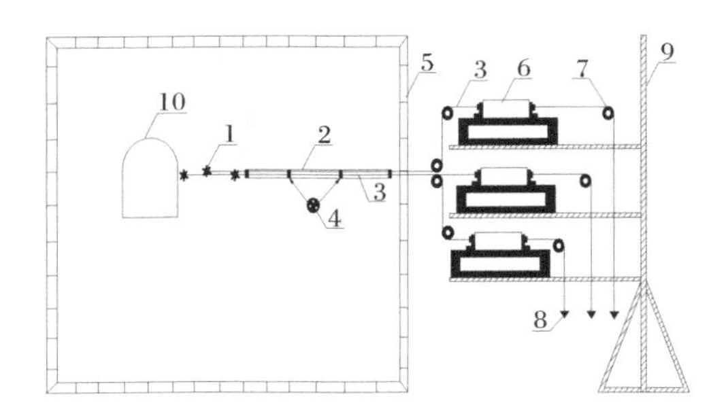

(b) 位移传递装置与位移测量装置连接示意图

1. 位移测点；2. PVC 测管；3. 细钢丝绳；4. 减摩定位盘；5. 模型架；
6. 光栅尺位移传感器；7. 位移传递滑轮；8. 自平衡吊锤；9. 测量基准架；10. 模型洞室

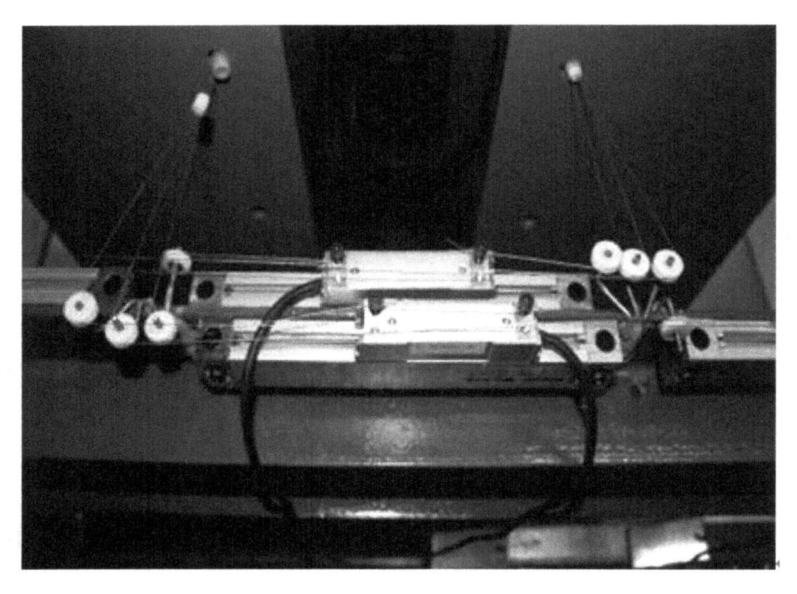

(c) 位移测量装置(光栅尺位移传感器)

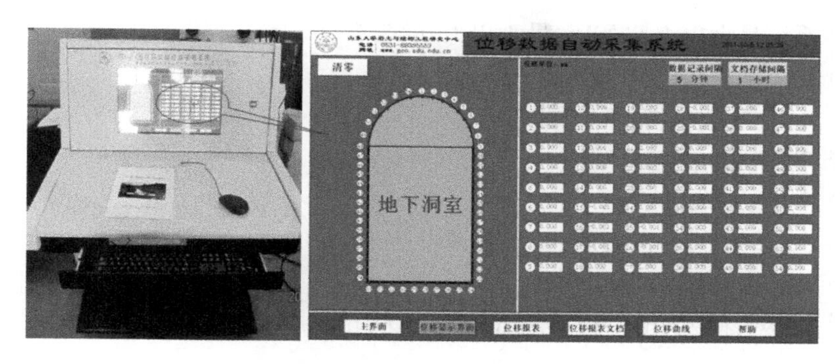

(d) 数据处理装置与可视化人机交换界面

图 7.3.6　模型位移自动采集系统

位移传递装置包括位移测点、位移测杆、位移传递滑轮、自平衡吊锤等。试验时，位移测点预埋在模型体内部，位移测杆细钢丝绳一端连接位移测点，另一端从模型反力架预留孔中引出、穿过位移传递滑轮，并与位移测量装置(光栅尺位移传感器)相连，钢丝绳末端采用自平衡吊锤将钢丝绳拉紧，如图 7.3.6(a)、(b)所示。

位移测量装置采用光栅尺位移传感器，它是利用莫尔条纹的移动来测量模型位移的高精度光学测试元件，位移测量精度达 0.001mm，如图 7.3.6(c)所示。

信号转换装置采用信号转换电路板，它接收光栅尺位移传感器转化的脉冲信号，该脉冲信号为 TTL 电平信号，并将接收的 TTL 电平信号处理转换为数据处理装置能够识别的 PNP 型正逻辑信号。

数据处理装置采用可编程序控制器，它将预先编制好的程序存储在中央控制单元的内存中，负责接收信号转换装置输出的 PNP 型正逻辑信号，然后统计出脉冲个数，最后计算出模型位移量。数据处理装置计算的模型位移在可视化人机交互界面上实时存储和显示，并生成位移时程曲线，供试验人员实时动态观察和监控模型内部位移变化，如图 7.3.6(d)所示。

5) 模型高清多探头窥视系统

模型高清多探头窥视系统主要由微型高清探头、高速摄像控制面板、数据存储箱及液晶显示器等组成。试验过程中可同时布置多个微型高清探头对模型洞室内、外任意部位的破坏状况进行监控，所采集到的录像一方面在自带液晶显示器上实时显示，另一方面自动存储在数据存储箱中。系统视频录制帧数高达 100 帧/s，并配备了 8TB 超大容量高速数据存储箱，实时存储记录模型洞室的裂缝起裂、扩展和贯通破坏过程，通过后期慢速回放，可有效观察洞室变形破坏状况。

2. 系统主要技术参数

(1) 系统最大加载 45000kN。

(2) 系统最大出力 63MPa、最小出力 0.05MPa。

(3) 系统加载精度 0.05MPa。

(4) 千斤顶设计吨位 5000kN。

(5) 千斤顶油缸直径 280mm，行程 100mm。

(6) 电机功率 1.5kW。

(7) 电机转速 1500r/min。

(8) 高压公称流量 2.5L/min。

(9) 位移量程 100mm，位移测试精度 0.001mm。

3. 系统主要技术特点

(1) 系统额定出力大、加载精度高。系统最大出力 63MPa、最大加载吨位 45000kN，加载精度 0.05MPa。

(2) 实施真三维梯度非均匀加载，精细模拟超深部岩体地应力非均匀分布状况。

(3) 实现模型加载和位移测试自动化。系统自动对模型进行加载、稳压和卸载，并自动采集模型内部任意部位的位移，位移测量精度 0.001mm。

(4) 系统配备可拆卸式透明开挖窗口和高清多探头窥视系统，实时动态观测洞室破坏状况。

7.3.2 模型试验设计方案

新疆塔河油田是典型的奥陶系超深埋碳酸盐岩油藏，油藏埋深在 5300～6200m 之间，其间发育分布了大量古溶洞，溶洞尺寸从几米到几十米不等，是油田主要的储油空间。在油藏开发过程中，根据部分油井钻探发现井下发生了深部溶洞垮塌破坏现象，严重影响了油井产量。为了揭示溶洞垮塌破坏对油井开采的影响，有必要了解古溶洞成型过程中溶洞的垮塌破坏机制，以便为优化石油开采工艺提供科学依据，为此开展了溶洞成型引起的洞室垮塌破坏模型试验。模型试验模拟的原型范围为：长（沿洞轴线方向）×宽（垂直洞轴线方向）×高（沿竖向）＝25m×75m×75m，模型几何相似比尺 $C_L=L_P/L_M=50$，据此得到模型尺寸为：长（沿洞轴线方向）×宽（垂直洞轴线方向）×高（沿竖向）＝0.5m×1.5m×1.5m。由于油藏古溶洞的形状不规则，为此进行了概化处理，近似考虑成矩形形状，矩形溶洞原型尺寸为：长（沿洞轴线方向）×宽（垂直洞轴线方向）×高（沿竖向）＝25m×10m×10m，模型溶洞尺寸为：长（沿洞轴线方向）×宽（垂直洞轴线方向）×高（沿竖向）＝0.5m×0.2m×0.2m，图 7.3.7为概化的地质模型图。

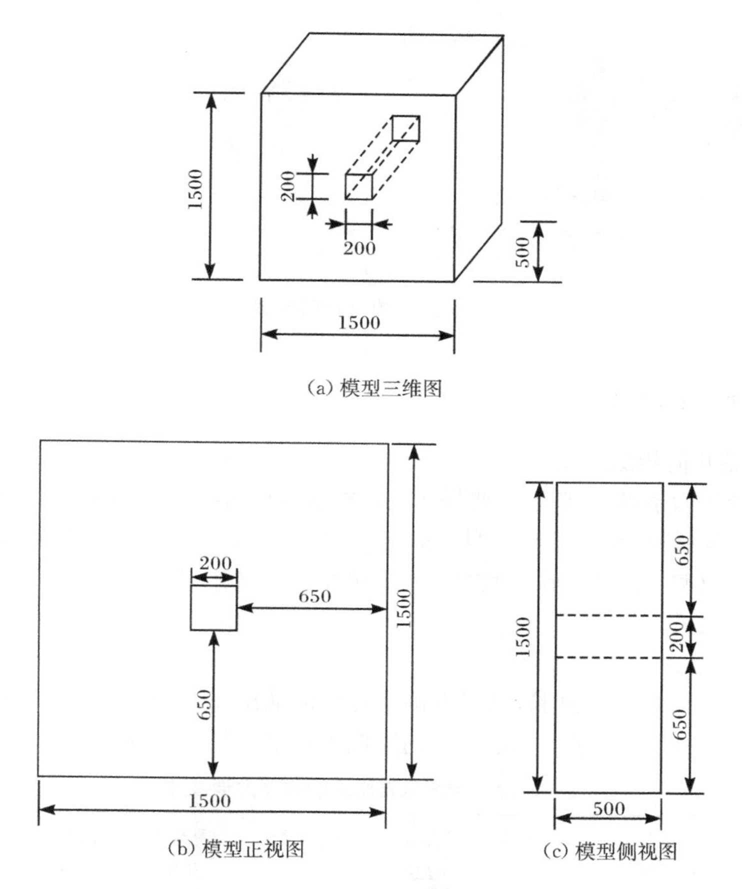

(a) 模型三维图

(b) 模型正视图

(c) 模型侧视图

图 7.3.7　概化地质模型图(单位:mm)

7.3.3　模型相似材料研制

1. 模型材料原料

模型材料选用铁晶砂胶结岩土相似材料,该材料是山东大学岩土工程中心经过大量的材料配比与力学参数试验研制而成的适合于模拟软岩和硬岩力学特性的模型相似材料,该材料的研制方法已获得国家发明专利[89]。铁晶砂胶结岩土相似材料以除锈的精铁粉、重晶石粉、石英砂为骨料,其中精铁粉和重晶石粉为细骨料,石英砂为粗骨料,松香酒精溶液为胶结剂,通过改变组分含量和胶结剂的浓度可以大幅度调整材料的力学参数,其具有力学参数变化范围广、性能稳定、价格低廉、干燥快速、工艺简单、无毒无害等诸多优点。模型材料的原料为精铁粉、重晶石粉、石英砂、松香和浓度 95%以上的工业酒精,如图 7.3.8 所示。

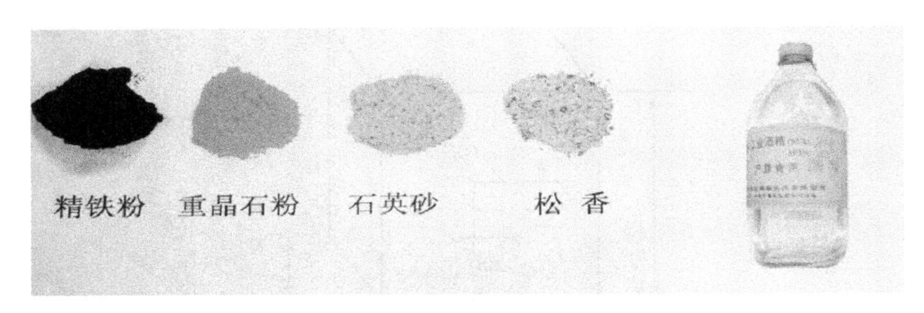

图 7.3.8 模型材料原料

2. 模型材料配比

1) 模型几何相似比尺

进行地质力学模型试验，首要任务就是要依据原岩物理力学参数和相似条件来配置模型相似材料，而在确定模型相似材料配比时，模型几何相似比尺的确定至关重要。考虑原型工程和试验模型加载系统状况，选择 $C_L=L_P/L_M=50$ 作为此次试验的几何相似比尺。

2) 模型相似条件

通过 7.2 节的力学试验，已经准确获得塔河油田超深埋碳酸盐岩的抗压强度、抗拉强度、弹性模量、泊松比、黏聚力、内摩擦角等力学参数，如表 7.3.1 所示。

表 7.3.1 碳酸盐岩原岩的物理力学参数

材料	容重/(kN/m³)	弹性模量/GPa	抗压强度/MPa	抗拉强度/MPa	黏聚力/MPa	内摩擦角/(°)	泊松比
碳酸盐岩	27	36	74	3.8	12	36	0.25

本次模型试验的相似条件如下：

(1) 几何相似比尺为

$$C_L=\frac{L_P}{L_M}=50 \tag{7.3.1}$$

(2) 容重相似比尺为

$$C_r=\frac{C_P}{C_M}=1 \tag{7.3.2}$$

(3) 应力相似比尺 C_σ、容重相似比尺 C_r 和几何相似比尺 C_L 之间的相似关系为

$$C_\sigma=C_rC_L=50 \tag{7.3.3}$$

(4) 位移相似比尺 C_δ、几何相似比尺 C_L 和应变相似比尺 C_ϵ 之间的相似关系为

$$C_\delta=C_\epsilon C_L=50 \tag{7.3.4}$$

(5) 应力相似比尺 C_σ、弹模相似比尺 C_E 和应变相似比尺 C_ϵ 之间的相似关系为

$$C_\sigma = C_\varepsilon C_E = 50 \tag{7.3.5}$$

(6) 所有无量纲物理量(如应变、内摩擦角、摩擦系数、泊松比等)的相似比尺等于1,即

$$\begin{cases} C_\varepsilon = 1 \\ C_f = 1 \\ C_\varphi = 1 \\ C_\mu = 1 \end{cases} \tag{7.3.6}$$

根据模型试验相似条件和原岩物理力学参数,可以得到模型相似材料物理力学参数的理论值,如表7.3.2所示。

表7.3.2　模型相似材料物理力学参数的理论值

相似材料	容重/(kN/m³)	弹性模量/MPa	抗压强度/MPa	抗拉强度/kPa	黏聚力/kPa	内摩擦角/(°)	泊松比
碳酸盐岩	27	720	1.48	76	240	36	0.25

根据表7.3.2模型相似材料物理力学参数的理论值,可在铁晶砂胶结岩土相似材料配比的基础上,通过相应的材料配比优化和力学参数试验获得本次模型试验所需要的满足相似条件的模型材料。

3) 模型材料试件的制备

为开展相似材料力学参数试验,根据力学试验相关规范,需要压制各种尺寸的试件。其中,单轴和三轴压缩试验均采用直径50mm、高度100mm的标准圆柱状试件;巴西劈裂试验采用直径50mm,高度50mm的圆柱状试件。模型材料试件的制作工艺过程是:先把精铁粉、重晶石粉、石英砂按一定的配比称量后倒入搅拌机内搅拌均匀,再加入一定浓度的松香酒精溶液进一步拌和均匀;然后将搅拌均匀的混合料倒入模具中,按照预先设定的压力进行压实,经过24h可打开模具取出成型试件;试件制作完成后,贴上标签,放置在常温下干燥24～48h即可开展各种力学参数测试。图7.3.9为压制成型的部分材料试件。

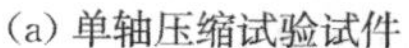

(a) 单轴压缩试验试件

(b) 巴西劈裂试验试件

(c) 三轴压缩试验试件

图 7.3.9　压制成型的部分材料试件

4) 材料力学参数试验

根据《工程岩体试验方法标准》(GB/T 50266—2013)要求，开展了模型材料试件的单轴压缩试验(见图 7.3.10)、巴西劈裂试验(见图 7.3.11)和三轴压缩试验(见图 7.3.12)，以测定材料的单轴抗压强度、单轴抗拉强度、弹性模量、泊松比、黏聚力和内摩擦角等力学参数。

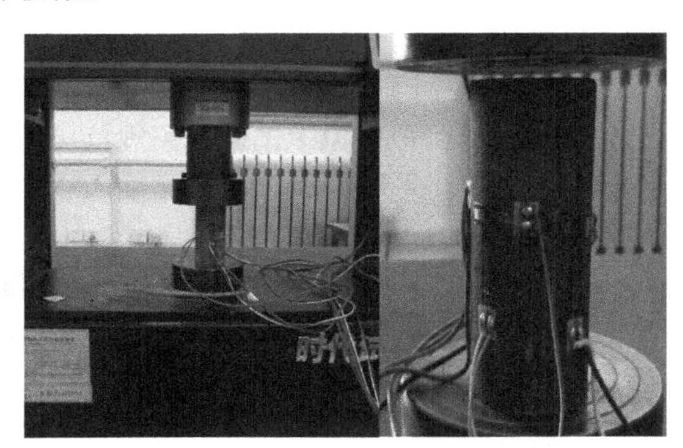

图 7.3.10　单轴压缩试验及试件破坏照片

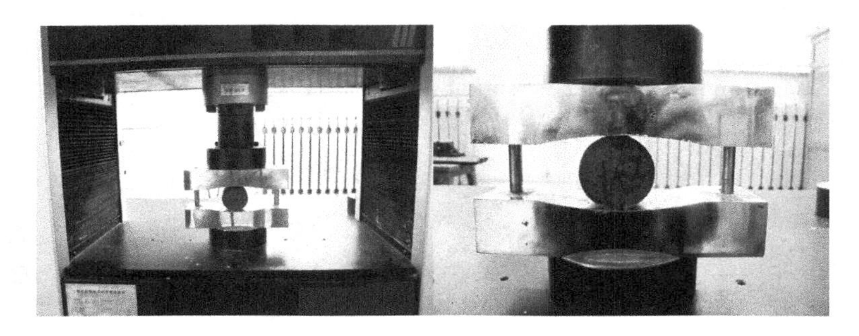

图 7.3.11　巴西劈裂试验及试件破坏照片

图 7.3.12 三轴压缩试验及试件破坏照片

图 7.3.13 为模型材料单轴压缩全应力-应变关系曲线；图 7.3.14 为三轴试验获得的模型材料莫尔应力圆强度包络线。

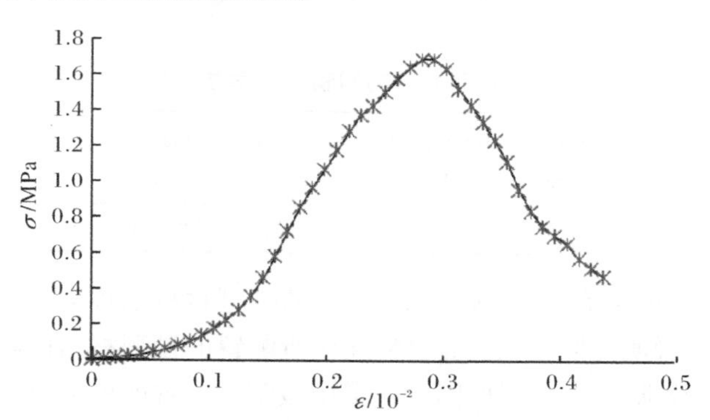

图 7.3.13 单轴压缩全应力-应变曲线

通过一定数量的材料配比及相应配比的力学参数测试，最终获得模型相似材料配比，如表 7.3.3 所示。

表 7.3.3 模型相似材料配比

岩石类型	材料配比 $I:B:S$	胶结剂摩尔浓度/%	胶结剂占材料总重/%
碳酸盐岩	1：0.67：0.25	18	6.5

注：1）I 为铁精粉含量；B 为重晶石粉含量；S 为石英砂含量，均采用质量单位。

2）胶结剂为松香溶解于酒精后的溶液。

按照表 7.3.3 所示的材料配比进行相关力学参数试验，最终测试获得模型相似材料的物理力学参数，如表 7.3.4 所示。

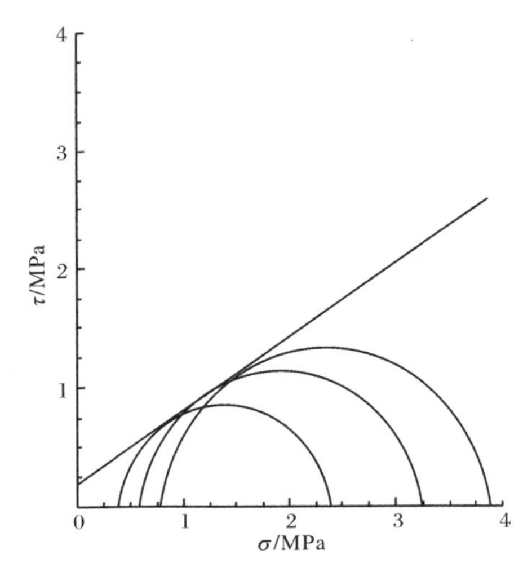

图 7.3.14 模型材料的莫尔应力圆强度包络线

表 7.3.4 模型相似材料物理力学参数测试值

相似材料	容重 /(kN/m³)	弹性模量 /MPa	抗压强度 /MPa	抗拉强度 /kPa	黏聚力 /kPa	内摩擦角 /(°)	泊松比
碳酸盐岩	26.8～27.1	660～750	1.38～1.61	71～82	226～263	35.4～36.5	0.23～0.26

与表 7.3.2 的理论值比较，表 7.3.4 所示的模型材料物理力学参数测试值与其理论值基本吻合，说明按照表 7.3.3 材料配比所配置的模型材料的物理力学参数与原岩物理力学参数满足相似条件，因此可采用该配比配置的模型材料进行地质力学模型试验。

7.3.4 模型加载方法与测试仪器布置

1. 模型加载方法

为真实模拟超深埋洞室所处的高地应力环境，对模型体进行了三维梯度非均匀加载，如图 7.3.15 所示。按照应力相似条件 $C_\sigma = C_\gamma C_L = 50$，模型顶部实际埋深 5600m，模型顶面加载应力为 3.0MPa；模型底部实际埋深为 5675m，模型底面加载应力为 3.1MPa；模型左、右、后面按 $\sigma = K\gamma h$ 进行随埋深 h 变化的梯度加载，式中，γ 为岩体容重、K 为地应力侧压系数，取 $K=0.62$；模型前面通过约束实施被动加载。

模型体制作完毕后，先在模型体边界按照图 7.3.15 所示荷载逐步分级施加边界应力直至设计值，然后稳压 24h，以使模型体内形成初始高地应力场，之后再沿洞轴向采用人工钻凿方式进行分段开挖直至模型洞室完全贯通成型，在分段开挖过程

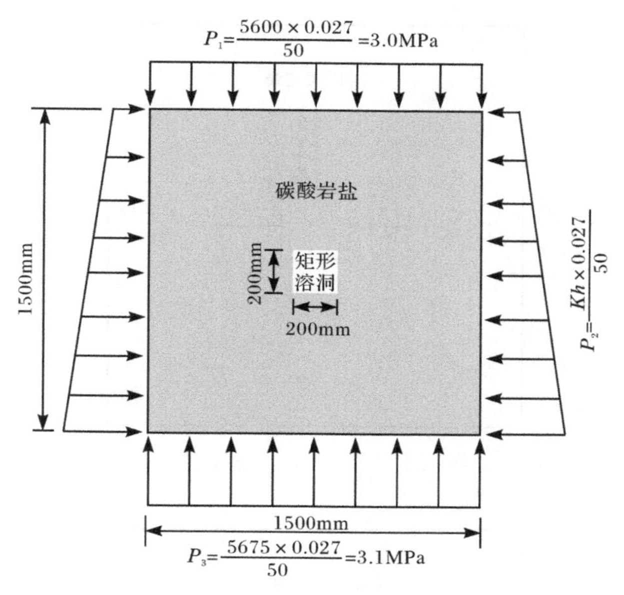

图 7.3.15　模型加载示意图

中，依次观测模型洞室的变形破坏状况。

2. 模型测试方法

为有效观测矩形溶洞成型垮塌破坏规律，在模型洞周设计埋设了用于观测模型位移、应变和应力的测量元件。图 7.3.16 为模型观测断面布置图，其中Ⅰ—Ⅰ断面布置 DZ-Ⅰ型电阻应变式土压力盒以观测模型应力变化规律，压力盒规格为 ϕ17mm×7mm，量程 1.0MPa；Ⅱ—Ⅱ断面布置微型多点位移计以观测模型位移变化规律；Ⅲ—Ⅲ断面布置微型应变砖以观测模型应变变化规律。

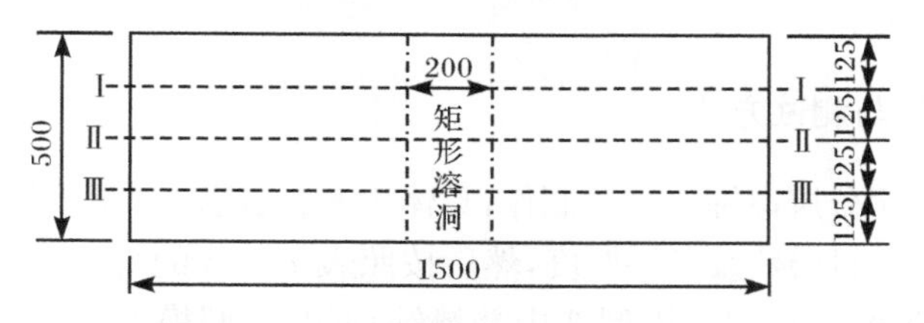

图 7.3.16　模型观测断面(尺寸单位：mm)

图 7.3.17 为断面微型压力盒布置图，模型洞周每侧布置了 6 个测点，最内侧测点距离洞壁 10mm，测点间距为 90mm。

图 7.3.18 为断面微型多点位移计布置图，模型洞周每侧布置了 6 个测点，最内侧测点距离洞壁 10mm，测点间距为 90mm。

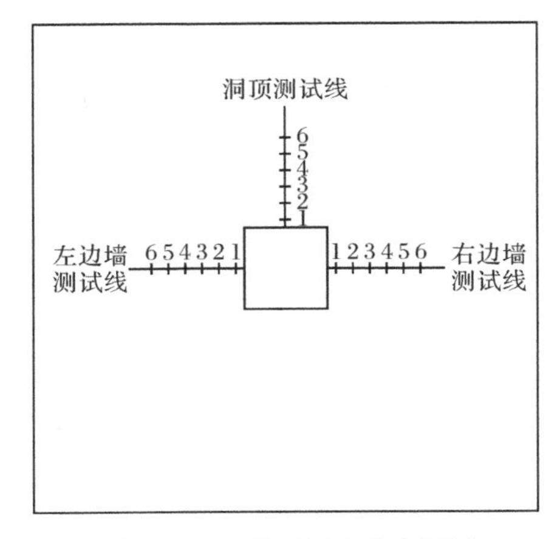

图 7.3.17 微型压力盒布置图

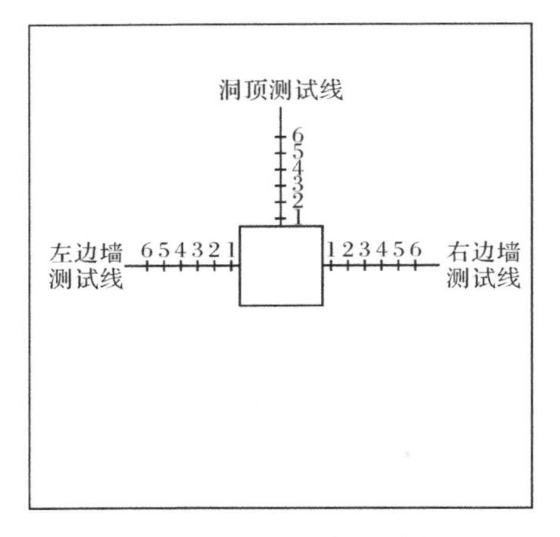

图 7.3.18 微型多点位移计布置图

7.3.5 模型制作与测试方法

试验模型采用分层摊铺压实法制作，具体工艺是：制作试验模型前，先确定制作模型实体所需的材料层数及各层厚度，然后按照表 7.3.3 的材料配比计算各层材料用量，将搅拌均匀的材料倒入模型架中并摊铺均匀，按照模型材料试件制作时的压力分层压实模型材料，然后用大功率电风扇对压实材料进行逐层风干，以使模型体中的酒精溶剂完全挥发干净。之后在设计高程部位依次埋设微型多点位移计、微型土压力盒和应变砖等测试传感器。上层测试仪器埋设完毕后，再进行下一层模型材料的配比搅拌→分层摊铺→分层压实→逐层风干→定位埋设测量元件，直至模型完全制作完毕，如图 7.3.19 所示。

为消除材料分层之间形成的界面，在每次摊铺材料之前，必须在上一层已压实材料的表面洒上酒精，并将上一层压实材料表面刨松，然后再摊铺压实下一层材料，以保证分层材料之间不形成界面。

(a) 材料搅拌

(b) 分层摊铺

(c) 分层压实

(d) 逐层风干

(e) 定位测试元件

(f) 埋设微型土压力盒

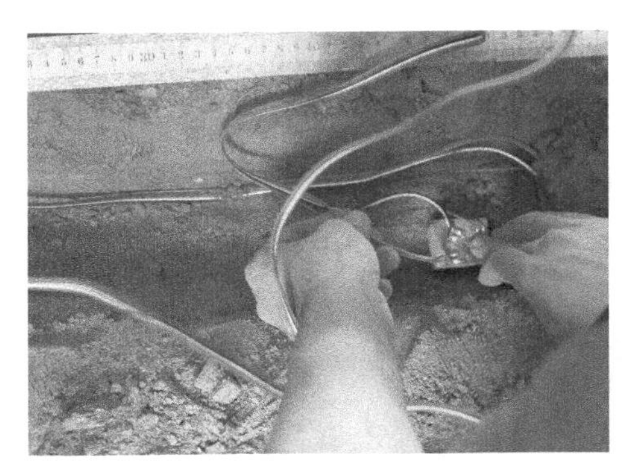

(g) 埋设微型多点位移计

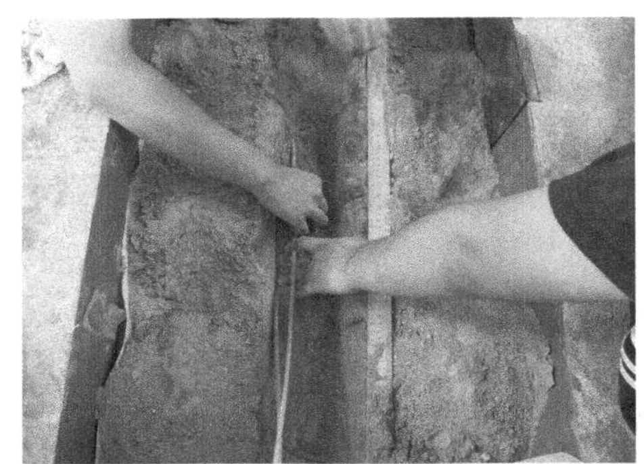

(h) 埋设电阻应变砖

图 7.3.19 模型制作工艺流程

为了有效观察深埋矩形溶洞的变形破坏过程,试验采用了先加载、后成洞的方式。也就是说,在模型体制作完毕后,先在模型体边界按照相似地应力大小施加边界应力,并稳压 24h,以使模型体内形成初始高地应力场,然后沿洞轴向分段开挖模型直至模型洞室完全贯通成型。在分段开挖过程中,依次观测模型洞室的变形破坏状况。图 7.3.20 为模型测试照片。

图 7.3.20 模型测试照片

7.3.6　模型试验结果分析

1. 模型洞周位移变化规律

表7.3.5为成洞完毕模型洞周测点位移值，图7.3.21为模型洞周测点位移变化曲线。

表7.3.5　模型洞周测点位移值

类别	洞顶测点位移/mm					
测点距洞顶距离/mm	10	100	190	280	370	460
洞顶测点位移/mm	5.69	5.60	5.50	5.62	5.65	5.29
类别	左边墙测点位移/mm					
测点距左边墙壁距离/mm	10	100	190	280	370	460
左边墙测点位移/mm	3.8	1.2	0.9	0.2	0	0
类别	右边墙测点位移/mm					
测点距右边墙壁距离/mm	10	100	190	280	370	460
右边墙测点位移/mm	2.9	1.5	1.3	0.1	0	0

注：表中位移方向朝向洞内。

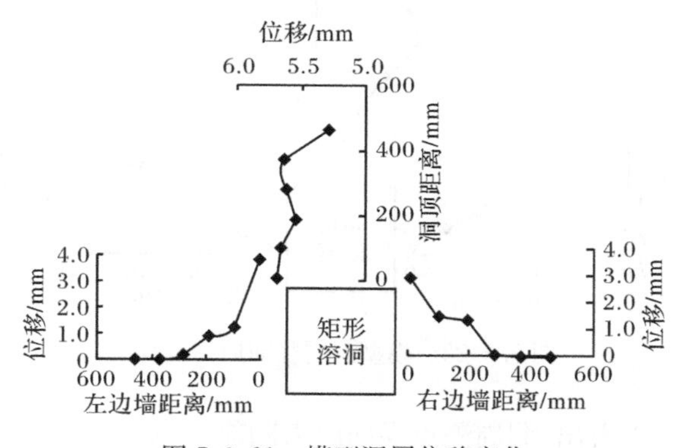

图7.3.21　模型洞周位移变化

由图7.3.21可以看出：模型洞室顶部测点的位移相对较大且比较均匀，表明成洞过程中溶洞顶板整体向下移动。模型洞室左、右边墙测点的位移随离洞壁距离的增大而逐渐减小，其中靠近洞壁最近测点的位移相对最大，表明在高地应力深埋条件下，靠近洞壁部位为洞室破坏最严重的区域。随着向洞外延伸，距离洞壁460mm测点的位移为零，说明该测点已在洞室破坏影响范围以外，该测点没受到洞室破坏的影响，由此可见，洞室垮塌破坏影响范围为2.3倍洞跨。

2. 模型洞周应力变化规律

表 7.3.6 为成洞完毕模型洞周径向应力值,图 7.3.22 为模型洞周径向应力变化曲线。

表 7.3.6 模型洞周径向应力值

类别	洞顶测点径向应力/MPa					
测点距洞顶距离/mm	10	100	190	280	370	460
洞顶测点应力/MPa	0.2	0.8	1.2	1.8	2.6	2.4
类别	左边墙测点径向应力/MPa					
测点距左边墙距离/mm	10	100	190	280	370	460
左边墙测点应力/MPa	0.16	0.5	0.8	1.31	1.5	1.6
类别	右边墙测点径向应力/MPa					
测点距右边墙距离/mm	10	100	190	280	370	460
右边墙测点应力/MPa	0.1	0.4	0.7	1.26	1.6	1.68

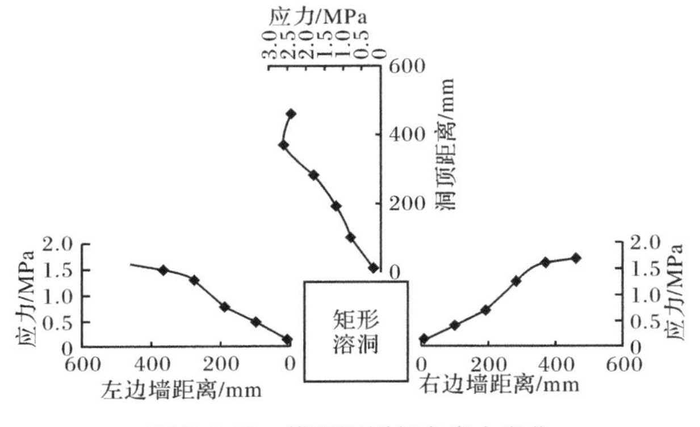

图 7.3.22 模型洞周径向应力变化

由图 7.3.22 可以看出:洞周测点径向应力随靠近洞壁距离的增加而逐渐减小,说明洞室成洞后,越靠近洞壁,洞周径向应力释放得越严重。在距离洞壁 460mm 的最远测点的径向应力没有变化,说明该测点已在洞室破坏影响范围以外,该测点没受到洞室破坏的影响,由此可见,洞室垮塌破坏影响范围为 2.3 倍洞跨。

3. 洞室破坏垮塌规律

通过模型试验,可以实时动态、直观清晰地观测到成洞过程中溶洞逐渐破坏至垮塌的过程,图 7.3.23 为沿洞轴向成洞过程中模型洞室的破坏垮塌照片。

(a) 沿洞轴向成洞 12.5cm 时洞室边墙产生微裂隙

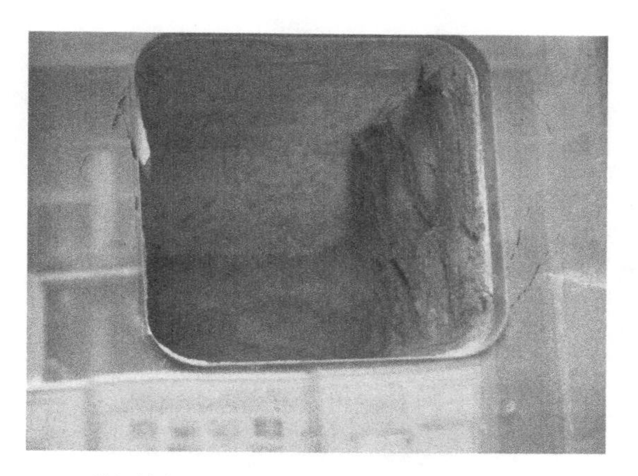

(b) 沿洞轴向成洞 25cm 时洞室边墙产生 2 条剪切裂缝

(c) 沿洞轴向成洞 40cm 时洞室右边墙产生剪切破坏并垮塌

(d) 沿洞轴向成洞 40cm 时左边墙产生多条剪切性破坏裂缝

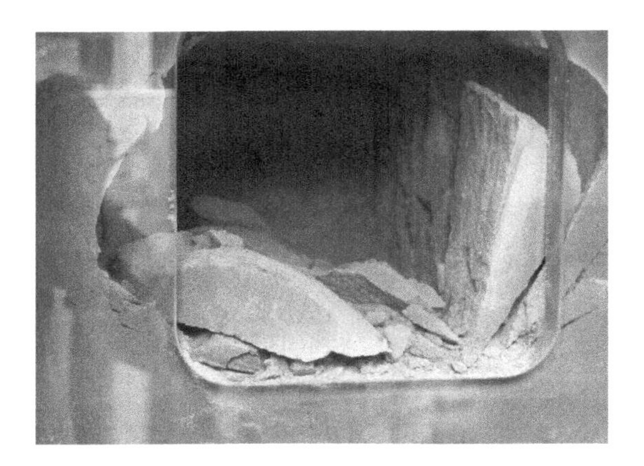

(e) 沿洞轴向成洞 45cm 时左右边墙产生剪切破坏并垮塌

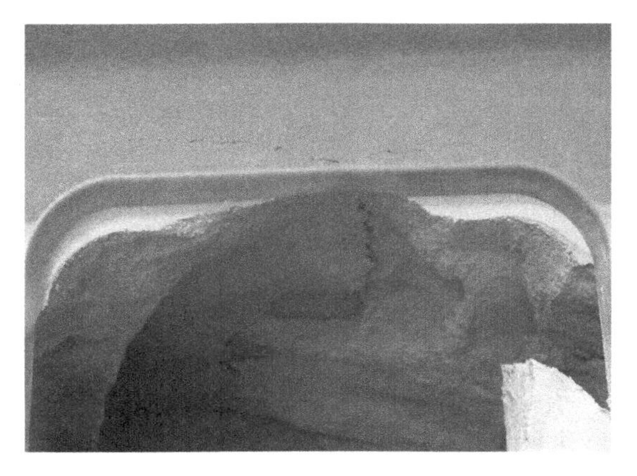

(f) 洞室完全贯通后洞室顶板严重下沉、开裂并部分垮塌

(g) 洞室完全贯通后洞周的垮塌破坏状况

(h) 模型洞室垮塌破坏全景照片

图 7.3.23　沿洞轴向成洞过程中模型洞室的破坏垮塌照片

由图 7.3.23 可以看出：在模型洞室的成洞过程中，首先在洞室左、右边墙底脚部位产生微裂隙，且洞室顶板不断向下移动。随着时间的推移，微裂隙沿洞室左、右边墙逐渐向上扩展形成多条剪切裂缝，当剪切裂缝扩展到洞顶形成贯穿性大裂缝后，导致洞室边墙依次出现垮塌破坏。当洞室完全贯通成型后，洞室顶板严重下沉、开裂，最终在高地应力作用下，洞室裂缝沿边墙底脚向上扩展形成多条贯通性破裂带，导致整个溶洞产生垮塌破坏。由于塔河缝洞型油藏处于垂直应力大于水平应力的地层中，溶洞的破坏形式基本上以张剪破坏模式为主，溶洞边墙破裂面近似平行于最大主压应力方向，最终产生了 V 形张拉劈裂破坏面。

7.3.7 模型试验研究结论

(1) 采用数控技术和光电转换技术研制了超高压智能数控真三维加载模型试验系统,系统具有额定出力大、加载吨位高、加载精度与位移测试精度高等优点。

(2) 通过自行研制的超高压智能数控真三维加载模型试验系统,首次针对新疆塔河油田超深埋油藏古溶洞的成型过程开展了三维地质力学模型试验,全景再现了古溶洞成型垮塌破坏过程,获得溶洞垮塌破坏的非线性变形特征与应力变化规律,揭示出古溶洞的成型垮塌破坏机制。

7.4 缝洞型油藏溶洞垮塌破坏的数值模拟

目前,国内外关于采矿巷道顶板垮塌机制的研究成果较多[197~203],但针对缝洞型油藏溶洞垮塌破坏机制的研究成果十分少见。为此,本节基于强度折减法的基本思想,提出了深埋油藏溶洞临界垮塌深度的二分深度折减法,采用岩石破裂过程计算分析软件 RFPA[204]计算分析了不同洞形溶洞的垮塌破坏形态、垮塌影响范围及其垮塌深度,并通过多元回归分析建立了多因素影响下溶洞临界垮塌深度的预测模型[205]。

7.4.1 数值分析模型与计算条件

影响溶洞垮塌的主要因素有溶洞洞跨 L'、顶板厚度 h'、地应力侧压系数 K。本节对缝洞型油藏溶洞进行概化处理,不考虑溶洞充填状况,将溶洞形态简化成矩形、城门洞形和圆形来分析。考虑地下溶洞尺寸不变,沿洞轴方向受力不变,因此采用平面应变模型对溶洞垮塌过程进行数值模拟分析。

图 7.4.1 为溶洞的数值分析模型及边界条件,图中溶洞顶板上覆岩层重量引起

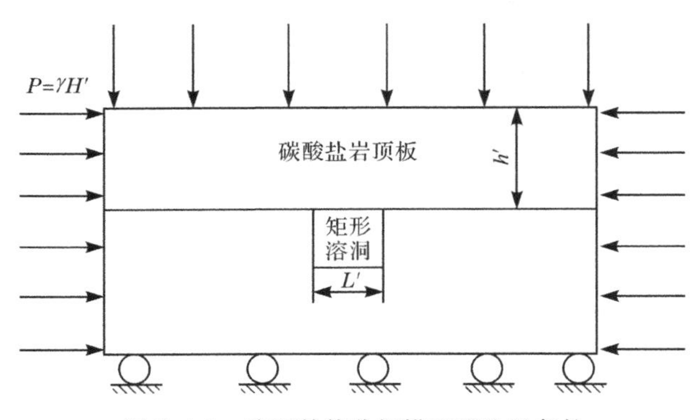

图 7.4.1 溶洞数值分析模型及边界条件

的附加应力用地层平均容重 γ 与溶洞实际埋深 H' 相乘的竖向应力 $P=\gamma H'$ 来反映。模型左右边界施加水平应力，根据文献[185]可知：模型水平应力梯度取值为 $T_h=0.0155$MPa/m，竖向应力梯度取值为 $T_v=0.025$MPa/m，地应力侧压系数 $K=0.62$，模型左右两侧和洞底以下取 5 倍洞径范围，底面为固定边界。表 7.4.1 为溶洞碳酸盐岩物理力学参数。

表 7.4.1　溶洞碳酸盐岩物理力学参数

容重 /(kN/m³)	泊松比	弹性模量 /GPa	抗压强度 /MPa	抗拉强度 /MPa	内摩擦角 /(°)	黏聚力 /MPa
27	0.25	36.3	74.2	3.8	36.05	2

7.4.2　溶洞垮塌破坏判据

采用 RFPA 来计算分析溶洞的垮塌破坏过程，RFPA 软件是用连续介质力学方法解决非连续介质力学问题的新型数值分析工具。该软件通过考虑破坏后单元的参数弱化(包括刚度退化)来模拟材料破坏的非连续和不可逆行为，借助此软件可计算并动态演示岩体从受载到破裂的完整过程。图 7.4.2 为 RFPA 计算的矩形溶洞垮塌破坏过程图。

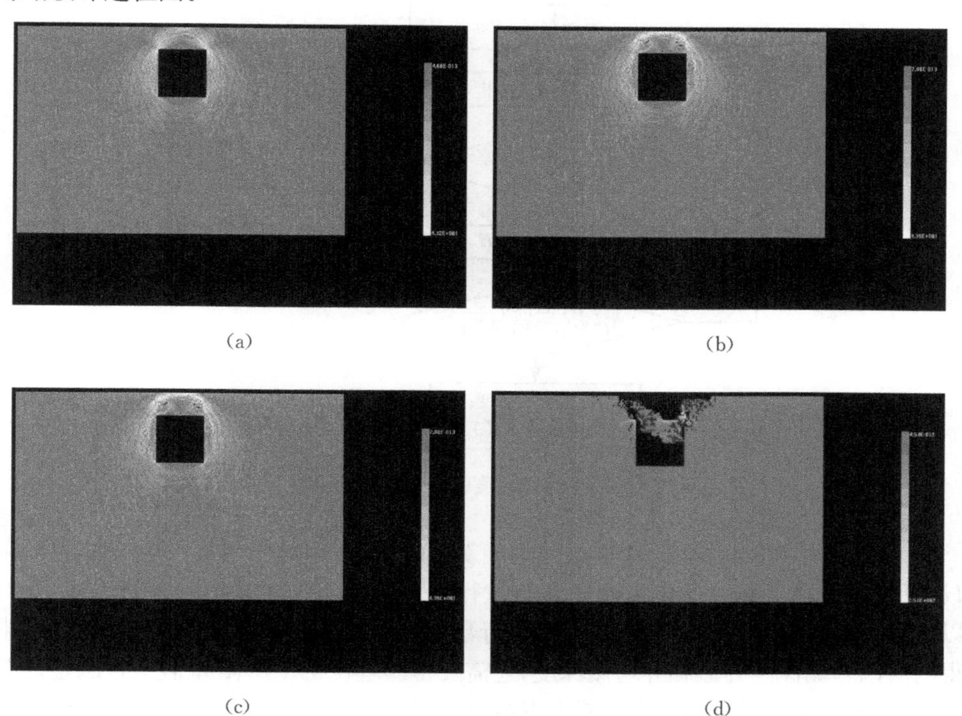

(a)　(b)　(c)　(d)

图 7.4.2　矩形溶洞垮塌破坏过程

由图 7.4.2 可以看出：通过 RFPA 可以很好地模拟溶洞随埋深增加顶板逐渐破坏直至垮塌的全过程。洞室周围首先出现应力集中现象，然后顶板出现破坏，随着破裂范围的增大，顶板最终出现垮塌从而导致整个溶洞破坏。因此，以洞室顶板发生完全垮塌破坏时的状态作为溶洞垮塌的判断依据。

7.4.3　溶洞临界垮塌深度的二分深度折减法

使洞室达到临界垮塌破坏状态时的洞室埋深称为临界垮塌深度，当埋深小于此深度时，洞室不发生垮塌，当埋深大于此深度时，洞室发生垮塌破坏。本书借鉴强度折减法的思路，提出计算溶洞临界垮塌深度的深度折减法，即通过不断调整溶洞埋深，直到其达到临界破坏状态，此时对应的深度即为洞室临界垮塌深度。由于逐步求解临界垮塌深度计算工作量巨大，因此采用二分法对求解过程进行优化处理，由此提出溶洞临界垮塌深度的二分深度折减法[205]，具体计算流程如图 7.4.3所示。

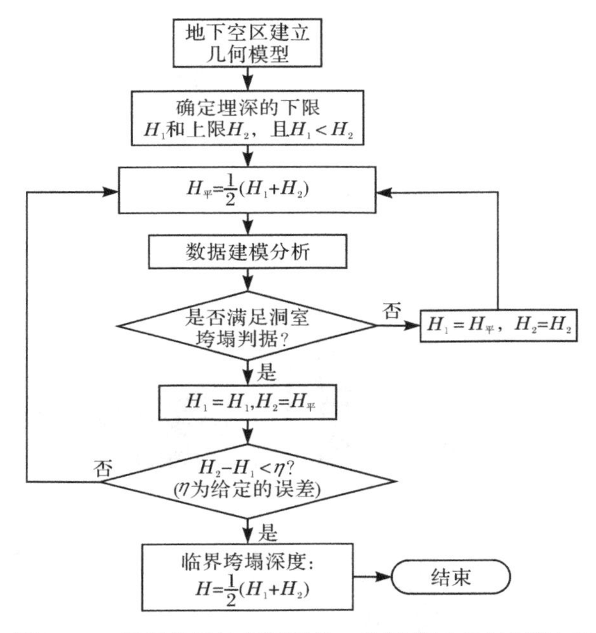

图 7.4.3　溶洞临界垮塌深度的二分深度折减法计算流程

由图 7.4.3 可以看出：计算过程中首先确定洞室埋深的初始下限 H_1 和上限 H_2，取两者的平均值 $H_平$ 作为溶洞埋深进行数值分析。当溶洞不满足垮塌判据时，以 $H_平$ 作为下限，H_2 仍作为上限重新进行数值分析直到溶洞满足垮塌判据，此时求得的溶洞垮塌深度并非临界垮塌深度，还需要检验埋深的上下限差值是否满足误差要求，若不满足要求则需要继续对上下限进行二分处理，直到满足误差要求，此时求得的上下限的平均值就为溶洞的临界垮塌深度。

以上求解过程即为确定溶洞临界埋深的二分深度折减法，采用此方法不仅能控制误差，准确得到溶洞的临界垮塌深度，而且通过优化的二分法可以简化计算，减小计算工作量。

7.4.4 不同洞形溶洞的垮塌破坏特征与垮塌影响范围

1. 不同洞形溶洞的垮塌破坏特征

计算考虑溶洞顶板厚度为 5m，洞跨为 10m，洞高为 10m，地应力侧压系数为 0.62，按照图 7.4.1 建立数值分析模型，采用 RFPA 计算得到随埋深增加矩形溶洞、城门洞形溶洞和圆形溶洞的渐进垮塌破坏过程，如图 7.4.4 所示。

由图 7.4.4 可以看出：

(1) 随埋深增加，矩形溶洞洞室顶角的上部应力集中最为明显，逐渐产生局部损伤，并在顶板产生向下的挠曲。这些局部的破坏均使顶板处的强度减小，承载能力下降，当洞室深度达到临界埋深时，顶板发生垮塌破坏。

(2) 随埋深增加，城门洞形溶洞从溶洞两侧的上部和拱顶的底脚开始出现局部破损并慢慢向上贯通，最终产生沿拱顶底脚向上的贯通破裂带，从而导致顶板发生

(a1) (a2)

(a3) (a4)

(a) 矩形溶洞渐进垮塌破坏过程

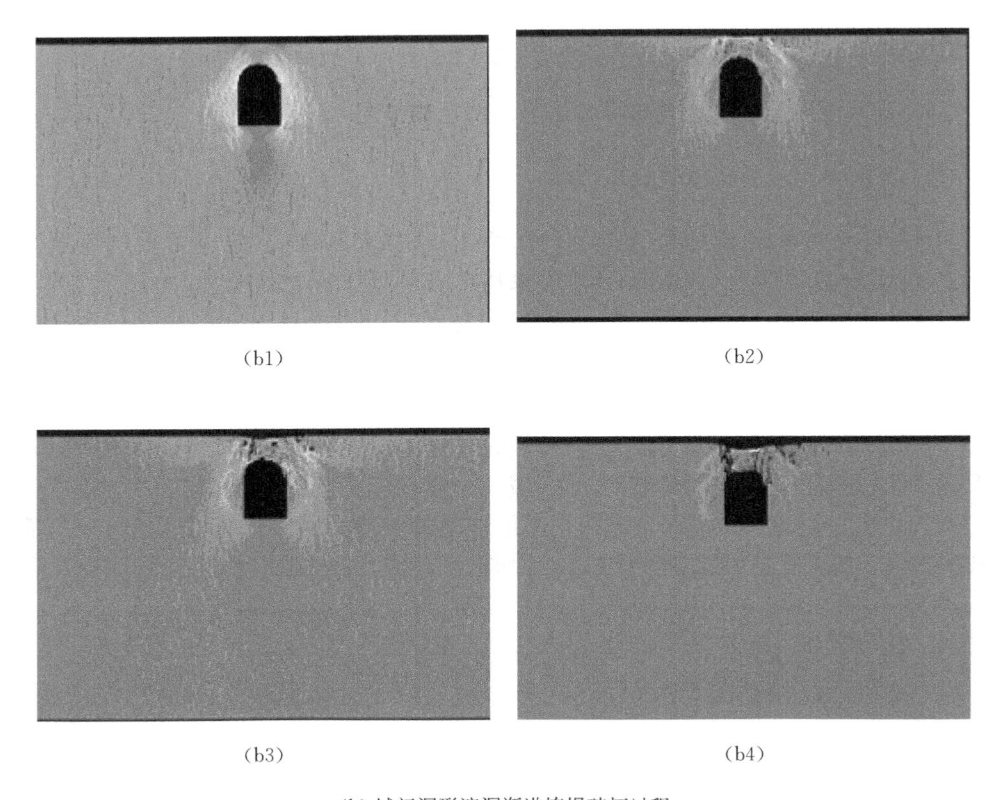

(b1)　(b2)

(b3)　(b4)

(b) 城门洞形溶洞渐进垮塌破坏过程

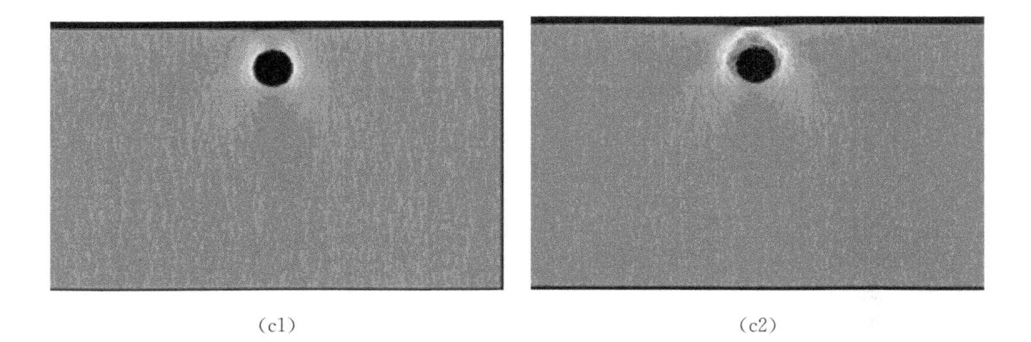

(c1)　(c2)

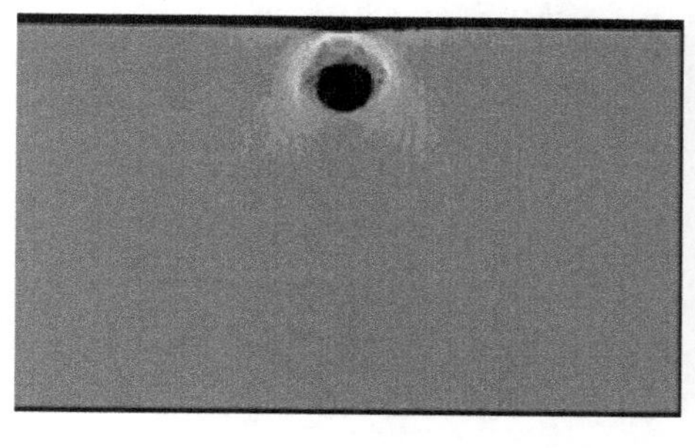

(c3)

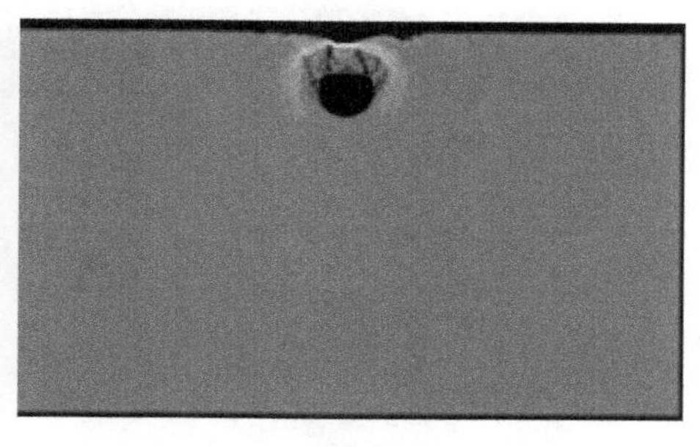

(c4)

(c) 圆形溶洞渐进垮塌破坏过程

图 7.4.4　不同洞形溶洞的渐进垮塌破坏过程

垮塌。城门洞形溶洞和矩形溶洞变形破坏特征均表现为顶板沿洞两侧的垂直洞壁直接塌陷，是一种竖向剪切破坏。

(3) 圆形溶洞的变形破坏特征与矩形溶洞和城门洞有较大差别，圆形溶洞的破坏模式表现为：随埋深增加，顶板逐渐产生向下的挠曲，溶洞在顶板的变形过程中逐渐被压扁、压实，并在洞周产生较大范围的破损带。由于圆形溶洞没有垂直洞壁，其很难发生顶板沿溶洞两侧的竖向剪切破坏。

2. 溶洞垮塌影响范围

图 7.4.5 是顶板厚度为 35m，洞跨为 10m 的不同洞形溶洞随埋深增加的垮塌破坏过程图。由图 7.4.5 可以看出：

(1) 洞周应力集中区逐渐向外扩展，图中白色区域为剪应力集中区。

(a1)

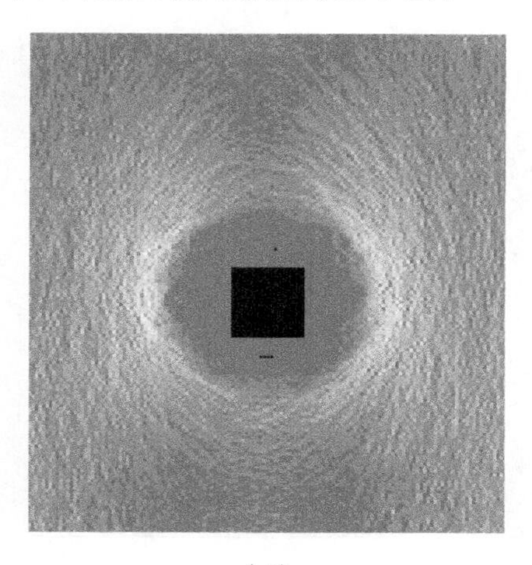

(a2)

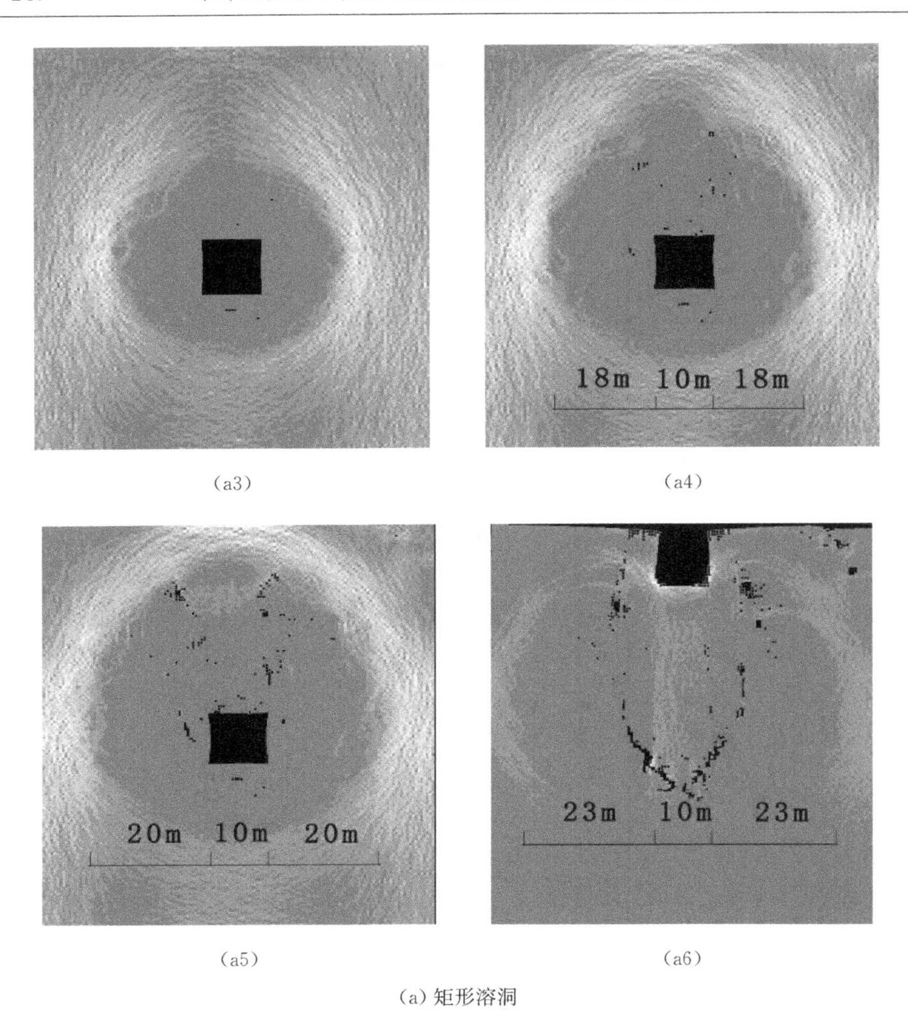

(a3)　(a4)

(a5)　(a6)

(a) 矩形溶洞

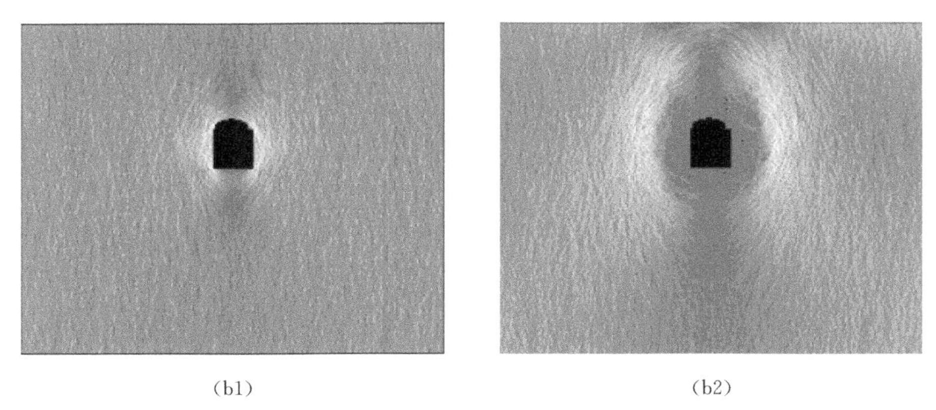

(b1)　(b2)

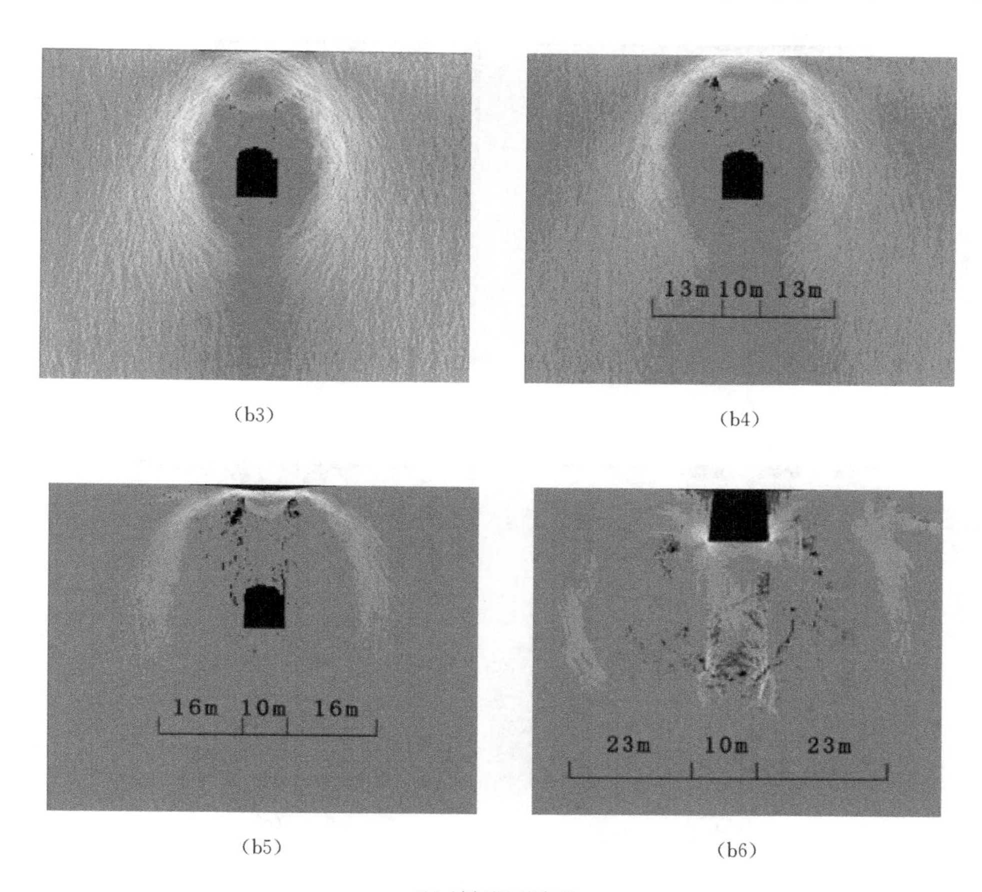

(b3)　(b4)

(b5)　(b6)

(b) 城门洞形溶洞

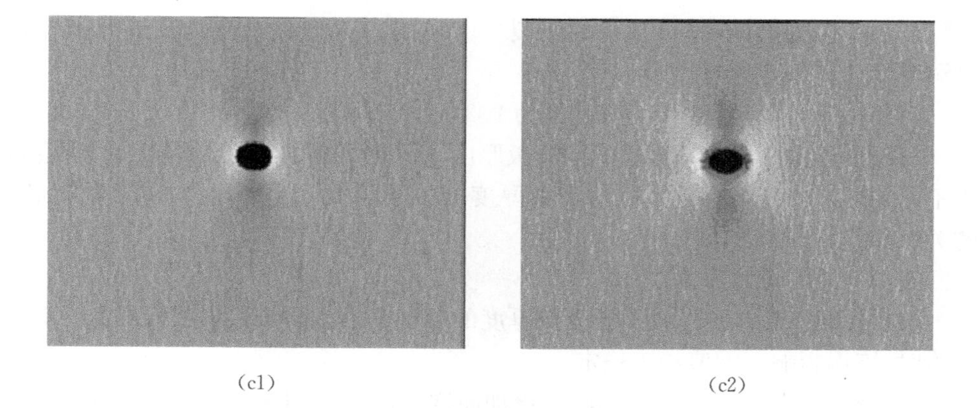

(c1)　(c2)

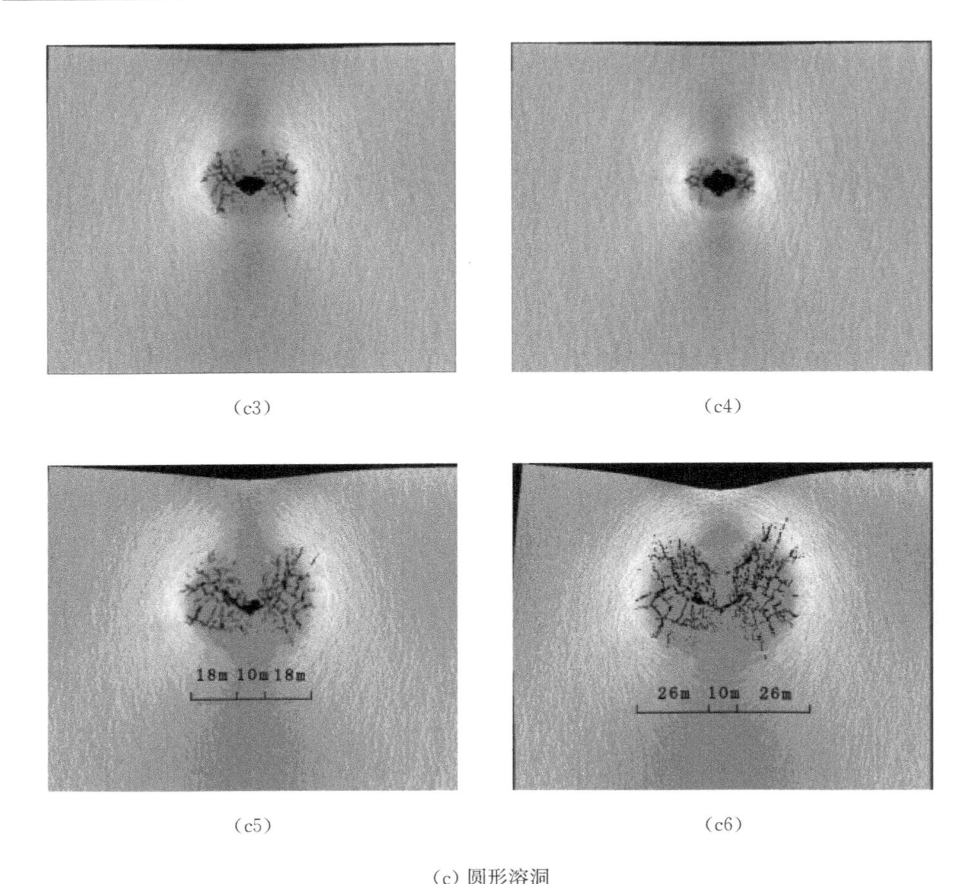

(c3) (c4)

(c5) (c6)

(c) 圆形溶洞

图 7.4.5 不同洞形溶洞垮塌影响范围示意图

(2) 洞室的垮塌会造成顶板的破裂与塌陷，溶洞垮塌时的应力扩展范围即是溶洞垮塌破坏影响范围。

(3) 不同洞形溶洞垮塌影响范围为 2.3～2.6 倍洞跨。

根据上述方法可以计算出不同顶板厚度和洞跨溶洞的垮塌影响范围，并绘制出不同洞形溶洞垮塌影响范围与顶板厚度的关系曲线以及垮塌影响范围与洞跨的关系曲线，如图 7.4.6 所示。

由图 7.4.6 可以看出：

(1) 溶洞垮塌影响范围随着顶板厚度的增加而增大，当顶板厚度大于 2.5 倍洞跨时，垮塌影响范围值趋于稳定。

(2) 溶洞垮塌影响范围随洞跨的增加而增大，最终趋于稳定，最大垮塌影响范围为 2.3～2.6 倍洞跨。

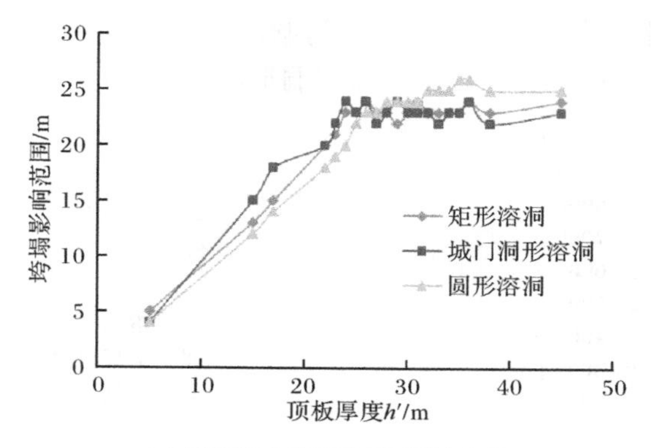

(a) 垮塌影响范围随顶板厚度变化

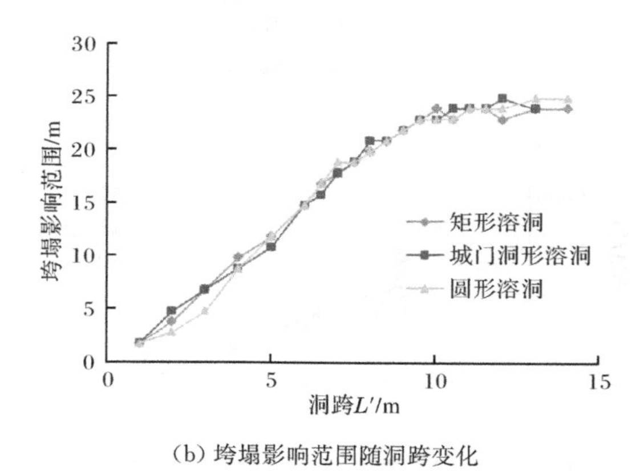

(b) 垮塌影响范围随洞跨变化

图 7.4.6　垮塌影响范围随顶板厚度或洞跨变化的关系曲线

7.4.5　不同洞形溶洞临界垮塌深度的预测公式

1. 溶洞垮塌单因素影响分析

按照 7.4.3 节溶洞临界垮塌深度的计算方法,可得到不同顶板厚度、洞跨和地应力侧压系数下,矩形溶洞、城门洞形溶洞和圆形溶洞的临界垮塌深度随顶板厚度、洞跨和地应力侧压系数变化的关系曲线,如图 7.4.7 所示。

由图 7.4.7 可以看出:

(1) 溶洞临界垮塌深度随顶板厚度和地应力侧压系数的增加而增大,即顶板厚度和地应力侧压系数越小,溶洞临界垮塌深度越小,溶洞越容易发生垮塌。

(2) 溶洞临界垮塌深度随洞跨的增加而减小,即洞跨越大,溶洞临界垮塌深度越小,溶洞越容易发生垮塌。

(3) 通过三种洞形的计算分析比较可知:在洞跨、顶板厚度和地应力侧压系数相同时,矩形溶洞临界垮塌深度最小,城门洞次之,圆形溶洞临界垮塌深度最大。因此,在三种洞形中圆形溶洞最稳定,城门洞形溶洞次之,矩形溶洞稳定性最差。

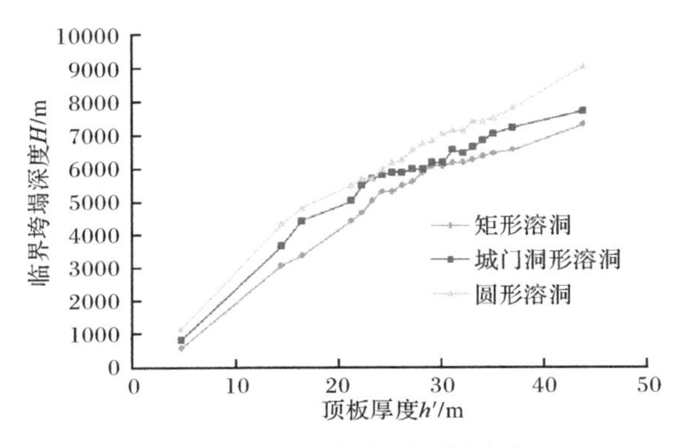

(a) 临界垮塌深度随顶板厚度变化

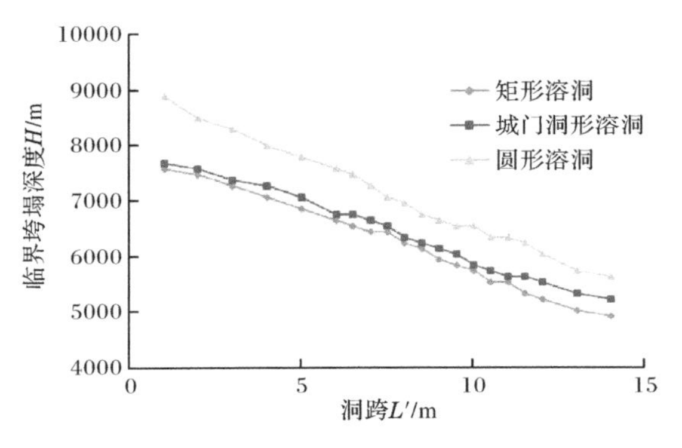

(b) 临界垮塌深度随洞跨变化

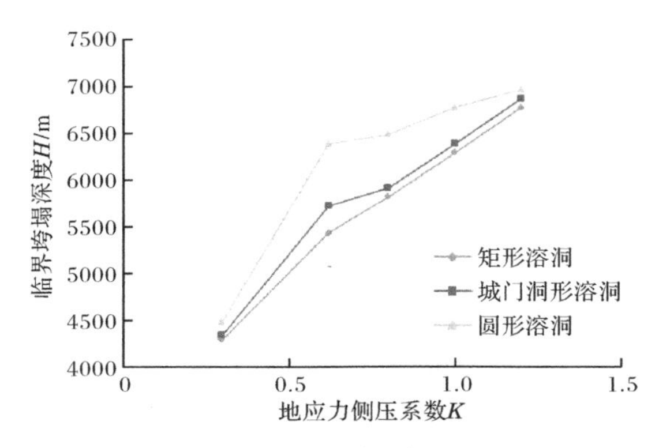

(c) 临界垮塌深度随地应力侧压系数变化

图 7.4.7 临界垮塌埋深随顶板厚度、洞跨和地应力侧压系数变化的关系曲线

由图 7.4.7 可以看出:溶洞临界垮塌深度与顶板厚度或洞跨或地应力侧压系数之间存在良好的线性关系。因此,以矩形溶洞为例,通过线性回归可拟合得到矩形溶洞临界垮塌深度随顶板厚度、溶洞洞跨或地应力侧压系数变化的拟合关系表达式和拟合关系曲线,如表 7.4.2 和图 7.4.8 所示。

表 7.4.2　矩形溶洞临界垮塌深度与其顶板厚度、洞跨、地应力侧压系数的拟合关系式

类别	拟合关系式	相关系数
临界垮塌深度 H 与顶板厚度 h' 关系式	$H=169.51h'+853.58$	0.9488
临界垮塌深度 H 与溶洞洞跨 L' 关系式	$H=-325.22L'+8991.2$	0.9729
临界垮塌深度 H 与地应力侧压系数 K 关系式	$H = 3478.1K + 3128.1$	0.9824

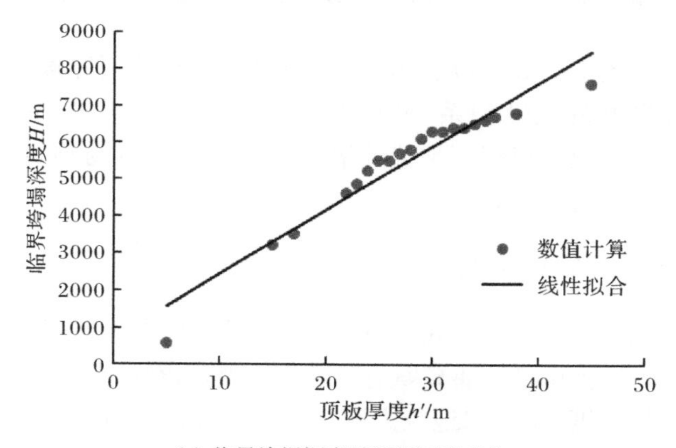

(a) 临界垮塌深度随顶板厚度变化

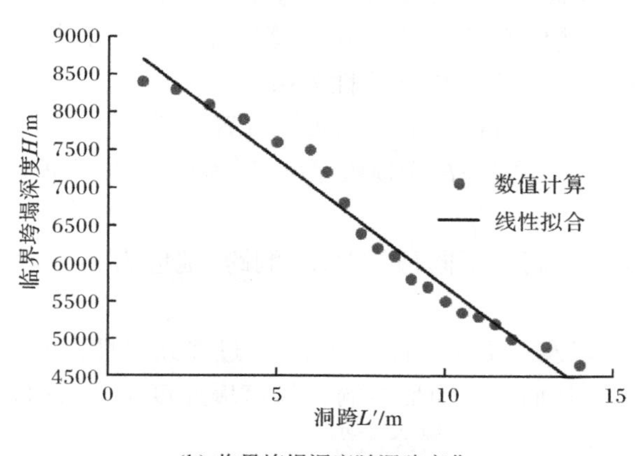

(b) 临界垮塌深度随洞跨变化

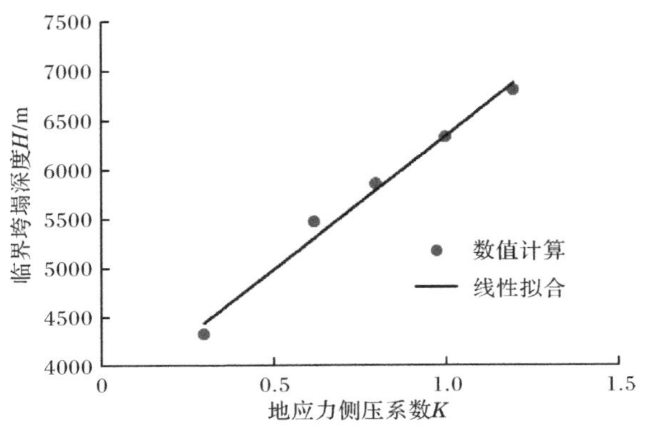

(c) 临界垮塌深度随地应力侧压系数变化

图 7.4.8　矩形溶洞临界垮塌深度随顶板厚度、洞跨或地应力侧压系数变化的拟合曲线

由表 7.4.2 和图 7.4.8 可以看出：临界垮塌深度与顶板厚度、洞跨、地应力侧压系数之间存在良好的线性关系，最小的相关系数达到 0.95 左右，拟合精度较高，因此，采用线性函数可以很好地描述溶洞临界垮塌深度与顶板厚度、洞跨或地应力侧压系数之间的变化关系。

2. 溶洞临界垮塌深度预测公式

前面通过线性回归得到溶洞垮塌深度随顶板厚度、洞跨或地应力侧压系数的变化关系表达式，由于缝洞型油藏赋存于多种影响因素的共同作用之中，因此有必要同时考虑顶板厚度、洞跨和地应力侧压系数等多因素联合作用对溶洞垮塌深度的影响。由表 7.4.2 可以看出：临界垮塌深度 H 与顶板厚度 h'、洞跨 L'、地应力侧压系数 K 等单因素之间存在良好的线性函数关系，因此在建立多因素影响的溶洞临界垮塌深度预测模型时，可假设临界垮塌深度 H 与顶板厚度 h'、洞跨 L' 和地应力侧压系数 K 之间也存在如下线性关系：

$$H = Ah' + BL' + CK + D \tag{7.4.1}$$

式中，H 为溶洞临界垮塌深度；h' 为顶板厚度；L' 为洞跨；K 为地应力侧压系数；A、B、C、D 为待定系数。

表 7.4.3 为矩形溶洞在不同顶板厚度、洞跨、地应力侧压系数下临界垮塌深度的计算结果。

根据式(7.4.1)以及表 7.4.3 计算结果，通过多元线性回归优化求解，可得到待定系数 A、B、C、D，从而获得矩形溶洞临界垮塌深度 H 随顶板厚度 h'、洞跨 L' 和地应力侧压系数 K 变化的预测公式为

$$H = 160h' - 369L' + 3430.4K + 2923.8 \tag{7.4.2}$$

表 7.4.3　不同顶板厚度、洞跨、地应力侧压系数下矩形溶洞临界垮塌深度计算结果

顶板厚度 h'/m	洞跨 L'/m	地应力侧压系数 K	临界垮塌深度 H/m	顶板厚度 h'/m	洞跨 L'/m	地应力侧压系数 K	临界垮塌深度 H/m
5	10	0.62	675	25	1	0.62	7500
15	10	0.62	3350	25	2	0.62	7400
17	10	0.62	3650	25	3	0.62	7200
22	10	0.62	4750	25	4	0.62	7000
23	10	0.62	5000	25	5	0.62	6800
24	10	0.62	5250	25	6	0.62	6600
25	10	0.62	5500	25	6.5	0.62	6500
26	10	0.62	5600	25	7	0.62	6400
27	10	0.62	5800	25	7.5	0.62	6400
28	10	0.62	5850	25	8	0.62	6200
29	10	0.62	6100	25	8.5	0.62	6100
30	10	0.62	6250	25	9	0.62	5900
31	10	0.62	6300	25	9.5	0.62	5800
32	10	0.62	6375	25	10	0.62	5500
33	10	0.62	6350	25	10.5	0.62	5500
34	10	0.62	6450	25	11	0.62	5500
35	10	0.62	6550	25	11.5	0.62	5300
36	10	0.62	6700	25	12	0.62	5200
38	10	0.62	6850	25	13	0.62	5000
45	10	0.62	7800	25	14	0.62	4900
25	10	0.30	4300	25	10	1.00	6400
25	10	0.80	5900	25	10	1.20	6900

考虑地应力侧压系数取固定值 0.62，则式(7.4.2)变为

$$H = 160h' - 369L' + 5050.6 \tag{7.4.3}$$

根据式(7.4.3)可绘制矩形溶洞临界垮塌深度 H 随顶板厚度 h' 和洞跨 L' 的变化关系曲线，如图 7.4.9 和图 7.4.10 所示。

采用类似方法可拟合得到城门洞形溶洞的临界垮塌深度 H 随顶板厚度 h' 和洞跨 L' 的预测公式，即

$$H = 154.66h' - 241.48L' + 4263.8 \tag{7.4.4}$$

以及圆形溶洞的临界垮塌深度 H 随顶板厚度 h' 和洞跨 L' 的预测公式，即

$$H = 196.5h' - 270.3L' + 3949.8 \tag{7.4.5}$$

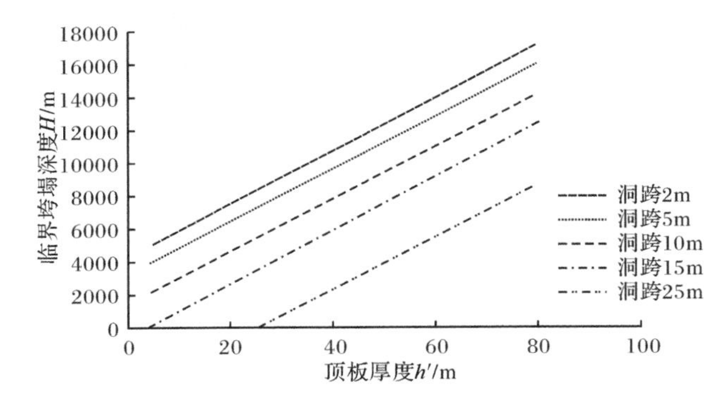

图 7.4.9　矩形溶洞在不同洞跨下的临界垮塌深度随顶板厚度变化曲线

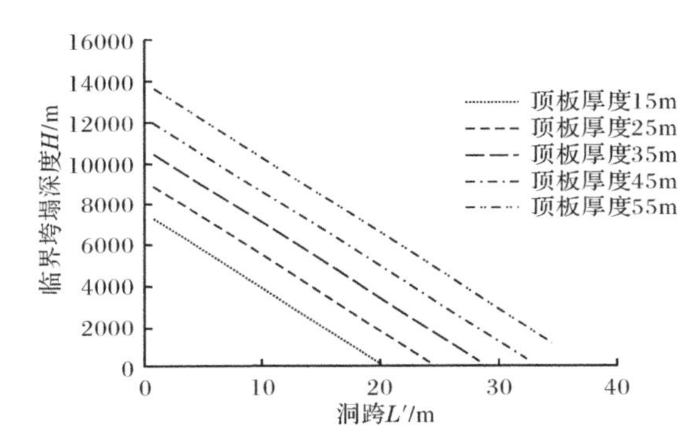

图 7.4.10　矩形溶洞在不同顶板厚度下的临界垮塌深度随洞跨变化曲线

根据式(7.4.4)和式(7.4.5)可得到城门洞形溶洞和圆形溶洞的临界垮塌深度 H 随顶板厚度 h' 和洞跨 L' 的变化关系曲线，如图 7.4.11～图 7.4.14 所示。

由图 7.4.11～图 7.4.14 可以看出：

(1) 不同洞形油藏溶洞，在洞跨不变时，其临界垮塌深度随顶板厚度的增加而增大。

(2) 不同洞形油藏溶洞，在顶板厚度不变时，其临界垮塌深度随洞跨的增大而减小。

(3) 洞跨越大、顶板厚度越小，溶洞越容易产生垮塌；反之，洞跨越小、顶板厚度越大，溶洞越不容易产生垮塌。

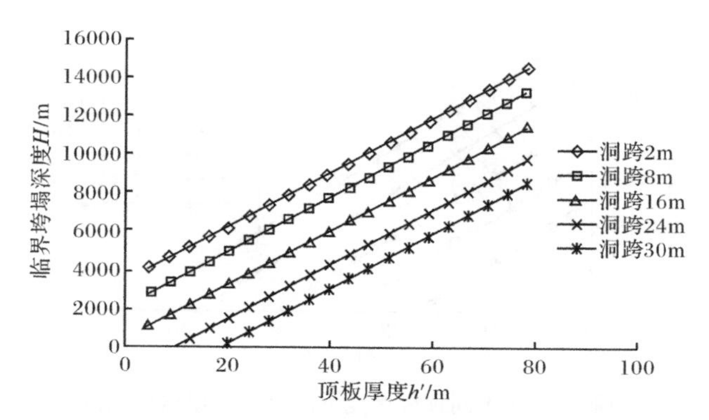

图 7.4.11　城门洞形溶洞在不同洞跨下的临界垮塌深度与顶板厚度关系曲线

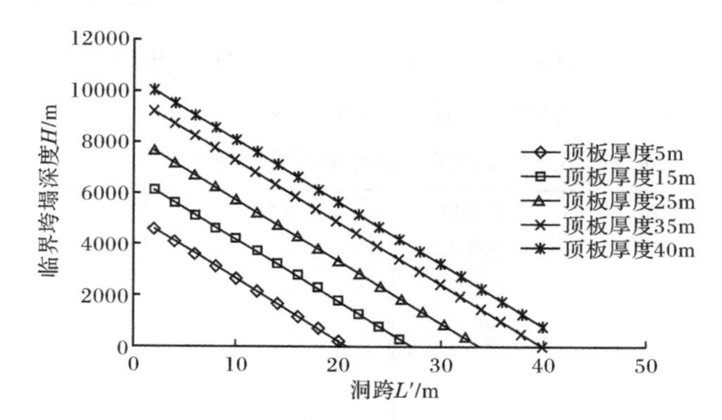

图 7.4.12　城门洞形溶洞在不同顶板厚度下的临界垮塌深度与洞跨关系曲线

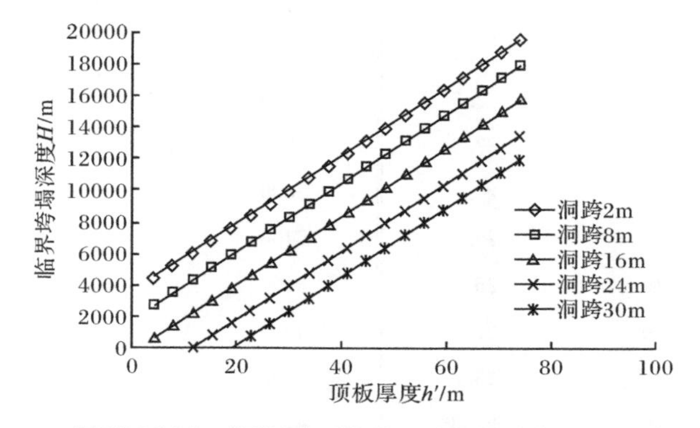

图 7.4.13　圆形溶洞在不同洞跨下的临界垮塌深度与顶板厚度关系曲线

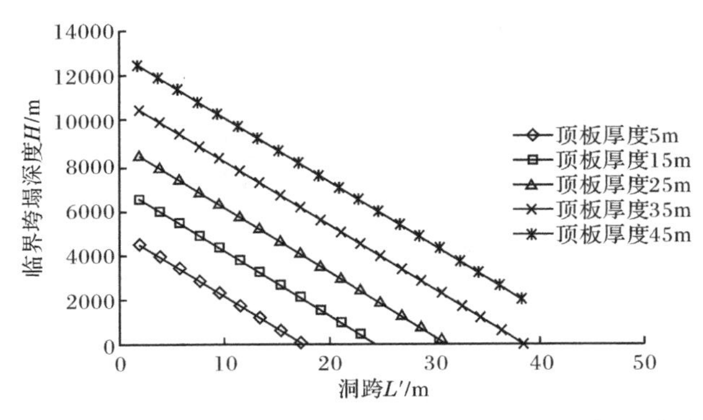

图 7.4.14　圆形溶洞在不同顶板厚度下的临界垮塌深度与洞跨关系曲线

7.4.6　不同洞形溶洞临界垮塌顶板厚度与临界垮塌洞跨预测公式

以矩形溶洞为例进行分析，表 7.4.4 为 RFPA 计算得到的不同埋深下矩形溶洞的临界垮塌顶板厚度与临界垮塌洞跨计算结果。

表 7.4.4　不同埋深下矩形溶洞的临界垮塌顶板厚度与临界垮塌洞跨计算结果

洞室埋深 H'/m	洞跨 L'/m	临界垮塌顶板厚度 h/m	洞室埋深 H'/m	顶板厚度 h'/m	临界垮塌洞跨 L/m
675	10	5.6	7300	25	0.8
1000	10	6.7	7200	25	1.6
1500	10	8.9	7000	25	2.7
2000	10	10.8	6800	25	3.5
2500	10	13.2	6600	25	4.4
3000	10	15.1	6400	25	5.6
3650	10	17.2	6300	25	6.2
4750	10	22.5	6200	25	7.0
5100	10	23.9	5800	25	8.1
5300	10	24.6	5600	25	9.4
5400	10	25.3	5400	25	10.2
5500	10	26.6	5100	25	11.2
5600	10	27.5	4900	25	12.1
5700	10	28.9	4800	25	12.7
5800	10	29.3	4700	25	13.5
6000	10	30.1	4000	25	16.2
6100	10	31.2	3500	25	18.3

续表

洞室埋深 H'/m	洞跨 L'/m	临界垮塌顶板厚度 h/m	洞室埋深 H'/m	顶板厚度 h'/m	临界垮塌洞跨 L/m
6300	10	32.9	2800	25	24.2
6700	10	36.5	2000	25	28.9
7800	10	46.4	1000	25	36.5

通过分析可知，溶洞临界垮塌顶板厚度和洞室埋深之间具有良好的二次函数关系，与洞跨之间存在着线性函数关系，因此可以假设临界垮塌顶板厚度 h 与洞室埋深 H' 和洞跨 L' 之间具有如下多元函数关系：

$$h = AH'^2 + BH' + CL' + D \tag{7.4.6}$$

式中，A、B、C、D 为待定系数。

根据表 7.4.4，通过多元回归可得矩形溶洞的临界垮塌顶板厚度 h 的预测公式，即

$$h = 1.5236 \times 10^{-7} H'^2 + 0.0035H' + 0.875L' - 6.5271 \tag{7.4.7}$$

采用同样的方法可以求得矩形溶洞的临界垮塌洞跨 L 的预测公式，即

$$L = -1.8374 \times 10^{-7} H'^2 - 0.0033H' + 0.9398h' + 8.8321 \tag{7.4.8}$$

根据式(7.4.7)和式(7.4.8)可绘制出矩形溶洞在不同洞跨下的临界垮塌顶板厚度与洞室埋深关系曲线以及在不同顶板厚度下的临界垮塌洞跨与洞室埋深关系曲线，如图 7.4.15 和图 7.4.16 所示。

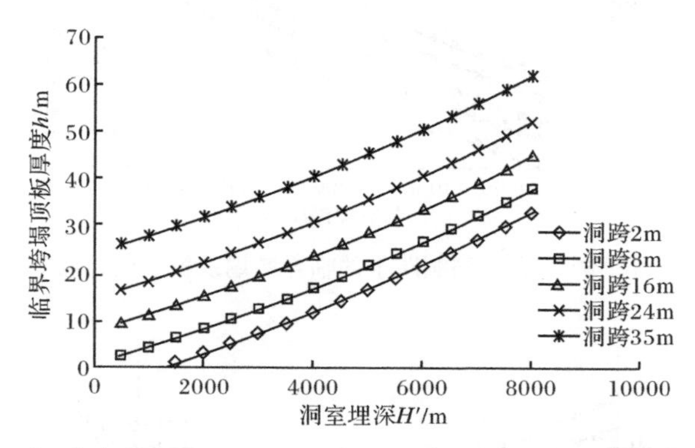

图 7.4.15　矩形溶洞在不同洞跨下的临界垮塌顶板厚度与洞室埋深关系曲线

采用类似方法可得到城门洞形溶洞的临界垮塌顶板厚度 h 与临界垮塌洞跨 L 的预测公式，即

$$h = 2.2159 \times 10^{-7} H'^2 + 0.0027H' + 0.7775L' - 5.745 \tag{7.4.9}$$

$$L = -2.4234 \times 10^{-7} H'^2 - 0.0034H' + 1.1323h' + 9.657 \tag{7.4.10}$$

得到圆形溶洞的临界垮塌顶板厚度 h 与临界垮塌洞跨 L 的预测公式，即

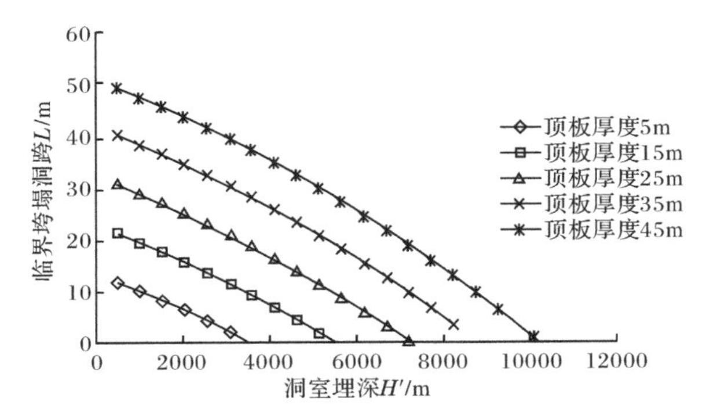

图 7.4.16　矩形溶洞在不同顶板厚度下的临界垮塌洞跨与洞室埋深关系曲线

$$h = 7.8813 \times 10^{-8} H'^2 + 0.0036H' + 0.6572L' - 7.3992 \quad (7.4.11)$$

$$L = -1.12235 \times 10^{-7} H'^2 - 0.0051H' + 1.3921h' + 13.5576 \quad (7.4.12)$$

根据式(7.4.9)～式(7.4.12)可绘制得到城门洞形溶洞和圆形溶洞在不同洞跨下的临界垮塌顶板厚度与洞室埋深关系曲线以及在不同顶板厚度下的临界垮塌洞跨与洞室埋深关系曲线，如图 7.4.17～图 7.4.20 所示。

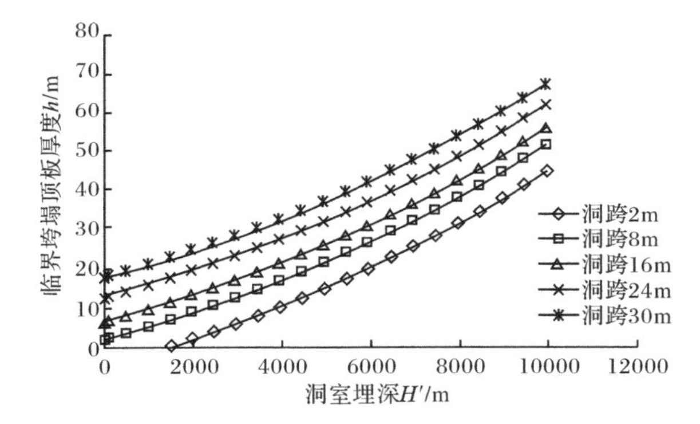

图 7.4.17　城门洞形溶洞在不同洞跨下的临界垮塌顶板厚度与洞室埋深关系曲线

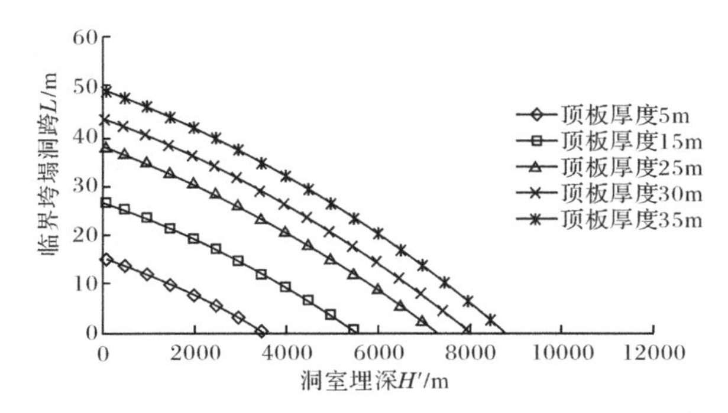

图 7.4.18　城门洞形溶洞在不同顶板厚度下的临界垮塌洞跨与洞室埋深关系曲线

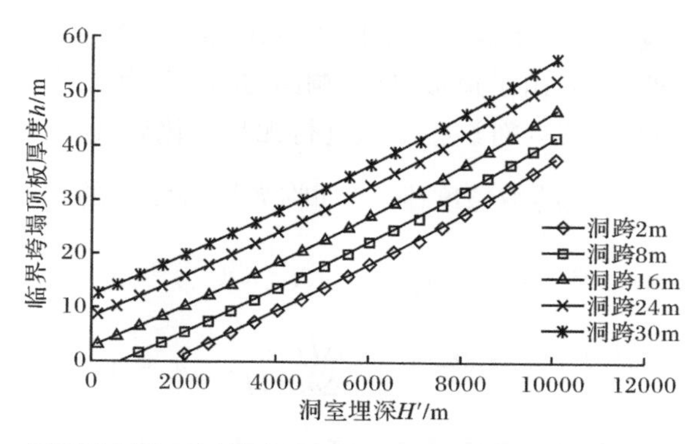

图 7.4.19 圆形溶洞在不同洞跨下的临界垮塌顶板厚度与洞室埋深关系曲线

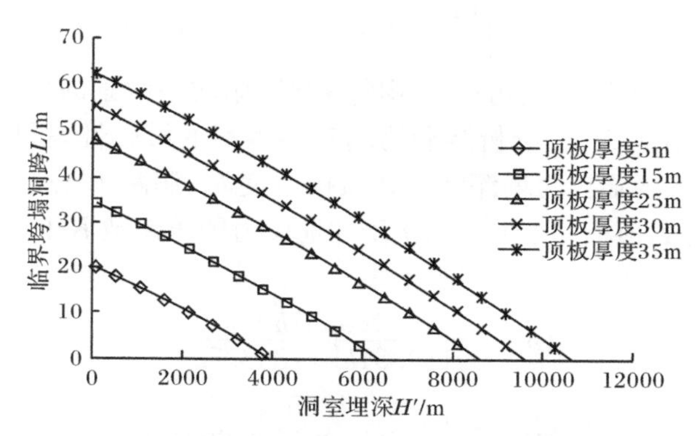

图 7.4.20 圆形溶洞在不同顶板厚度下的临界垮塌洞跨与洞室埋深关系曲线

由图 7.4.17～图 7.4.20 可以看出：

(1) 不同洞形油藏溶洞在洞跨不变的情况下，其垮塌顶板厚度随洞室埋深的增加而逐渐增大；在顶板厚度不变的情况下，其垮塌洞跨随着洞室埋深的增加而逐渐减小。

(2) 不同洞形油藏溶洞在埋深不变的情况下，其垮塌顶板厚度随洞跨的增加而增大，垮塌洞跨随顶板厚度的增加也增大。

(3) 埋深越大、洞跨越大、顶板厚度越小，洞室越容易产生垮塌；反之，埋深越小、洞跨越小、顶板厚度越大，洞室越不容易产生垮塌。

7.4.7 不同洞形溶洞垮塌多因素敏感性分析

敏感性分析是分析系统稳定性的一种方法，通过敏感性分析可以确定影响溶洞垮塌的主要因素及次要因素。前面通过分析得到了单因素影响下溶洞临界垮塌深度与顶板厚度、洞跨、地应力侧压系数的关系式，由此就可以分析溶洞垮塌对顶板厚度、洞跨、地应力侧压系数等影响因素的敏感性。在实际工程中，溶洞垮塌是多因素影响作用产生的，由于顶板厚度、洞跨、地应力侧压系数是不同的物理量且单位各不相同，因此有必要对这些参数进行无量纲化处理。

首先建立无量纲形式的敏感度函数，即临界垮塌深度的相对误差$\frac{|\Delta H|}{H}$与影响溶洞垮塌因素的相对误差$\frac{|\Delta\alpha_k|}{\alpha_k}$的比值$S_k(\alpha_k)$为

$$S_k(\alpha_k)=\left(\frac{|\Delta H|}{H}\right)\Big/\left(\frac{|\Delta\alpha_k|}{\alpha_k}\right)=\left|\frac{\Delta H}{\Delta\alpha_k}\right|\frac{\alpha_k}{H},\quad k=1,2,\cdots,n \tag{7.4.13}$$

在$\frac{|\Delta\alpha_k|}{\alpha_k}$较小的情况下，式(7.4.13)可近似的表示为

$$S_k(\alpha_k)=\left|\frac{\mathrm{d}H(\alpha_k)}{\mathrm{d}\alpha_k}\right|\frac{\alpha_k}{H},\quad k=1,2,\cdots,n \tag{7.4.14}$$

通过对$S_k(\alpha_k)$的比较，就可以对影响溶洞垮塌的各因素的敏感性进行对比评价。本书以矩形溶洞为例，分析溶洞垮塌对多因素的敏感性，根据式(7.4.14)和表7.4.2中矩形溶洞临界垮塌深度与其顶板厚度h'、洞跨L'、地应力侧压系数K的关系式，可以得到顶板厚度h'、洞跨L'和地应力侧压系数K的敏感度函数以及相关的敏感度曲线，如图7.4.21所示。

$$S_h(h')=\frac{169.51h'}{169.51h'+853.58} \tag{7.4.15}$$

$$S_L(L')=\left|\frac{-325.22L'}{-325.22L'+8991.2}\right| \tag{7.4.16}$$

$$S_K(K)=\frac{3478K}{3478K+3128.1} \tag{7.4.17}$$

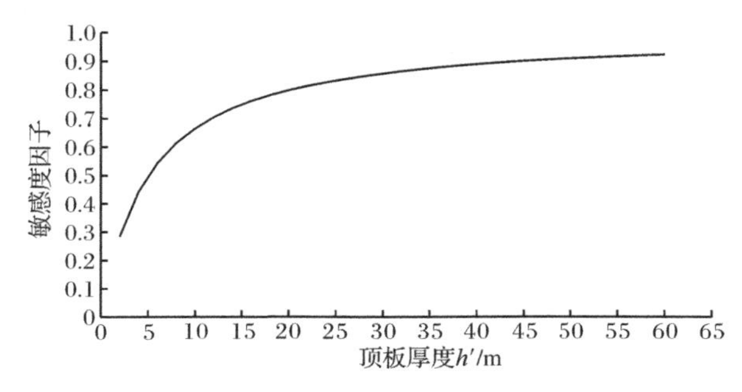

(a) 矩形溶洞垮塌对顶板厚度的敏感度曲线

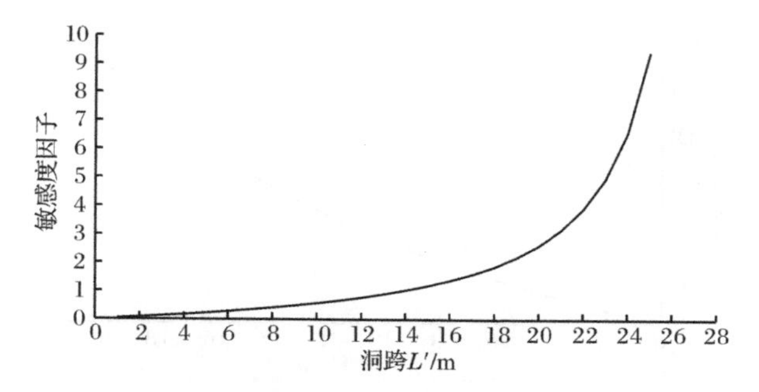

(b) 矩形溶洞垮塌对洞跨的敏感度曲线

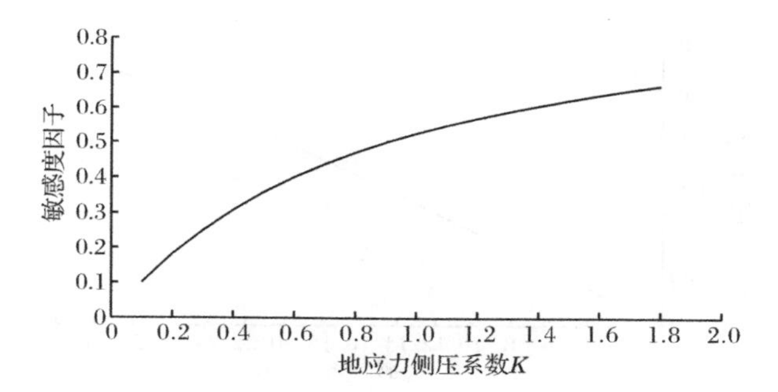

(c) 矩形溶洞垮塌对地应力侧压系数的敏感度曲线

图 7.4.21　矩形溶洞垮塌对不同影响因素的敏感度曲线

由图 7.4.21 可以看出：洞跨是影响矩形溶洞垮塌的最敏感因素，其次为顶板厚度和地应力侧压系数。

采用同样的方法，可得到城门洞形溶洞和圆形溶洞垮塌对不同影响因素的敏感度曲线，如图 7.4.22 和图 7.4.23 所示。

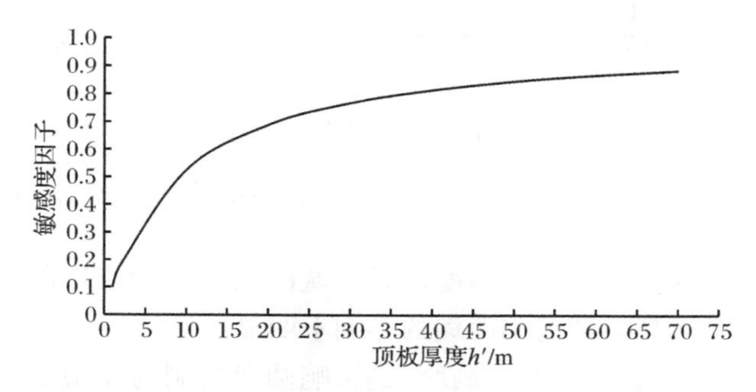

(a) 城门洞形溶洞垮塌对顶板厚度的敏感度曲线

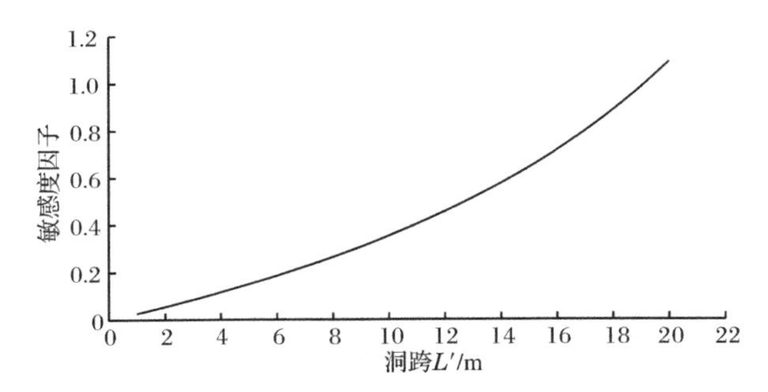

(b) 城门洞形溶洞垮塌对洞跨的敏感度曲线

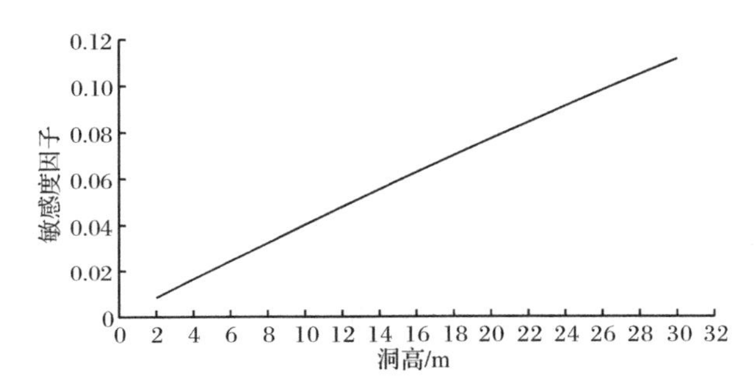

(c) 城门洞形溶洞垮塌对洞高的敏感度曲线

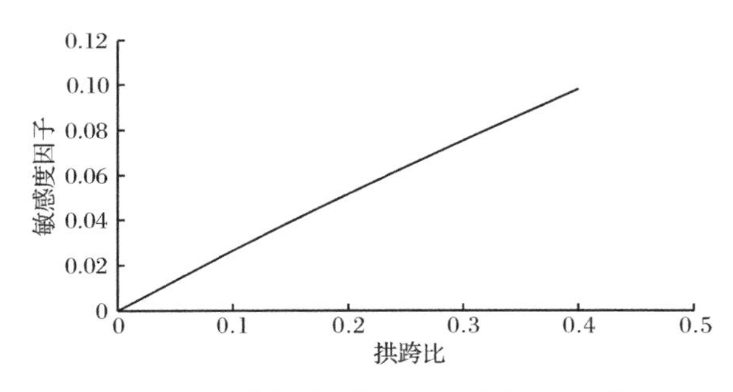

(d) 城门洞形溶洞垮塌对拱跨比的敏感度曲线

图 7.4.22　城门洞形溶洞垮塌对不同影响因素的敏感度曲线

由图 7.4.22 可以看出：顶板厚度是影响城门洞形溶洞垮塌的最敏感因素，其次是洞跨、拱跨比，洞高对城门洞垮塌的影响不明显。

由图 7.4.23 可以看出：洞径(洞跨)是影响圆形溶洞垮塌最敏感的因素，其次是顶板厚度。

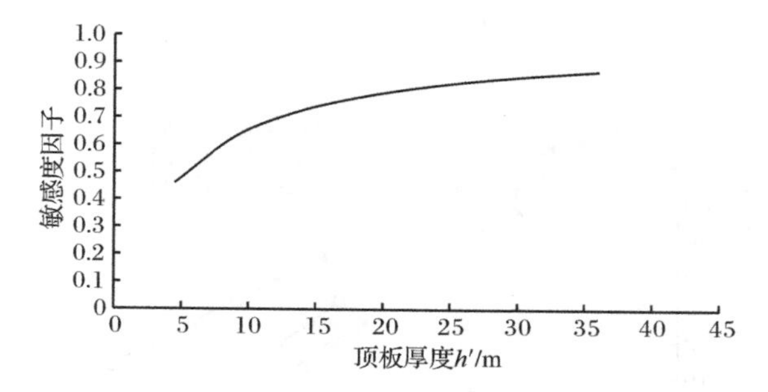

(a) 圆形溶洞垮塌对顶板厚度的敏感度曲线

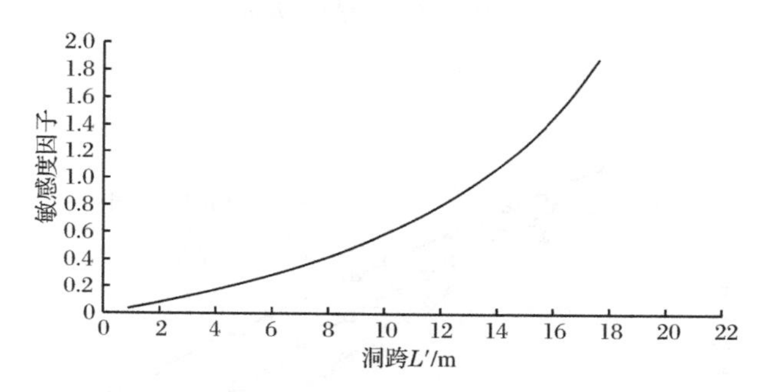

(b) 圆形溶洞垮塌对洞跨的敏感度曲线

图 7.4.23 圆形溶洞垮塌对不同影响因素的敏感度曲线

7.4.8 不同洞形溶洞稳定性分析比较

根据不同洞形溶洞垮塌洞跨的预测公式，可以得到在一定顶板厚度下，依据溶洞不同埋深 H'转换而成的上覆地层压力 $P=\gamma H'$与溶洞临界垮塌洞跨 L 之间的关系曲线。图 7.4.24 分别是顶板厚度取 5m、15m、25m、35m、45m 时矩形溶洞、城门洞形溶洞和圆形溶洞在不同埋深时的上覆地层压力与溶洞临界垮塌洞跨 L 之间的关系曲线。

由图 7.4.24 可以看出：

(1) 随着上覆地层压力(或埋深)的增大，溶洞临界垮塌洞跨不断减小，即上覆地层压力(或埋深)越大，保持溶洞不垮塌的临界洞跨也越小。

(2) 随着顶板厚度的增大，溶洞的临界垮塌洞跨不断增大，即顶板厚度越大，要保持溶洞不垮塌的临界洞跨也越大。

(3) 在洞跨不变的情况下，矩形溶洞承受的上覆地层压力最小，城门洞形溶洞承受的上覆地层压力次之，圆形溶洞承受的上覆地层压力最大，也就是说在一定的上覆地层压力(或埋深)下，圆形洞最稳定，城门洞形溶洞次之，矩形溶洞稳定性最差。

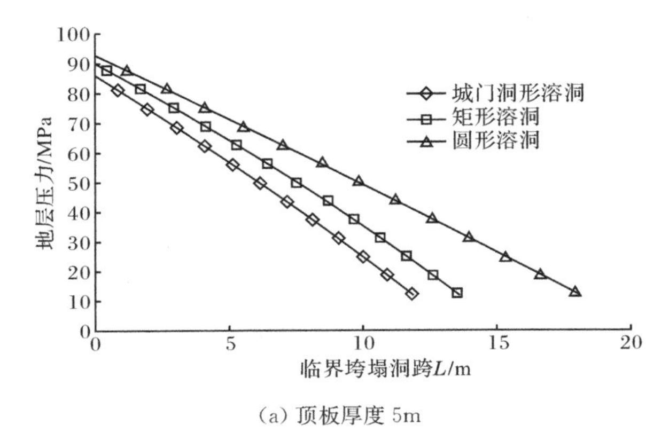

(a) 顶板厚度 5m

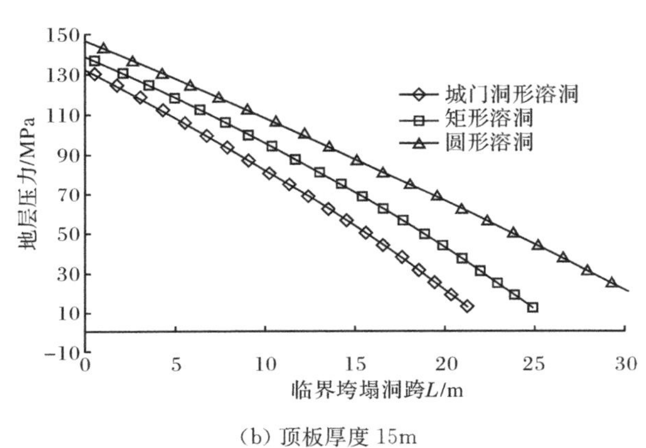

(b) 顶板厚度 15m

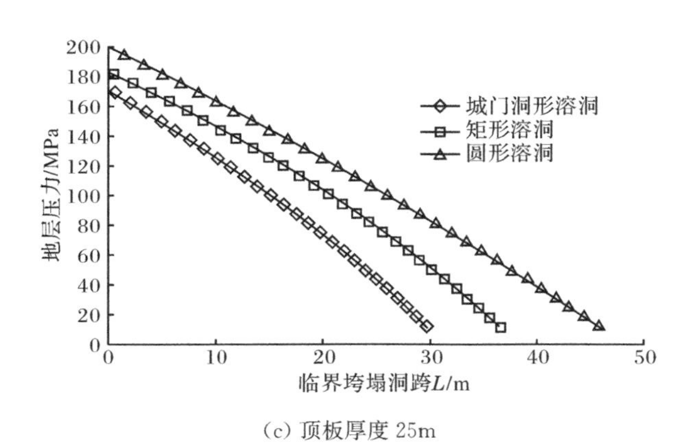

(c) 顶板厚度 25m

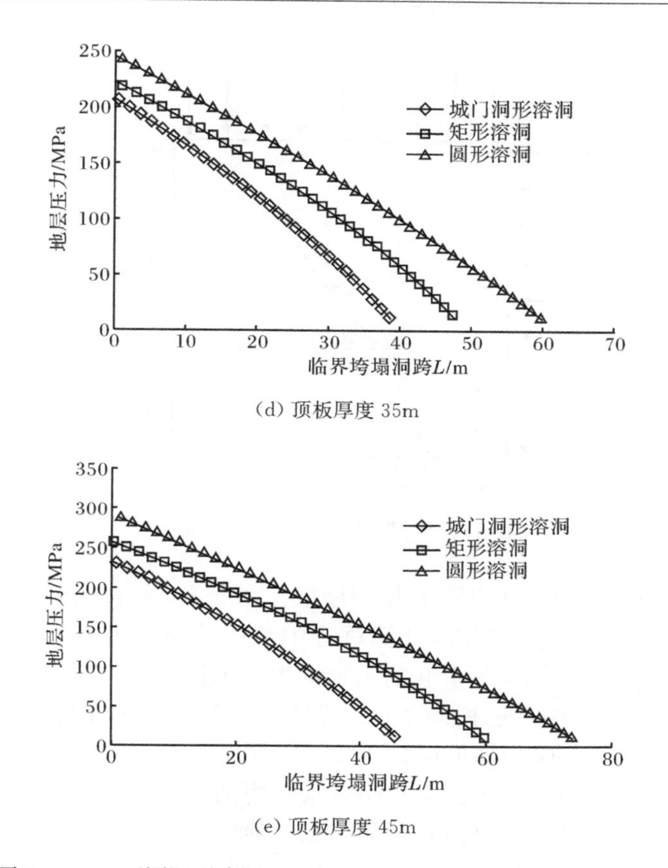

(d) 顶板厚度 35m

(e) 顶板厚度 45m

图 7.4.24　不同洞形溶洞上覆地层压力与临界垮塌洞跨关系曲线

7.5　缝洞型裂缝闭合规律的数值模拟分析

在缝洞型油藏石油开采过程中，由于采油降压不可避免地会对缝内油压力(简称缝内地层压力)产生扰动，引起缝内地层压力发生变化，而缝内地层压力的变化将对缝洞型裂缝的闭合规律产生重要的影响[206]。因此，本章通过数值方法深入研究缝内不同地层压力、不同裂缝倾角、不同裂缝长度、不同裂缝宽度条件下缝洞型裂缝的闭合过程，分析不同影响因素对高角度裂缝闭合规律的影响[207]。

7.5.1　缝内降压速率对裂缝闭合规律的影响

1. 数值分析模型与计算条件

图 7.5.1 为裂缝闭合数值计算模型。

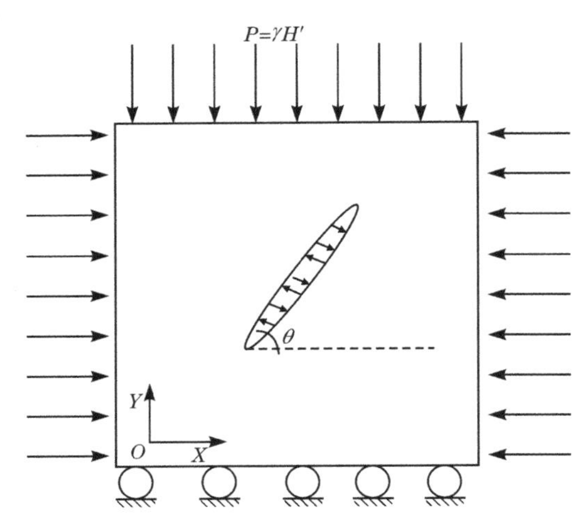

图 7.5.1　裂缝闭合数值计算模型

假定初始裂缝倾角 θ 为 75°，初始裂缝最大宽度 2mm，初始裂缝长度 400mm。缝内初始地层压力值为 60MPa，计算过程中缝内地层压力以不同的速率降低。图 7.5.1中裂缝上覆岩层重量引起的附加应力用地层平均容重 γ 与埋深 H' 相乘的竖向应力 $P=\gamma H'$ 来反映，模型左右边界施加水平应力，水平应力梯度取值为 $T_h=0.0155\text{MPa/m}$，竖向应力梯度取值为 $T_v=0.025\text{MPa/m}$，地应力侧压系数 $K=0.62$。考虑边界约束效应，溶洞左右两侧水平距离取 5 倍以上的裂缝宽度，底面为约束边界，应用 RFPA 软件进行数值模拟。碳酸盐岩物理力学参数如表 7.4.1 所示。

2. 计算工况

计算工况如表 7.5.1 所示。

表 7.5.1　计算工况

工况	缝内初始地层压力/MPa	缝内降压速率/(MPa/step)	裂缝角度/(°)
1	60	0.2	75
2	60	0.4	75
3	60	0.5	75
4	60	0.8	75
5	60	1.0	75

3. 计算结果分析

通过计算获得不同地层降压速率下高角度裂缝闭合时的缝内地层压力，具体计算结果如表 7.5.2 所示。图 7.5.2～图 7.5.4 为不同降压速率下高角度裂缝闭合过程中的应力和位移分布云图，图 7.5.5 为裂缝闭合缝内地层压力随降压速率变化关系曲线。

表 7.5.2 不同降压速率下高角度裂缝闭合时的缝内地层压力

工况	缝内初始地层压力/MPa	缝内降压速率/(MPa/step)	裂缝闭合时的缝内地层压力/MPa
1	60	0.2	43.0
2	60	0.4	44.4
3	60	0.5	45.0
4	60	0.8	47.2
5	60	1.0	48.0

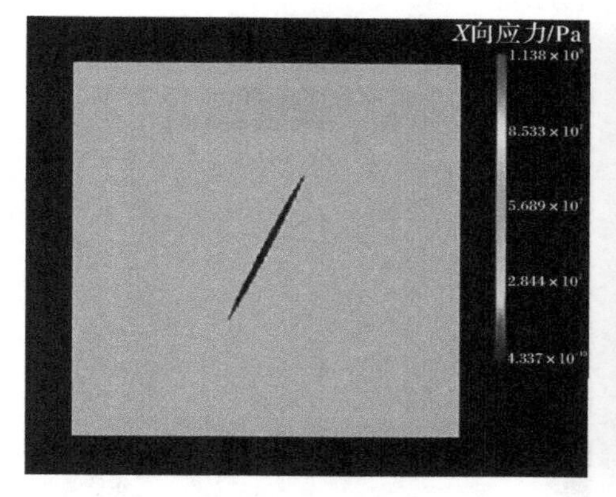

(a1) 缝内地层压力 60MPa

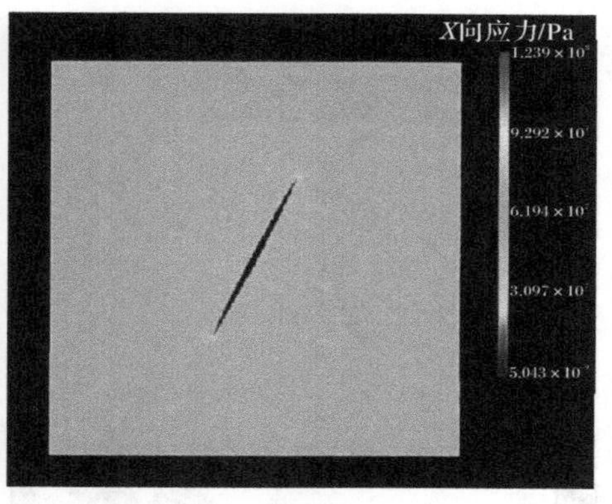

(a2) 缝内地层压力 55MPa

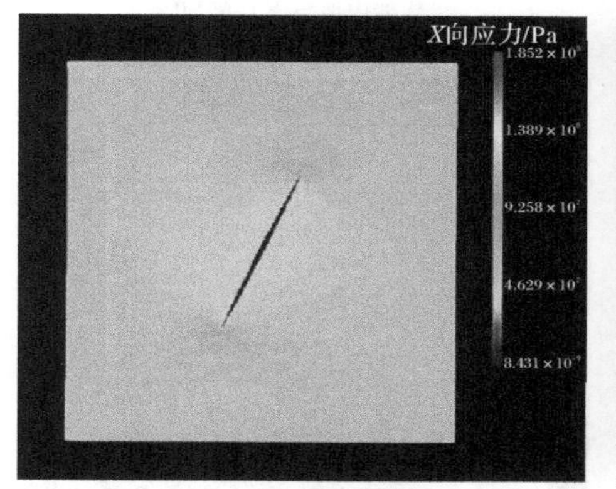

(a3) 缝内地层压力 53MPa

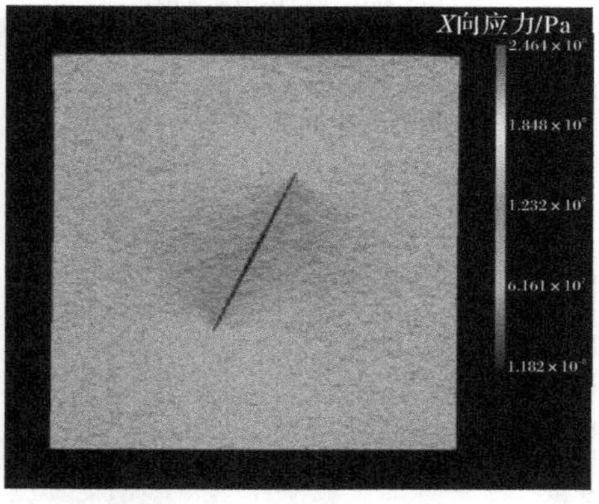

(a4) 缝内地层压力 50MPa

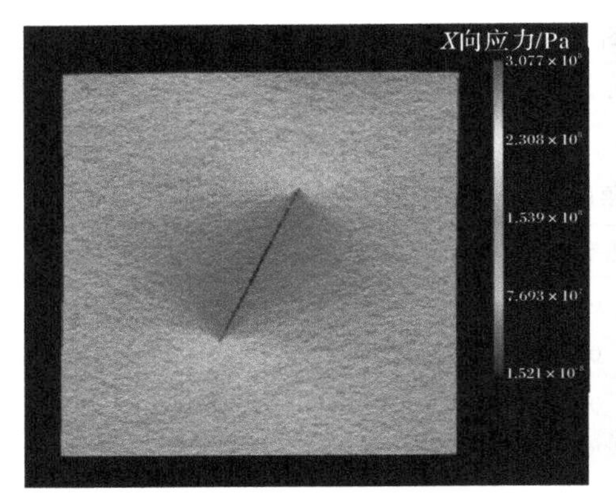

(a5) 缝内地层压力 48MPa

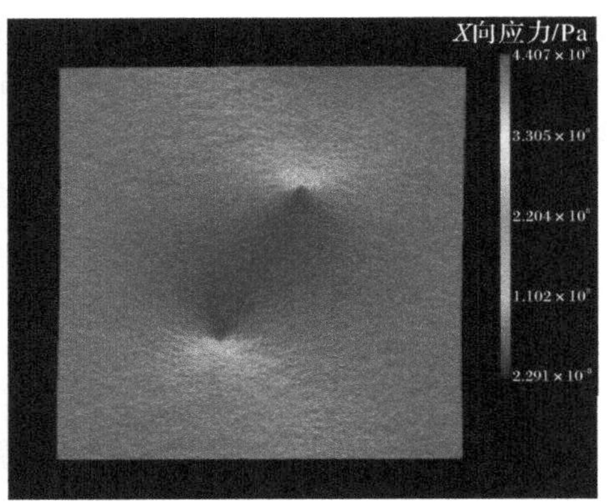

(a6) 缝内地层压力 43MPa

(a) X 方向应力云图

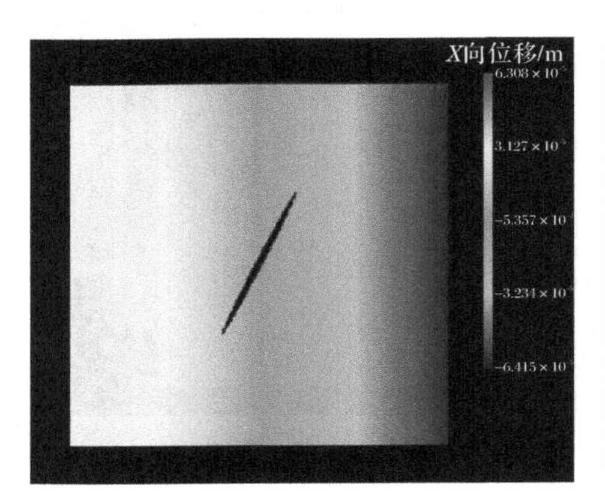

(b1) 缝内地层压力 60MPa

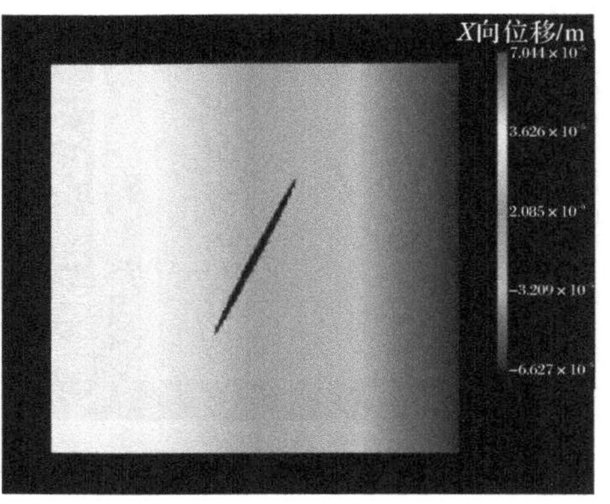

(b2) 缝内地层压力 55MPa

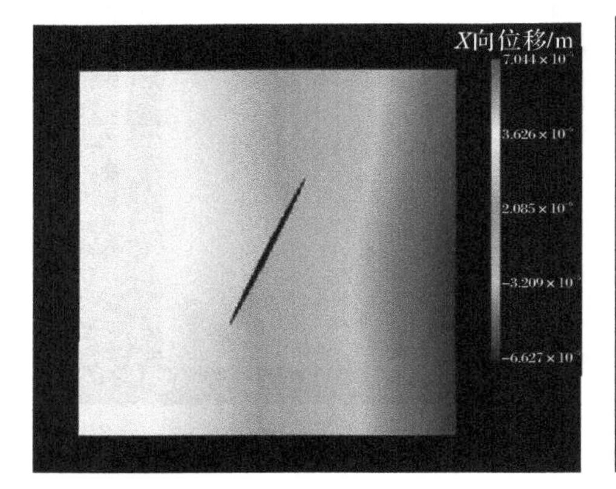

(b3) 缝内地层压力 53MPa

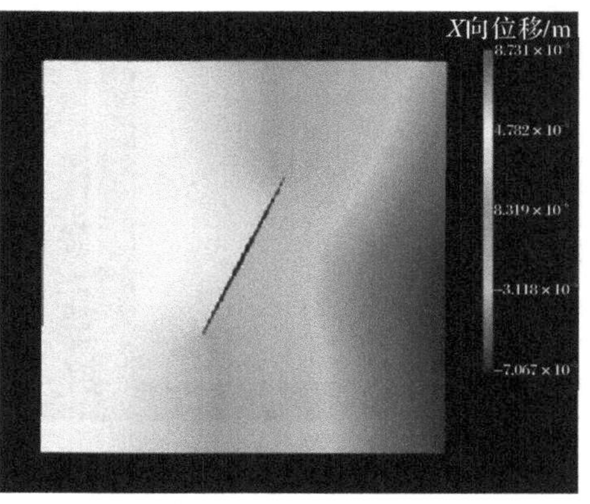

(b4) 缝内地层压力 50MPa

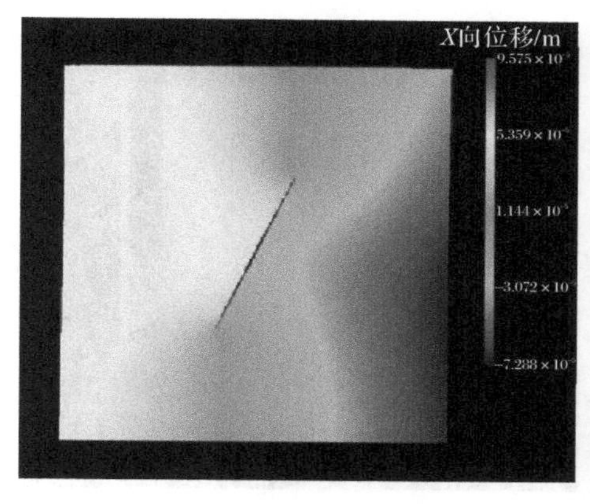

(b5) 缝内地层压力 48MPa

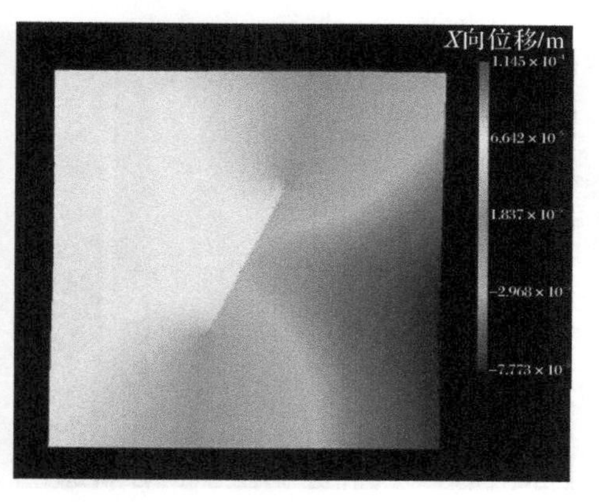

(b6) 缝内地层压力 43MPa

(b) X 方向位移云图

图 7.5.2　降压速率 0.2MPa/step 时高角度裂缝闭合过程中的应力和位移分布云图

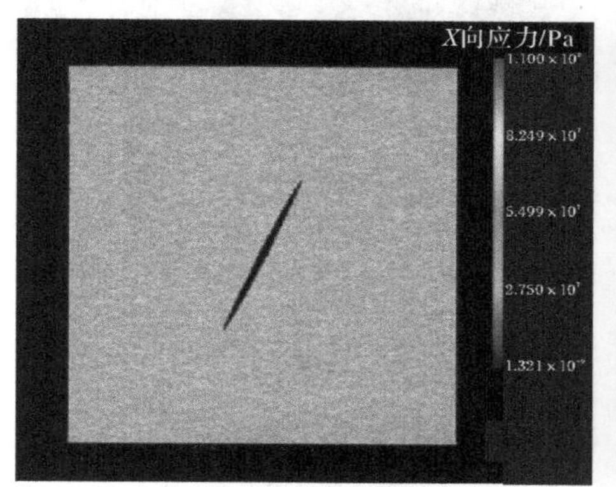

(a1) 缝内地层压力 60MPa

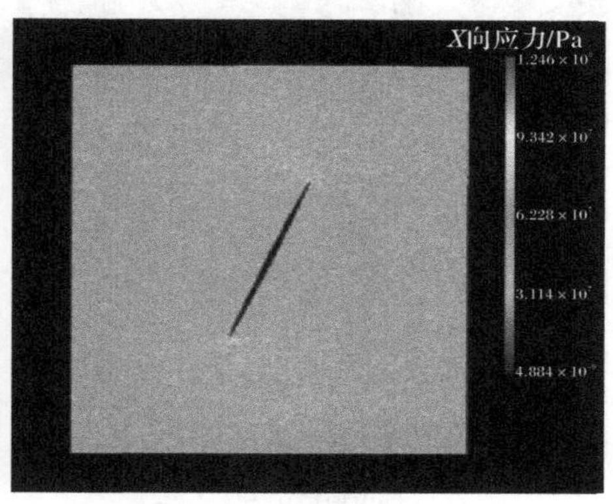

(a2) 缝内地层压力 57MPa

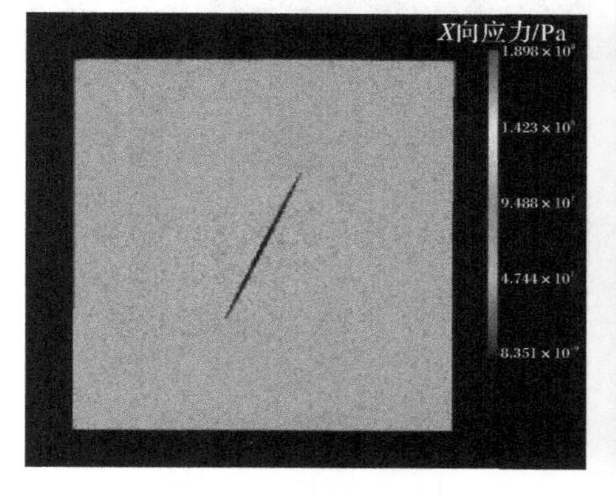

(a3) 缝内地层压力 55MPa

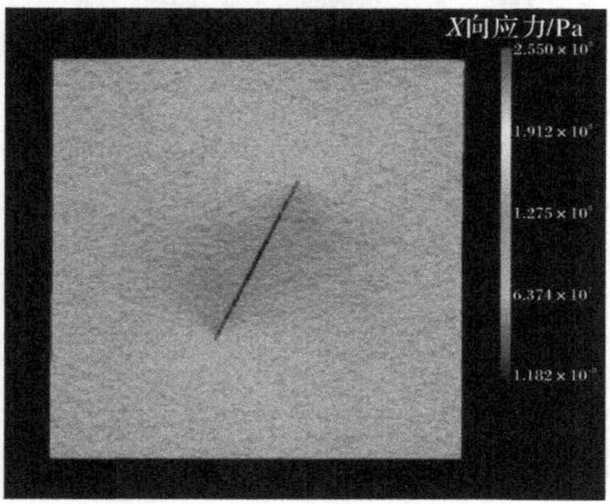

(a4) 缝内地层压力 52MPa

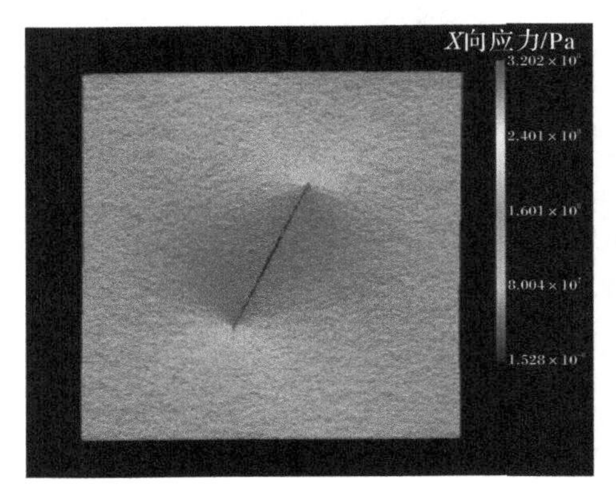

(a5) 缝内地层压力 50MPa

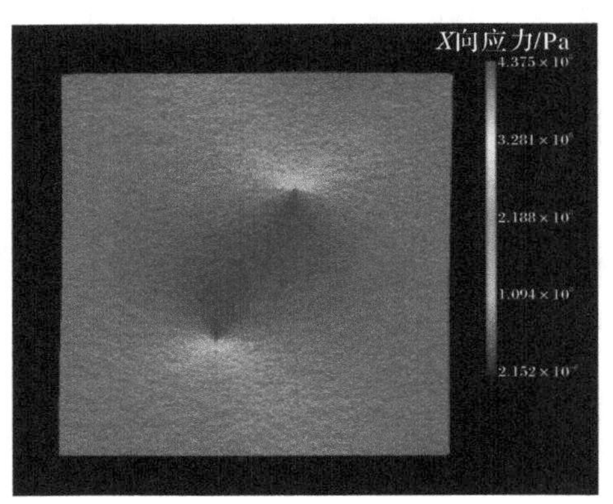

(a6) 缝内地层压力 45MPa

(a) X 方向应力云图

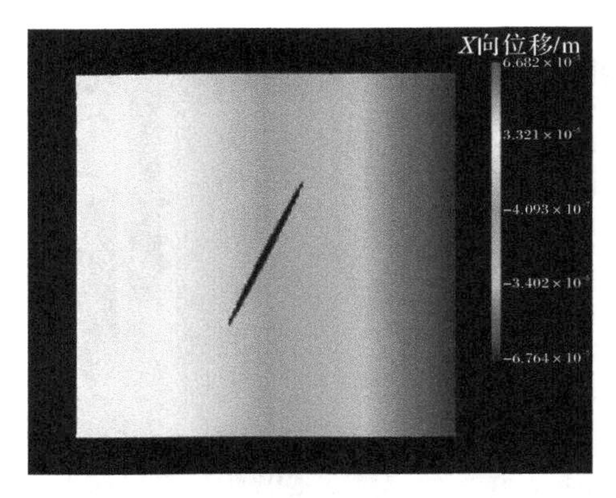

(b1) 缝内地层压力 60MPa

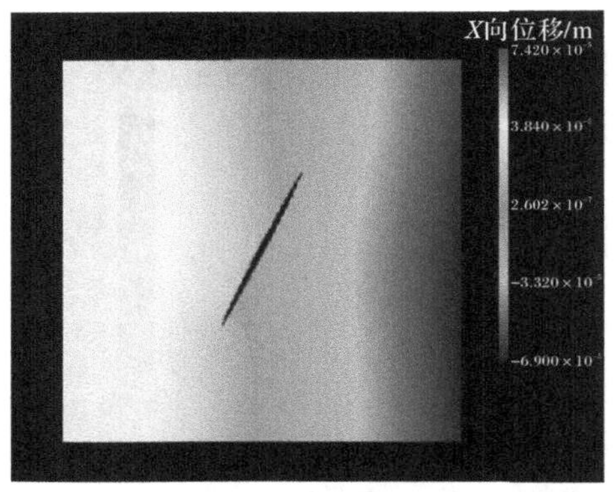

(b2) 缝内地层压力 57MPa

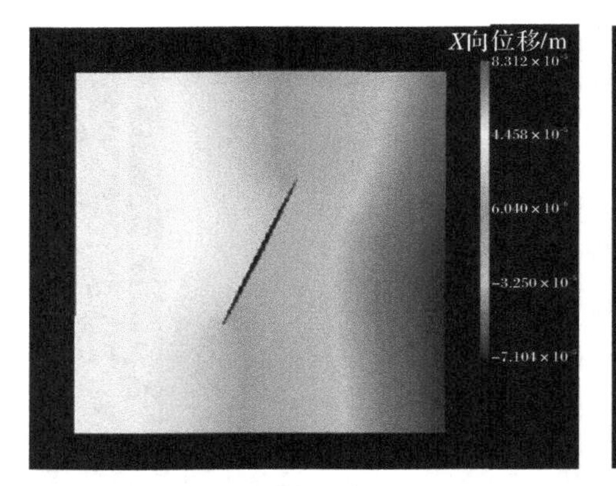

(b3) 缝内地层压力 55MPa

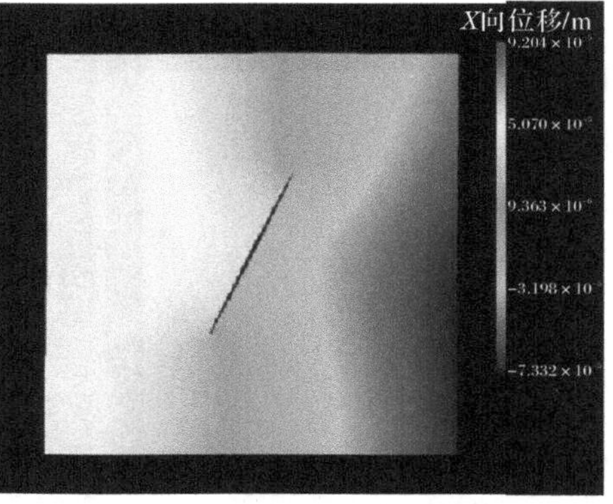

(b4) 缝内地层压力 52MPa

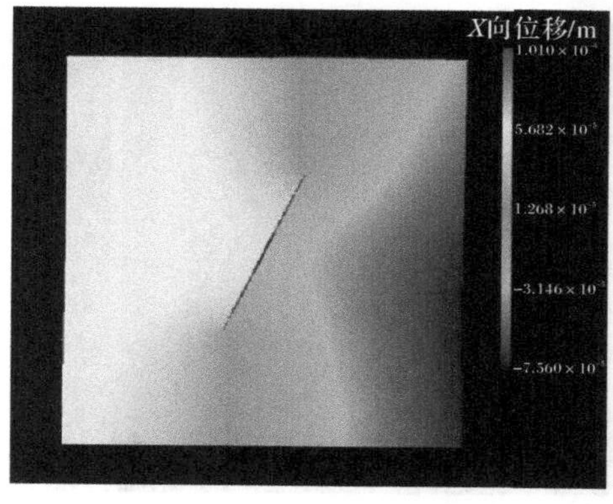

(b5) 缝内地层压力 50MPa

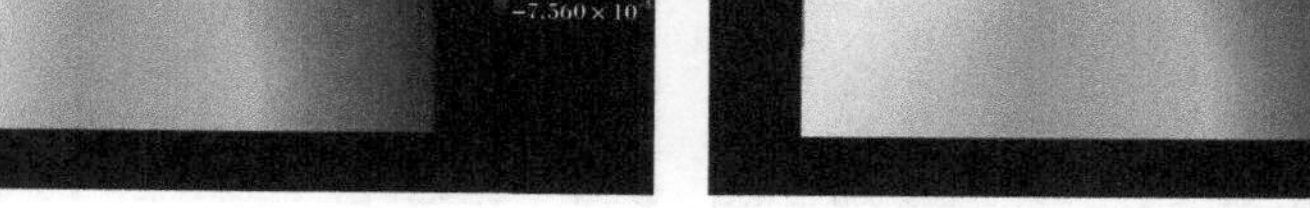

(b6) 缝内地层压力 45MPa

(b) *X* 方向位移云图

图 7.5.3　降压速率 0.5MPa/step 时高角度裂缝闭合过程中的应力和位移分布云图

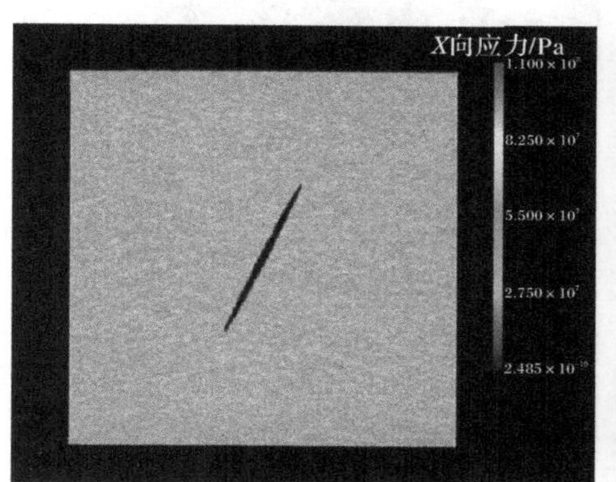

(a1) 缝内地层压力 60MPa

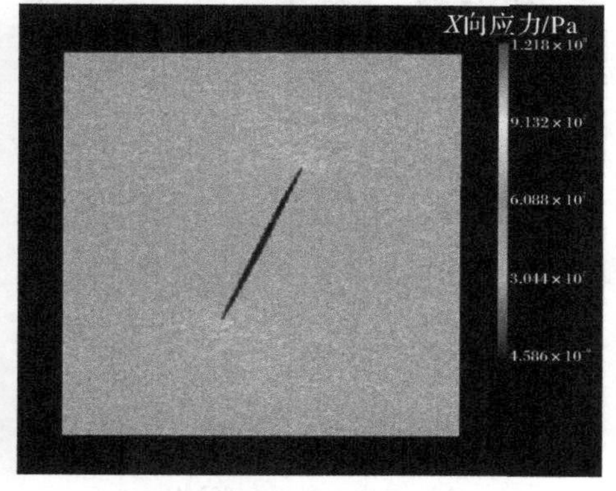

(a2) 缝内地层压力 58MPa

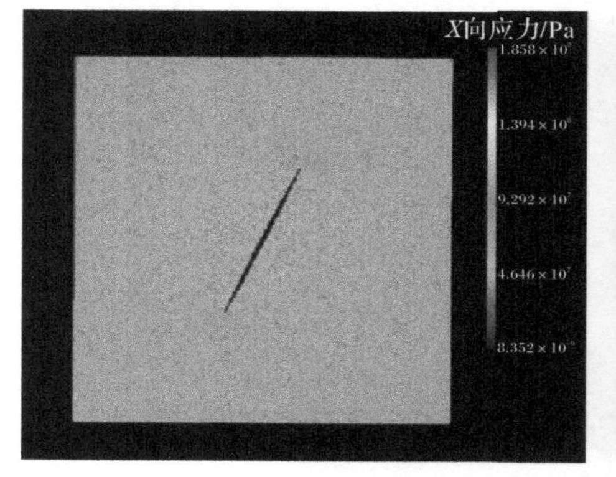

(a3) 缝内地层压力 55MPa

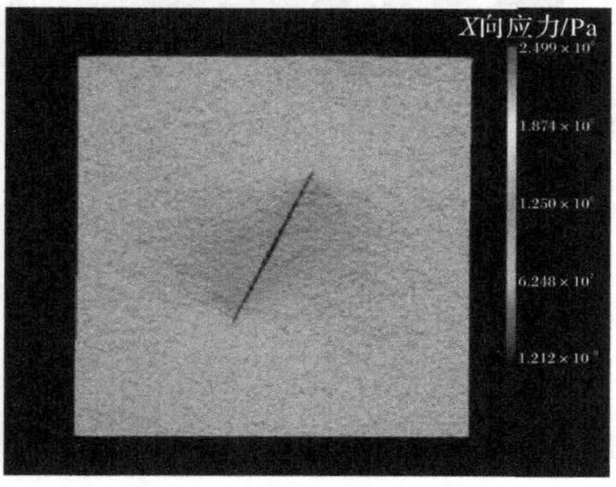

(a4) 缝内地层压力 53MPa

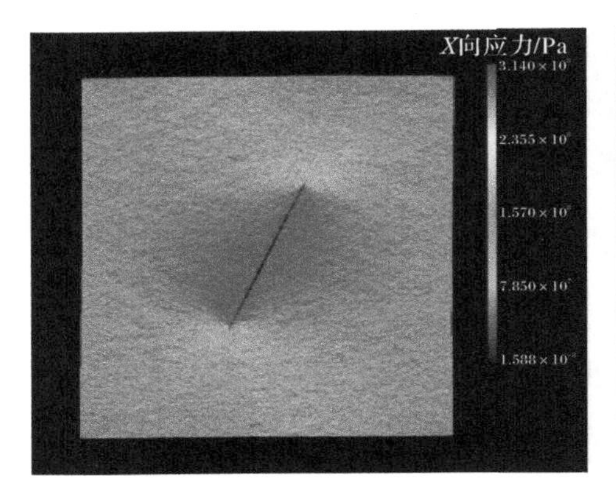

(a5) 缝内地层压力 52MPa

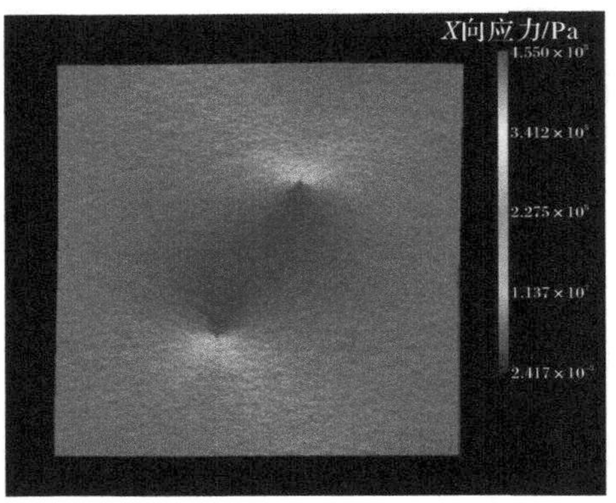

(a6) 缝内地层压力 48MPa

(a) X 方向应力云图

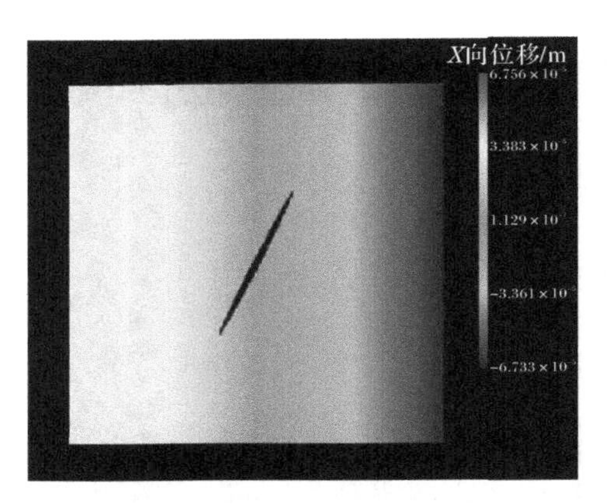

(b1) 缝内地层压力 60MPa

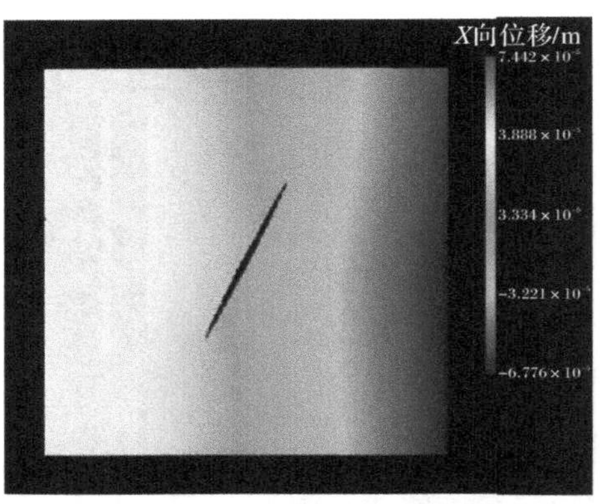

(b2) 缝内地层压力 58MPa

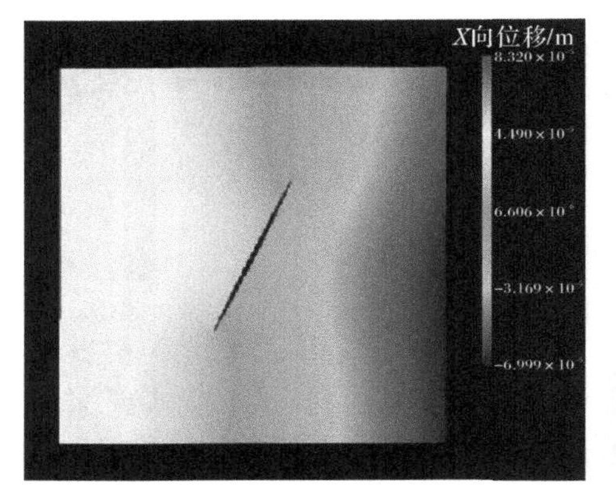

(b3) 缝内地层压力 55MPa

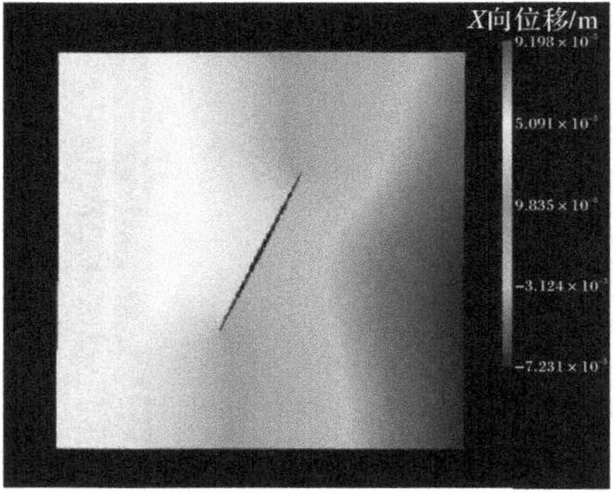

(b4) 缝内地层压力 53MPa

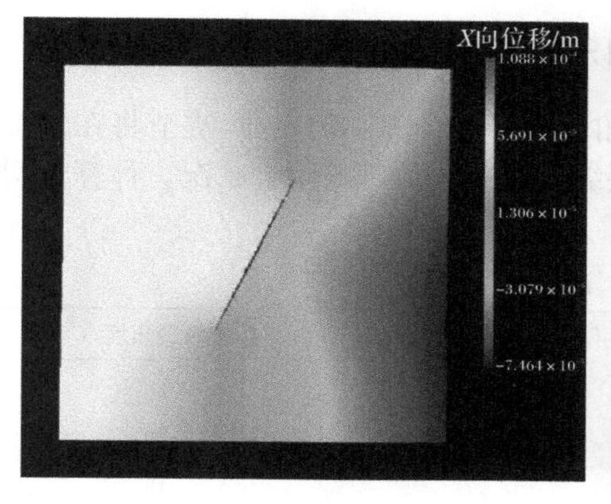

(b5) 缝内地层压力 52MPa

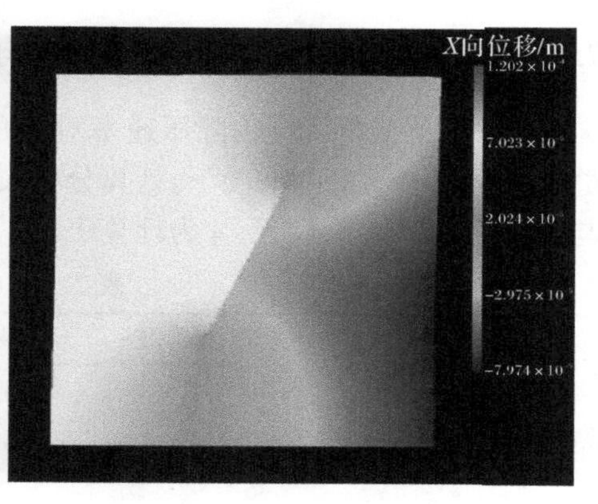

(b6) 缝内地层压力 48MPa

(b) X 方向位移云图

图 7.5.4　降压速率 1MPa/step 时高角度裂缝闭合过程中的应力和位移分布云图

由图 7.5.2～图 7.5.4 可以看出：

(1) 在不同降压速率下，裂缝的闭合方式基本一样。首先在裂缝两端出现应力集中区，并在高角度裂缝周围不断扩展，导致高角度裂缝周围压应力不断增加。

(2) 随着缝内地层压力的降低，高角度裂缝两侧位移不断增大，裂缝宽度不断减小，当缝内地层压力降低到一定值时，高角度裂缝完全闭合。

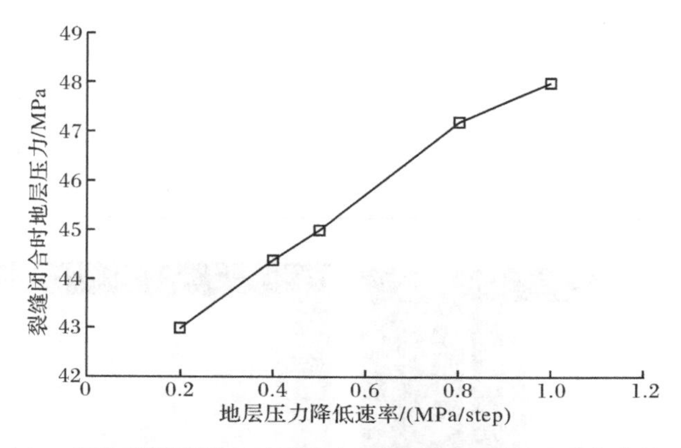

图 7.5.5　高角度裂缝闭合时的缝内地层压力随降压速率变化关系曲线

由表 7.5.2 和图 7.5.5 可以看出：裂缝闭合时的缝内残余地层压力随降压速率的增加而增大，说明缝内降压速率越大，裂缝越容易产生闭合。

7.5.2　裂缝倾角对裂缝闭合规律的影响分析

7.5.1节分析了缝内降压速率对高角度裂缝闭合的影响规律，本节将在保持缝内降压速率不变的情况下，计算分析裂缝在不同倾角时的闭合状况。计算模型与图7.5.1一致，表7.5.3为计算工况。

表7.5.3　计算工况

工况	缝内初始地层压力/MPa	缝内降压速率/(MPa/step)	初始裂缝角度/(°)
1	60	0.5	0
2	60	0.5	30
3	60	0.5	45
4	60	0.5	60
5	60	0.5	75
6	60	0.5	90

通过计算获得不同倾角裂缝闭合过程中的缝内地层压力变化，分别如表7.5.4和图7.5.6～图7.5.10所示。

表7.5.4　不同倾角裂缝闭合时的缝内地层压力

工况	缝内初始地层压力值/MPa	裂缝角度/(°)	裂缝闭合时的缝内地层压力/MPa
1	60	0	48.5
2	60	30	47.5
3	60	45	47.0
4	60	60	46.0
5	60	75	45.0
6	60	90	43.0

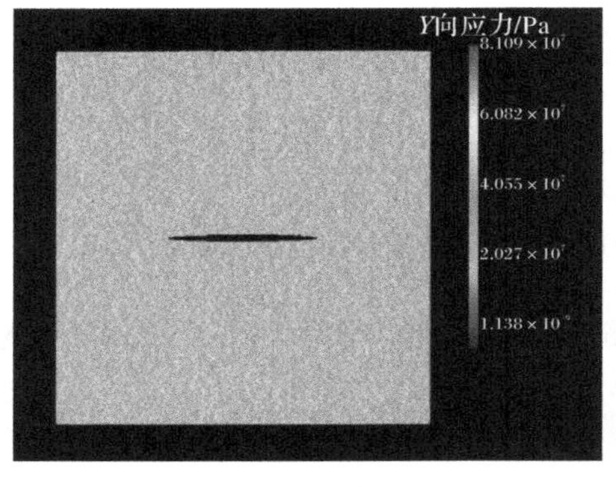

(a1) 缝内地层压力 60MPa

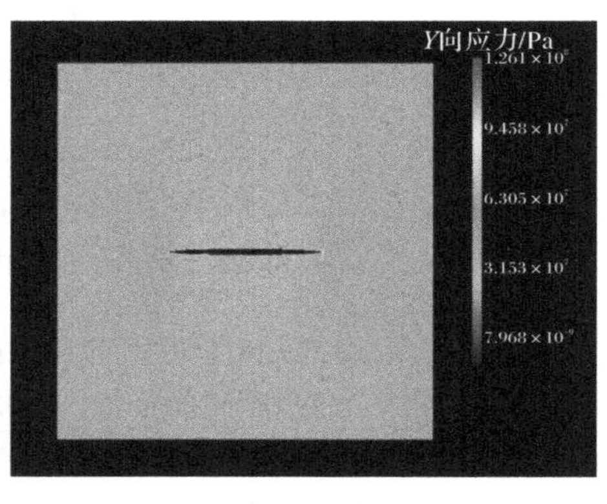

(a2) 缝内地层压力 59MPa

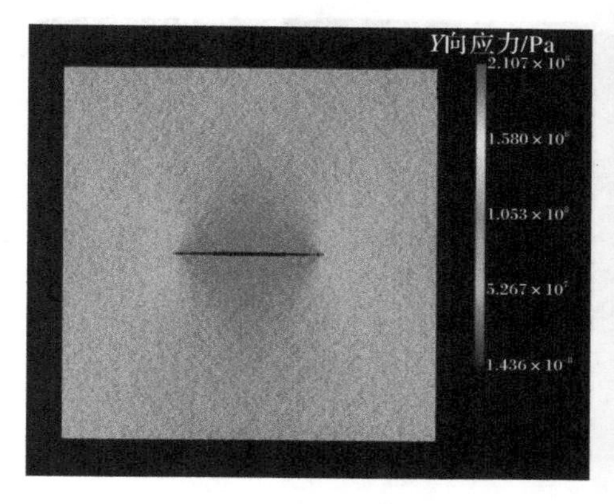

(a3) 缝内地层压力 57MPa

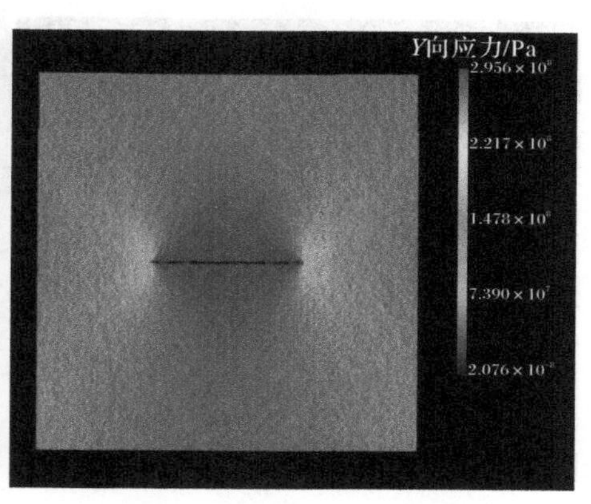

(a4) 缝内地层压力 55MPa

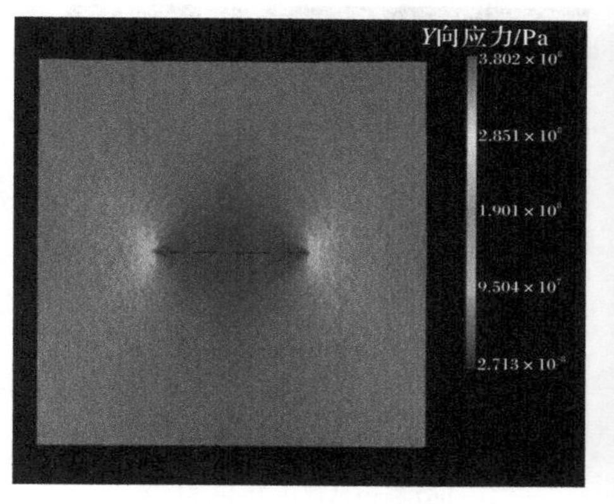

(a5) 缝内地层压力 53MPa

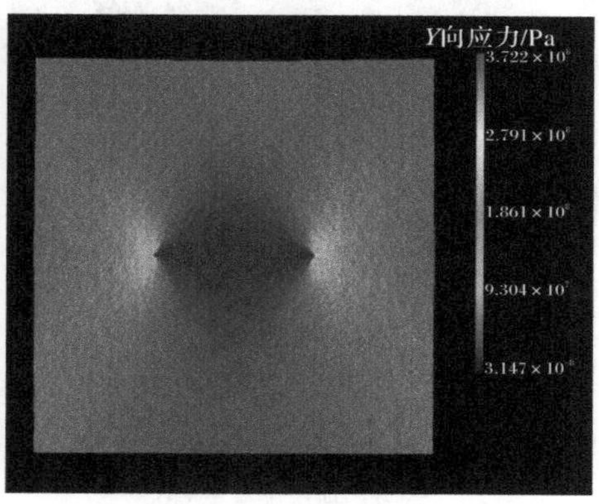

(a6) 缝内地层压力 48.5MPa

(a) Y 方向应力云图

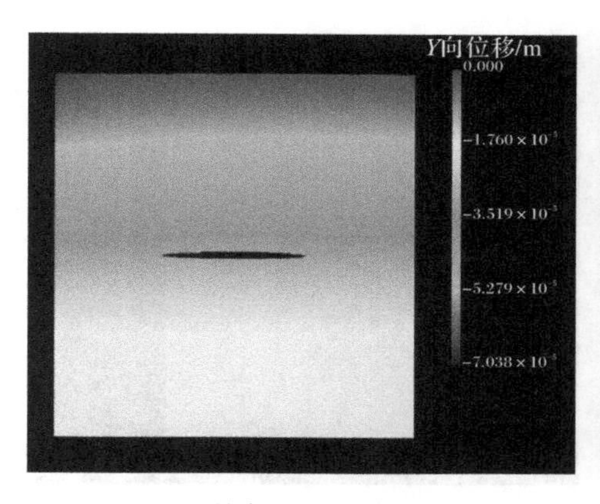

(b1) 缝内地层压力 60MPa

(b2) 缝内地层压力 59MPa

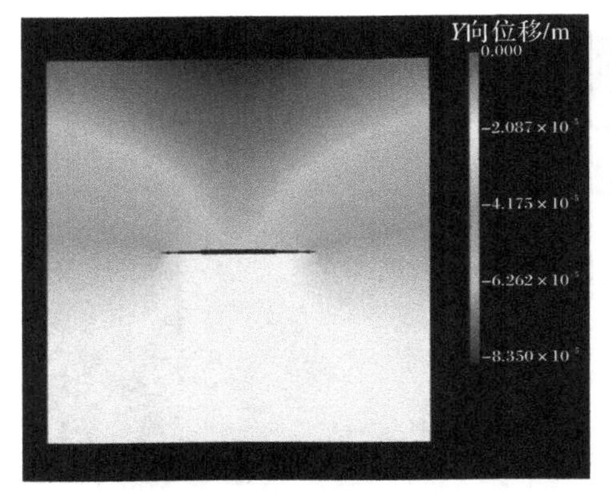

(b3) 缝内地层压力 57MPa

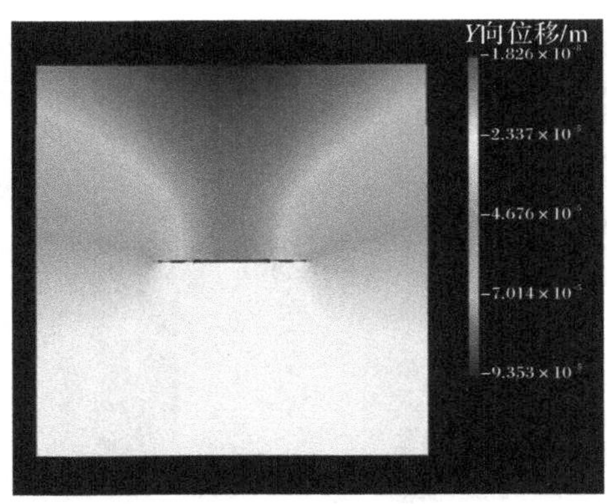

(b4) 缝内地层压力 55MPa

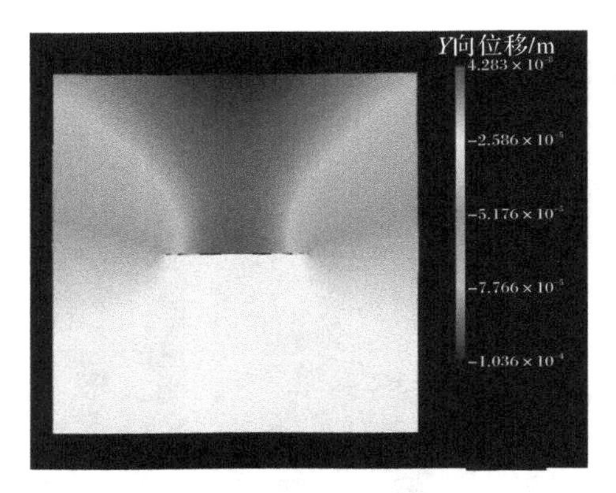

(b5) 缝内地层压力 53MPa

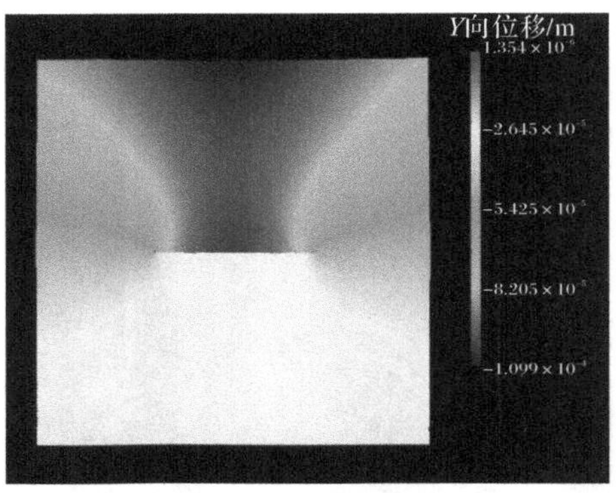

(b6) 缝内地层压力 48.5MPa

(b) Y 方向位移云图

图 7.5.6　0°倾角裂缝闭合过程中的应力和位移云图

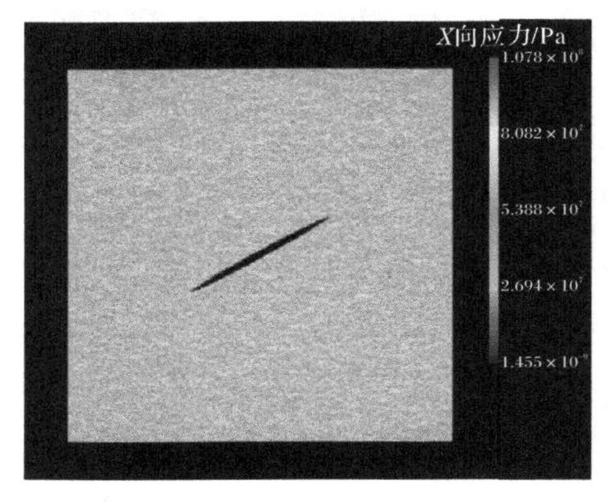

(a1)缝内地层压力 60MPa

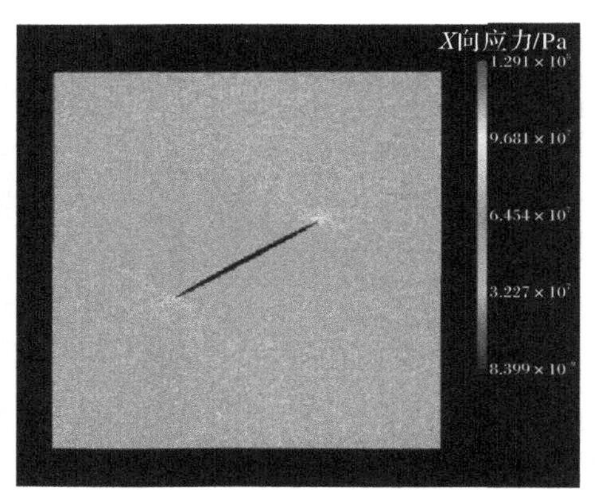

(a2) 缝内地层压力 58MPa

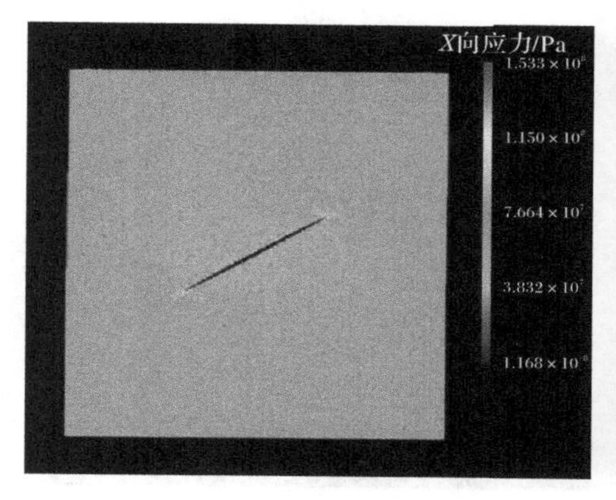

(a3) 缝内地层压力 55MPa

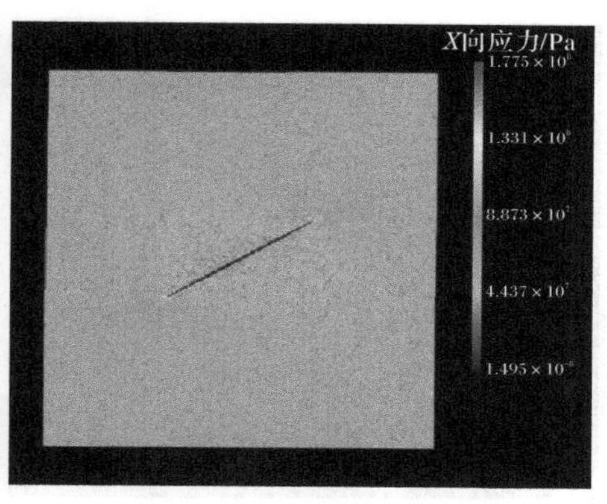

(a4) 缝内地层压力 52MPa

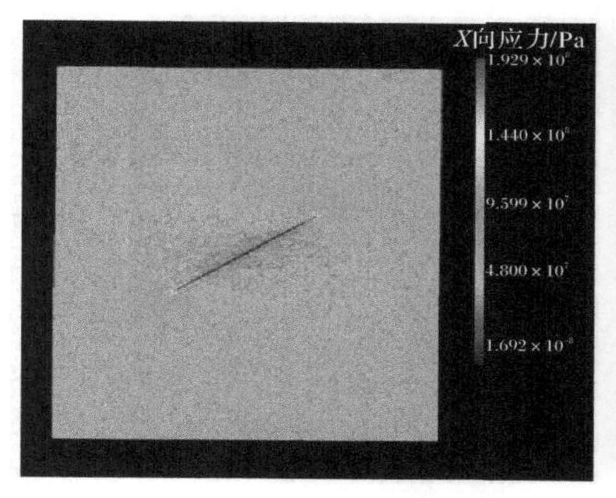

(a5) 缝内地层压力 50MPa

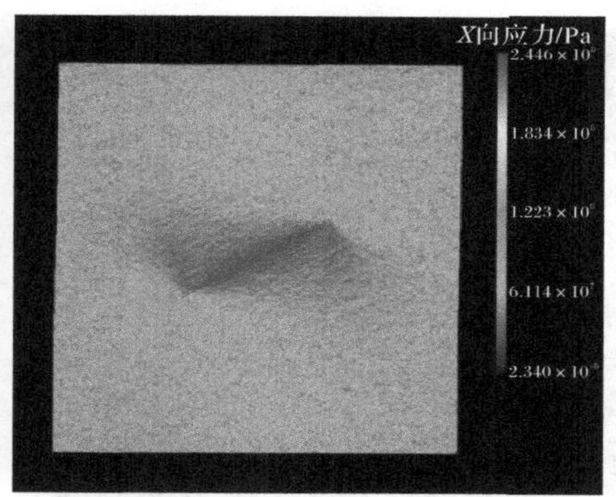

(a6) 缝内地层压力 47.5MPa

(a) X 方向应力云图

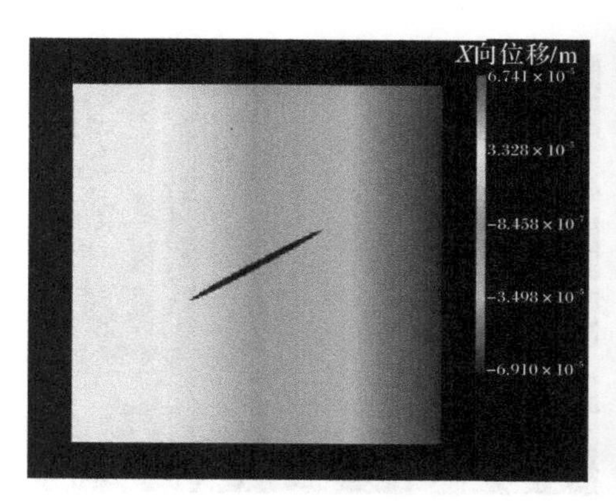

(b1) 缝内地层压力 60MPa

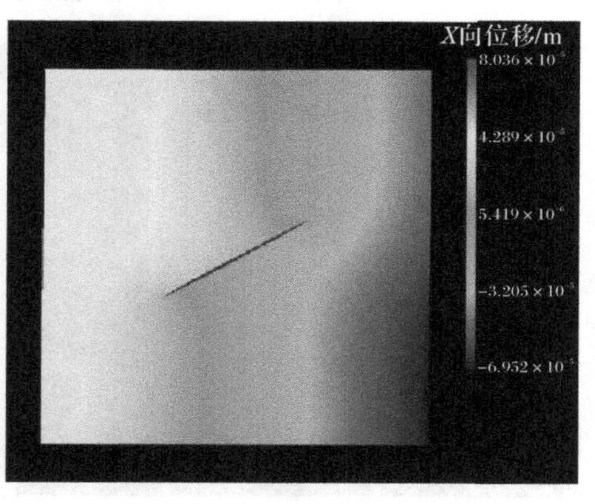

(b2) 缝内地层压力 58MPa

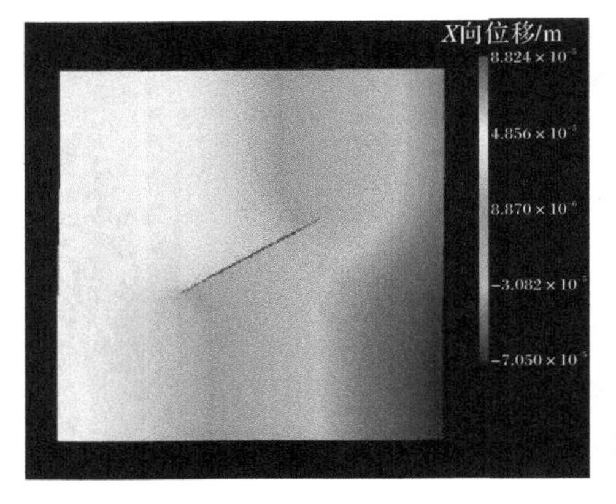

(b3) 缝内地层压力 55MPa

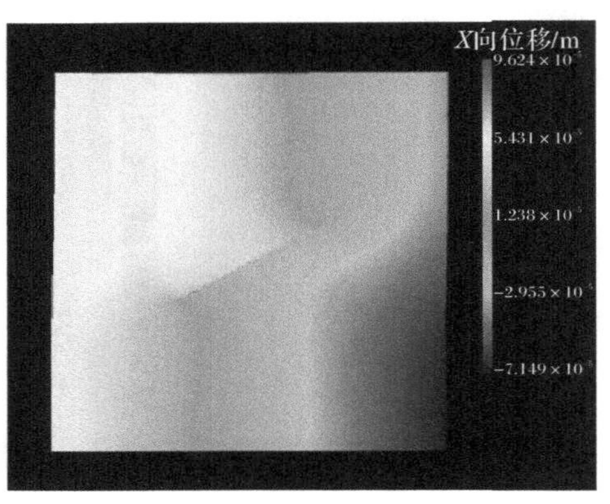

(b4) 缝内地层压力 52MPa

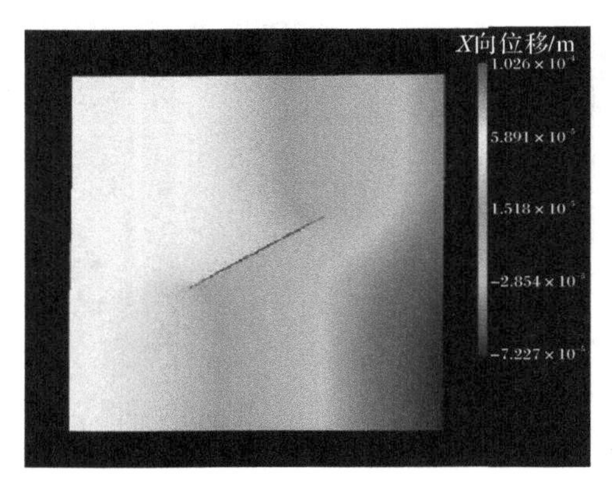

(b5) 缝内地层压力 50MPa

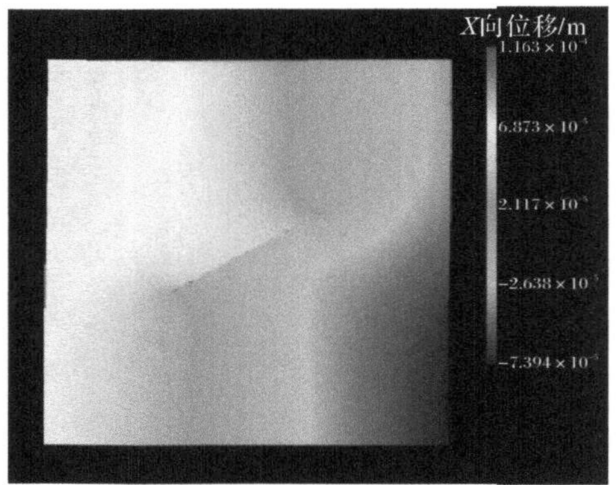

(b6) 缝内地层压力 47.5MPa

(b) X 方向位移云图

图 7.5.7　30°倾角裂缝闭合过程中的应力和位移云图

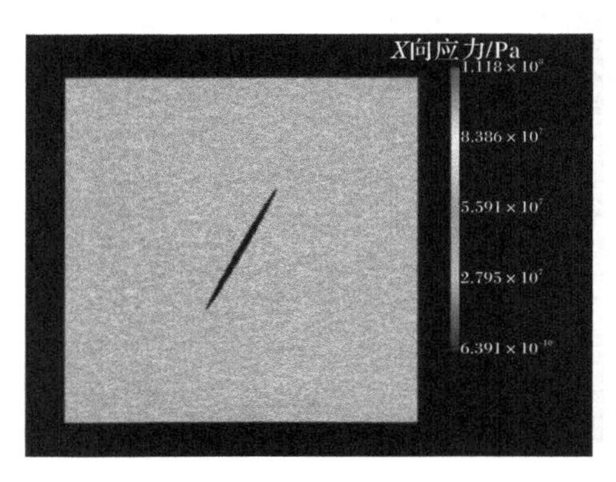

(a1) 缝内地层压力 60MPa

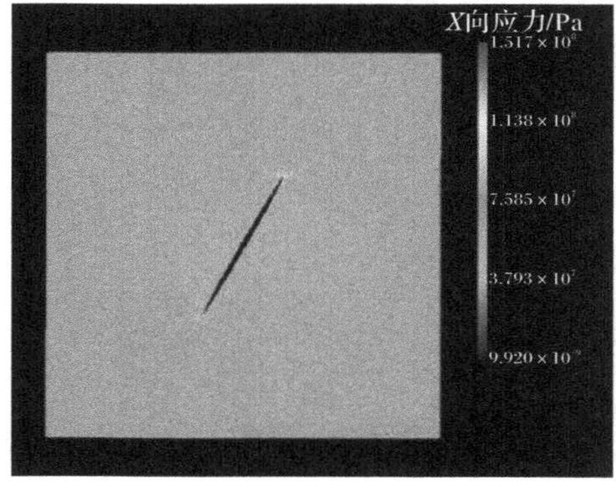

(a2) 缝内地层压力 57MPa

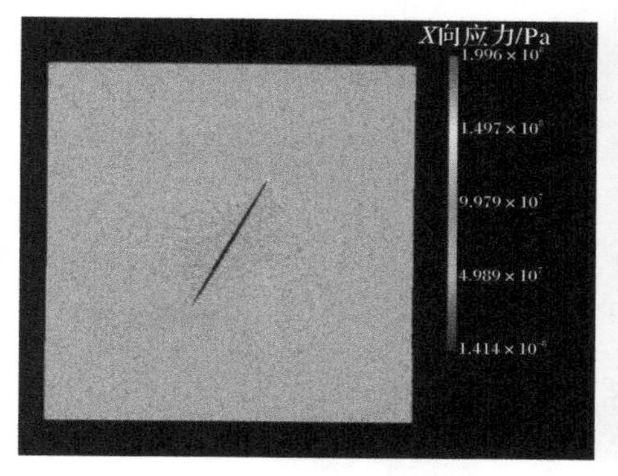

(a3) 缝内地层压力 55MPa

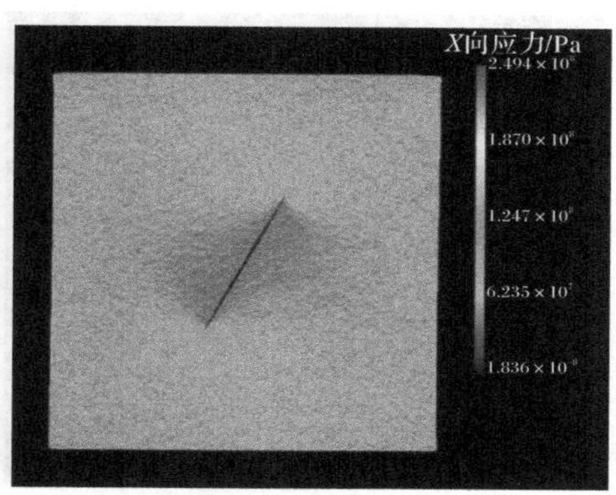

(a4) 缝内地层压力 53MPa

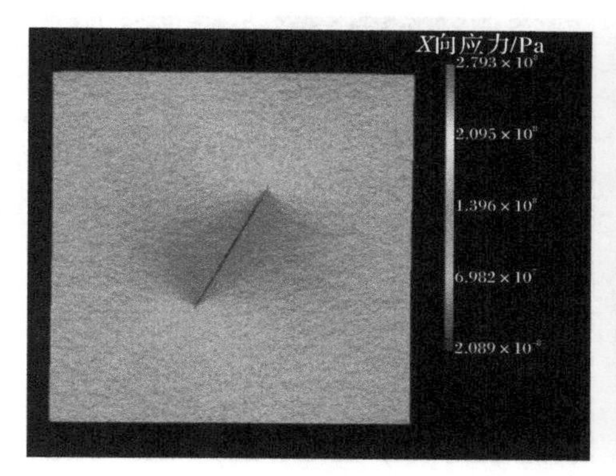

(a5) 缝内地层压力 50MPa

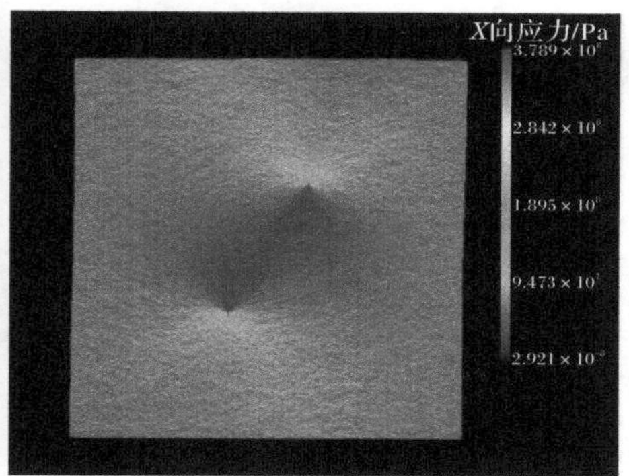

(a6) 缝内地层压力 46MPa

(a) X 方向应力云图

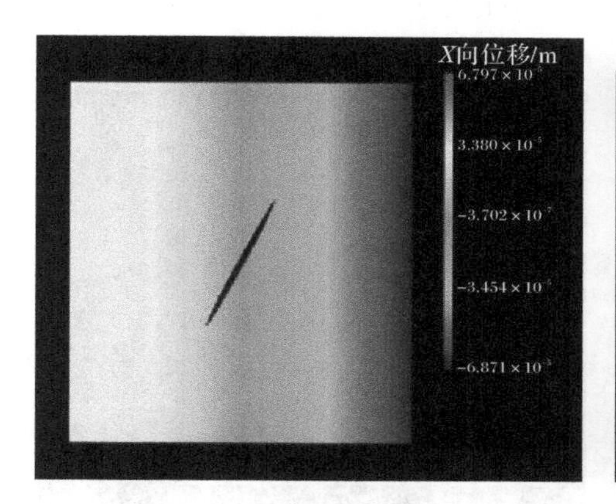

(b1) 缝内地层压力 60MPa

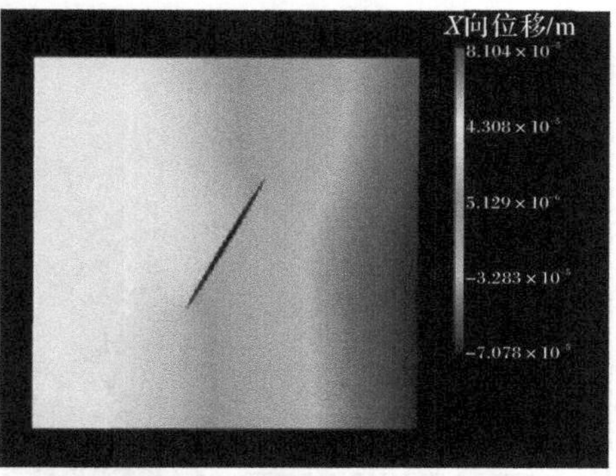

(b2) 缝内地层压力 57MPa

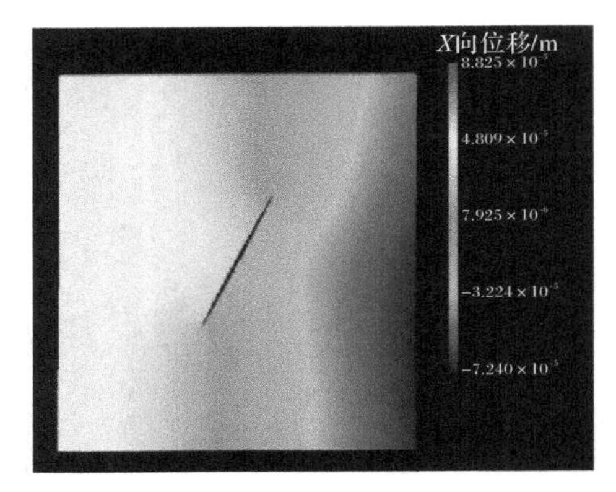

(b3) 缝内地层压力 55MPa

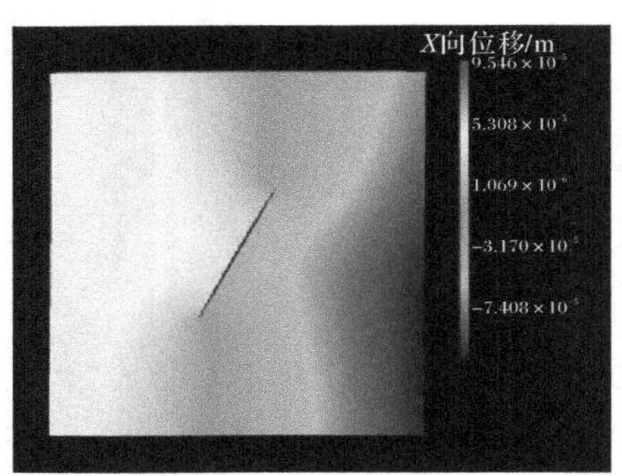

(b4) 缝内地层压力 53MPa

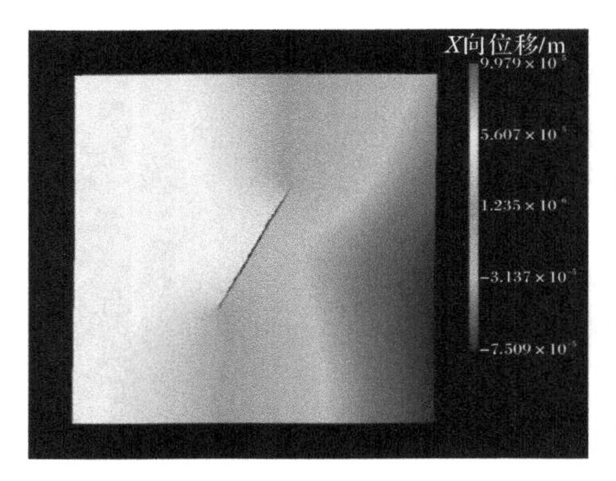

(b5) 缝内地层压力 50MPa

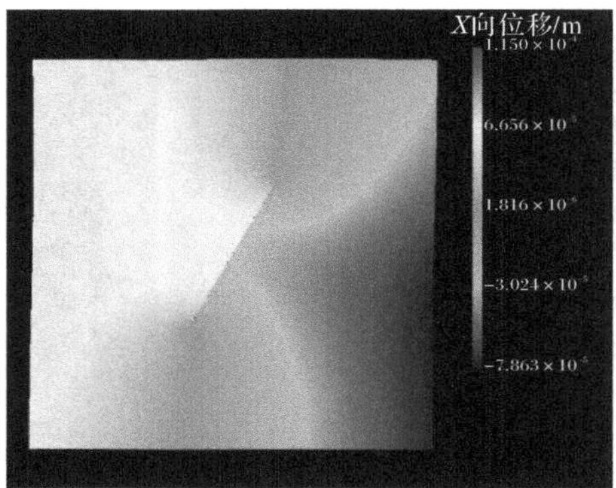

(b6) 缝内地层压力 46MPa

(b) X 方向位移云图

图 7.5.8　60°倾角裂缝闭合过程中的应力和位移云图

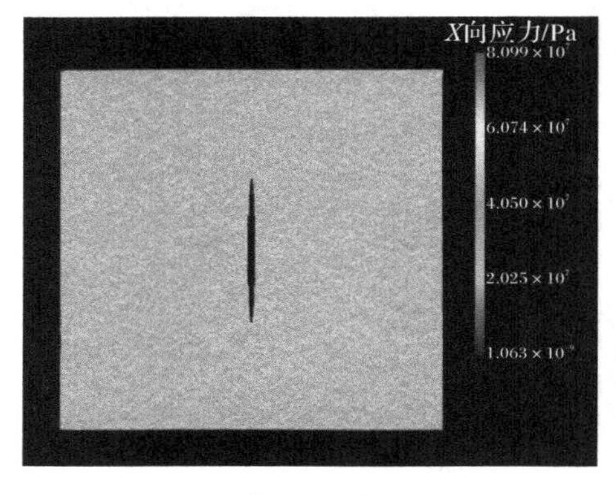

(a1) 缝内地层压力 60MPa

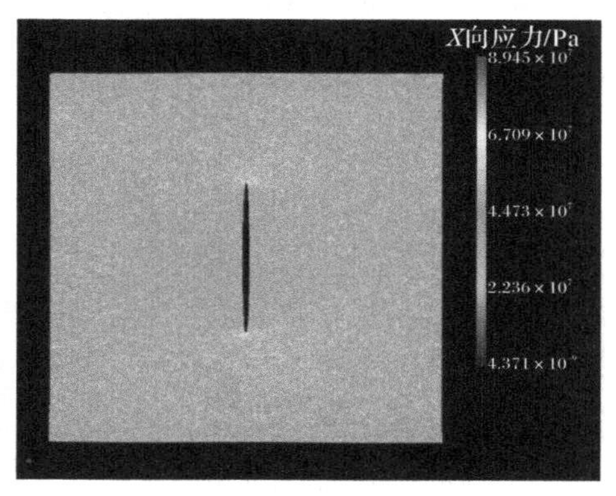

(a2) 缝内地层压力 55.5MPa

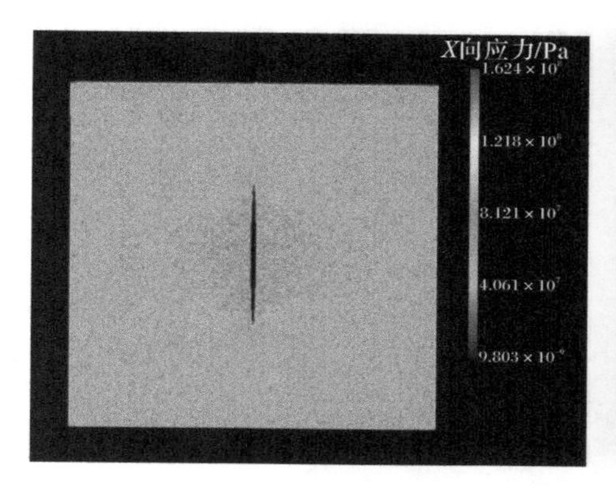

(a3) 缝内地层压力 52MPa

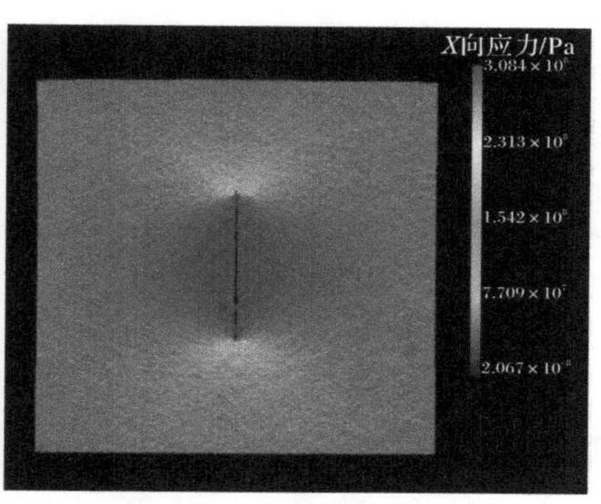

(a4) 缝内地层压力 50MPa

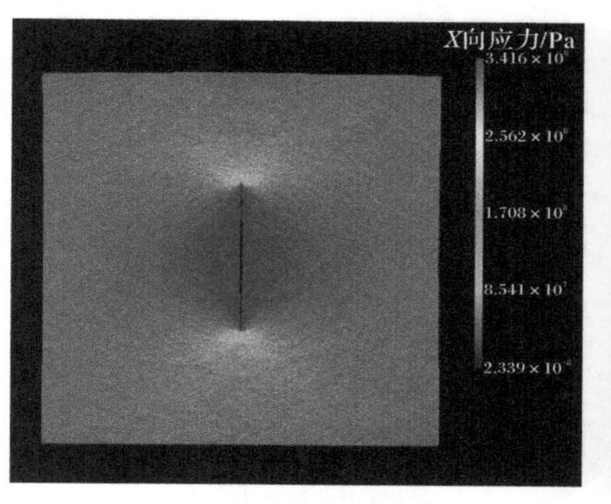

(a5) 缝内地层压力 48MPa

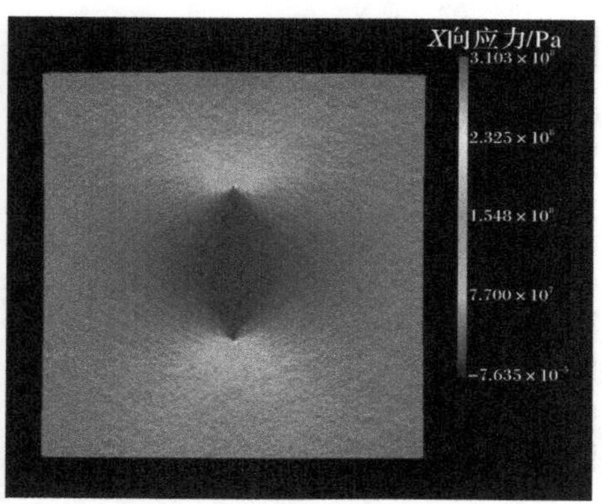

(a6) 缝内地层压力 43MPa

(a) X 方向应力云图

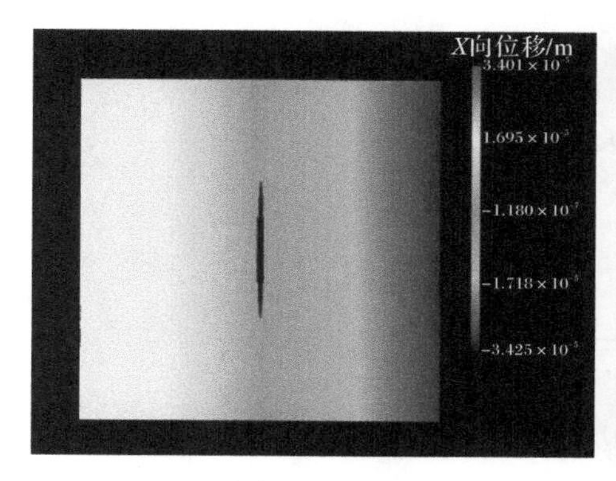

(b1) 缝内地层压力 60MPa

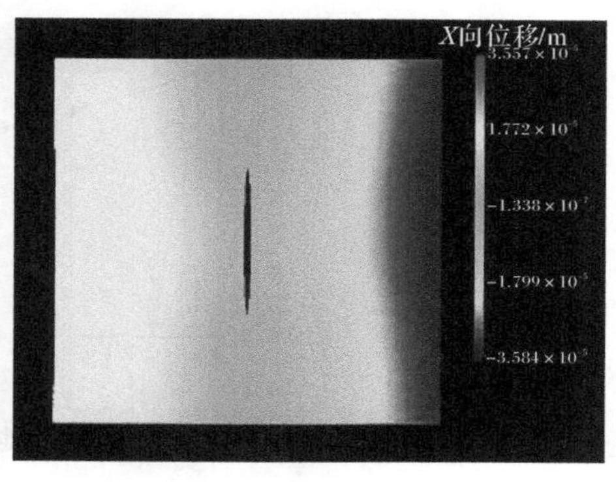

(b2) 缝内地层压力 55.5MPa

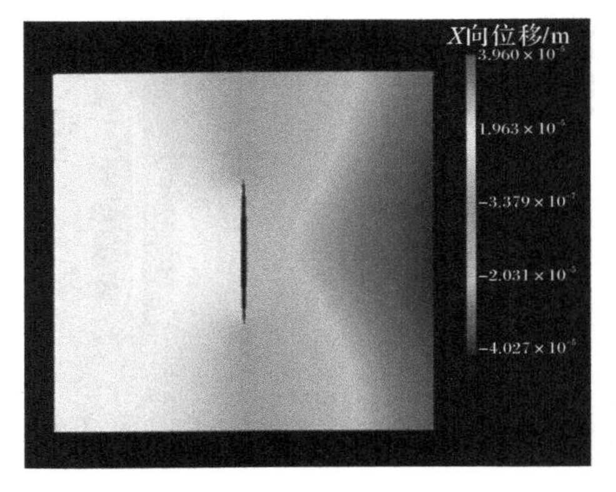

(b3) 缝内地层压力 52MPa

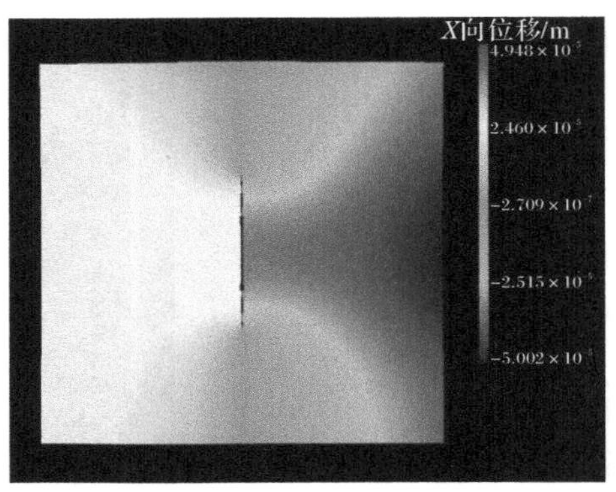

(b4) 缝内地层压力 50MPa

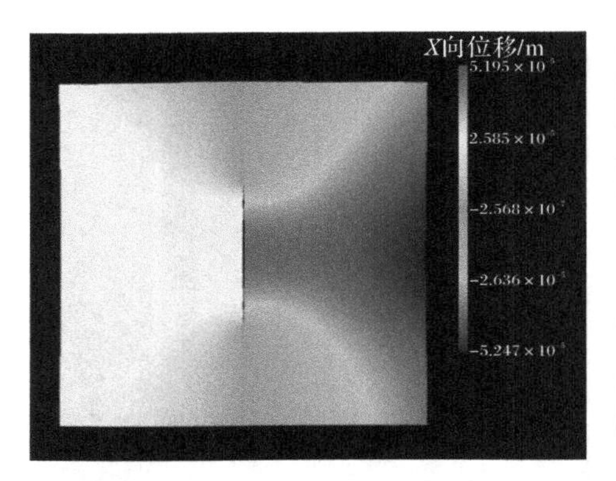

(b5) 缝内地层压力 48MPa

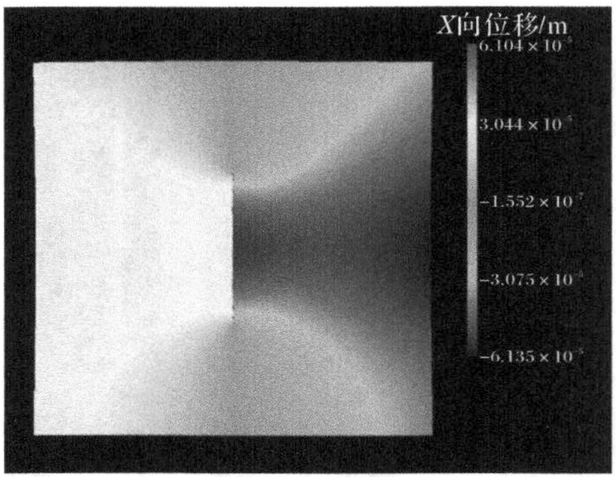

(b6) 缝内地层压力 43MPa

(b) X 方向位移云图

图 7.5.9　90°倾角裂缝闭合过程中的应力和位移云图

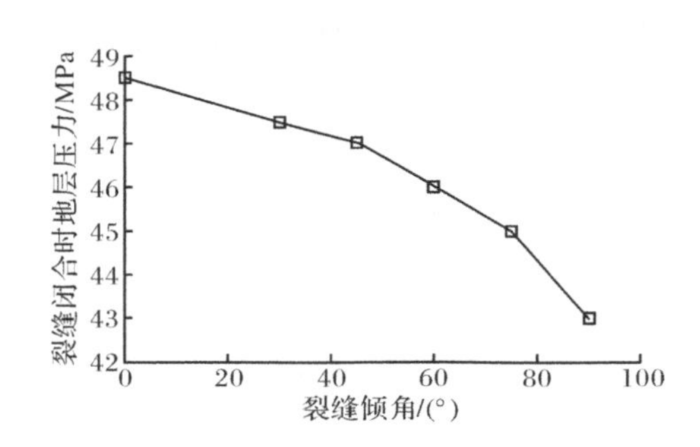

图 7.5.10　裂缝闭合时的缝内地层压力随裂缝倾角变化关系曲线

由图 7.5.6～图 7.5.10 可以看出：

(1) 不同倾角裂缝的闭合方式基本一样。在缝内地层压力下降过程中,裂缝周围压应力不断增大,裂缝宽度不断减小,最终导致裂缝闭合。

(2) 裂缝闭合时的缝内残余地层压力随着裂缝倾角的增加而减小,说明在垂直应力大于构造应力的地层中,因受竖向最大主应力产生的拉张作用的影响,裂缝倾角越大,裂缝越不容易闭合。

7.5.3 裂缝长度对裂缝闭合规律的影响分析

计算工况如表 7.5.5 所示,不同长度裂缝闭合过程中的缝内地层压力变化如表 7.5.6、图 7.5.11～图 7.5.14 所示。

表 7.5.5 计算工况

工况	缝内初始地层压力/MPa	缝内降压速率/(MPa/step)	初始裂缝角度/(°)	裂缝长度/mm
1	60	0.5	75	200
2	60	0.5	75	400
3	60	0.5	75	600
4	60	0.5	75	800
5	60	0.5	75	1000

表 7.5.6 不同长度裂缝闭合时的缝内地层压力

工况	缝内初始地层压力/MPa	裂缝长度/mm	闭合时缝内地层压力/MPa
1	60	200	44.0
2	60	400	45.0
3	60	600	46.5
4	60	800	47.0
5	60	1000	48.5

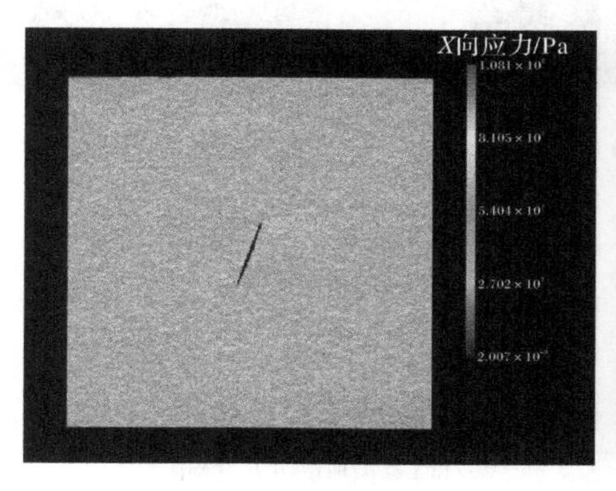

(a1) 缝内地层压力 60MPa

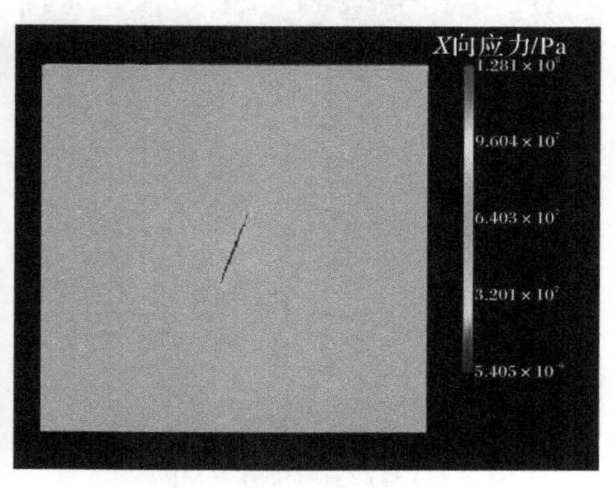

(a2) 缝内地层压力 55MPa

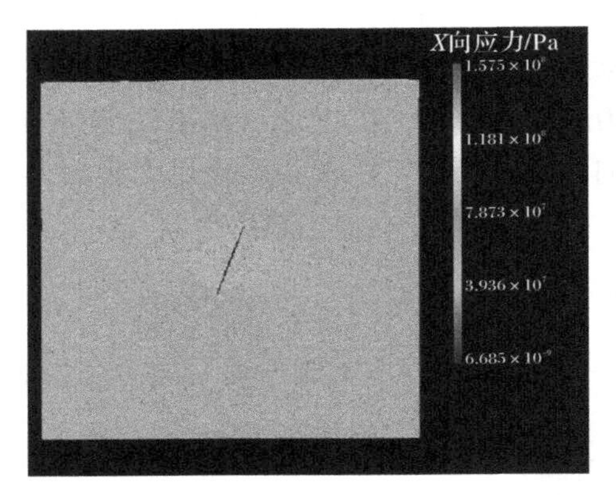

(a3) 缝内地层压力 53MPa

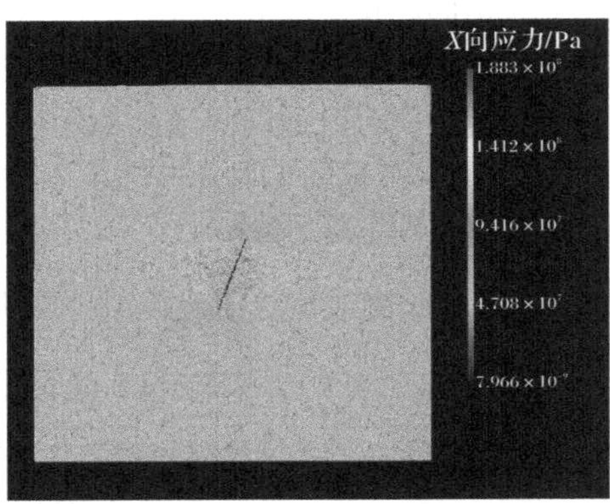

(a4) 缝内地层压力 50MPa

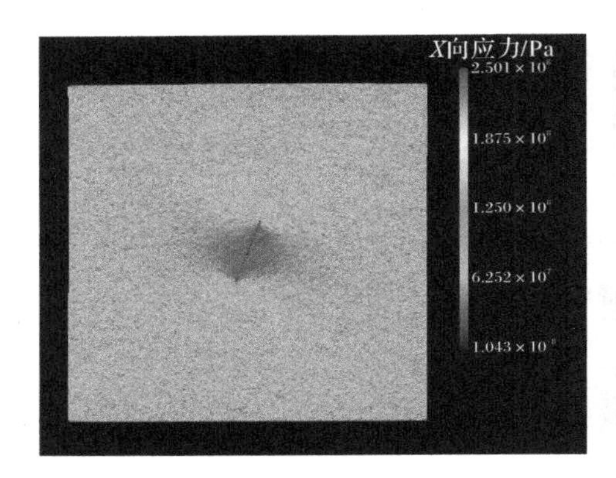

(a5) 缝内地层压力 45MPa

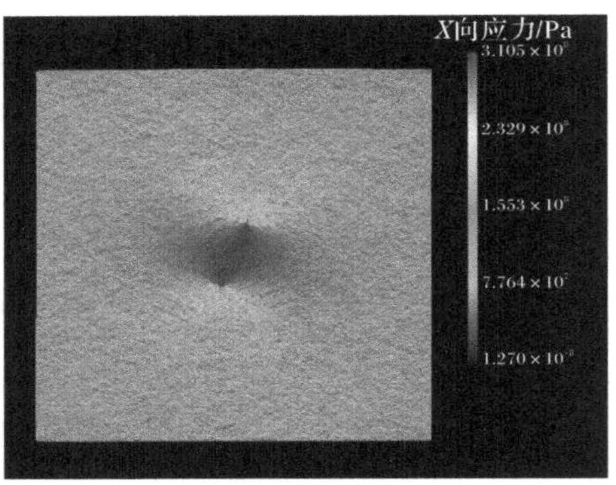

(a6) 缝内地层压力 44MPa

(a) X 方向应力云图

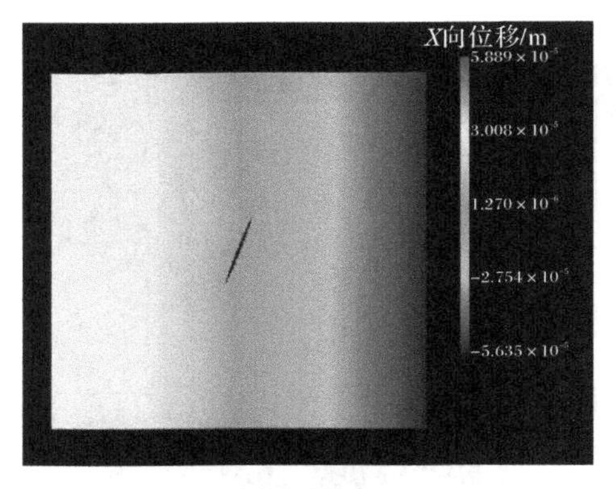

(b1) 缝内地层压力 60MPa

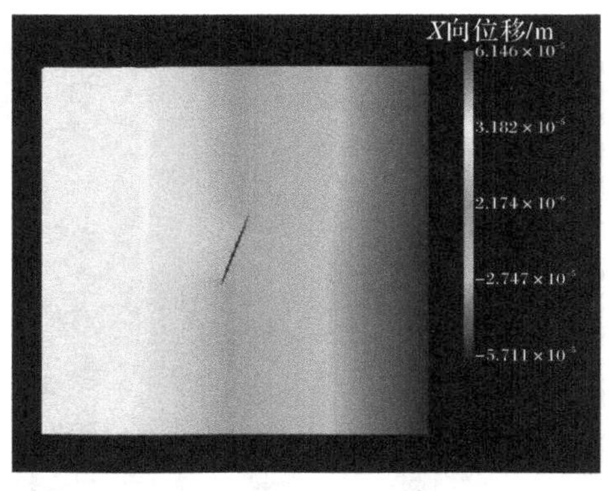

(b2) 缝内地层压力 55MPa

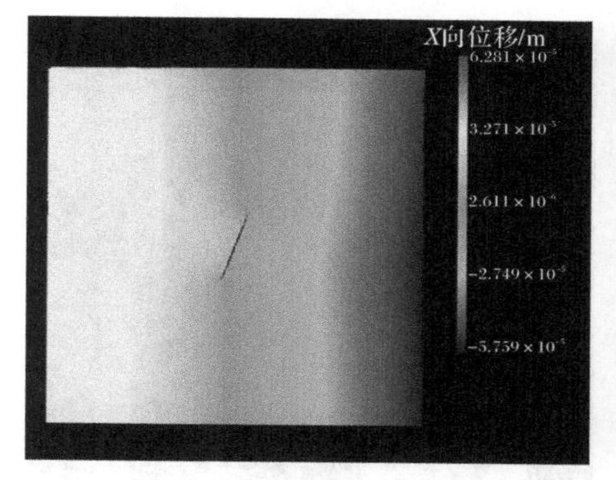

(b3) 缝内地层压力 53MPa

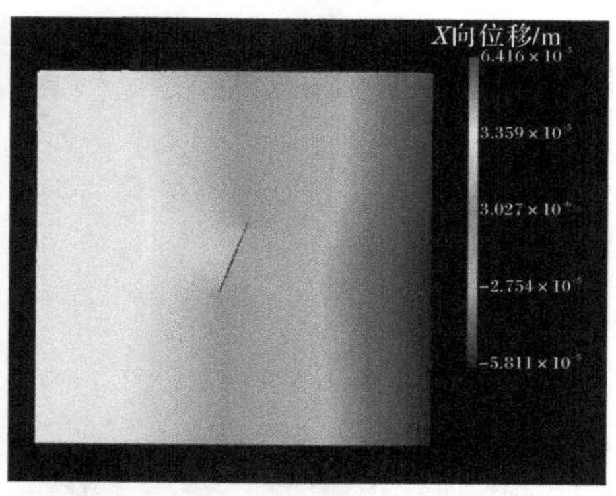

(b4) 缝内地层压力 50MPa

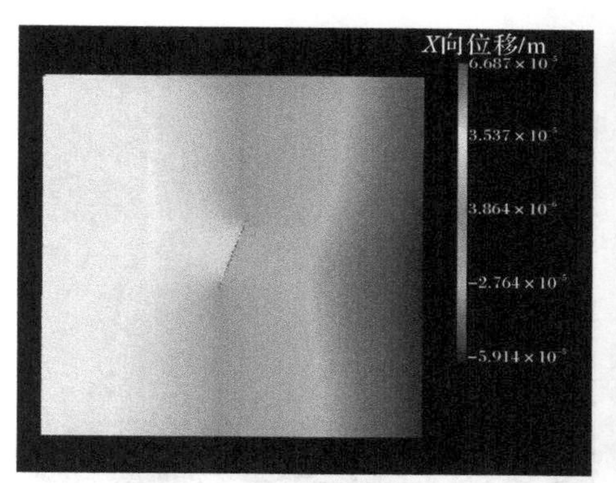

(b5) 缝内地层压力 45MPa

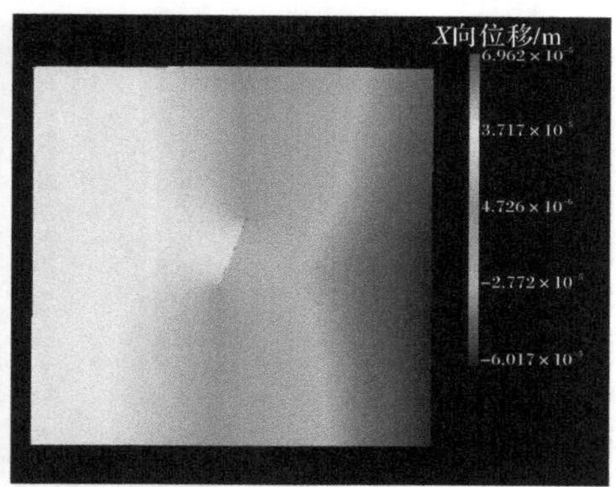

(b6) 缝内地层压力 44MPa

(b) X 方向位移云图

图 7.5.11　长度为 200mm 高角度裂缝闭合过程中的应力和位移分布云图

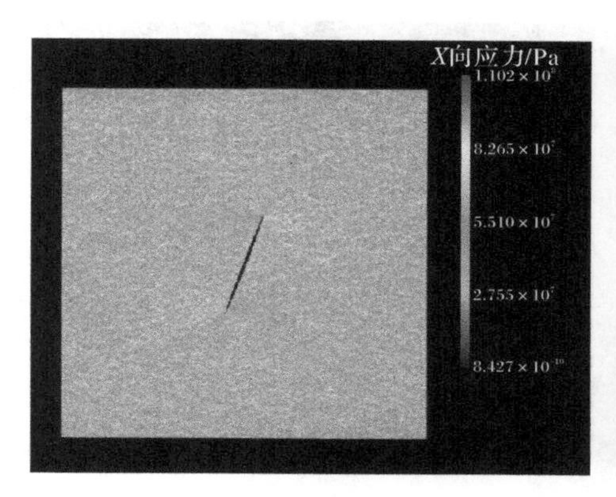

(a1) 缝内地层压力 60MPa

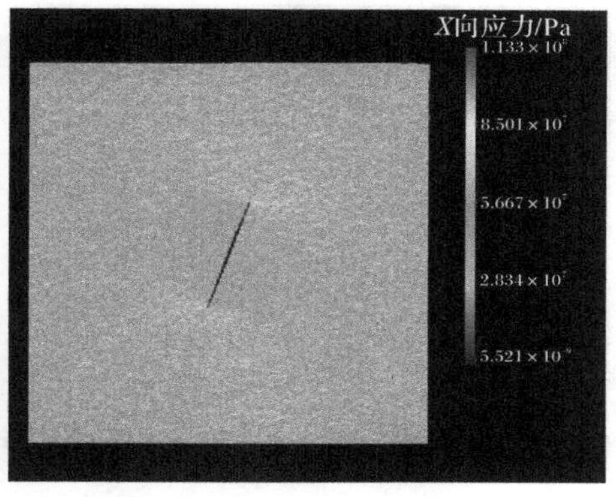

(a2) 缝内地层压力 58MPa

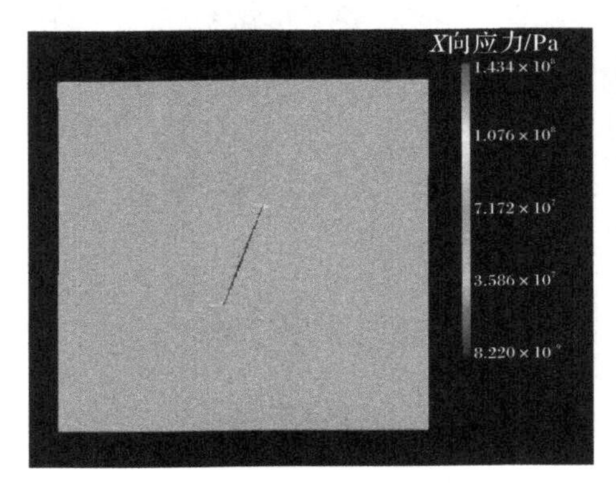

(a3) 缝内地层压力 55MPa

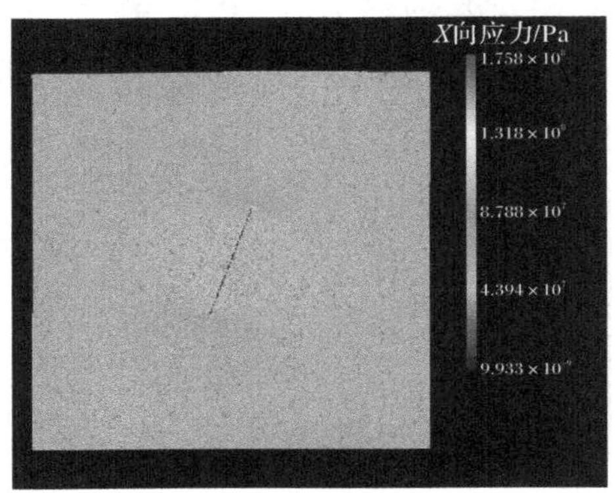

(a4) 缝内地层压力 53MPa

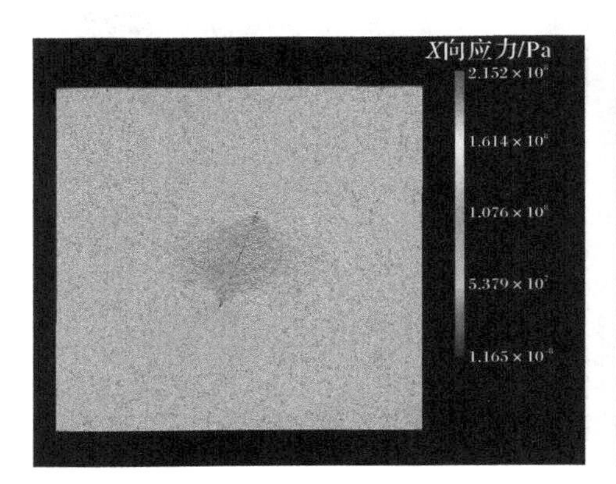

(a5) 缝内地层压力 48MPa

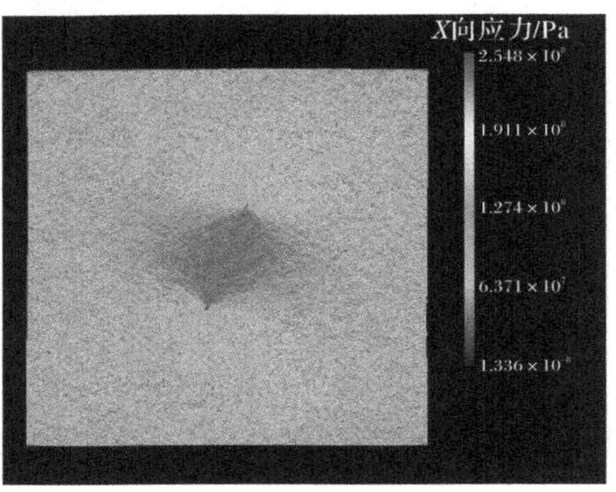

(a6) 缝内地层压力 46.5MPa

(a) X 方向应力云图

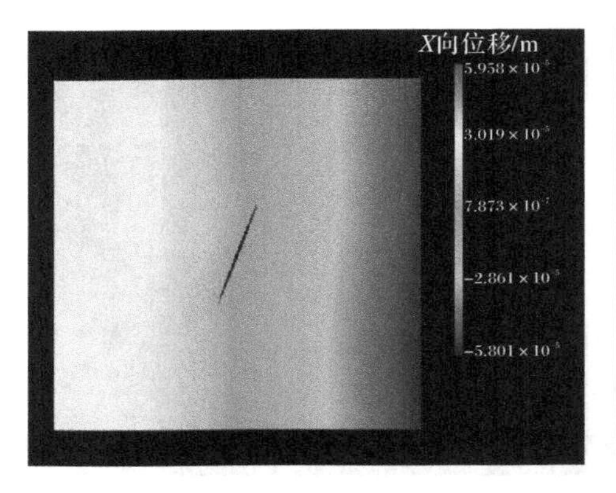

(b1) 缝内地层压力 60MPa

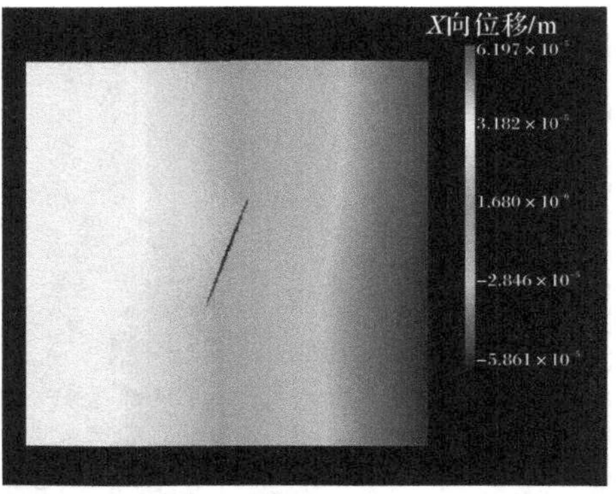

(b2) 缝内地层压力 58MPa

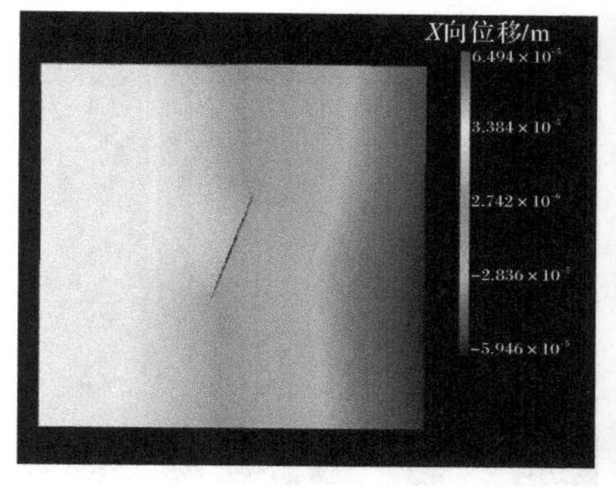

(b3) 缝内地层压力 55MPa

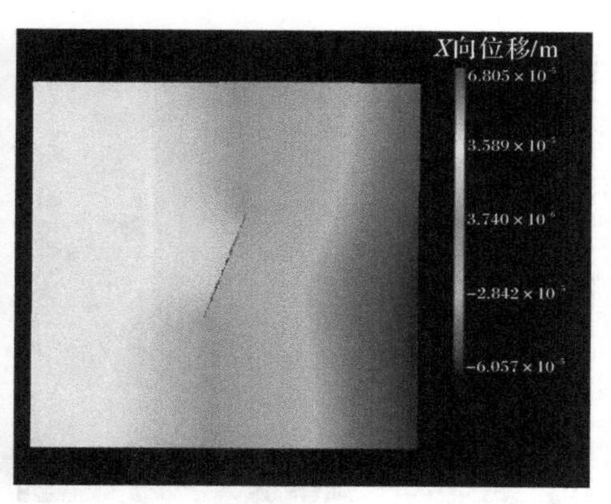

(b4) 缝内地层压力 53MPa

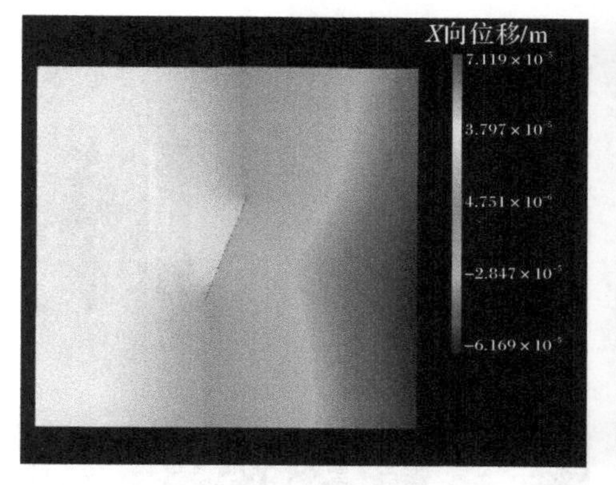

(b5) 缝内地层压力 48MPa

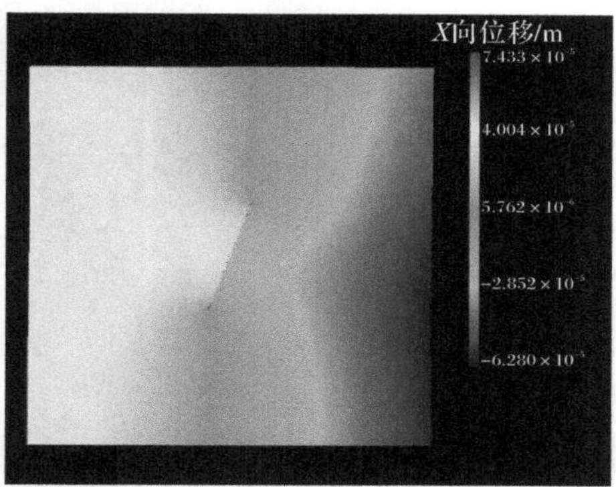

(b6) 缝内地层压力 46.5MPa

(b) X 方向位移云图

图 7.5.12　长度为 600mm 高角度裂缝闭合过程中的应力和位移分布云图

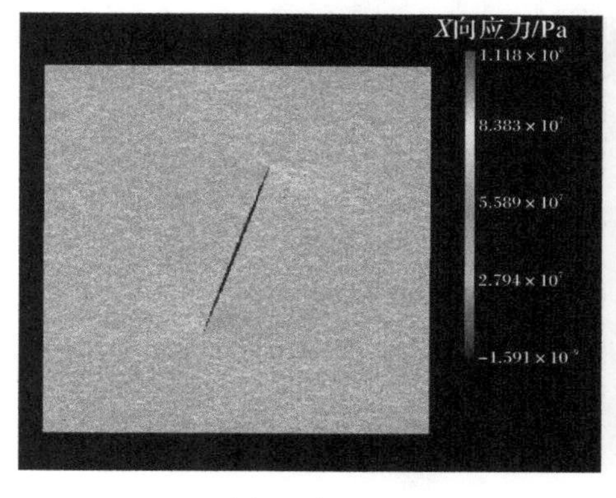

(a1) 缝内地层压力 60MPa

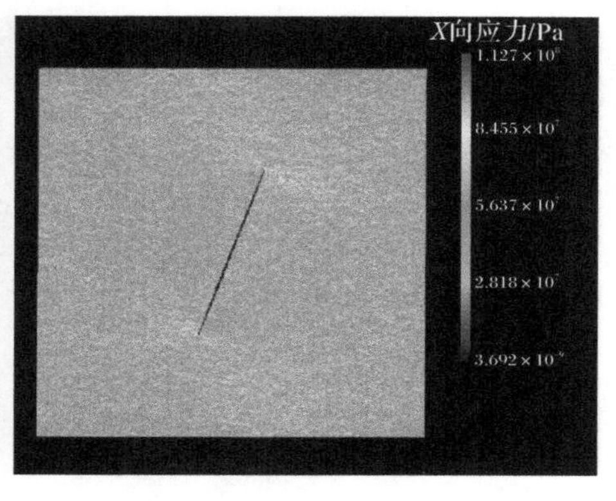

(a2) 缝内地层压力 58MPa

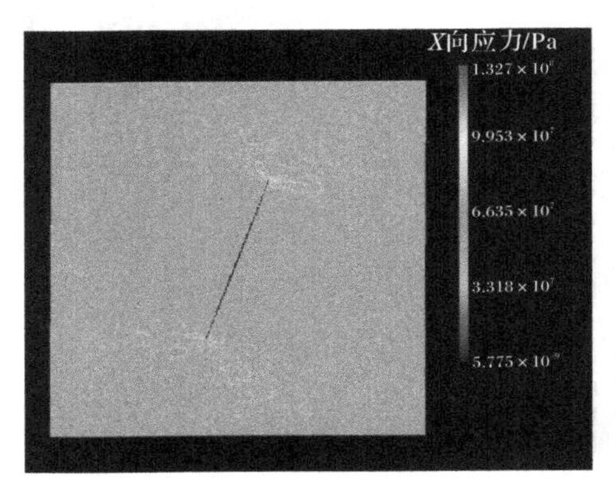

(a3) 缝内地层压力 55MPa

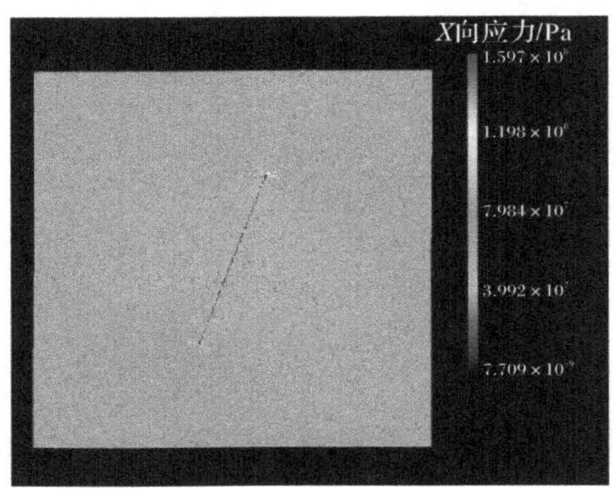

(a4) 缝内地层压力 53MPa

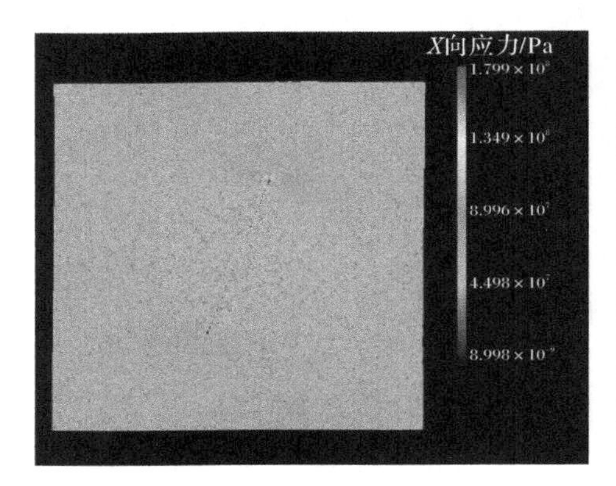

(a5) 缝内地层压力 50MPa

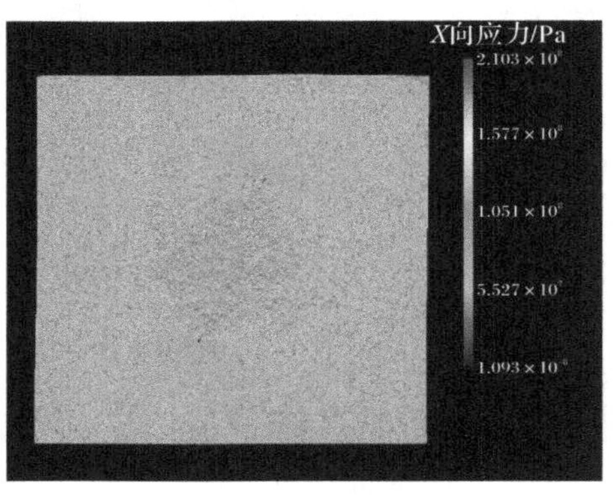

(a6) 缝内地层压力 48.5MPa

(a) X 方向应力云图

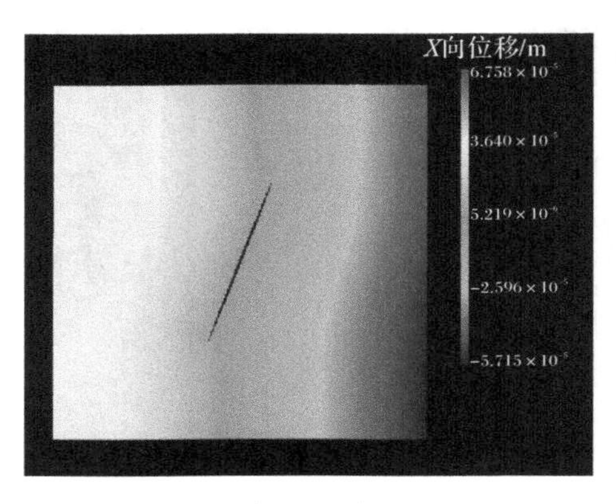

(b1) 缝内地层压力 60MPa

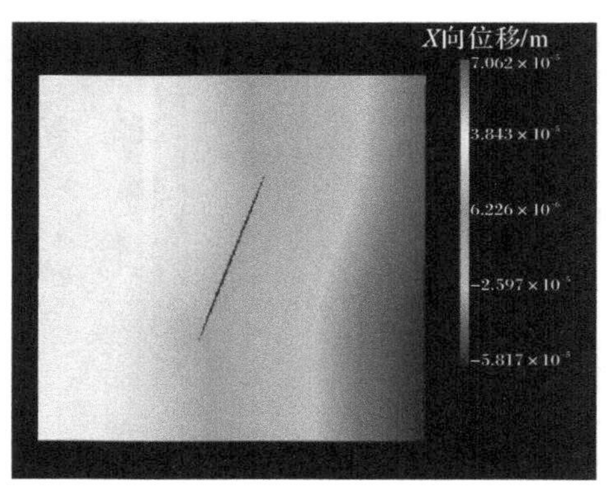

(b2) 缝内地层压力 58MPa

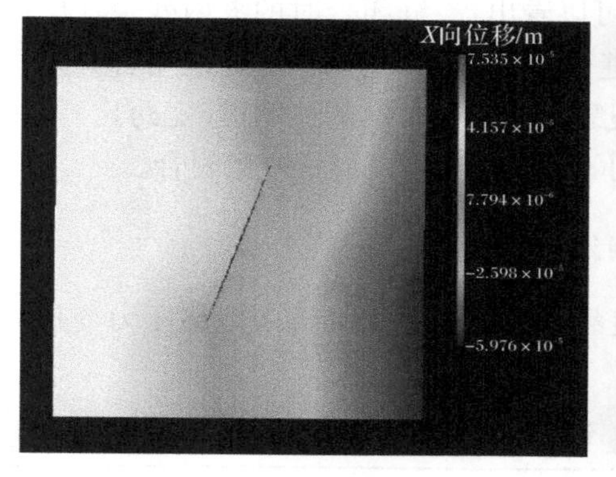

(b3) 缝内地层压力 55MPa

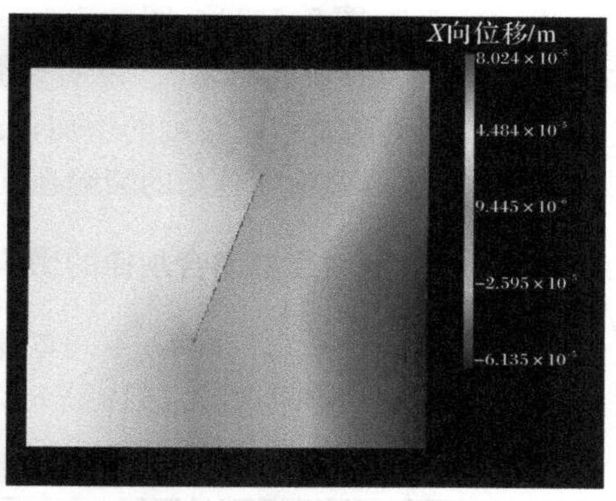

(b4) 缝内地层压力 53MPa

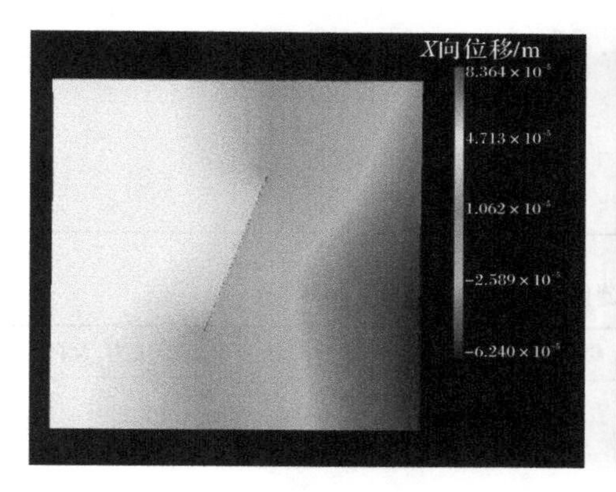

(b5) 缝内地层压力 50MPa

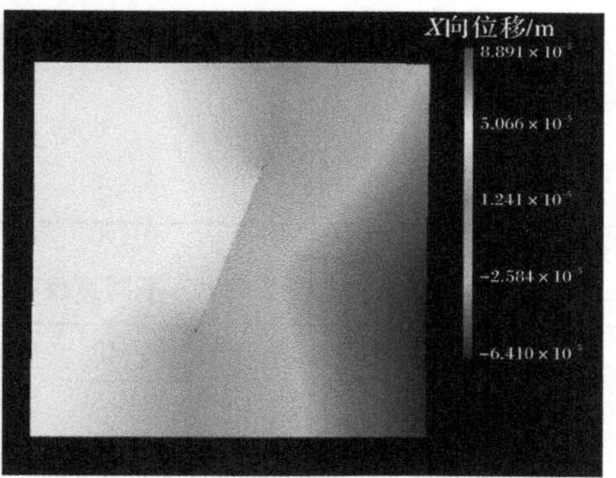

(b6) 缝内地层压力 48.5MPa

(b) X 方向位移云图

图 7.5.13 长度为 1000mm 高角度裂缝闭合过程中的应力和位移分布云图

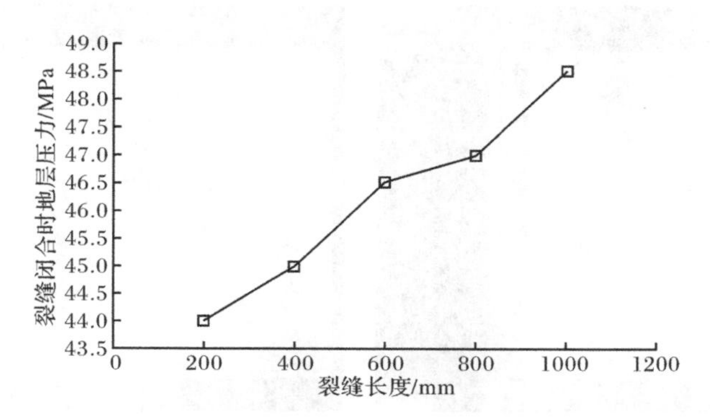

图 7.5.14 裂缝闭合时的缝内地层压力随裂缝长度变化关系曲线

由表 7.5.6、图 7.5.11～图 7.5.14 可以看出：裂缝闭合时的缝内残余地层压力随着裂缝长度的增加而增大，说明裂缝长度越大，裂缝越容易产生闭合。究其原因主要是因为随着裂缝长度的增加，裂缝宽度与其长度的比值(即宽跨比)不断减小，从而导致裂缝长度越长的裂缝在同等外在条件下更容易产生闭合。

7.5.4　裂缝宽度对裂缝闭合规律的影响分析

计算工况如表 7.5.7 所示，不同宽度裂缝闭合过程中的缝内地层压力变化如表 7.5.8 和图 7.5.15～图 7.5.18 所示。

表 7.5.7　计算工况

工况	缝内初始地层压力/MPa	缝内降压速率/(MPa/step)	初始裂缝角度/(°)	裂缝宽度/mm
1	60	0.5	75	1
2	60	0.5	75	2
3	60	0.5	75	3
4	60	0.5	75	5
5	60	0.5	75	8

表 7.5.8　不同宽度裂缝闭合时的缝内地层压力

工况	缝内初始地层压力值/MPa	裂缝宽度/mm	闭合时的缝内地层压力/MPa
1	60	1	47.5
2	60	2	45
3	60	3	43
4	60	5	40.5
5	60	8	38

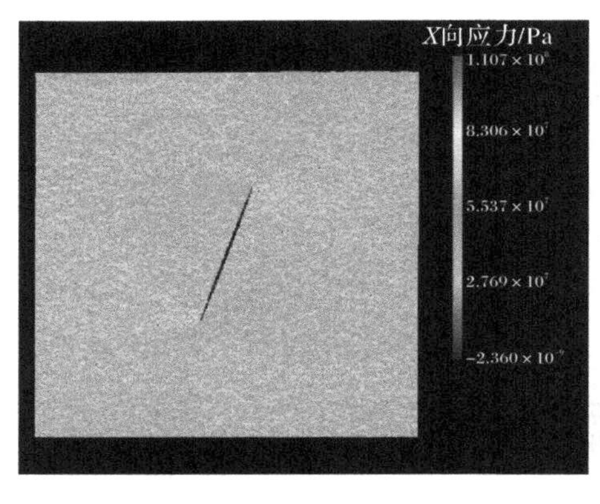

(a1) 缝内地层压力 60MPa

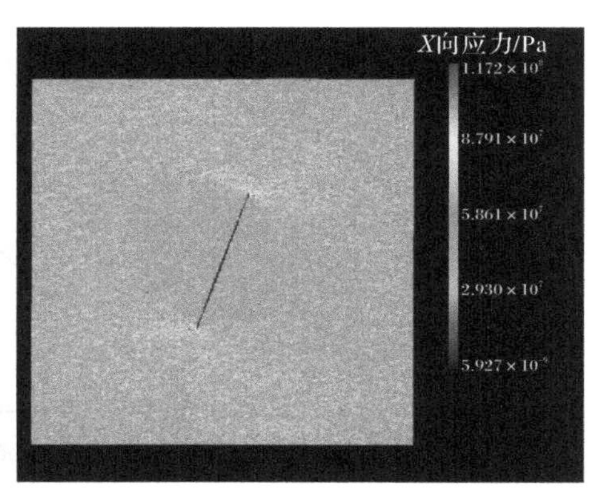

(a2) 缝内地层压力 58MPa

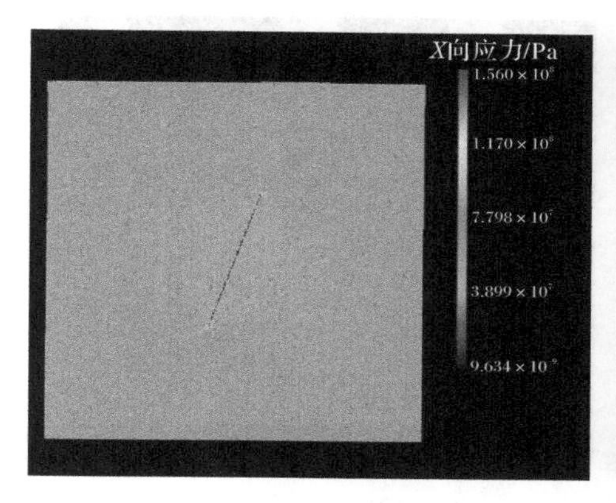

(a3) 缝内地层压力 55MPa

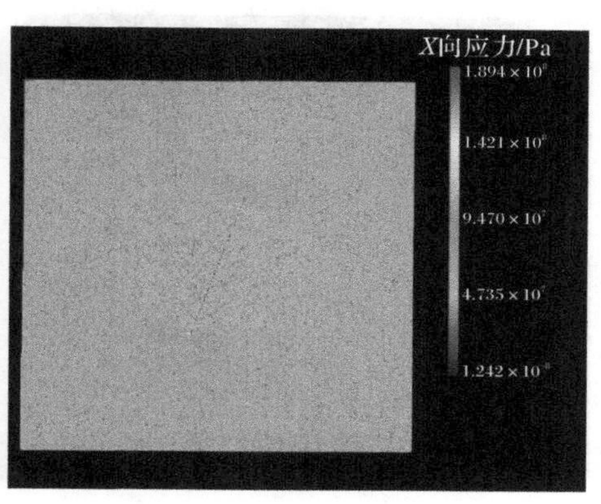

(a4) 缝内地层压力 52MPa

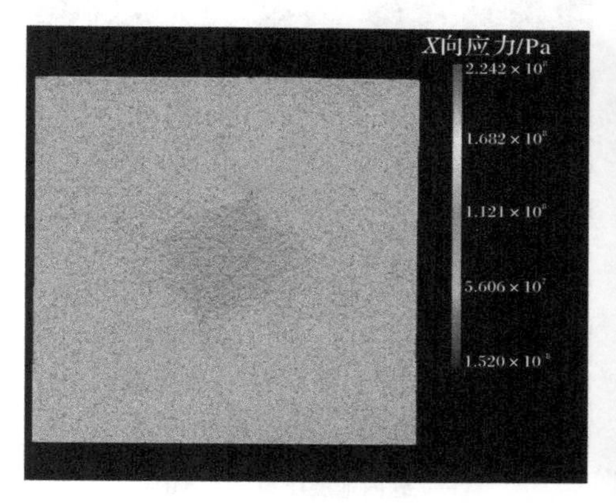

(a5) 缝内地层压力 50MPa

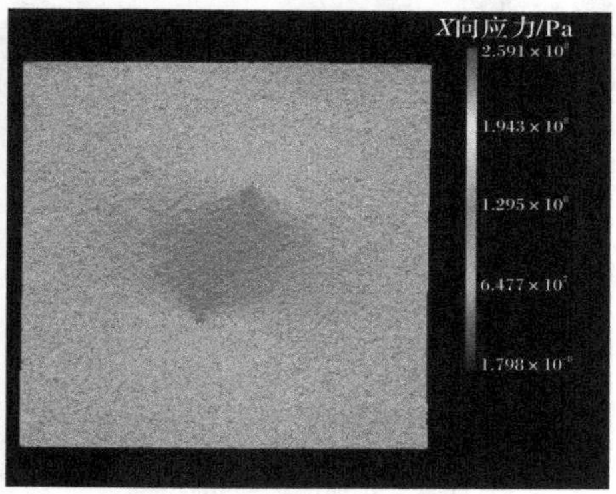

(a6) 缝内地层压力 47.5MPa

(a) X 方向应力云图

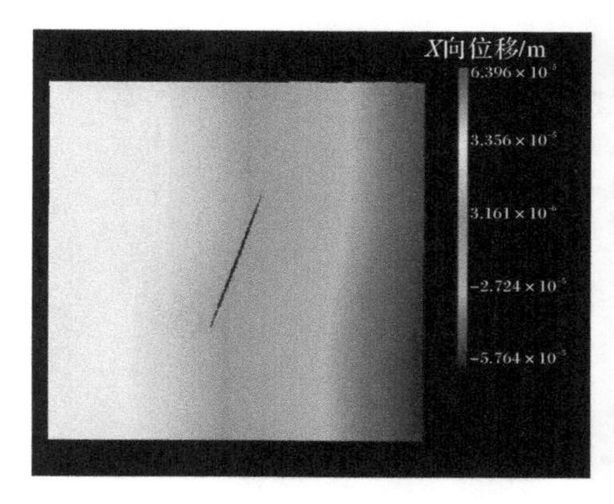

(b1) 缝内地层压力 60MPa

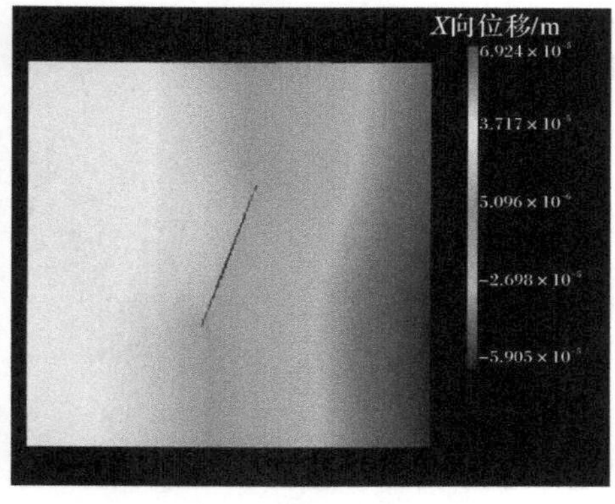

(b2) 缝内地层压力 58MPa

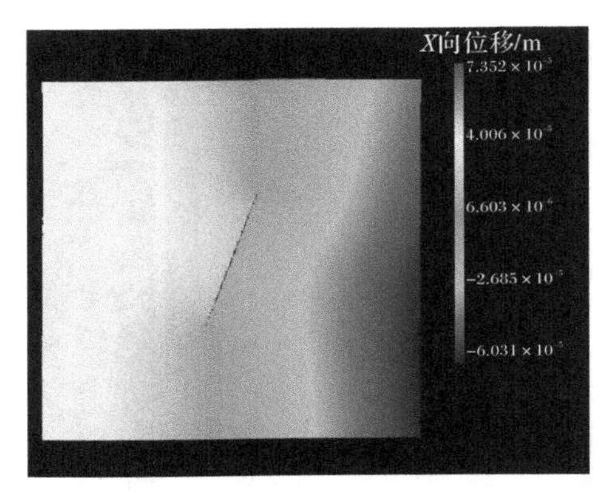

(b3) 缝内地层压力 55MPa

(b4) 缝内地层压力 52MPa

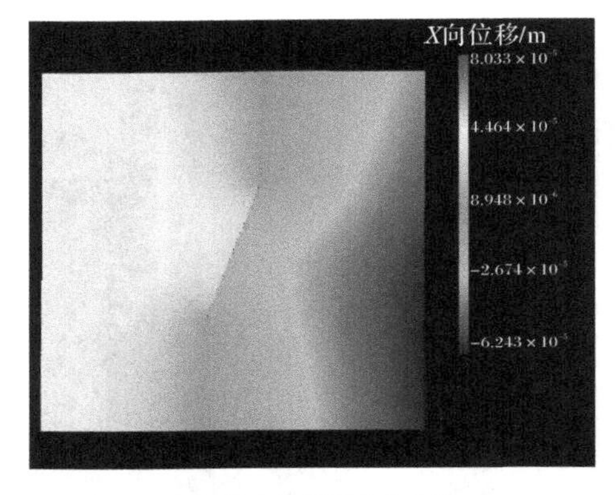

(b5) 缝内地层压力 50MPa

(b6) 缝内地层压力 47.5MPa

(b) X 方向位移云图

图 7.5.15 宽度为 1mm 高角度裂缝闭合过程中的应力和位移分布云图

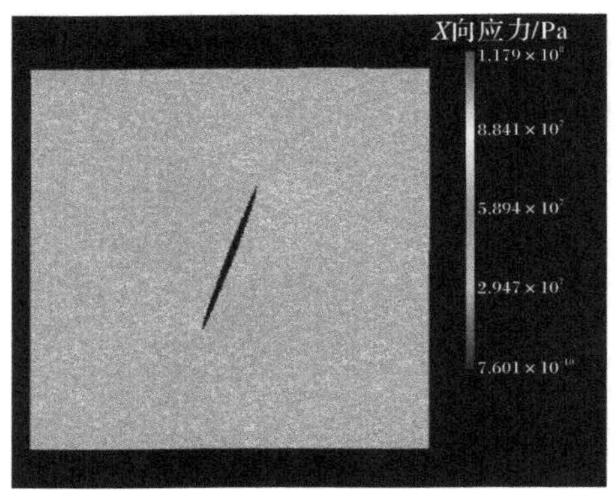

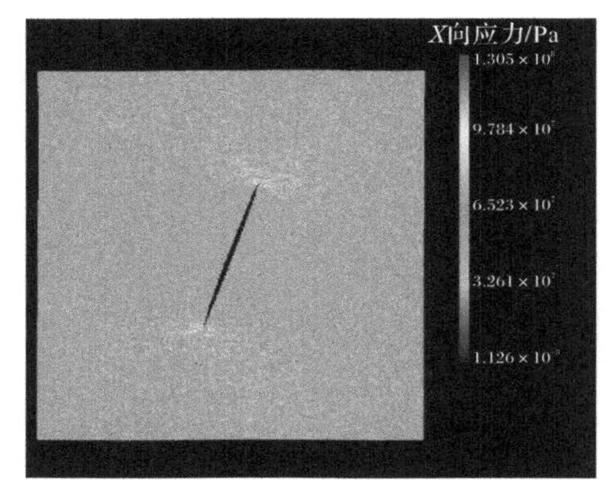

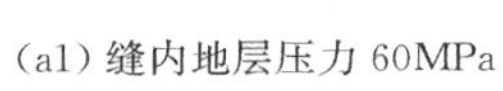
(a1) 缝内地层压力 60MPa

(a2) 缝内地层压力 55MPa

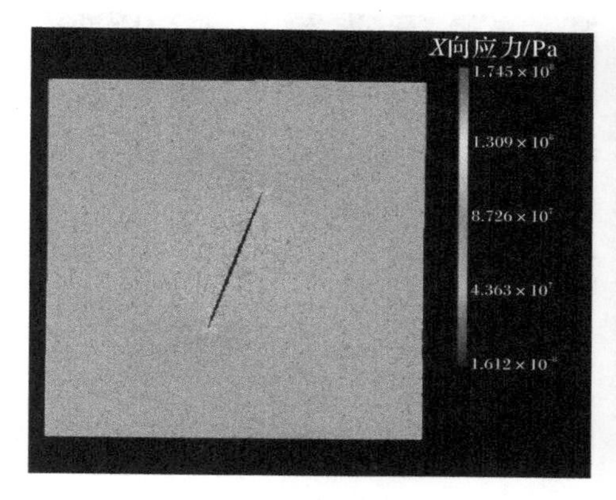

(a3) 缝内地层压力 50MPa

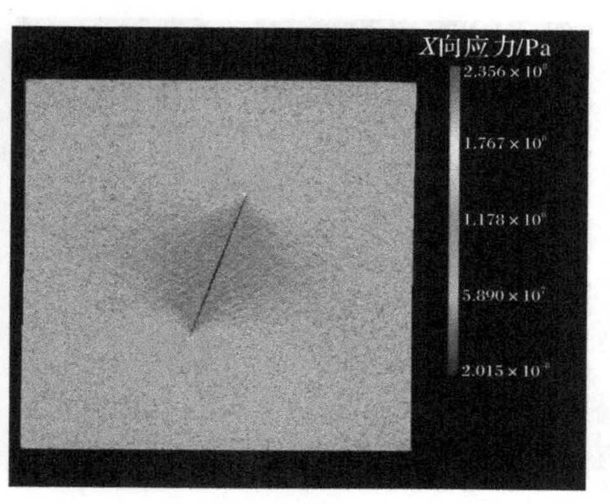

(a4) 缝内地层压力 45MPa

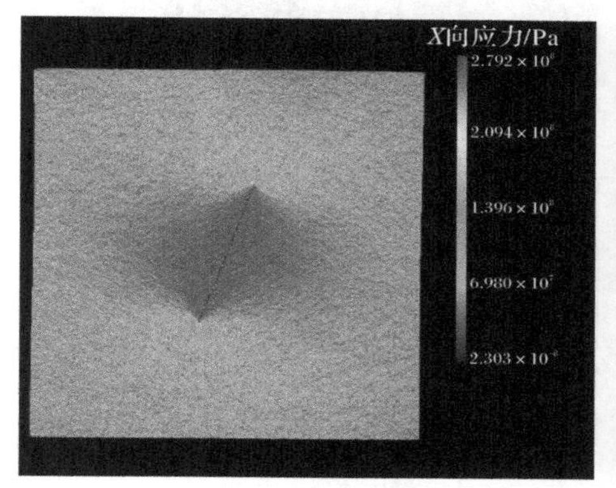

(a5) 缝内地层压力 43MPa

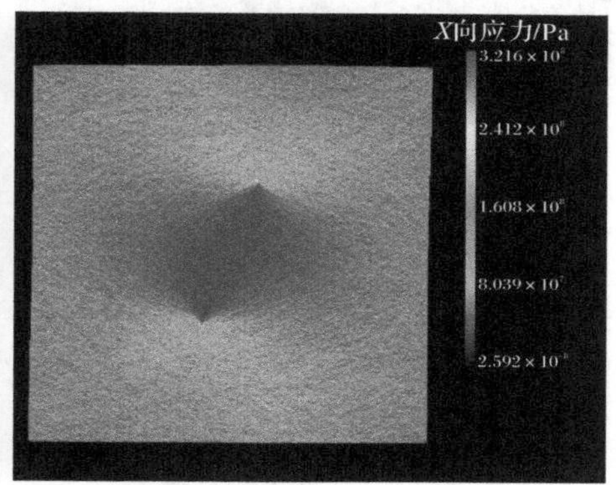

(a6) 缝内地层压力 40.5MPa

(a) X 方向应力云图

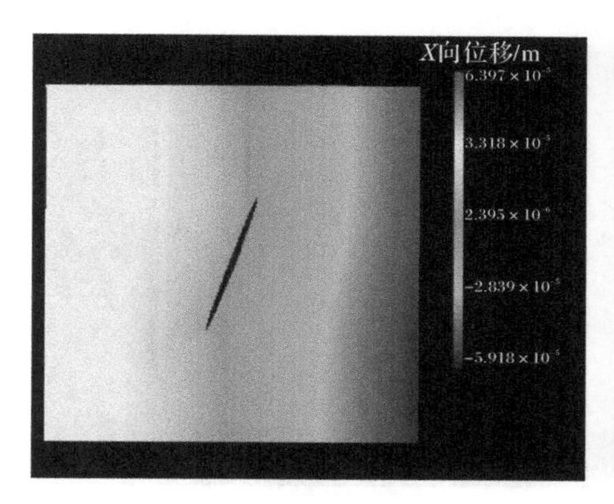

(b1) 缝内地层压力 60MPa

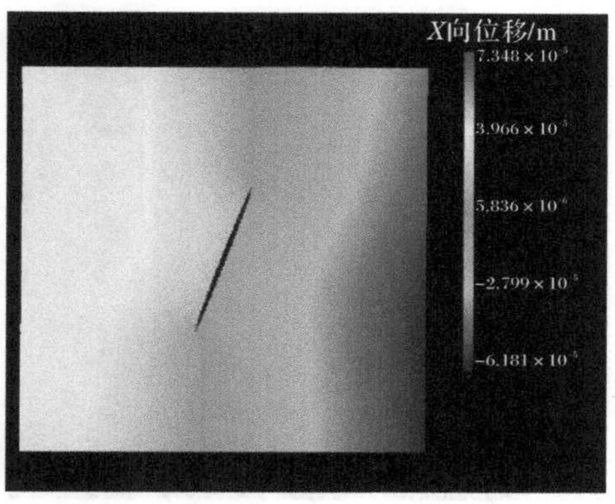

(b2) 缝内地层压力 55MPa

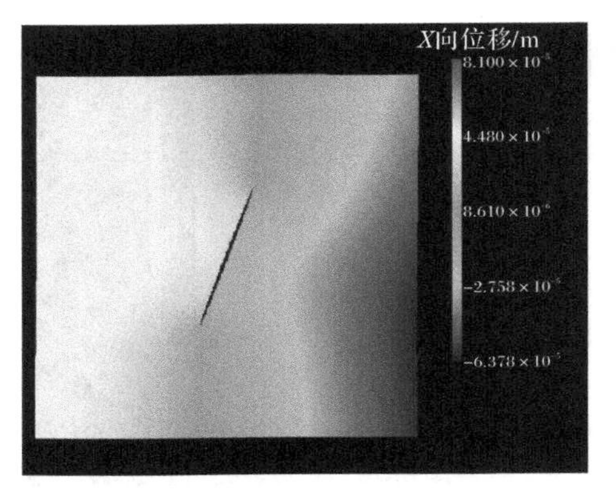

(b3) 缝内地层压力 50MPa

(b4) 缝内地层压力 45MPa

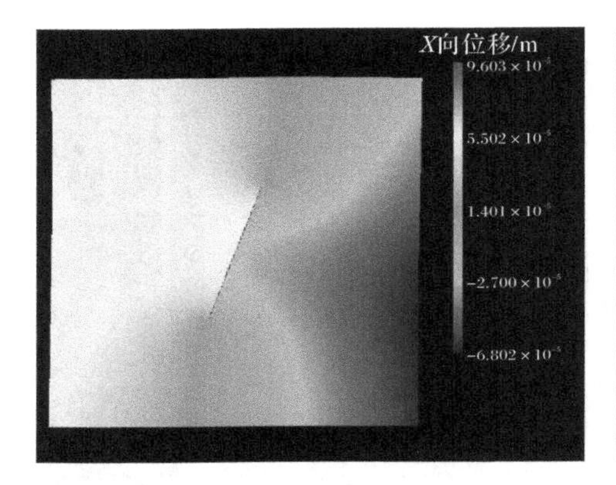

(b5) 缝内地层压力 43MPa

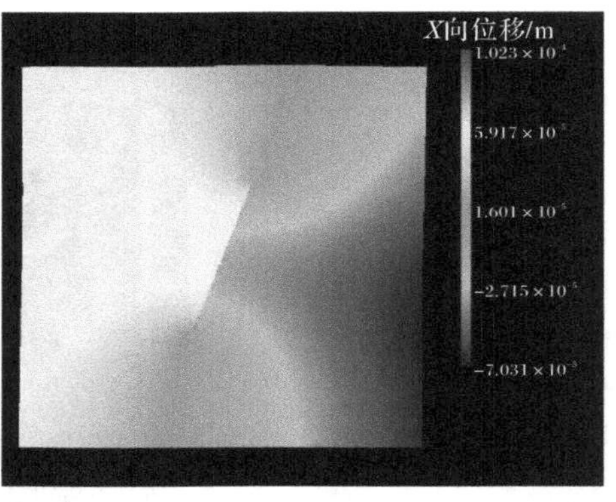

(b6) 缝内地层压力 40.5MPa

(b) X 方向位移云图

图 7.5.16　宽度为 5mm 高角度裂缝闭合过程中的应力和位移分布云图

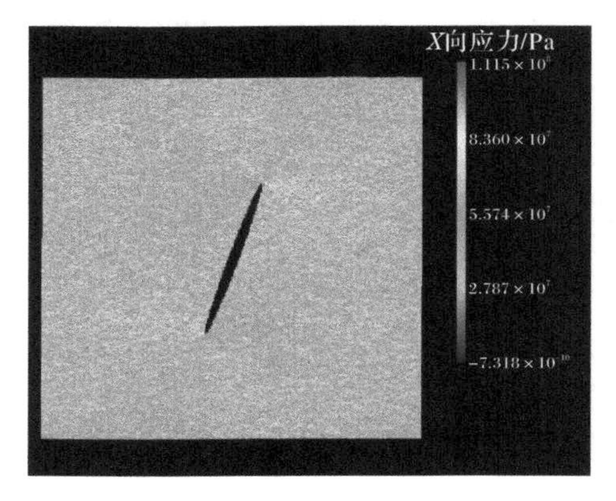

(a1) 缝内地层压力 60MPa

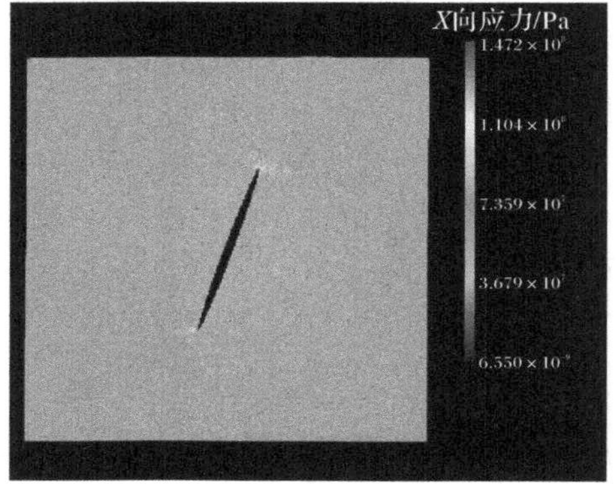

(a2) 缝内地层压力 58MPa

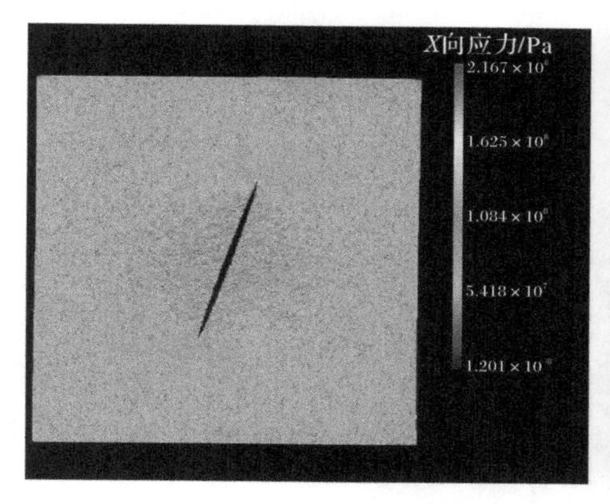

(a3) 缝内地层压力 55MPa

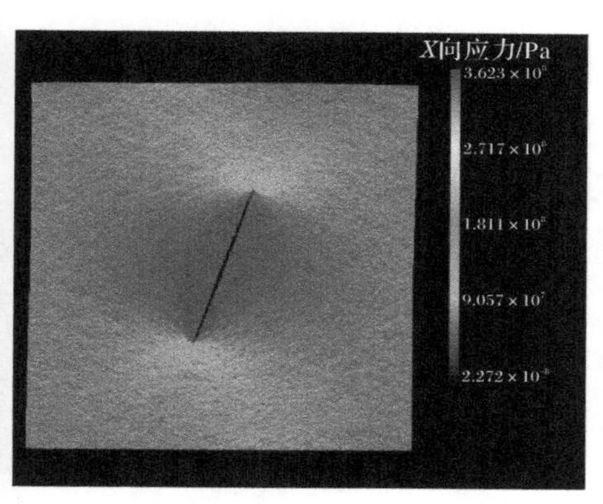

(a4) 缝内地层压力 53MPa

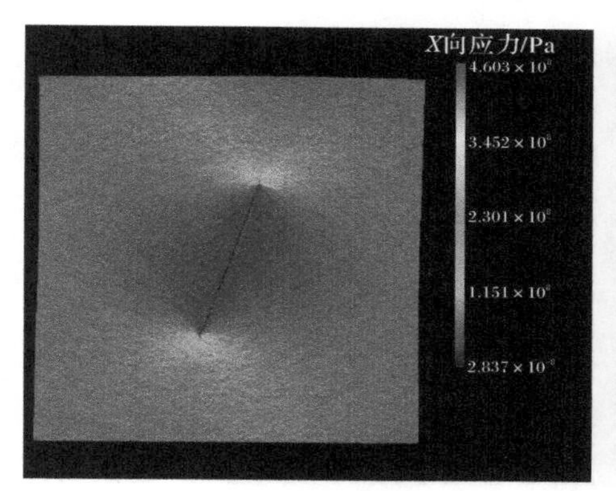

(a5) 缝内地层压力 52MPa

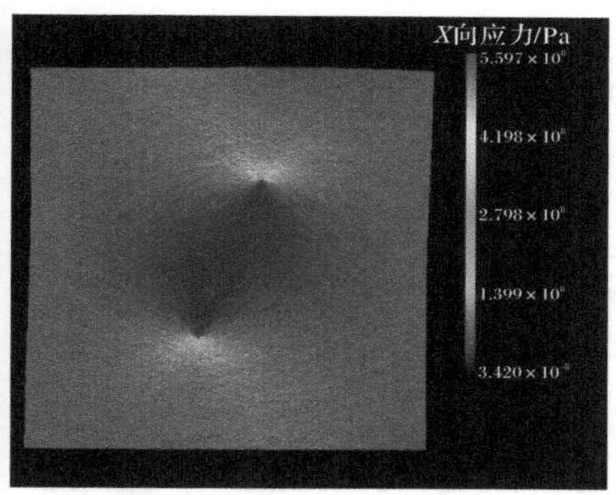

(a6) 缝内地层压力 38MPa

(a) X 方向应力云图

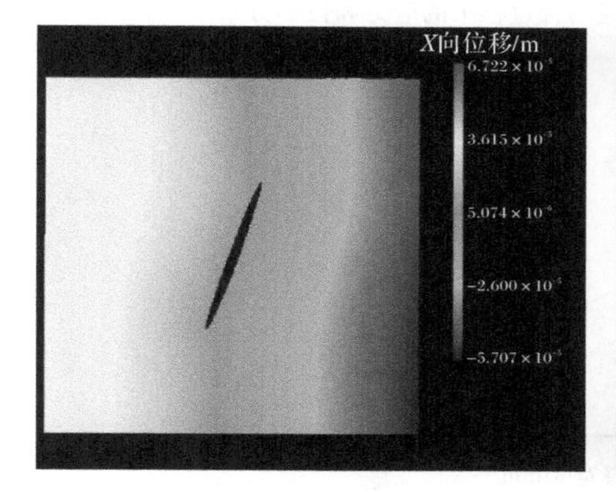

(b1) 缝内地层压力 60MPa

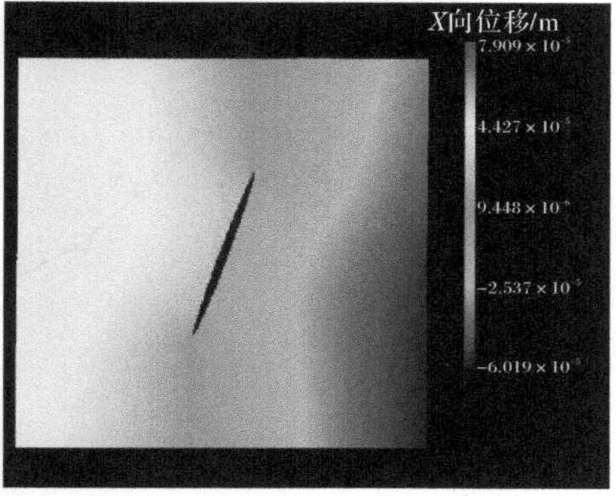

(b2) 缝内地层压力 58MPa

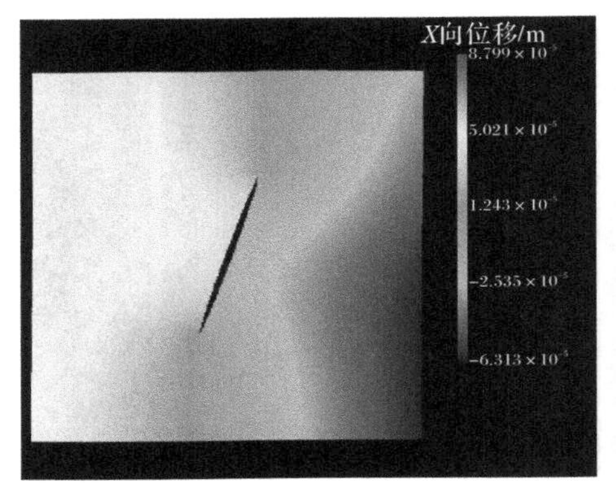

(b3) 缝内地层压力 55MPa

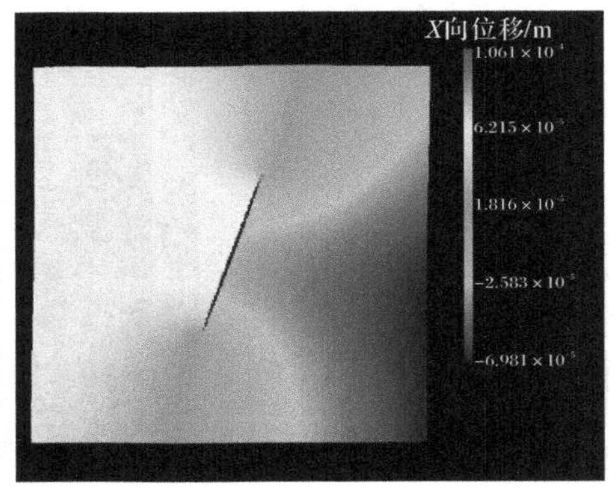

(b4) 缝内地层压力 53MPa

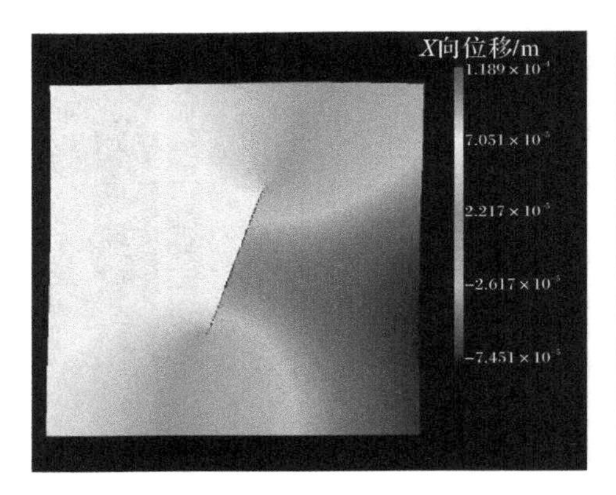

(b5) 缝内地层压力 52MPa

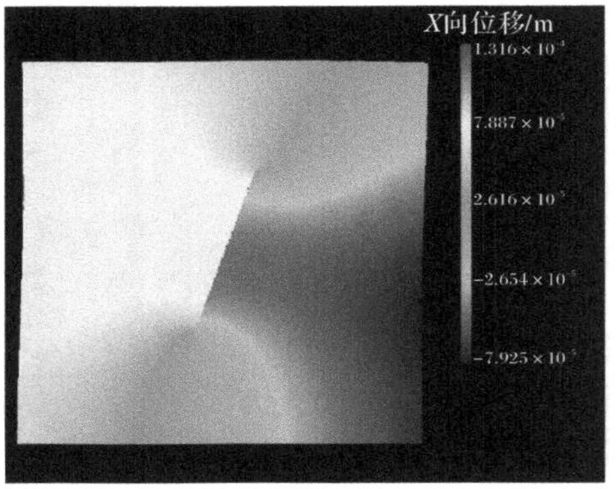

(b6) 缝内地层压力 38MPa

(b) X 方向位移云图

图 7.5.17　宽度为 8mm 高角度裂缝闭合过程中的应力和位移分布云图

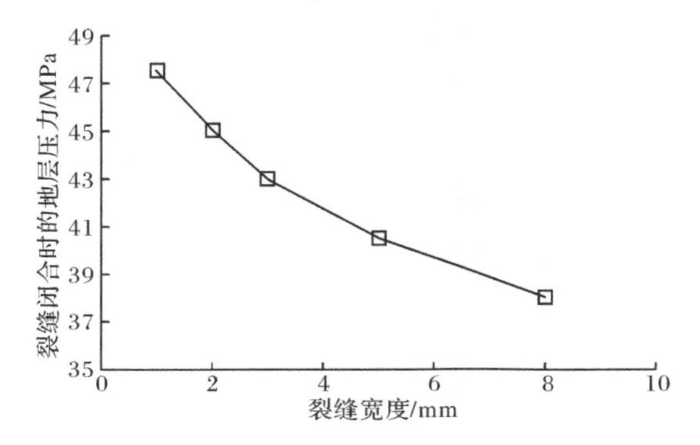

图 7.5.18　裂缝闭合时的缝内地层压力随裂缝宽度变化关系曲线

由表 7.5.8 和图 7.5.15～图 7.5.18 可以看出：

(1) 在缝内地层压力下降过程中，首先在裂缝两端出现应力集中区，并在高角度裂缝周围不断扩展，导致高角度裂缝周围压应力不断增加，裂缝宽度不断减小，最终裂缝闭合。

(2) 随着裂缝宽度的增大，高角度裂缝闭合时的缝内残余地层压力减小，说明裂缝宽度越大，在同等外在条件下，高角度裂缝越难闭合。

7.5.5 地层降压幅度对裂缝闭合规律的影响分析

1. 计算方案与计算工况

方案 1：裂缝宽度取 2mm，裂缝倾角取 75°，地应力侧压系数取 0.62，裂缝长度取 1000mm。研究不同降压速率下裂缝宽度与对应地层降压幅度之间的关系。方案 1 包含 6 个计算工况，分别为工况 1～工况 6，具体计算工况如表 7.5.9 所示。

方案 2：裂缝宽度取 2mm，裂缝倾角取 75°，地应力侧压系数取 0.62，降压速率取 1MPa/step。研究不同裂缝长度下裂缝宽度与对应地层降压幅度之间的关系。方案 2 包含 6 个计算工况，分别为工况 7～工况 12，具体计算工况如表 7.5.10 所示。

方案 3：裂缝宽度取 2mm，裂缝倾角取 75°，裂缝长度取 1000mm，降压速率取 1MPa/step。研究不同地应力侧压系数下裂缝宽度与对应地层降压幅度之间的关系。方案 3 包含 6 个计算工况，分别为工况 13～工况 18，具体计算工况如表 7.5.11 所示。

表 7.5.9　不同降压速率下裂缝闭合计算工况

工况	降压速率/(MPa/step)	裂缝宽度/mm	裂缝倾角/(°)	地应力侧压系数	裂缝长度/mm
1	0.3	2	75	0.62	1000
2	0.5	2	75	0.62	1000
3	0.8	2	75	0.62	1000
4	1.0	2	75	0.62	1000
5	1.2	2	75	0.62	1000
6	1.5	2	75	0.62	1000

表 7.5.10　不同裂缝长度下裂缝闭合计算工况

工况	裂缝长度/mm	裂缝宽度/mm	裂缝倾角/(°)	地应力侧压系数	降压速率/(MPa/step)
7	400	2	75	0.62	1
8	600	2	75	0.62	1
9	800	2	75	0.62	1

续表

工况	裂缝长度/mm	裂缝宽度/mm	裂缝倾角/(°)	地应力侧压系数	降压速率/(MPa/step)
10	1000	2	75	0.62	1
11	1200	2	75	0.62	1
12	1400	2	75	0.62	1

表 7.5.11　不同地应力侧压系数下裂缝闭合计算工况

工况	地应力侧压系数	裂缝宽度/mm	裂缝倾角/(°)	裂缝长度/mm	降压速率/(MPa/step)
13	0.35	2	75	1000	1
14	0.62	2	75	1000	1
15	0.84	2	75	1000	1
16	1.0	2	75	1000	1
17	1.2	2	75	1000	1
18	1.4	2	75	1000	1

2. 计算结果分析

1) 不同降压速率下裂缝宽度与对应地层降压幅度之间的关系

具体计算结果如表 7.5.12、表 7.5.13 和图 7.5.19 所示。

表 7.5.12　不同降压速率下裂缝闭合时的缝内地层压力及地层降压幅度

工况	地应力侧压系数	裂缝长度/mm	降压速率/(MPa/step)	闭合时的缝内地层压力/MPa	地层降压幅度/%
1	0.62	1000	0.3	46.8	22.0
2	0.62	1000	0.5	48.5	19.2
3	0.62	1000	0.8	50.4	16.0
4	0.62	1000	1.0	53.0	11.7
5	0.62	1000	1.2	54.0	10.0
6	0.62	1000	1.5	55.5	7.5

表 7.5.13　不同降压速率下裂缝闭合过程中的裂缝宽度与对应地层降压幅度

工况 1		工况 2		工况 3	
地层降压幅度/%	裂缝宽度/mm	地层降压幅度/%	裂缝宽度/mm	地层降压幅度/%	裂缝宽度/mm
0	2.00	0	2.00	0	2.00
4	1.89	3.3	1.88	4	1.78
7	1.78	6.7	1.73	8	1.23

续表

工况 1		工况 2		工况 3	
地层降压幅度/%	裂缝宽度/mm	地层降压幅度/%	裂缝宽度/mm	地层降压幅度/%	裂缝宽度/mm
10	1.49	10.0	1.41	10.7	0.74
13	1.25	12.5	1.02	14.7	0.32
16	0.82	15.8	0.62	16	0.00
19	0.41	17.5	0.31	—	—
22	0.00	19.2	0.00	—	—

工况 4		工况 5		工况 6	
地层降压幅度/%	裂缝宽度/mm	地层降压幅度/%	裂缝宽度/mm	地层降压幅度/%	裂缝宽度/mm
0	2.00	0	2.00	0	0.00
3.3	1.89	2	1.56	2.5	0.68
6.7	1.78	4	1.12	5	1.27
8.3	1.49	6	0.79	7.5	2.00
10.0	1.25	8	0.36	—	—
11.7	0.82	10	0.00	—	—

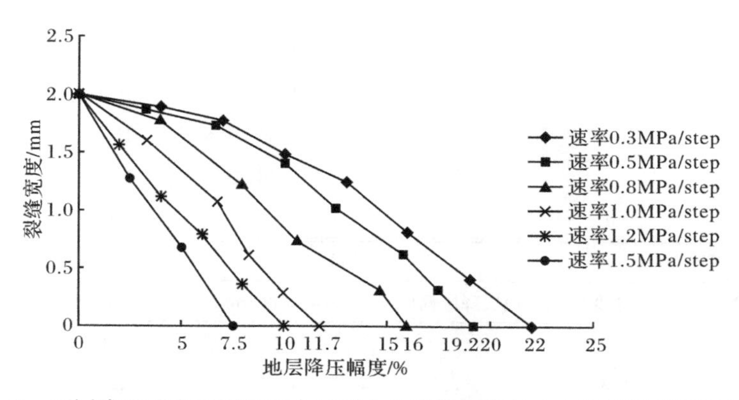

图 7.5.19　不同降压速率下裂缝闭合过程中的裂缝宽度与对应地层降压幅度关系曲线

由表 7.5.12、表 7.5.13 和图 7.5.19 可以看出：

(1) 裂缝宽度随着地层降压幅度的增加而减小，当地层降压幅度增大到一定值时，裂缝宽度变为 0，即裂缝闭合。

(2) 当地层降压幅度保持不变时，裂缝宽度随着缝内降压速率的增加而逐渐减小，说明缝内降压速率越大，裂缝越容易产生闭合。

(3) 在地层降压幅度为 10%时，只有当降压速率≥1.2MPa/step 时裂缝才会产生闭合。

2）不同裂缝长度下裂缝宽度与对应地层降压幅度之间的关系

具体计算结果如表 7.5.14、表 7.5.15 和图 7.5.20 所示。

表 7.5.14　不同长度裂缝闭合时的缝内地层压力及地层降压幅度

工况	地应力侧压系数	裂缝长度/mm	降压速率/(MPa/step)	闭合时的缝内地层压力/MPa	地层降压幅度/%
7	0.62	400	1	48	20.0
8	0.62	600	1	49	18.3
9	0.62	800	1	51	15.0
10	0.62	1000	1	53	11.7
11	0.62	1200	1	54	10.0
12	0.62	1400	1	56	6.7

表 7.5.15　不同长度裂缝闭合过程中的裂缝宽度与对应地层降压幅度

工况 7		工况 8		工况 9	
地层降压幅度/%	裂缝宽度/mm	地层降压幅度/%	裂缝宽度/mm	地层降压幅度/%	裂缝宽度/mm
0	2	0.0	2	0.0	2
3.3	1.8	3.3	1.76	3.3	1.69
6.7	1.52	6.7	1.47	6.7	1.23
10.0	1.2	10.0	1.12	10.0	0.72
13.3	0.87	13.3	0.69	13.3	0.33
16.7	0.4	16.7	0.26	15.0	0
20.0	0	18.3	0	—	—
工况 10		**工况 11**		**工况 12**	
地层降压幅度/%	裂缝宽度/mm	地层降压幅度/%	裂缝宽度/mm	地层降压幅度/%	裂缝宽度/mm
0.0	2	0.0	2	0.0	2
3.3	1.89	3.3	1.47	1.7	1.55
6.7	1.78	5.0	1.16	3.3	1.13
8.3	1.49	6.7	0.87	5.0	0.69
10.0	1.25	8.3	0.43	6.7	0
11.7	0.82	10.0	0	—	—

由表 7.5.14、表 7.5.15 和图 7.5.20 可以看出：

（1）裂缝宽度随着地层降压幅度的增加而减小，当地层降压幅度增大到一定值时，裂缝宽度变为 0，即裂缝闭合。

（2）当地层降压幅度保持不变时，裂缝宽度随着裂缝长度的增加而逐渐减小，

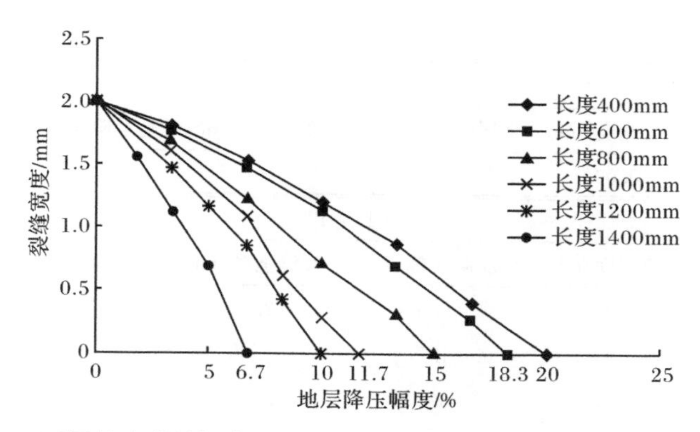

图 7.5.20　不同长度裂缝闭合过程中的裂缝宽度与对应地层降压幅度关系曲线

说明裂缝长度越长，裂缝越容易闭合。

(3) 在地层降压幅度为 10%时，只有长度≥1200mm 的裂缝才会产生闭合。

3) 不同地应力侧压系数下裂缝宽度与对应地层降压幅度之间的关系

具体计算结果如表 7.5.16、表 7.5.17 和图 7.5.21 所示。

表 7.5.16　不同地应力侧压系数下裂缝闭合时的缝内地层压力及地层降压幅度

工况	地应力侧压系数	裂缝长度/mm	降压速率/(MPa/step)	闭合时的缝内地层压力/MPa	地层降压幅度/%
13	0.35	1000	1	49	18.3
14	0.62	1000	1	53	11.7
15	0.84	1000	1	54	10.0
16	1	1000	1	55	8.3
17	1.2	1000	1	57	5.0
18	1.4	1000	1	58	3.3

表 7.5.17　不同地应力侧压系数下裂缝闭合过程中的裂缝宽度与对应地层降压幅度

工况 13		工况 14		工况 15	
地层降压幅度/%	裂缝宽度/mm	地层降压幅度/%	裂缝宽度/mm	地层降压幅度/%	裂缝宽度/mm
0.0	2.00	0.0	2.00	0.0	2.00
3.3	1.74	3.3	1.89	3.3	1.46
6.7	1.37	6.7	1.78	5.0	1.09
10.0	1.05	8.3	1.49	6.7	0.83
13.3	0.62	10.0	1.25	8.3	0.46
16.7	0.23	11.7	0.82	10.0	0.00

续表

工况 13		工况 14		工况 15	
地层降压幅度/%	裂缝宽度/mm	地层降压幅度/%	裂缝宽度/mm	地层降压幅度/%	裂缝宽度/mm
18.3	0.00	—	—	—	—
工况 16		**工况 17**		**工况 18**	
地层降压幅度/%	裂缝宽度/mm	地层降压幅度/%	裂缝宽度/mm	地层降压幅度/%	裂缝宽度/mm
0.0	2.00	0.0	2.00	0.0	2.00
1.7	1.59	1.7	1.46	1.7	1.12
3.3	1.27	3.3	0.76	3.3	0.00
5.0	0.78	5.0	0.00	—	—
6.7	0.36	—	—	—	—
8.3	0.00	—	—	—	—

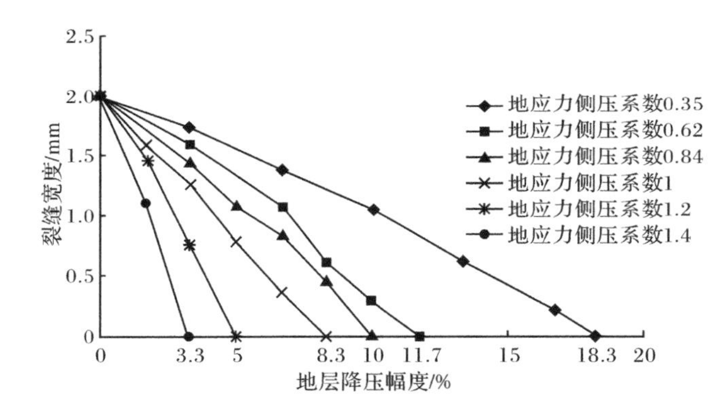

图 7.5.21　不同地应力侧压系数下裂缝闭合过程中裂缝宽度与对应地层降压幅度关系曲线

由表 7.5.16、表 7.5.17 和图 7.5.21 可以看出：

(1) 裂缝宽度随着地层降压幅度的增加而减小，当地层降压幅度增大到一定值时，裂缝宽度变为 0，即裂缝闭合。

(2) 当地层降压幅度保持不变时，裂缝宽度随着地应力侧压系数的增加而逐渐减小，说明地应力侧压系数越大，裂缝越容易闭合。

(3) 在地层降压幅度为 10%时，只有当地应力侧压系数≥0.84 时裂缝才会产生闭合。

7.6　本 章 小 结

以塔河油田缝洞型油藏开采为研究背景，开展了超深埋碳酸盐岩油藏基质的室内力学试验,获得了碳酸盐岩的物理力学参数。通过三维地质力学模型试验揭示了超深埋油藏古溶洞成型垮塌破坏机制,提出了溶洞垮塌判据,建立了溶洞临界垮塌深度、临界垮塌顶板厚度和临界垮塌洞跨的计算方法。通过大量工况的数值计算分析,揭示了不同形态、不同尺寸溶洞的垮塌破坏过程、垮塌影响范围、垮塌深度、垮塌顶板厚度、垮塌洞跨的变化规律。建立了不同洞形溶洞的临界垮塌深度、临界垮塌顶板厚度和临界垮塌洞跨的预测公式。分析了不同影响因素条件下裂缝的闭合过程,揭示了缝内地层降压速率、裂缝倾角、裂缝长度、裂缝宽度等因素对缝洞型裂缝闭合规律的影响,获得了在缝洞型油藏开采过程中对防止深埋溶洞垮塌和高角度裂缝闭合有指导意义的建议和结论。

主要研究成果如下:

(1) 通过力学试验测试获得埋深5300~6200m碳酸盐岩的抗压强度、抗拉强度、弹性模量、泊松比、黏聚力、内摩擦角等力学参数,为开展缝洞型油藏溶洞垮塌和裂缝闭合的数值分析提供了重要的计算参数。

(2) 研制了超高压智能数控真三维加载模型试验系统,通过三维地质力学模型试验,全景再现古溶洞成型垮塌破坏过程,揭示了古溶洞的变形破坏特征与垮塌破坏机制。

(3) 建立了缝洞型油藏溶洞的垮塌判据,提出了不同洞形溶洞的临界垮塌深度、垮塌顶板厚度和垮塌洞跨的计算方法。揭示出顶板厚度、洞跨、埋深等因素对溶洞垮塌破坏的影响规律:

① 埋深越大、洞跨越大、顶板厚度越小,洞室越容易产生垮塌。

② 在一定埋深条件下,圆形洞最稳定,城门洞形溶洞稳定性次之,矩形溶洞稳定性最差。

③ 矩形溶洞和城门洞形溶洞的破坏为竖向剪切破坏,而圆形溶洞在顶板的变形过程中因压扁、压实而破坏。

(4) 通过多因素敏感性分析,揭示出溶洞垮塌对不同影响因素的敏感性。

① 针对矩形溶洞,洞跨是影响其垮塌的最敏感因素,其次为顶板厚度和地应力侧压系数。

② 针对城门洞形溶洞,顶板厚度是影响其垮塌的最敏感因素,其次是洞跨、拱跨比,洞高对城门洞垮塌的影响不明显。

③ 针对圆形溶洞,洞径是影响其垮塌的最敏感因素,其次是顶板厚度。

(5) 建立了矩形、城门洞形和圆形溶洞的临界垮塌深度、临界垮塌洞跨和临界垮塌顶板厚度的预测公式,获得了不同洞形溶洞的垮塌影响范围及随顶板厚度和洞跨的变化规律,溶洞垮塌影响范围随顶板厚度和洞跨的增加而增大,最大垮塌影响范围为2.3~2.6倍洞跨。

(6) 建立了缝洞型裂缝闭合计算分析模型,揭示出缝内降压速率、裂缝倾角、裂缝长度、裂缝宽度等因素对缝洞型裂缝闭合的影响规律。

① 在缝洞型油藏开采过程中，随着缝内地层压力的降低，缝洞型裂缝因受压收缩而逐渐出现闭合。裂缝宽度随着缝内地层降低幅度的增加而减小，当地层降压幅度增大到一定值时，裂缝完全闭合。

② 缝内降压速率越大、裂缝长度越长，裂缝越容易闭合，在其他条件不变的前提下，裂缝宽度越小，裂缝越容易产生闭合。

③ 在垂直应力大于构造应力的地层中，随着裂缝倾角的增大，因受竖向最大主应力产生的拉张作用，高角度裂缝越不容易闭合。

④ 在地层降压幅度为 10%时，只有裂缝长度≥1200mm 或降压速率≥1.2MPa/step或地应力侧压系数≥0.84 时裂缝才会闭合。

(7) 提出了对缝洞型油藏开采具有指导意义的建议和结论。

① 为防止原油开采过程中溶洞出现垮塌，应选择在顶板厚度大、洞室跨度小、拱跨比大的地层中进行采油。

② 为防止采油引起缝内地层压力降低而导致高角度裂缝出现闭合，应在开采过程中及时向缝洞型地层注水以保持缝内地层压力连续稳定。

③ 针对赋存不同形态溶洞、裂缝倾角和裂缝宽度的地层，应尽量选择在圆形溶洞和城门洞形溶洞以及具有较大倾角和较大裂缝宽度的地层中进行石油开采。

参考文献

[1] 何满潮,钱七虎. 深部岩体力学基础. 北京:科学出版社,2010.

[2] Zhang Q Y,Zhang X T,Wang Z C,et al. Failure mechanism and numerical simulation of zonal disintegration around a deep tunnel under high stress. International Journal of Rock Mechanics & Mining Sciences. 2017,(93):344－355.

[3] 钱七虎. 深部岩体工程响应的特征科学现象及“深部”的界定. 东华理工学院学报,2004,27(1):1－5.

[4] Adams G R,Jager A J. Petroscopic observations of rock fracturing ahead of stope faces in deep-level gold mine. Journal of the South African Institute of Mining and Metallurgy,1980,80(6):204－209.

[5] Shemyakin E I,Fisenko G L,Kurlenya M V,et al. Zonal disintegration of rocks around underground workings. Part I:Data of in-situ observations. Soviet Mining,1986,22(3):157－168.

[6] 李世平. 权台煤矿煤巷锚杆试验观测报告——兼论煤巷锚杆特点与参数选择新观点. 中国矿业学院学报,1979,(4):19－57.

[7] 鹿守敏,董芳庭. 软岩巷道锚喷网支护工业试验研究. 中国矿业学院学报,1987,(2):17－20.

[8] 刘高,王小春,聂德新. 金川矿区地下巷道围岩应力场特征及演化机制. 地质灾害与环境保护,2002,13(4):40－45.

[9] 方祖烈. 软岩巷道维护原理与控制措施// 中国煤矿软岩巷道支护理论与实践. 徐州:中国矿业大学出版社,1996:64－69.

[10] 李术才,王汉鹏,钱七虎,等. 深部巷道围岩分区破裂化现象现场监测研究. 岩石力学与工程学报,2008,27(8):1545－1553.

[11] 许宏发,钱七虎,王发军,等. 电阻率法在深部巷道分区破裂探测中的应用. 岩石力学与工程学报,2009,28(1):111－119.

[12] 朱杰,汪仁和,林斌. 深埋巷道围岩多次破裂现象与裂隙张开度研究. 煤炭学报,2010,35(6):887－890.

[13] 吴世勇,王鸽. 锦屏二级水电站深埋长隧洞群的建设和工程中的挑战性问题. 岩石力学与工程学报,2010,29(11):2161－2171.

[14] 王宁波,张农,崔峰,等. 急倾斜特厚煤层综放工作面采场运移与巷道围岩破裂特征. 煤炭学报,2013,38(8):1312－1318.

[15] Shemyakin E I,Fisenko G L,Kurlenya M V,et al. Zonal disintegration of rocks around underground mines. Part III:Theoretical concepts. Soviet Mining,1987,23(1):1－6.

[16] Kurlenya M V,Oparin V N. Scale factor of phenomenon of zonal disintegration of rock and canonical series of atomic and ionic radii. Journal of Mining Science,1996,32(2):81－90.

[17] Kurlenya M V,Oparin V N,Vostrikov V I. Pendulum-type waves. Part Ⅱ:Experimental

methods and main results of physical modeling. Journal of Mining Science, 1996, 32(4): 245－273.

[18] Odintsev V N. Mechanism of the zonal disintegration of a rock mass in the vicinity of deep-level workings. Russian Journal of Mining Sciences, 1994, 30(4): 334－343.

[19] Reva V N. Stability criteria of underground workings under zonal disintegration of rocks. Journal of Mining Science, 2002, 38(1): 31－34.

[20] Metlov L S, Morozov A F, Zborshchik M P. Physical foundations of mechanism of zonal rock failure in the vicinity of mine working. Journal of Mining Science, 2002, 38(2): 150－155.

[21] Sellers E J, Klerck P. Modeling of the effect of discontinuities on the extent of the fracture zone surrounding deep tunnels. Tunneling and Underground Space Technology, 2000, 15(4): 463－469.

[22] Guzev M A, Paroshin A A. Non-euclidean model of the zonal disintegration of rocks around an underground working. Journal of Applied Mechanics and Technical Physics, 2001, 42(1): 131－139.

[23] 周小平，钱七虎. 深埋巷道分区破裂化机制. 岩石力学与工程学报，2007，26(5)：877－885.

[24] 周小平，钱七虎，张伯虎，等. 深埋球形洞室围岩分区破裂化机理. 工程力学，2010，27(1)：69－75.

[25] 周小平，毕靖，钱七虎. 动态开挖卸荷条件下深埋圆形洞室各向同性围岩的分区破裂化机理. 固体力学学报，2013，34(4)：352－360.

[26] 周小平，周敏，钱七虎. 深部岩体损伤对分区破裂化效应的影响. 固体力学学报，2012，33(3)：242－250.

[27] Zhou X P, Wang F H, Qian Q H. Zonal fracturing mechanism in deep crack-weakened rock masses. Theoretical and Applied Fracture Mechanics, 2008, 50: 57－65.

[28] Zhou X P, Song H F, Qian Q H. Zonal disintegration of deep crack-weakened rock masses: A non-Euclidean model. Theoretical and Applied Fracture Mechanics, 2011, 55: 227－236.

[29] 钱七虎，周小平. 岩体非协调变形对围岩中的应力和破坏的影响. 岩石力学与工程学报，2013，32(4)：649－656.

[30] 周小平，钱七虎. 非协调变形下深部岩体破坏的非欧模型. 岩石力学与工程学报，2013，32(4)：767－774.

[31] Qian Q, Zhou X, Xia E. Effects of the axial in situ stresses on the zonal disintegration phenomenon in the surrounding rock masses around a deep circular tunnel. Journal of Mining Science, 2012, 48(2): 276－285.

[32] Qian Q H, Zhou X P. Non-Euclidean continuum model of the zonal disintegration of surrounding rocks around a deep circular tunnel in a non-hydrostatic pressure state. Journal of Mining Science, 2011, 47(1): 37－46.

[33] 李英杰，潘一山，章梦涛. 深部岩体分区碎裂化进程的时间效应研究. 中国地质灾害与防治学报，2006，17(4)：119－122.

[34] 陈建功,周陶陶,张永兴. 深部洞室围岩分区破裂化的冲击破坏机制研究. 岩土力学,2011,32(9):2629－2634.

[35] 李树忱,钱七虎,张敦福,等. 深埋隧道开挖过程动态及破裂形态分析. 岩石力学与工程学报,2009,28(10):2104－2112.

[36] 李春睿,康立军,齐庆新,等. 深部巷道围岩分区破裂与冲击地压关系初探. 煤炭学报,2010,35(2):185－189.

[37] 陈旭光,张强勇. 高应力深部洞室模型试验分区破裂现象机制的初步研究. 岩土力学,2011,32(1):84－90.

[38] 鲁建荣. 基于厚壁筒三维解析模型的深部洞室围岩分区破裂化机制研究. 岩土力学,2014,35(9):2673－2684.

[39] 陈伟,王明洋,顾雷雨. 深埋洞室围岩分层断裂现象模型试验解析. 岩石力学与工程学报,2009,28(S1):2680－2686.

[40] 陈伟,王明洋,魏怀淼,等. 高水平压力作用下洞室围岩变形与破坏. 解放军理工大学学报(自然科学版),2010,11(6):652－657.

[41] 戚承志,钱七虎,王明洋,等. 深部隧道围岩分区破裂的内变量梯度塑性模型. 岩石力学与工程学报,2012,31(S1):2722－2728.

[42] 戚承志,钱七虎,王明洋,等. 深隧道围岩分区破裂的数学模拟. 岩土力学,2012,33(11):3439－3446.

[43] 王明洋,解东升,李杰,等. 深部岩体变形破坏动态本构模型. 岩石力学与工程学报,2013,32(6):1112－1120.

[44] 李杰,王明洋,张宁,等. 深部岩体动力变形与破坏基本问题. 中国工程科学,2013,15(5):71－79.

[45] Shemyakin E I, Fisenko G L, Kurlenya M V, et al. Zonal disintegration of rocks around underground mines. Part II: Rock fracture simulated in equivalent materials. Soviet Mining, 1986,22(4):223－232.

[46] 顾金才,顾雷雨,陈安敏,等. 深部开挖洞室围岩分层断裂破坏机制模型试验研究. 岩石力学与工程学报,2008,27(3):433－438.

[47] 张智慧,王学滨,潘一山. 利用多种相似材料模拟分区破裂现象的试验研究. 水资源与水工程学报,2011,22(3):22－24.

[48] 张智慧,王学滨,潘一山,等. 分区破裂相似材料分层观测试验研究. 水资源与水工程学报,2010,21(5):1－5.

[49] 宋义敏,潘一山,章梦涛,等. 洞室围岩三种破坏形式的试验研究. 岩石力学与工程学报,2010,29(S1):2741－2745.

[50] 左宇军,马春德,朱万成,等. 动力扰动下深部开挖洞室围岩分层断裂破坏机制模型试验研究. 岩土力学,2011,32(10):2929－2936.

[51] 张后全,刘红岗,贺永年,等. 岩石厚壁圆筒三向压缩下的卸荷试验与岩石强度破坏. 北京科技大学学报,2011,33(7):800－805.

[52] 袁亮,顾金才,薛俊华,等. 深部围岩分区破裂化模型试验研究. 煤炭学报,2014,39(6):

987—993.

[53] 张强勇，陈旭光，林波，等. 深部巷道围岩分区破裂三维地质力学模型试验研究. 岩石力学与工程学报，2009，28(9)：1757—1766.

[54] 高富强，康红普，林健. 深部巷道围岩分区破裂化数值模拟. 煤炭学报，2010，35(1)：21—25.

[55] 王红英，张强，张玉军，等. 深部巷道围岩分区破裂化数值模拟. 煤炭学报，2010，35(4)：535—540.

[56] 姜谙男. 深部开挖围岩非均匀破裂应变软化数值模拟. 大连海事大学学报，2012，38(1)：81—84.

[57] 苏永华，郑璇. 深部节理岩体分区破裂化机制数值研究. 公路交通科技，2013，30(1)：94—101.

[58] 王学滨，潘一山，张智慧. 基于加荷和卸荷模型的分区破裂化初步模拟及空间局部化机理. 辽宁工程技术大学学报(自然科学版)，2012，31(1)：1—7.

[59] 王学滨，张智慧，潘一山，等. 岩石峰后脆性对圆形巷道围岩破坏及能量释放影响的数值模拟. 防灾减灾工程学报，2013，33(1)：11—17.

[60] 李树忱，冯现大，李术才，等. 深部岩体分区破裂化现象数值模拟. 岩石力学与工程学报，2011，30(7)：1337—1344.

[61] Tao M，Li X B，Wu C Q. 3D numerical model for dynamic loading-induced multiple fracture zones around underground cavity faces. Computers and Geotechnics，2013，(54)：33—45.

[62] Zhu Z M，Wang C，Kang J M. Study on the mechanism of zonal disintegration around an excavation. International Journal of Rock Mechanics & Mining Sciences，2014，(67)：88—95.

[63] 陈旭光，张强勇，李术才，等. 基于扩展有限元的深部岩体分区破裂化现象初步数值模拟. 岩土力学，2013，34(11)：3291—3298.

[64] 唐春安，张永彬. 岩体间隔破裂机制及演化规律初探. 岩石力学与工程学报，2008，27(7)：1362—1369.

[65] Jia P，Yang T H，Yu Q L. Mechanism of parallel fractures around deep underground excavations. Theoretical and Applied Fracture Mechanics，2012，(61)：57—65.

[66] 杨志法，王思敬. 岩土工程反分析原理及应用. 北京：地震出版社，2002.

[67] 杨林德. 岩土工程问题的反演理论与工程实践. 北京：科学出版社，1996.

[68] 孙钧，黄伟. 岩石力学参数弹塑性反演问题的优化方法. 岩石力学与工程学报，1992，(11)：221—229.

[69] Kavanagh K T，Clough R W. Finite element application in the characterization of elastic solids. International Journal of Solids Structures，1971，7(1)：11—23.

[70] Sakurai S，Takeuchi K. Back analysis of measured displacement of tunnel. Rock Mechanics and Rock Engineering，1983，16(3)：173—180.

[71] 贾超，刘宁，肖树芳. 洞室岩体参数的位移正演反分析. 岩土力学，2003，24(3)：450—454.

[72] 文建华，吴代华，陈军明，等. 地下洞室黏弹性位移反分析模式分层运算. 岩土力学，2010，

31(3):967—970.

[73] 谭万鹏,郑颖人.岩质边坡弹黏塑性计算参数位移反分析研究.岩石力学与工程学报,2009,39(S1):2988—2993.

[74] 李宁,段小强,陈方方,等.围岩松动圈的弹塑性位移反分析方法探索.岩石力学与工程学报,2006,25(7):1304—1308.

[75] 邓建辉,葛修润,李焯芬.三峡工程永久船闸边坡位移反分析回顾.岩石力学与工程学报,2004,23(17):2902—2906.

[76] 朱万成,唐春安,黄明利.基于正交设计原理的锚喷参数设计系统及其应用.岩土力学,1999,20 (2):87—91.

[77] 王芝银,袁鸿鹄,张琦伟.十三陵大坝弹性参数反演与稳定性评价.岩土力学,2010,31(5):1592—1596.

[78] 陈益峰,周创兵.基于正交设计的复杂坝基弹塑性力学参数反演.岩土力学,2002,23(4):450—454.

[79] 刘 宁,朱维申,杨为民.琅琊山抽水蓄能电站地下厂房开挖位移的智能反演.岩石力学与工程学报,2007,26(S):4446—4451.

[80] 康玉柱.中国古生代碳酸盐岩古岩溶储集特征与油气分布.天然气工业,2008,6:1—12.

[81] 柳广弟.石油地质学.北京:石油工业出版社,2009.

[82] 李阳.塔河油田碳酸盐岩缝洞型油藏开发理论及方法.石油学报,2013,1:115—121.

[83] 李阳.塔河油田奥陶系碳酸盐岩溶洞形储集体识别及定量表征.中国石油大学学报(自然科学版),2012,1:1—7.

[84] 杨坚,吴涛.塔河油田碳酸盐岩缝洞型油气藏开发技术研究.石油天然气学报,2008,3:326—336.

[85] 张希明.新疆塔河油田下奥陶统碳酸盐岩缝洞型油气藏特征.石油勘探与开发,2001,5:17—22.

[86] 孟伟.碳酸盐岩岩溶缝洞型油气藏勘探开发关键技术.海相油气地质,2006,4:48—53.

[87] 邓洪军.塔河油田碳酸盐岩储层放空漏失现象的研究与应用.中外能源,2007,5:47—52.

[88] 牛玉静.缝洞型碳酸盐岩油藏溶洞储集体岩溶塌陷结构特征研究[博士学位论文].北京:中国地质大学(北京),2012.

[89] 张强勇,李术才,郭小红.铁晶砂胶结新型岩土相似材料的研制及其应用.岩土力学,2008,29(8):2126—2130.

[90] 张强勇,李术才,朱维申,等.铁晶砂胶结岩土相似材料及其制备方法:中国,200510104581.4.2005.

[91] 张绪涛,张强勇,曹冠华,等.成型压力对铁-晶-砂混合相似材料性质的影响.山东大学学报(工学版),2013,43(2):89—95.

[92] 张绪涛,张强勇,袁圣渤,等.岩石轴向直接拉伸试验装置的研制及应用.岩石力学与工程学报,2014,33(12):2517—2524.

[93] 张强勇,陈旭光,林波.高地应力真三维加载模型试验系统的研制及其应用.岩土工程学报,2010,32(10):1588—1593.

[94] Chen X G, Zhang Q Y, Li S C. A servo controlled gradient loading triaxial model test system for deep-buried cavern. Review of Scientific Instruments, 2015, 86(10): 1—9.

[95] 陈旭光，张强勇，段抗，等. 基于光栅传感的模型测量系统应用研究. 岩土力学，2012, 33(5): 1409—1415.

[96] 段抗，张强勇，朱鸿鹄，等. 光纤位移传感器在盐岩地下储气库群模型试验中的应用. 岩土力学，2013, 34(S2): 471—476.

[97] 张强勇，李术才，陈旭光，等. 制作地质力学模型的分层拆卸压实实验装置：中国，201010502838.4. 2010.

[98] 沈明荣，陈建峰. 岩体力学. 上海：同济大学出版社，2006.

[99] 张强勇，张绪涛，向文，等. 不同洞形与加载方式对深部岩体分区破裂影响的模型试验分析研究. 岩石力学与工程学报. 2013, 32(8): 1564—1571.

[100] Chen X G, Zhang Q Y, Wang Y, et al. In situ observation and model test on zonal disintegration in deep tunnels. Journal of Testing and Evaluation, 2013, 41(6): 990—1000.

[101] 李国琛，耶纳 M. 塑性大应变微结构力学(第二版). 北京：科学出版社，1998.

[102] 赵锡宏，张启辉. 土的剪切带和数值分析. 北京：机械工业出版社，2003.

[103] 潘一山. 冲击地压发生和破坏过程研究[博士学位论文]. 北京：清华大学，1999.

[104] 潘一山，杨小彬，马少鹏. 岩石变形破坏局部化的白光数字散斑相关方法研究. 岩土工程学报，2002, 24(1): 98—100.

[105] 徐松林，吴文，李廷，等. 三轴压缩大理岩局部化变形的试验研究及其分岔行为. 岩土工程学报，2001, 23(3): 296—301.

[106] 周维垣，杨强. 岩石力学数值计算方法. 北京：中国电力出版社，2005.

[107] Toupin R A. Elastic materials with couple stresses. Archive for Rational Mechanics and Analysis, 1962, 11: 385—414.

[108] Mindlin R D, Eshel N N. On first strain-gradient theories in linear elasticity. International Journal of Solids and Structures, 1968, 4: 109—124.

[109] Bleustein J L. A note on the boundary conditions of Toupin's strain-gradient theory. International Journal of Solids and Structures, 1967, 3: 1053—1057.

[110] Germain P. The method of virtual power in continuum mechanics. Part 2: Microstructure. Journal of Applied Mathematics, 1973, 25 (3): 556—575.

[111] Mindlin R D. Second gradient of strain and surface tension in linear elasticity. International Journal of Solids and Structures, 1965, 28: 845—857.

[112] Eshel N N, Rosenfeld G. Axi-symmetric problems in elastic materials of grade two. Journal of the Franklin Institute, 1975, 299(1): 43—51.

[113] Yang F, Chong A C M, Lam D C C. Couple stress based strain gradient theory for elasticity. International Journal of Solids and Structures, 2002, 39: 2731—2743.

[114] Lam D C C, Yang F, Chong A C M. Experiments and theory in strain gradient elasticity. Journal of the Mechanics and Physics of Solids, 2003, 51: 1477—1508.

[115] Fleck N A, Hutchinson J W. Strain gradient plasticity. Advances in Applied Mechanics,

1997,33:295－361.

[116] Gao H,Huang Y,Nix W D,et al. Mechanism-based strain gradient plasticity-Ⅰ. Theory. Journal of the Mechanics and Physics of Solids,1999,47(6):1239－1263.

[117] Huang Y,Gao H,Nix W D,et al. Mechanism-based strain gradient plasticity-Ⅱ. Analysis. Journal of the Mechanics and Physics of Solids,2000,48(1):99－128.

[118] Abual R K, Voyiadjis G Z. A physically based gradient plasticity theory. International Journal of Plasticity,2006,22(4):654－684.

[119] 王学滨,潘一山,任伟杰. 基于应变梯度理论的岩石试件剪切破坏失稳判据. 岩石力学与工程学报,2003,22(5):747－750.

[120] 刘新东,郝际平. 连续介质损伤力学. 北京:国防工业出版社,2011.

[121] Ju J W. On energy-based coupled elastoplastic damage theories:Constitutive modeling and computational aspects. International Journal of Solids and Structures,1989,25(7):803－833.

[122] Shu J Y,Fleck N A. Strain gradient crystal plasticity:Size-dependent deformation of bicrystals. Journal of the Mechanics and Physics of Solids,1999,47(2):297－324.

[123] 何满潮,谢和平,彭苏萍,等. 深部开采岩体力学研究. 岩石力学与工程学报,2005,24(16):2803－2813.

[124] 周宏伟,谢和平,左建平. 深部高地应力下岩石力学行为研究进展. 力学进展,2005,35(1):91－99.

[125] 陈景涛,冯夏庭. 高地应力下硬岩的本构模型研究. 岩土力学,2007,28(11):2271－2278.

[126] 刘泉声,胡云华,刘滨. 基于试验的花岗岩渐进破坏本构模型研究. 岩土力学,2009,30(2):289－296.

[127] Mazars J, Pijaudier C G. Continuum damage theory-application to concrete. Journal of Engineering Mechanics,1989,115(2) :345－365.

[128] Loland K E. Concrete damage modeling for load-response estimation of concrete. Cement and Concrete Research,1980,10(3):392－492.

[129] Carmeliet J,Borst R D. Stochastic approaches for damage evolution in standard and non-standard continua. International Journal of Solids and Structures,1995,32(8-9) :1149－1160.

[130] Geers M G D,Borst R de. Strain-based transient-gradient damage model for failure analysis. Computer Methods in Applied Mechanics and Engineering,1998,160:133－153.

[131] Geers M G D. Experimental analysis and computational model of damage and fracture [Doctoral Dissertation]. Netherlands:Eindhoven University of Technology,1997.

[132] Lu A Z,Xu G S,Sun F. Elasto-plastic analysis of a circular tunnel including the effect of the axial in situ stress. International Journal of Rock Mechanics & Mining Sciences,2010,47:50－59.

[133] Zhao J D,Pedroso D. Strain gradient theory in orthogonal curvilinear coordinates. International Journal of Solids and Structures,2008. 45:3507－3520.

[134] 李林,金先级. 数值计算方法(MATLAB语言版). 广州:中山大学出版社,2006.
[135] 林成森. 数值分析. 北京:科学出版社,2007.
[136] Zhao J D,Sheng D C,Scott W. Cavity expansion of a gradient-dependent solid cylinder. International Journal of Solids and Structures,2007. 44:4342—4368.
[137] 杨桂通. 弹塑性力学引论. 北京:清华大学出版社,2004.
[138] 张绪涛. 深部洞室分区破裂机理与数值模拟分析研究[博士学位论文]. 济南:山东大学,2015.
[139] 张绪涛,张强勇,向文,等. 基于应变梯度理论的分区破裂机制分析研究. 岩石力学与工程学报,2016,35(4):724—734.
[140] Li Q M. Strain energy density failure criterion. International Journal of Solids and Structures,2001,(38):6997—7013.
[141] Sih G C. Some basic problems in fracture mechanics and new concepts. Engineering Fracture Mechanics,1973,5(2):365—377.
[142] 吕文朝. 曲六面体 Hermite 型等参数单元的讨论. 中国科学技术大学学报,1991,21(2):241—247.
[143] Petera J,Pittman J F T. Isoparametric hermite elements. International Journal for Numerical Methods in Engineering,1994. 37:3489—3519.
[144] 朱伯芳. 有限单元法的原理与运用(第二版). 北京:水利水电出版社,1998.
[145] 郭运华. 岩石破裂过程的统计损伤模型及裂隙岩体渐进破坏数值模拟[博士学位论文]. 济南:山东大学,2014.
[146] 朱以文,蔡元奇. ABAQUS/Standard 有限元软件入门指南. 北京:清华大学出版社,1998.
[147] Pine R J,Tunbridge L W,Kwakwa K. In situ stress measurement in the Cananenellis Granite. 1-overcoring tests at South Crafty Mine at a depth of 790 meters. International Journal of Rock Mechanics & Mining Sciences,1987,20(1):51—62.
[148] Ervin R A,Gritty P,Farmer I W. The effect of boundary yield on the results of in situ stress measurements using over coring techniques. International Journal of Rock Mechanics & Mining Sciences,1987,24(1):89—93.
[149] 郭怀志,马启超,薛空成,等. 岩体初始应力场的分析方法. 岩石工程学报,1983,5(3):64—75.
[150] 蔡美峰. 地应力的测量原理与技术. 北京:科学出版社,1995.
[151]王建军. 应用水力压裂法测量三维地应力的几个问题. 岩石力学与工程学报,2000,19(2):229—233.
[152] 刘允芳,龚壁新,肖本职,等. 广州抽水蓄能电站地下厂房区地应力场分析. 长江科学院院报,1993,4(4):45—53.
[153] 李青麒. 初始应力的回归与三维拟合. 岩土工程学报,1998,20(5):68—71.
[154] 张强勇,向文,于秀勇,等. 双江口水电站地下厂房区初始地应力场反演分析. 土木工程学报,2015,48(8):86—95.
[155] 于秀勇. 水电厂区地应力场反演分析方法及工程应用[硕士学位论文]. 济南:山东大

学,2009.

[156] 张强勇,李术才,焦玉勇. 岩体数值分析方法与地质力学模型实验原理及工程应用. 北京:中国水利水电出版社,2005.

[157] 中国电建集团成都勘测设计研究院. 四川省大渡河大岗山水电站可行性研究报告(工程地质). 成都,2006.

[158] 朱维申. 考虑时空效应的地下洞室变形观测及反分析. 岩石力学与工程学报,1989,(8):346—353.

[159] 王芝银. 地下巷道考虑空间效应的增量反分析. 西安矿业学院学报,1987,7(4):13—21.

[160] 刘维倩,黄光远,穆永科,等. 岩土工程中的位移反分析法. 计算结构力学及其应用,1995,12(1):93—101.

[161] 倪绍虎,肖明,王继伟. 改进粒子群算法在地下工程反分析中的运用. 武汉大学学报:工学版,2009,42(3):326—330.

[162] 吴立军,刘迎曦,韩国城. 多参数位移反分析优化设计与约束反演. 大连理工大学学报,2002,42(4):413—418.

[163] 赵冰,盛国刚,李宁. 位移反分析的有限元方法及其工程应用. 岩石力学与工程学报,2004,23(7):1146—1149.

[164] 黄宏伟. 岩土工程中位移量测的随机逆反分析. 岩土工程学报,1995,17(2):36—41.

[165] 张强勇,向文,杨佳. 大岗山地下厂房洞室群围岩力学参数的动态反演与开挖稳定性分析研究. 土木工程学报,2015,48(5):90—97.

[166] 梅松华,盛谦,冯夏庭. 均匀设计在岩土工程中的应用. 岩石力学与工程学报,2004,23(16):2694—2697.

[167] 方开泰. 均匀设计与均匀设计表. 北京:科学出版社,1994.

[168] 杨文东. 坝基软弱岩体的非线性蠕变损伤本构模型及其工程应用[硕士学位论文]. 济南:山东大学,2008.

[169] 杨佳. 大岗山水电站大型地下厂房洞室群施工期快速反分析研究[硕士学位论文]. 济南:山东大学,2011.

[170] 中国电建集团成都勘测设计研究院. 四川省大渡河大岗山水电站工程设计资料. 成都,2012.

[171] Sternbach C A, Friedman G M. Radioisotope X-ray fluorescence: A rapid, precise, inexpensive method to determine bulk elemental concentrations of geologic samples for determination of porosity in hydrocarbon reservoirs. Chemical Geology, 1985, 51(3-4): 165—174.

[172] Mohammed S A, Brian G D S, Somerville J M, et al. Predicting rock mechanical properties of carbonates from wire line logs: A case study-Arab-D reservoir, Ghawar field, Saudi Arabia. Marine and Petroleum Geology, 2009, 26: 430—444.

[173] Jarot S, Ariffin S. Characterization, pressure, and temperature influence on the compressional and shear wave velocity in carbonate rock. International Journal of Engineering and Technology, 2009, 9(10): 80—93.

[174] Kazatchenko E, Markov M, Mousatov A, et al. Joint inversion of conventional well logs for

evaluation of double-porosity carbonate formations. Journal of Petroleum Science and Engineering,2007,56(4):252—266.

[175] Punturo R,Kem H,Cirrincione R,et al. P-and S-wave velocities and densities in silicate and calcite rocks from the Peloritani Mountain,Sicily (Italy):The effect of pressure,temperature and the direction of wave propagation. Journal of Tectonophysics,2005,409:55—72.

[176] Demirdag S, Tufekci K, Kayacan R. Dynamic mechanical behavior of some carbonate rocks. International Journal of Rock Mechanics & Mining Sciences,2010,47:307—312.

[177] Adam P K,George A M. Effects of diagenetic processes on seismic velocity anisotropy in near-surface sandstone and carbonate rocks. Journal of Applied Geophysics, 2004, 56: 165—176.

[178] Chang C D,Mark D Z,Abbas K. Empirical relations between rock strength and physical properties in sedimentary rocks. Journal of Petroleum Science and Engineering,2006,51: 223—237.

[179] 鲁新便,蔡忠贤. 缝洞型碳酸盐岩油藏古溶洞系统与油气开发. 石油与天然气地质,2010,31(1):22—27.

[180] 马洪敏. 塔里木盆地北部奥陶系碳酸盐岩含泥缝洞型储层评价方法研究[博士学位论文]. 荆州:长江大学,2012.

[181] 李宗杰. 塔河油田碳酸盐岩缝洞型储层模型与预测技术研究[博士学位论文]. 成都:成都理工大学,2008.

[182] 牛永斌. 塔河油田二区奥陶系碳酸盐岩储集体研究[博士学位论文]. 北京:中国石油大学,2010.

[183] 张文博,金强,徐守余,等. 塔北奥陶系露头古溶洞充填特征及其油气储层意义. 特种油气藏,2012,5(3):50—54.

[184] 徐微,蔡忠贤,贾振远,等. 塔河油田奥陶系碳酸盐岩油藏溶洞充填物特征. 现代地质,2010,3(2):287—293.

[185] 李宗宇,杨磊. 塔河油田奥陶系油藏缝内地层压力分析. 新疆石油地质,2001,22(6):511—512.

[186] 郑兴平,沈安江. 埋藏岩溶洞穴垮塌深度定量图版及其在碳酸盐岩缝洞型储层地质评价预测中的意义. 海相油气地质,2009,14(4):55—59.

[187] 李金锁,王宗培. 塔河油田玄武岩地层垮塌、漏失机理与对策. 西部探矿工程,2006,05:137—139.

[188] 陈扬辉. 井下溶洞垮塌对水溶开采的影响. 井矿盐技术,1983,5(9):8—9.

[189] 李大奇,康毅力,曾义金,等. 缝洞型储层缝宽动态变化及其对钻井液漏失的影响. 中国石油大学学报(自然科学版),2011,35(5):76—81.

[190] 陈勉. 中国深层岩石力学研究及在石油工程中的应用. 岩石力学与工程学报,2004,23(14):2455—2462.

[191] 张旭东,薛承瑾,张烨. 塔河油田托甫台地区岩石力学参数和地应力试验研究及应用. 石

油天然气学报,2011,33(6):132－134.
[192] 周新桂,陈永峤,孙宝珊,等.塔里木盆地北部地层岩石力学特征及地质学意义.石油勘探与开发,2002,29(5):8－12.
[193] 韩来聚,李祖奎,燕静.碳酸盐岩地层岩石声学特性的试验研究与应用.岩石力学与工程学报,2004,23(14):2444－2447.
[194] 郭印同,陈军海,杨春和.川东北深井剖面碳酸盐岩力学参数分布特征研究.岩土力学,2012,33(1):160－170.
[195] 张强勇,王超,向文,等.塔河油田超深埋碳酸盐岩油藏基质的力学试验研究.实验力学,2015,30(5):567－576.
[196] 张强勇,向文,张岳,等.超高压智能数控真三维加载模型试验系统的研制及应用.岩石力学与工程学报,2016,35(8):1628－1637.
[197] 贾蓬,唐春安,王述红.巷道层状岩层顶板破坏机理.煤炭学报,2006,31(1):11－15.
[198] 杨永康,李春旭.大厚度泥岩顶板煤巷破坏机制及控制对策研究.岩石力学与工程学报,2011,30(1):58－67.
[199] 唐春安,黄明利.采动诱发顶板岩层失稳过程的数值模拟分析方法.煤炭开采,1998,(1):18－20.
[200] 王航,王立凯.复合顶板巷道围岩变形与破坏特征数值模拟.煤矿支护,2010(2):27－30.
[201] 赵延林,吴启红,王卫军,等.基于突变理论的采空区重叠顶板稳定性强度折减法及应用.岩石力学与工程学报,2010,5(7):1424－1434.
[202] 王树仁,贾会会,武崇福.动荷载作用下采空区顶板安全厚度确定方法及其工程应用.煤炭学报,2010,6(8):1263－1268.
[203] 江学良,曹平,杨慧,等.水平应力与裂隙密度对顶板安全厚度的影响.中南大学学报(自然科学版),2009,5(1):211－216.
[204] 唐春安,赵文.岩石破裂全过程分析软件系统 $RFPA^{2D}$.岩石力学与工程学报,1997,16(5):507－508.
[205] 王超,张强勇,刘中春,等.缝洞型油藏溶洞临界垮塌深度预测模型及其应用.中国石油大学学报(自然科学版),2015,39(1):103－110.
[206] 李松,康毅力,李大奇,等.缝洞型储层井壁裂缝宽度变化 ANSYS 模拟研究.天然气地球科学,2011,22(2):340－346.
[207] 王超,张强勇,刘中春,等.缝洞型油藏裂缝宽度变化预测模型及其应用.中国石油大学学报(自然科学版),2016,40(1):86－91.